EN VENTE CHEZ Mme V^e CH. DUNOD

LIBRAIRE-ÉDITEUR DES PONTS ET CHAUSSÉES, DES MINES,
DES TÉLÉGRAPHES ET DES CHEMINS DE FER

49, Quai des Augustins. — PARIS

Gustave RICHARD
INGÉNIEUR CIVIL DES MINES

LA CHAUDIÈRE LOCOMOTIVE
ET
SON OUTILLAGE

In-8° colombier, avec 1100 figures intercalées dans le texte et un atlas de 38 planches.

Prix. . . . . **40** francs.

TABLE DES MATIÈRES

Préface.

CHAPITRE PREMIER
LE FOYER

PREMIÈRE PARTIE

LE FOYER CONSIDÉRÉ AU POINT DE VUE DE LA RÉSISTANCE DES MATÉRIAUX

Armature du ciel. — Arc hydrostatique. — Voûte en berceau. — **Armatures par entretoises.** Stroudley, Tilp et Vattitz. — *Entretoises mobiles.* Wehrenfennig, Yarrow, Perkins. — **Armatures diverses.** Linder, Polonceau, Darby en bow-string, Leach, Cologne-Minden.— **Emploi des tôles ondulées.** Rémond et Fox, Kazelowsky.

Strong, Fox et Greigh, Sedgley, Wells, Garrett. — **Ouverture de la porte du foyer**. Webb — **Parois latérales du foyer.** Expériences de R. Wells. — En acier aux États-Unis. — Nature des matériaux a employer pour le foyer. — **Emploi de l'acier.** En Angleterre. En Amérique. — *Sensibilité au feu.* — *Sensibilité au martelage. Tôles d'acier entretoisées.* Expériences du Lloyd, de M. Boyd, de MM. Trail, Richards et Samson. — *Pratique des chemins de fer américains.* Pennsylvania ry. — *Chemins de fer anglais.*

DEUXIÈME PARTIE

LE FOYER CONSIDÉRÉ AU POINT DE VUE DE L'UTILISATION DU COMBUSTIBLE ET DE LA VAPORISATION

La combustion dans un foyer de locomotive. — *Perte en oxyde de carbone.* — *Perte en hydrocarbures mal brûlés.* — **Admission de l'air au-dessus du feu.** — *Entretoises perforées.* — *Appareils divers :* Argand, Peyton, Metallic Tubular Bridge C°, Garrett, Nepilly, Reimher. — **Auvent.** Drummond, Carrick. — *Portes de foyer.* Engert, Henderson, Hill. — **Appareils à injection de vapeur.** Barra, Jones, Buchanan. — **Voûtes en briques réfractaires.** Johnson, Webb. — *Voûtes à tube d'eau.* Pennsylvania. — **Bouilleurs.** Tenbrinck, Jauriet, Buchanan. — **Foyers en briques.** Werderber, Knaudt, Mac-Lellan. — **Chambre de combustion.** Wootten, Stevens. — **La grille.** — *Grilles à eau.* Millholand, Webb, Sharpe. — *Grilles à courant d'air.* Hill, Dobson, Caddy, Geogegan, Erskine, Knoeppel, Newbold, Burke, Henzel, Mousseron, Hibbert et Cooke. — *Grilles à secousses.* Américaines, Wakernie, Hampton, Poole et Diagonal C°, Baunixter, Howe. — *Grilles bombées.* Desgouttes. — Foyers pour combustibles spéciaux. — **Anthracite.** Pennsylvania ry. — *Locomotives Wootten* Marchandises à six roues couplées. Essais au chemin de fer du Nord, à l'Est et sur la Haute-Italie. Marchandises à huit roues couplées. Express à quatre roues couplées. Foyer avec table en briques. — **Pétrole.** — *Appareils de M Urquhart.* Mise en feu. Réglage du feu. — *Appareils divers.* Lentz, Artenoff, Brandt, Karapetoff, Kærting, Neil, Forges et chantiers. Mundell et Gordon, Selwyn, Russmann. — Vaporisation du foyer. — **La chaleur rayonnante.** Température du feu. — **Coefficient de conductibilité.** — **Inclinaison des parois.** — **Intensité de la combustion.** Expériences de Marten.

CHAPITRE II

LE CORPS CYLINDRIQUE, LA BOITE A FUMÉE ET L'ÉCHAPPEMENT

PREMIÈRE PARTIE

LE CORPS CYLINDRIQUE CONSIDÉRÉ AU POINT DE VUE DE LA RÉSISTANCE DES MATÉRIAUX

FORMES ET ARMATURES DU CORPS CYLINDRIQUE. Wagon-Top, Kessler, Rush, Borsig. — *Armature du dôme*. Ouest. — *Rivures*. Samson. Corps cylindrique d'une seule pièce. Webb. — MATIÈRES A EMPLOYER POUR LE CORPS CYLINDRIQUE. — ACIER. — Allemagne. — **Résistance des tôles d'acier à la traction.** — *Sensibilité aux commencements de rupture*. — **Résistance vive des tôles d'acier.** Expériences d'Adamson. Expériences de Trail. — **Résistance au cisaillement.** — OPÉRATIONS DE LA FORGE. — **Influence du travail physique sur les propriétés des aciers.** — **Travail des tôles d'acier en Amérique.** — **Influence de la température.** — *Recherches de Chernoff*. — *Colour-Heat d'Adamson*. — Recuit. Expériences de Parker, Livadia. — Soudure des tôles d'acier. Galloway. Adamson, Bertram, Kirtley. — OPÉRATIONS DE LA CHAUDRONNERIE. — **Résistance des tôles percées.** — *Expériences d'Adamson*, de Kennedy. — **Poinçonnage des tôles d'acier.** Expériences de Kirk, de Beck Gerhard. — *Influence de la forme du poinçon*. Kennedy. — *Fraisage des trous poinçonnés*. Expériences de Trail. — *Avantages du poinçonnage*. — **Résistance des rivures.** — *Rivets d'acier*. Résistance aux chocs. Expériences de Boyd. — Résistance au cisaillement. Expériences de Greig et Max Eyth. — *Rivure mécanique*. Frottement des tôles rivées. Matage. — **Répartition des efforts subis par les rivures.** — LES TUBES. — **Tubes en fer.** — **Fixation des tubes.** Expériences de Schock.

DEUXIÈME PARTIE

LE CORPS CYLINDRIQUE CONSIDÉRÉ AU POINT DE VUE DE L'ÉCONOMIE DU COMBUSTIBLE, LA BOITE A FUMÉE ET L'ÉCHAPPEMENT

LES TUBES. — **Remarques sur le système tubulé.** Perkins, Dimpfell, Stevens et Parsons. — *Chaudières à retour de flammes*. — **La conductibilité.** — Résistance thermique interne. — Résistance thermique externe. — Résistance thermique moyenne. Expériences de Tosh. — **Vaporisation d'un tube.** — *Loi de Rankine*. Rendement d'un tube. — *Loi de Havrez*. Point d'extinction. — Coefficient de décroissance. — Formule de *Busse*. — **Tubulures équivalentes.** Ecartement des tubes. Règle de *Clark*. — LA BOITE A FUMÉE. Schwartzkoff, Cologue-Minden, Sigl, Nord, Heusinger von Waldegg, Nord-Est Suisse, Etat-Autrichien, Ouest, North-British, Metropolitan, Midland, Sud Autrichien, Paris-Lyon, London and North-Western. — L'ÉCHAPPEMENT. — **Formule de Zeuner**. — **Formule de Longridge**, division du jet. — **Influence du calorimètre**. Zeuner, Berlin-Stettin, Wootten, Gooch, Locomotives américaines. — **Position de la tuyère d'échappement**. — **Le petticoat**, Stevens, Pollock-Wilkinson. — *Rendement du petticoat.* Holt, Friedmann. — **Continuité de l'échappement**. Bouch. — **Entrée de la cheminée**. — **Forme de la tuyère**. Clark, Siemens. — Division du jet de vapeur. — *Echappement annulaire.* Brown, Mallet, Friedmann. — Mixte de Webb, Reynolds. — **Échappement variable**. Pennsylvania ry, Wooton, Heusinger, Est Prussien. — LA CHEMINÉE. Fairbairn, Sinclair. — **Les pare-étincelles**. Mason, Diamond-Stack, Land, Hugues, Fontaine, Graham, Nasmith, Hewitt, Pennsylvania ry, Grand Trunk of Canada, Meir, Holbfield, Smith et Woorsdell, Great Southern and Western of Ireland ry, Lehigh-Valley ry, Davis, Hunter, Schæffer-Budenberg, Hodgmann, Taylor, Grosbeck et Wright.

CHAPITRE III

LES APPAREILS DE SURETÉ

SOUPAPES DE SURETÉ

THÉORIE DES SOUPAPES. — **Formule de Zeuner**. — **Vitesse de masse maxima**. Expériences de *Napier*. — *Coefficient d'extension.* Expériences de Mac Farlane Gray et de Wilson. — **Application de la loi de Napier à la détermination des soupapes**. Soupape plane. Soupape conique. — CONDITIONS FONDAMENTALES D'UNE SOUPAPE DE SURETÉ. — **Conservation de la pression**. Diagrammes de Mac Farlane Gray. — *Mode d'action de la charge.* Field, Kitson Croll, Lethuillier et Pinel, Larsoe-Meyer, Correns, Turton. — *Modification de la soupape.* Diagramme. Soupapes à gorge Adams. Expériences de Vicaire, Richardson, Ashcroft, Hartmann, Attock, Gilles, Peters, Parson, Rochford, Cockburn, Bodmer, Klotz, Hallam, Seaton et Cameron, Lethuillier-Pinel, Brierley et Mitchell, Codron, Pearson. — **Guidage**. — *Soupapes sphériques.* Nasmyth, Fenton, Eaves, Parson, Hopkinson, Shmid, Bayley, Martyn-Roberts, Montupet, Turnbull, Buthven, Accident du Thunderer. — **Calage**. Clayton, Trunbull, Nicholson et Allcock, Ramsbottom-Webb. — **Grand débit**. Hopkinson, Holt, Blake, Melling, Hallam. — *Soupapes à grilles.* Dunkel. Hawthorn. — *Soupapes différentielles.* Giles, Smith. — *Soupapes à piston.* Maurel et Truel, Ménard, Scowell, Weir, Hast, Smith, Stuart. — *Soupape silencieuse.* Ashton. — NIVEAUX D'EAU. — **Visibilité**. Blake, Deschamps, Damourette. Chandler, Fritz. — **Solidité**

Hayden C°. — *Tubes à soupapes.* Schneider, Berg-Marsh, Bateman, Ellis, Dupuch, Thurton et Syke, Agnès, Burgmeister. — *Nettoyeurs.* Crook, Morley, Bayley, Slater, Blake. — *Robinets et joints.* Dreyer, Stroudley, South-Eastern ry, Webb, Maubart. — ROBINETS DE JAUGE. Dewrance, Dixon, Fairbairn, Field et Cotton, Burgmeister. — MANOMÈTRES. — *Manomètres à membranes.* Mignot, Aschroft. — *Manomètres à boîtes et à tubes.* Guichard, Shinz, Giffard. — BOUCHONS FUSIBLES. Bateman, Bayley, Hiller, Smith, Kenyon, Platt et Wood. — LES EXPLOSIONS. Manque de résistance de la chaudière neuve. — Diminution de résistance de la chaudière. — Augmentations brusques de pression. Retard à l'ébullition. — Surchauffe.— Ouverture brusque du régulateur. Appareil *Lawson.* — Refroidissements brusques. — Causes inconnues. — Puissance d'une explosion. Formules de *Rankine* et de *Thurston.*

CHAPITRE IV

LES INCRUSTATIONS, LES DÉSINCRUSTANTS LES CORROSIONS

LES INCRUSTATIONS. — **Aspect physique des dépôts.** Dépôts adhérents, par plaques et pulvérulents. — **Inconvénients des dépôts.** Perte de chaleur. — *Coups de feu.* Dépôts gras. — **Composition des dépôts.** Carbonate et sulfate de chaux. — LES DÉSINCRUSTANTS. — **Matières introduites dans la chaudière.** Carbonate, oxalate et hyposulfite de soude, tannin, fécule, glycérine, pétrole, zinc. — **Emploi de l'électricité.** Field, Lédieu, Hannay. — **Appareils divers.** — *Lavage méthodique.* Hayes, Johann. — PURIFICATION ET NEUTRALISATION DES EAUX.—**Procédé Clark et ses dérivés.** Béranger et Stingl, Caillet et Huet, Maignen, Clark Atkins et Porter, Letellier. — **Procédés divers.** Haen, Rogers. — *Précipitation par la chaleur.* Hayes, Shau. — LES CORROSIONS. — *Eau.* Lodin.— *Chlorures.* Lodin. — *Corps gras.* Wartha. — *Air.* Lodin. Chaudières au repos. — **Sensibilité du fer et de l'acier aux corrosions.** — *Expériences* de Rogerson, de l'Amirauté, de Philips. — *Procédés* Feldbacher, Oehme, Mac Connell, Webb.— **Corrosions locales.** Érosions, piqûres. Fletcher. — Support de la chaudière. Sharp Shwartzkoff. — **Corrosions extérieures.** — *Du foyer.* Urban. — **Les anticorrosifs.** Le zinc

CHAPITRE V

LES APPAREILS D'ALIMENTATION ET LA ROBINETTERIE

PREMIÈRE PARTIE. — LES INJECTEURS

Théorie de l'injecteur. Combes, Reech, Résal, Zeuner, Hermann. — *Nomenclature de l'injecteur.* — Manœuvre de l'injecteur. — **Rendement de l'injecteur.** — **Refoulement dans un milieu à une pression supérieure à celle de la vapeur motrice.** — *Injecteur d'échappement.* Hamer et Davie, Holden Brooke et White, Mazza, Hallam et Shepherd, Budworth Sharp. — **Variations du débit.** Giffard, Barclay, Deloy, Hunt, Ferrero, Turck, Sharp, Gresham, Bailey, Schæffer, Mazza, Rue, Wahl et Pradel. — *Réglage automatique.* Sellers. Expériences de Buell, Sharp, Gresham et Craven. — **Injecteurs-éjecteurs.** Sharp, Sellers, Bailey, Hallam, Bouvret, Polmeyer, Sam, Irwin, État autrichien, Juillemier, Dixon, Cuau. — **Injecteurs à plusieurs cônes.** Barclay, Fletcher et Bower, Friedmann. — **Injecteurs doubles.** Körting, Jenks, Hancock. Expériences de Buell, Park. — **Injecteurs non aspirants.** Friedmann, Gresham, Sharp, Colford-Niay, Sellers, Haswell, Nord Français, Schæffer-Budenberg, Smith, Bohler, Krauss, Shau, Mack, Hall, Rue, Webb, Delpech. — **Facilité de démontage.** Friedmann, Gresham, Sellers, Sharp, Sam, Giffard, Hunt, Colford-Niay, Bailey, Mack, Loftus Kinnear. — **Simplicité de manœuvre.** Sam, Juillemier, Bouvret, Pohlmeyer, Whestley, Dixon, Dewrance, Hall, Strube, Borland, Loftus, Macferlane, Gresham. — **Détails de construction.** Turck, Barclay, Strube. — *Crémaillères.* Turck, Gresham, Bailey, Delpech, Webb, Ferraro, Morris, Whestley. — *Garnitures.* Montigny, Barclay. — *Trop-plein.* Borsig, Gresham. — *Raccords.* Gresham, Sellers. — *Prises de vapeur.* Friedmann, Sellers, Stroudley, Sudbahn.

DEUXIÈME PARTIE

LES POMPES, LES RÉCHAUFFEURS, LES APPAREILS DE REMPLISSAGE DU TENDER POUR LES LIGNES SECONDAIRES
LES RÉGULATEURS, LA ROBINETTERIE, LES SIFFLETS

Les pompes. — Stroudley, Orléans, Risbeck, Simpson. — *Réglage du débit.* Hiram, Westinghouse. — *Chapelles de refoulement.* Hoadley, Berkeley-Powell. — Les réchauffeurs. — *Chiazzari. Körting.* Expériences de MM. Packyne et Baclé. — Wallis et Stevens, Strong, Hallam et Scott, Mahony. — *Lencauchez.* — Appareils et remplissage du tender. — *Éjecteurs.* Friedmann, Madan. — *Pulsomètres.* Hall, Ulrich, Greeven, Boivin, Neuhaus. — *Pulsateurs.* Bretonnière, Beaumont. — Les régu-

LATEURS. Américains, Curtis et Kennedy, Corliss, Stroudley, Eliott, Ward, Webb, Stannah, Porter, Robinson, Daelen, Hayes, Brown, Fairlie. — *Antiprimeurs*. Stockley, Proctor. — ROBINETTERIE ET ACCESSOIRES. — *Prises de vapeur*. Fairon, Bailey, Rhode, Kennedy, Childe, Geoghegan. — *Accessoires divers*. — SIFFLETS. Bender, bugle, Smith. — Enveloppe de la chaudière.

CHAPITRE VI

ENSEMBLE DE LA CHAUDIÈRE

CONSIDÉRATIONS GÉNÉRALES SUR LA CHAUDIÈRE LOCOMOTIVE. Sa forme actuelle. Fairlie. Locomotives routières. Exigences du service. Économie de la locomotive. — **Progrès dans l'utilisation des matériaux.** *Emploi de l'acier*. — **Progrès dans l'utilisation du combustible.** *Charbon pulvérulent*. Crampton, Whelpley et Storer, Stevenson. — *Gazogènes*. Siemens, Urquhart, Verderber. — *Tubes à ailerons*. Serve. — *Pressions élevées*. Différence entre les machines avec ou sans condensation. Avantages théoriques. Machines compound. — *Surchauffe de la vapeur*. — *Primage*. — *Réchauffeurs*. Équivalence des types de chaudières. Perfectionnements généraux. — LOCOMOTIVES ANGLAISES. — *Chargement de la grille*. Couches minces, épaisses et par côtés. — *Express du London-Brighton*. Module de chauffe. — *Marchandises du London and North-Western*. Distribution Joy. — LOCOMOTIVES AMÉRICAINES. Caractéristiques générales. Uniformité des types. — **Express du Pennsylvania ry.** — *Essais de J. Hill*. Express du Great Eastern ry. — *Express à roues libres de Wootten*. Express à roues libres du Great Northen et du Manchester-Sheffield. — **Le type Mogul.** Baldwin. Mogul du Great Eastern ry. Locomotive à marchandises du Great Eastern ry. — *Mogul pour voie droite*. Locomotive de la Société Saint-Léonard. — **Type consolidation.** — *Lehigh Valley ry*. — Forte rampes du Saint-Gothard. — *Type consolidation pour voie étroite*. — **Expériences de MM. Johann, Boon, Sedgley et Wells, sur le rendement des locomotives américaines.** — *Locomotive à voyageurs de la haute Italie*. Frescot. — LES CHAUDIÈRES BELPAIRE. — *Locomotives-tender express de l'État belge et du London-Tilbury*. — *Fortes rampes de l'État belge*. — *Locomotives à voyageurs de l'État belge. Type de l'exposition d'Anvers*. — CHAUDIÈRE DE FAIRLIE. — LOCOMOTIVES COMPOUND. Économie générale. — Influence des parois. — Avantages mécaniques. — John Nicholson, Jules Morandière. — **Anatole Mallet.** — *Von Borries, W. H. Monk*. — **Webb.** Type Dreadnought. — **Worsdell.** Nisbet. — Considérations générales. — Locomotives pour tramways. Kitson, Brown, Wilkinson. — *Voiture à vapeur.* Belpaire. — **Locomotives sans foyer.** Franc, *Honigmann.* — applications diverses de la chaudière-locomotive. — *Chaudières fixes.* Brown. — Mine de Calumet and Hécla. — *Chaudières marines.* Thorneycroft, Normand, Claparède.

CHAPITRE VII

L'OUTILLAGE

OUTILLAGE DES TUBES

Mandrinage des tubes. — *Mandrineurs à galets.* Dudjeon, Boyer et Lavalette, Thorburn, Tully, Bond, Huré, Barnard et Miles. — *Mandrineurs sans galets.* Prosser, Hall et Thomson, Tweddell. — **Élargissement des tubes à la boîte à fumée.** Kuch. — **Coupage et affleurement des tubes.** Ramsbottom, Shnemans, Thomson, Hollister, Curant, Brisse, Boyer et Lavalette, de Kamiensky, Sounders, Rodie, Buckley Métivier, Maiden et Cowley. — *Tourne-tubes.* Latrop, Benley, Browing, Coleman, Chatwin, Comber, Philips, Warshop. — **Rabattage ou rivetage.** Jouffret, Fricacke et Mac Cormick, Miller, Bushor, Brisse. — **Extraction des tubes et des viroles.** Dixon, Doulton, Bailey, Holzenbein. — **Nettoyage des tubes.** — **Raboutage des tubes.** Calla, Kamiensky. — **Essai des tubes.** Kaiser Ferdnands et North-London.

LES RIVEUSES

Les transmissions hydrauliques. Rendement. — **Accumulateur** différentiel de Tweddell; à air de Kinney. — **Les garnitures.** Tweddell, Davey, Webb. — Formules de Hick et de Welch. — Les riveuses hydrauliques. Applications. — Rendement. — *Joints des tuyaux.* Tweddell, Boutmy, Regray, Armstrong, Penning. — Travail des riveuses, matoir de Webb. — Riveuses portatives. — **Riveuses hydrauliques.** — *Tweddell* ordinaires, différentielles, à piston court. Henrich, Arrol, Morrisson et Deering, Smith. — *Distributeur Wenger.* — **Suspension et maniement des appareils.** Tweddell, Fielding. — Exemples d'ateliers. — Kirk. — *Riveuses spéciales.* Tweddell pour portes de foyer, pour sièges. — Riveuse circulaire. — *Grandes riveuses.* Ateliers d'Orléans. — **Riveuses à air comprimé d'Allen.** Marteau matoir de Pollock et Berley. — Riveuses fixes. — **Riveuses hydrauliques.** *Tweddell* à pistons différentiels, à pression variable, à serrage continu. Mac Key et Mac Georges. — *Appareils de levage*. Ateliers de Raimes et d'Orléans. — **Riveuses à transmissions.** Shewell, de Bergue, Mac Coll, Edmeston, Allen. — **Riveuses à vapeur**. Sellers, Bement. — LES POINÇONNEUSES. — *Poinçons*. Kennedy, Jenkins, Dietz. — **Poinçonneuses hydrauliques.** *Tweddell*. *Fielding*. — **Id.** à puissances variables, différentielles ; — à guide excentré ; — Jouffroy. — **Poinçonneuses à transmissions.** Whitworth, Robert Kent ; à pendule de Bruckner. — **Poinçonneuses multiples.** Blair. — LES PERCEUSES. — **Perceuses multiples.** Adamson, Garvie, Tweedy, Bowker. — **Perceuses portatives**. Boyd, Hall, Riepel, Borland, Stewart, King, Higginson. — **Perceuses pour plaques tubulaires**. Chaliot et Gratiot, Attock, Bennett, Harisson, Mac Key, Myers Manufacturing C°. — LES DÉCOUPEUSES. Embleton et Porter, Smiles, Scriven, Hartmann. — TRAVAIL DES ENTRETOISES. — Finisseuse de Peacock et Holt. — *Appareils de M. F. Mathias*. Machine à percer, à tarauder. — LES EMBOUTISSEUSES. Essais d'emboutissage à froid de MM. Easton et Anderson. — Emboutissages de M. Tordoff. — *Presse à emboutir* de Brown, de Piedbœuf, de Kirk, de la Société des Batignolles. — *Marteau hydraulique de Tweddell*. — *Emboutisseuses mécaniques*. Adamson, Lyall, Fox.

ADDITIONS

Voûtes en briques réfractaires. Ricourt. — Chambres de combustion. — Foyers à pétrole d'Allen, de Bay et Rosetti.

TABLE DES PLANCHES

I. *Appareils à brûler les huiles minérales dans les locomotives*. Lentz, Brandt, Körting, Arteneff, Karapetoff. — II. Expériences de W.-H. Shock sur l'adhérence des tubes aux plaques tubulaires. — III. *Injecteurs* Sharp, Gresham, Friedmann, Dixon, Loftus-Kinnear, Hunt, Turk. — IV. Injecteurs Sharp-Stewart, Schœffer-Budenberg, Nord français, Hallam et Shepherd, Mazza, Webb, Hall, Juillemier, Whestley et Storey, Gresham, Ferrere, Morris et Whestley. — V. *Injecteurs* Friedmann, Barclay, Rue, Dixon, an[?] t Davie, Sellers. — VI. *Injecteurs-éjecteurs*, Bailey, Sharp et Gresham, St[?] ler, Irwin, Colford-Niay, Sellers, Pohlmeyer, Sam, Est autrichien, B[?] ret. — VII. *Injecteurs non aspirant* Friedmann, Shau, Schœffer-Budenberg, Giffard, Krauss, Haswell, Bohler, Smith. — VIII. *Pompes alimentaires. Alimentation des gares. Pulsomètres. Pulsateurs. Prises de vapeur*. — IX. *Pompes alimentaires. Prises de vapeur. Régulateurs. Robinetterie et accessoires*.

X. *Pompes alimentaires. Réchauffeurs. Régulateurs. Sifflets et accessoires.*
XI *Régulateurs et prise de vapeur.* Daelen, Elliot, Pennsylvania ry. Nord, Schwartzkoff, Bayley, Brown, Fairon, Hartmann, Curtis et Kennedy, Paris-Lyon, Rhode, Grummer, Stockley, Robinson, Sinclair, Gooch, Pirotte, Stroudley. — XII. *Pompe-injecteur automoteur système Chiazzari.* — XIII. *Injecteur universel Körting.* — XIV. *Pièces de manœuvre et de robinetterie. Cabines-abris.* Orléans, Paris-Lyon, État français. — XV. *Pièces de manœuvre et de robinetterie. Cabines-abris.* Midi, Ouest, Nord, Est. — XVI. *Locomotive* à marchandises du London and North-Western. — XVII. *Locomotive* express à quatre roues couplées du Great Eastern. — XVIII et XIX. *Locomotive* à marchandises du Great Eastern. — XX. *Locomotive* à voyageurs à six roues accouplées et bogie à l'avant des chemins de fer de la Haute-Italie. — XXI. *Locomotive-tender* à voyageurs à quatre essieux du chemin de fer de l'État belge. — XXII. *Locomotive-tender* à voyageurs du London-Tilbury. — XXIII. *Locomotive-tender à double bougie,* système Fairlie du Festiniog ry (voie de 0^m,60). — XXIV. *Locomotive compound de M. Webb* (London and North-Western-Ry). — XXV, XXVI et XXVII. *Voiture à vapeur de l'État belge.* — XXVIII. *Outillage des tubes. Clefs.* Lathrop, Chatwin, Browing, Beuley, Coleman, Brown, Combes, Warsop. Philips. — *Mandrineurs.* Dudgeon, Tully, Miller, Boyer et Lavalette, Busbor, Jouffret, Thorburn. — XXIX. *Outillage des tubes.* Brisse, Buckley, Bond, Thomson, Tully, Dixon, Fricacke et Mac Cormick, Maiden et Cowley, Boyer et Lavalette. — XXX. *Outillage des tubes.* Tour à rabouter, forge. nettoyeurs. — XXXI. *Outillage des tubes.* Fraisage, raboutage, essais. — XXXII. *Tour à rabouter les tubes des ateliers de Kiew.* — XXXIII. *Riveuses hydrauliques portatives de Tweddell.* — XXXIV. *Riveuses portatives hydrauliques et à air comprimé,* Tweddell, Arrol, Allen. — XXXV. *Levage et manutention des riveuses.* — XXXVI. *Riveuses fixes. Accumulateurs.* Mac Key, Mac George, Mac Coll, Tweddell, Sellers, Bement, Cook, de Bergue, Kinney, Pollock. — XXXVII et XXXVIII. *Perçage et taraudage des chaudières montées,* aux ateliers du chemin de fer du Nord, à Lille.

OUVRAGES DU MÊME AUTEUR.

RANKINE. — **Manuel de la machine à vapeur et des autres moteurs,** traduit et annoté par M. Gustave RICHARD. In-8°, relié. . . . . 25 fr.
Manuel du mécanicien conducteur de locomotives (en collaboration avec M. Baclé). In-8° et atlas. . . . . 25 fr.
Les Moteurs à gaz. In-8° et atlas de 70 planches. . . . . 75 fr.

BULLETIN DE SOUSCRIPTION

Je soussigné _____

demeurant à _____

département de _____ déclare

souscrire à _____ exemplaire ___ de l'ouvrage :

La Chaudière locomotive et son Outillage, par

M. GUSTAVE RICHARD, du prix de 40 fr. que je joins

en un mandat-poste.

A _____ le _____ 18

Signature

Madame,

Madame V⁰ Ch. Dunod,

LIBRAIRE-ÉDITEUR DES CORPS DES PONTS ET CHAUSSÉES, DES MINES
ET DES TÉLÉGRAPHES.

49, QUAI DES AUGUSTINS,
PARIS.

PROCÉDÉS

ET

MATÉRIAUX DE CONSTRUCTION

PARIS. — IMPRIMERIE C. MARPON ET E. FLAMMARION, RUE RACINE, 26.

A. DEBAUVE

Ingénieur en chef des Ponts et Chaussées.

PROCÉDÉS

ET

MATÉRIAUX DE CONSTRUCTION

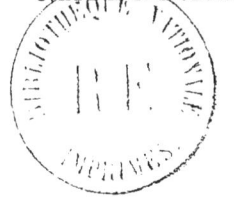

TOME QUATRIÈME

CINQUIÈME PARTIE

OUTILLAGE ET ORGANISATION DES CHANTIERS

PARIS

Vᵛᵉ Cʜ. DUNOD, ÉDITEUR

LIBRAIRE DES CORPS NATIONAUX DES PONTS ET CHAUSSÉES, DES MINES
ET DES TÉLÉGRAPHES

49 Quai des Augustins, 49

1888

CINQUIÈME PARTIE

OUTILLAGE ET ORGANISATION DES CHANTIERS

OBJET ET DIVISION DE LA CINQUIÈME PARTIE

La cinquième et dernière partie de cette étude a pour but l'examen de l'outillage et de l'organisation des chantiers.

Pris dans son sens général, le mot *outillage* s'appliquerait à toutes les machines en usage pour l'exécution des travaux; mais nous nous sommes occupé précédemment des appareils de sondage, de terrassements, de dragages, de fondations, de fabrication des mortiers et des bétons, etc. Il ne nous reste donc à étudier que l'outillage général des chantiers, c'est-à-dire les appareils et procédés qui servent au transport, au levage et à la mise en place des matériaux de diverses natures.

Les anciens ont connu des machines puissantes; les ruines de l'Égypte, de la Grèce et de Rome nous le prouvent; mais les machines de l'époque actuelle ont seules réalisé tout à la fois la puissance et la rapidité et seules ont permis de mener à bonne fin, en quelques années, des œuvres gigantesques.

Les machines hydrauliques, notamment, constituent le plus grand progrès de ces dernières années, surtout au point de vue de la puissance, et nous les examinerons avec le plus grand soin.

Nous avons été conduit à diviser notre étude en six chapitres :

CHAPITRE I. — *Appareils de levage et de bardage, considérés isolément;*

CHAPITRE II. — *Échafaudages et ponts de service destinés à recevoir les appareils précédents et à en assurer le bon fonctionnement;*

CHAPITRE III. — *Appareils hydrauliques de transport et de levage;*

CHAPITRE IV. — *Procédés et exemples de déplacement d'édifices;*

CHAPITRE V. — *Restauration des anciennes constructions;*

CHAPITRE VI. — *Organisation générale des chantiers, avec observations sur la condition matérielle et morale des ouvriers employés aux travaux publics.*

PROCÉDÉS

ET

MATÉRIAUX DE CONSTRUCTION

CINQUIÈME PARTIE

CHAPITRE PREMIER

APPAREILS DE LEVAGE ET DE BARDAGE

Parmi les procédés en usage pour le transport, le bardage et la mise en place des matériaux, il en est de très simples dont l'invention remonte aux époques où les grands travaux étaient rares et la mécanique peu avancée; on les a conservés pour tous les travaux de faible importance et on les emploie encore concurremment avec les nouveaux procédés.

Ces derniers ont profité du progrès des sciences et rendent au constructeur de précieux services; ils permettent d'exécuter rapidement et économiquement de nombreuses opérations, autrefois longues et coûteuses.

Nous donnerons ici une description de ces appareils en nous attachant particulièrement aux applications pratiques sans insister sur les théories mécaniques.

Transports directs à dos ou à bras d'hommes. — Il y a peu de chose à dire sur les transports que l'homme effectue sans le secours d'une machine. Quelquefois on a l'occasion, sur les chantiers, de faire transporter par les ouvriers des pièces de bois ou de fer; cette opération primitive demande cependant quelques précautions lorsqu'elle exige le concours de plusieurs ; soit par exemple une longue poutre que les hommes transportent sur leurs épaules : ils se disposent alternativement l'un à droite, l'autre à gauche de la poutre, afin de n'être point forcés de la maintenir avec le bras ; ils marchent du même pas et en cadence pour éviter les secousses ; ils se placent, en outre, par ordre de grandeur afin de se répartir également la charge.

Quand un ouvrier est seul et qu'il porte un fardeau soit sur l'épaule, soit sur la tête, il a soin de soutenir directement le centre de gravité du fardeau. Les manœuvres montent ainsi à de grandes hauteurs des auges pleines de mortier qu'ils placent en équilibre sur leur tête, opération qui n'est point sans exiger beaucoup de force et d'habitude.

Souvent encore, on voit des ouvriers étagés sur une échelle ou sur des échafauds se lancer de l'un à l'autre des briques, des tuiles, des ardoises et des moellons ; quelque habitude qu'ils aient de ce travail, quelque agilité qu'ils y mettent, on doit le proscrire sur les grands chantiers, car il n'est pas économique et exige le concours d'un nombreux personnel.

Il ne convient même plus aux petits chantiers, car on peut aujourd'hui se procurer partout, et à bon compte, des treuils simples et solides et l'on a vite couvert, par l'économie réalisée, la dépense première.

Classification des appareils de montage et de bardage. — On peut adopter deux bases différentes pour la classification de ces appareils et les considérer soit *sous le rapport du moteur qui les anime,* soit *sous le rapport des mouvements qu'ils produisent.*

1° *Classification d'après les moteurs*. — Le plus souvent c'est aux moteurs animés, hommes ou chevaux, que l'on a recours ; mais, dès que l'importance d'un chantier devient notable, il y a avantage à se servir de la vapeur et à installer une ou plusieurs locomobiles. Accidentellement il arrive que l'on trouve, au voisinage des chantiers, une chute d'eau disponible ; il peut convenir alors de l'utiliser soit sur place, soit en recueillant le travail qu'elle donne et en le transportant au point où il doit être consommé ; le transport se fait par des câbles télodynamiques, par l'air comprimé, par l'eau comprimée ou par l'électricité. Ce transport de la force à distance est très séduisant ; mais il ne faut pas oublier qu'il exige presque toujours des installations coûteuses, qui ne sont pas susceptibles d'être utilisées ailleurs après l'achèvement des travaux, comme on fait d'une locomobile ; il est donc nécessaire de porter au compte de l'opération un taux d'amortissement très élevé. Aussi est-il rare que ces installations soient à recommander au point de vue économique pour des travaux ordinaires, qui ne durent que deux ou trois campagnes ; quelque brillante et séduisante que soit une opération de ce genre, il faut ne l'adopter qu'après l'avoir soumise à un calcul sévère en ce qui touche les prix de revient. Il va sans dire que la marge est beaucoup plus grande lorsqu'il s'agit d'une opération de longue haleine.

Les moteurs à air comprimé, sur lesquels on avait fondé d'abord de grandes espérances, ne sont pas répandus dans les chantiers de travaux publics; la principale application en a été faite dans les tunnels parce qu'ils y remplissaient un double but : donner de la force motrice et faire office de ventilateurs.

On s'en est servi aussi sur les chantiers de fondations à l'air comprimé, parce qu'ayant cette puissance sous la main, il était tout naturel de l'utiliser dans toutes les machines du chantier; nous avons traité ce sujet dans un précédent volume.

Reste à considérer le transport de la force par l'eau comprimée; ce procédé se propage de plus en plus et peut devenir avantageux, même sur des chantiers ordinaires, comme nous l'avons montré en parlant des riveuses hydrauliques. Nous étudierons donc avec soin les appareils hydrauliques de bardage et de montage.

Quant à la question du transport de la force par l'électricité, elle est presque résolue et nous entrons dans la période des essais pratiques.

Pour le moment, nous n'avons donc à passer en revue que les engins ordinaires de montage et de bardage, connus pour la plupart depuis fort longtemps, tels que les treuils et les grues.

2° *Classification cinématique.* — Les engins de bardage et de transport peuvent être considérés, indépendamment de leur moteur, d'après les mouvements qu'ils exécutent.

Les plus simples ne produisent qu'un mouvement rectiligne; tel est le cas d'un treuil ordinaire fixe qui monte un fardeau.

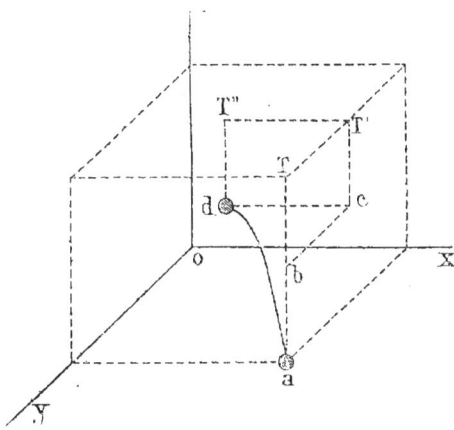

Fig. 1.

D'autres peuvent produire sur le fardeau deux déplacements dans deux directions perpendiculaires entre elles : tel est le cas d'un treuil, qui se meut sur une voie ferrée; il peut porter un fardeau d'un point quelconque à un autre dans le plan qui comprend les deux directions perpendiculaires. C'est une application du système des coordonnées rectangulaires planes.

Les plus compliqués sont ceux qui peuvent donner au fardeau trois déplacements dans trois directions rectangulaires entre elles ; c'est une application des coordonnées rectangulaires de l'espace. Elle est réalisée par un treuil, mobile sur une voie ferrée, montée sur un chariot qui lui-même roule sur une autre voie ferrée. Avec ce système on peut porter un fardeau d'un point de l'espace à un autre point quelconque, du moins à l'intérieur de la zone d'action de l'appareil ; soit un fardeau à amener de a en d ; le treuil T est amené à l'aplomb de a et soulève le fardeau verticalement jusqu'en b à la hauteur de la position finale d que l'on veut obtenir ; puis le treuil est déplacé sur son chariot de T en T' et il entraîne le fardeau de b en c ; enfin le chariot roulant est poussé sur sa voie et le treuil est amené avec lui de T' en T'' ; par suite le fardeau est arrivé au point d qu'il doit occuper. En réalité, les trois mouvements peuvent s'effectuer et s'effectuent souvent d'une manière simultanée, et le fardeau décrit une courbe plus ou moins compliquée, qui serait la ligne droite ad si les trois mouvements étaient uniformes.

Aux appareils basés sur les coordonnées rectangulaires, on substitue fréquemment des appareils à coordonnées polaires, dont le type est la grue ordinaire à bras oblique ; au sommet a de ce bras est une poulie sur laquelle passe une chaîne qui vient s'enrouler sur un treuil placé en o au bas de la grue et qui soulève le fardeau f. Si le bras est fixe, le fardeau ne peut être déplacé que le long de la verticale af ; mais, généralement, la grue peut tourner autour de la verticale ox, de sorte que la chaîne af décrit un cylindre autour de cette verticale, le fardeau peut alors être porté en un point quelconque de cette surface cylindrique. Si, de plus, le bras de la grue est mobile dans le plan vertical aox, ce bras peut se rapprocher ou s'éloigner de

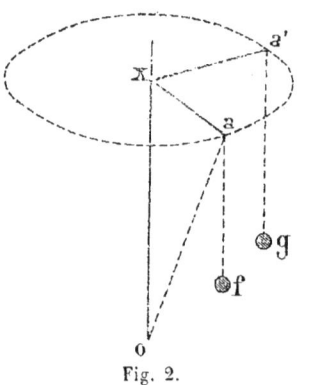

Fig. 2.

la verticale ; de la sorte, par trois mouvements consécutifs ou simultanés, un fardeau peut être amené d'un point à un autre point quelconque de l'espace compris dans la zone d'action de l'appareil.

C'est à ces appareils à bras incliné qu'il faut réserver le nom de *grues* que leur forme même leur a fait donner à l'origine.

Choix à faire entre les appareils à coordonnées rectangulaires et les appareils à coordonnées polaires. — Les appareils à coordonnées rectangulaires conviennent pour le service des ouvrages dont une des dimensions horizontales est prédominante par rapport aux deux autres dimensions ; tels sont les ponts et les viaducs ; le bardage des matériaux s'y fait par un treuil, mobile sur un chariot, qui lui-même se meut sur une voie ferrée parallèle à la grande dimension de l'ouvrage.

Les appareils à coordonnées polaires conviennent au contraire pour les déplacements à distance constante, tels que les chargements et déchargements dans les gares de chemin de fer, et pour le bardage des matériaux dans les édifices dont les dimensions horizontales sont relativement faibles, les tours et les phares par exemple.

Ce sont, en somme, les appareils à déplacements rectangulaires que l'on rencontre d'ordinaire dans les travaux publics et sur lesquels nous insisterons particulièrement.

Il convient, du reste, de placer en tête de l'étude des moyens de bardage et de transport quelques notions sur le travail des moteurs animés et des locomobiles, de sorte que cette étude se divisera en quatre sections :

1° Notions sur le travail des moteurs animés et des locomobiles ;
2° Appareils simples de bardage et de transport ;
3° Grues, ou appareils à coordonnées polaires ;
4° Treuils roulants, ou appareils à coordonnées rectangulaires.

1° NOTIONS SUR LE TRAVAIL DES MOTEURS ANIMÉS ET DES LOCOMOBILES

Travail de l'homme. — Malgré le développement des machines, il faudra toujours recourir à la force musculaire de l'homme. Elle est coûteuse et très limitée, mais elle est susceptible d'une grande variation dans les degrés de tension, de vitesse et de direction ; elle tient peu de place, emprunte l'intermédiaire de machines simples et s'accommode à chaque instant aux résistances qu'elle doit vaincre.

L'action journalière de l'homme, en kilogrammètres, est le produit R. V. T. de :

1° L'effort moyen à la seconde R ;
2° La vitesse V du point d'application de cet effort ;
3° La durée T du travail réel par vingt-quatre heures.

On s'est demandé souvent si l'on pouvait, en conservant la constance du travail, c'est-à-dire du produit R. V. T, faire varier dans des limites étendues chacun des trois éléments. Cette possibilité, qui même pour les machines est renfermée dans des limites peu étendues, est encore moins accusée chez les moteurs animés. Il existe, pour chaque moteur animé et pour chaque travail qu'on lui demande, des valeurs de l'effort, de la vitesse et de la durée d'action journalière pour lesquelles cette action, c'est-à-dire le produit des trois éléments, est maximum, et ce sont ces valeurs qu'il convient de rechercher. Il pourra se faire notamment que l'augmentation dans la durée du travail journalier se traduise par une diminution de l'effet utile, c'est-à-dire du travail mécanique.

Il ne faut pas confondre la durée T du travail effectif avec le temps que l'homme passe sur l'atelier ou près de la machine qu'il fait mouvoir. D'ordinaire ces deux temps sont bien différents ; la durée des haltes, par exemple, s'il s'agit de la marche, est un temps de repos qui n'entre pas dans la valeur de T. Il en est de même de tout travail exigeant une alternative d'action et de repos.

On remarque que la durée T de l'action effective diminue quand l'effort augmente et la diminution est très considérable pour les grands efforts. C'est entre huit et dix heures que se produit le maximum d'effet utile.

Dans les pays chauds, cet effet utile diminue beaucoup ; la transpiration affaiblit l'ouvrier, et Coulomb a constaté, notamment à la Martinique, que les manœuvres n'étaient pas capables de la moitié de l'action journalière qu'ils fournissaient en Europe.

Vitesse de l'homme. — L'homme qui marche en plaine prend une vitesse de 13 à 16 décimètres par seconde ; lorsqu'il tire ou qu'il agit par son poids sur une roue, sa vitesse est seulement de 3 à 4 décimètres ; on compte d'ordinaire $0^m,33$ pour la vitesse d'un homme qui tire un bateau ou qui monte une roue à chevilles.

L'homme qui court sans charge peut atteindre, pendant une demi-minute, la vitesse de 7 mètres à la seconde, mais c'est un chiffre qui s'applique seulement à des coureurs de profession.

La troupe d'infanterie fait à la minute :

Au pas ordinaire, 76 pas et parcourt 50 mètres ;
Au pas accéléré, 100 pas et parcourt 66 mètres ;
Au pas gymnastique, 200 pas et parcourt 130 mètres.

Ce qui donne une vitesse de $0^m,8$, $1^m,1$ ou $2^m,1$ à la seconde.

La longueur du pas ordinaire ou accéléré est de $0^m,66$, soit trois pas pour 2 mètres.

L'homme marchant librement et sans charge parcourt en plaine 40 à 50 kilomètres, en huit à dix heures, par journée.

Travail de l'homme en diverses circonstances. — D'après Borda et Coulomb un homme a terminé sa journée lorsqu'il *a gravi, en pays de montagne*, une hauteur de 2 kilomètres en huit heures de marche. Cet homme, libre et non chargé, a donc élevé son corps, pesant 60 kilogrammes, à 2,000 mètres, c'est-à-dire qu'il a produit un travail de 120.000 kilogrammètres.

Quand il marche à plat, on n'aperçoit pas tout d'abord le travail produit, puisqu'il n'y a point élévation du poids du corps ; en réalité, à chaque pas, le corps est soulevé plus ou moins, suivant l'habileté du marcheur. Si l'on admet un parcours journalier de 40,000 mètres, cela donne 60,000 pas ; le même travail de 120,000 kilogrammètres, trouvé plus haut pour l'ascension d'un homme pesant 60 kilogrammes, correspond à une élévation de $0^m,03$ de son centre de gravité à chaque pas qu'il fait. A l'effort dû à l'élévation du centre de gravité s'ajoute le travail nécessaire pour entretenir la vitesse de la marche et pour vaincre la résistance de l'air.

D'après Coulomb, un homme vigoureux *qui monte du bois sur son dos*, peut porter par jour, en six heures et demie, six voies de bois pesant chacune 734 kilogrammes à une hauteur de 12 mètres, ce qui donne un travail utile de 53,000 kilogrammètres; à chaque voyage, l'homme porte 66 kilogrammes, et de plus il élève son propre poids de 60 kilogrammes, d'où un travail supplémentaire de 47,000 kilogrammètres, et un travail total de 100,000 kilogrammètres pour l'homme qui monte chargé. En réalité, tout ce travail était produit pendant la montée, c'est-à-dire en une heure douze minutes par vingt-quatre heures.

Des *manœuvres, montant de la houille par un escalier roide* et incommode, portaient une charge de 35 à 40 kilogrammes et produisaient par journée un travail utile de 42 à 50 kilogrammes élevés à un kilomètre; avec le travail dû à l'élévation du corps, on arrive à un total de 100,000 kilogrammètres.

Les charges, à poids égal, fatiguent d'autant moins le porteur qu'elles sont distribuées plus également sur toutes les parties du corps. D'expériences, faites par Coulomb sur des colporteurs, il résulte que ces hommes exercés portent au plus 44 kilogrammes à 18 ou 20 kilomètres par jour.

Il est difficile de comparer entre elles ces diverses actions journalières, car on ne peut dire qu'elles sont équivalentes que lorsqu'elles produisent le même degré de fatigue.

Le travail donné par un *homme qui pousse une brouette*, pesant à vide 30 kilogrammes et chargée de 70 kilogrammes, a donné lieu à de nombreuses expériences de Vauban et de Coulomb; l'homme, saisissant les bras de la brouette à environ 1^m,50 de l'essieu, peut faire par jour cinq cents voyages à la distance de 29 mètres, ce qui donne un transport utile de 70 kilogrammes à 14 kilomètres et demi, supérieur à celui du colporteur, qui n'est que de 44 kilogrammes à 20 kilomètres, et encore celui-ci est-il beaucoup plus fatigué que le rouleur de brouettes.

La tension transmise aux bras d'un brouetteur est de 18 à 20 kilogrammes, et il exerce en outre, sur un terrain sec et uni, un effort de 2 à 3 kilogrammes.

Nous avons montré précédemment l'immense perfectionnement réalisé par la substitution des chemins de fer portatifs à la brouette, qui finira par être détrônée sur tous les grands chantiers.

C'est *en agissant par son poids* que le moteur humain produit le maximum de travail. Ainsi l'homme, pesant 60 kilogrammes, peut journellement imprimer à une roue à chevilles de 6 mètres de diamètre une vitesse à la circonférence de 0^m,15 par seconde pendant huit heures, ce qui donne un travail de 259,000 kilogrammètres. Autrefois, les forçats faisaient mouvoir dans nos ports de guerre de ces grandes roues portant un escalier à l'intérieur et à l'extérieur, et ces roues actionnaient des dragues ou d'autres engins; cette besogne fastidieuse n'est plus guère imposée aujourd'hui qu'aux écureuils et aux chiens des rémouleurs et des forgerons.

On a cherché à utiliser mieux encore le poids de l'homme avec l'appareil appelé *barotrope*, sorte de rouet à deux pédales sur lesquelles est monté un homme qui porte son poids alternativement sur l'une et sur l'autre pédale. Les deux pédales agissent sur deux bielles, articulées avec deux manivelles opposées, montées sur le même arbre qui fait mouvoir un outil que l'ouvrier peut diriger. Un travail continu de cinq heures a fourni avec le barotrope 205,000 kilogrammètres.

On a eu l'idée d'ajouter à cet appareil un système de leviers sur lesquels l'ouvrier moteur agit avec les mains sans cesser d'agir sur les pédales avec les pieds ; il arrive, paraît-il, à fournir avec cet engin, appelé *baromoteur*, un travail de 15 kilogrammètres à la seconde, ou 54,000 kilogrammètres à l'heure ; mais il faudrait savoir, pour apprécier la valeur économique du système, combien de temps l'ouvrier moteur résiste à la besogne qu'on lui impose.

Un homme, *travaillant à soulever le mouton d'une sonnette*, soulève 19 kilogrammes du poids du mouton à 1^m,10 de hauteur et bat vingt coups par minute en trois heures de travail effectif par journée, ce qui donne un travail mécanique de 75,000 kilogrammètres. Mais la part de 19 kilogrammes pour chaque homme est un peu trop forte, et il faudrait la réduire à 15 kilogrammes. C'est à peu près l'effort qu'on demande à un homme qui tire de l'eau d'un puits avec une corde à poulie.

L'homme *tournant une manivelle* de 0^m,40 de rayon, peut exercer un effort tangentiel moyen de 7 à 9 kilogrammes. Dans la pratique, on peut admettre un effort continu de 9 kilogrammes avec une vitesse de 0^m,60 pendant huit heures de travail effectif, ce qui donne un travail de 155,500 kilogrammètres.

Un homme *qui pousse en marchant* ou *qui tire à la bricole*, peut exercer un effort continu de 10 kilogrammes et parcourir 11 kilomètres par journée de travail.

Accidentellement, l'homme peut exercer une *poussée* ou une *traction* horizontale allant à 50 ou 60 kilogrammes. Il peut soulever un instant 200 à 300 kilogrammes et porter à une petite distance 150 kilogrammes ; mais il ne s'agit pas là de travaux continus.

L'effet utile du *travail d'une femme* ne dépasse pas les deux tiers de celui de l'homme, et celui d'un jeune homme de quinze à seize ans la moitié.

Prix de revient du travail par manœuvres comparé à celui du travail par locomobile. — Une locomobile de six chevaux effectifs, coûtant 3,000 francs et travaillant deux cent cinquante jours par an, coûte par journée de dix heures :

Intérêt et amortissement, 1,000 francs par an, et par jour.	4 fr. »
Un mécanicien	5 »
240 kilogrammes de charbon à 0 fr. 04 (4 kilogrammes par cheval et par heure).	9 60
Huile, graisse, chiffons.	1 »
Dépense totale.	19 fr. 60

Le travail mécanique produit par la locomobile en huit heures est de 12,960,000 kilogrammètres, mais le mécanisme qui utilise ce travail en consomme une certaine proportion, et il est prudent de compter seulement sur un rendement de 50 p. 100, c'est-à-dire sur 6,480,000 kilogrammètres.

Pour produire le même travail, il faudrait cent cinquante ouvriers montant des fardeaux sur le dos, ou environ cinquante ouvriers tournant à la manivelle, ainsi que cela résulte des expériences ci-dessus relatées.

Le travail par manœuvres ne deviendrait économique que si le prix de la journée d'homme tombait à 0 fr. 15 dans le premier cas, transport à dos d'hommes, et à 0 fr. 45 dans le deuxième cas, treuil à manivelle.

Ainsi la locomobile est toujours plus économique que la force musculaire de l'homme, dès qu'il s'agit d'une opération de quelque importance et de quelque durée; car si la locomobile ne devait fonctionner que par intermittence et quelques jours seulement, les faux frais absorberaient et au delà le bénéfice qu'on pourrait en tirer.

Une petite locomobile de deux chevaux serait plus économique qu'un treuil à bras pour le montage des matériaux, dès que le prix de la journée de manœuvre dépasse 0 fr. 75.

Travail du cheval. — Le poids moyen d'un bon cheval de trait français est de 225 à 230 kilogrammes; sa taille, mesurée au sommet du garot, est de 14 à 15 décimètres. Sa ration journalière est d'une demi-botte de foin, deux bottes de paille et 13 litres ou $5^k,75$ d'avoine; la botte de foin ou de paille pèse environ 5 kilogrammes.

La vitesse du cheval de course peut atteindre 15 mètres à la seconde, mais la cavalerie fait par minute :

Au pas ordinaire, 120 pas et parcourt 100 mètres;
Au trot, 180 pas et parcourt 200 mètres;
Au galop, 100 pas et parcourt 320 mètres;

ce qui donne pour vitesse à la seconde : $1^m,66$, $3^m,3$ et $5^m,3$; et pour longueur du pas : $0^m,83$ au pas ordinaire, $1^m,11$ au trot et $3^m,20$ au galop.

Le pas de l'homme, plus ou moins accéléré, est toujours à peu près de la même longueur; l'inégalité du pas du cheval provient de ce qu'il s'élance en courant et franchit un espace qui s'ajoute au pas ordinaire.

Un bon cheval, chargé d'environ 80 kilogrammes, cavalier compris, peut parcourir journellement, en sept ou huit heures, 40 kilomètres, ce qui donne pour sa vitesse $1^m,4$ à $1^m,5$ par seconde.

Le bon cheval de roulier ne parcourt guère que 36 kilomètres, avec une charge nette de 750 kilogrammes, charge qui est augmentée de 250 kilogrammes par le poids du véhicule.

Le travail régulier que peut donner *un bon cheval de roulage* correspond à une traction d'environ 55 kilogrammes, avec une vitesse de 1 mètre à la seconde et neuf heures de travail effectif. Le produit est de 1,980,000 kilogrammètres. Dans les meilleures conditions, il ne faut pas compter davantage.

Accidentellement, l'effort de traction du cheval peut s'élever à 300 et 400 kilogrammes; mais ce n'est là qu'un effet instantané.

Le travail d'un cheval attelé, au trot, cheval de diligence par exemple, ne dépasse guère 1,500,000 kilogrammètres.

Celui du cheval attelé à un manège, allant au pas à la vitesse de $0^m,90$, exerçant une traction de 45 kilogrammes et travaillant huit heures par jour, est de 1,166,000 kilogrammètres.

Un bœuf vigoureux produit à peu près ce travail, la vitesse tombe à $0^m,60$ et la traction s'élève à 65 kilogrammes.

Le travail du mulet, au manège, tombe à 770,000 kilogrammètres, et celui de l'âne à 322,000 kilogrammètres par journée de huit heures.

Le travail du cheval est surtout productif lorsqu'il *se meut en palier*; quand il doit tirer et en même temps gravir une rampe sensible, l'effet utile diminue rapidement. Ainsi, s'agit-il de faire monter des wagonnets sur une rampe, il y aura grand avantage à faire marcher le cheval sur un palier et à transmettre l'effort qu'il donne à l'aide de cordages et de poulies.

Manège ou baritel. — Pour l'extraction dans les mines et les carrières, on s'est servi beaucoup et on se sert encore du manège à baritel. — Deux, trois ou quatre chevaux tirent sur des bras horizontaux et font tourner un arbre vertical qui porte à sa partie haute le tambour ou baritel sur lequel s'enroulent deux câbles en sens contraire; un câble monte pendant que l'autre descend, et ils portent deux bennes dont les poids s'équilibrent (Pl. III).

Les bras du manège ont une longueur comprise entre 4 mètres et $2^m,50$; il y a grand avantage à augmenter ce dernier rayon, si l'on veut faciliter la marche et le tirage de l'animal.

Le baritel est la forme de manège la plus simple, elle peut trouver une application dans les travaux publics pour le montage des matériaux; le rapport de la longueur des bras du manège au rayon du tambour étant de 4, deux chevaux attelés au manège monteront un poids net de 360 kilogrammes avec une vitesse de $0^m,225$ à la seconde.

Mais le baritel ne convient plus lorsqu'on veut actionner par un manège une machine quelconque; il faut interposer entre la puissance et l'arbre moteur des engrenages destinés à modifier convenablement les efforts et les vitesses. C'est ce qui se fait pour les nombreux manèges en usage dans les exploitations agricoles.

La construction de ces appareils est beaucoup plus délicate qu'on ne croirait au premier abord; il faut assurer la verticalité et l'horizontalité des arbres tournants, ainsi que la stabilité des engrenages et les mettre à l'abri des pierres et autres substances étrangères; il faut, en outre, que le système soit très robuste pour résister aux chocs et à la traction irrégulière du moteur.

On distingue les *manèges en l'air* et les *manèges à terre;* ceux-ci sont d'installation plus simple, mais exigent plus de soins d'entretien.

La figure 3 représente un manège à terre à un cheval, système Albaret; l'arbre du bras moteur porte une roue dentée qui actionne un pignon monté sur un autre arbre vertical, lequel porte une roue dentée horizontale actionnant un pignon vertical qui termine l'arbre horizontal A; le mouvement de rotation de l'arbre A est transmis à un arbre incliné quelconque par un assemblage à deux simples anneaux qui remplacent un joint à la Cardan.

Ce manège est robuste, et toutes ses pièces sont montées sur un bâti en bois qu'on peut fixer partout sur une surface plane. On a parfois substitué des bras métalliques aux bras en bois, qui sont plus massifs, mais qui se trouvent partout et se remplacent sans peine.

La figure 4 représente un manège en l'air système Pinet: on peut ajuster quatre bras de tirage dans une couronne en fonte montée à frottement doux à la base d'un arbre vertical fixe et creux; cette couronne armée de dents engrène avec un pignon latéral, dont l'arbre porte une roue dentée qui actionne un autre pignon monté sur l'arbre vertical moteur, logé à l'intérieur de l'arbre vertical fixe, et terminé à son sommet par une poulie à gorge.

La figure 5 représente un autre manège monté sur truc mobile et susceptible de rendre quelques services dans les travaux publics.

Le prix des manèges est peu élevé; on peut avoir un bon

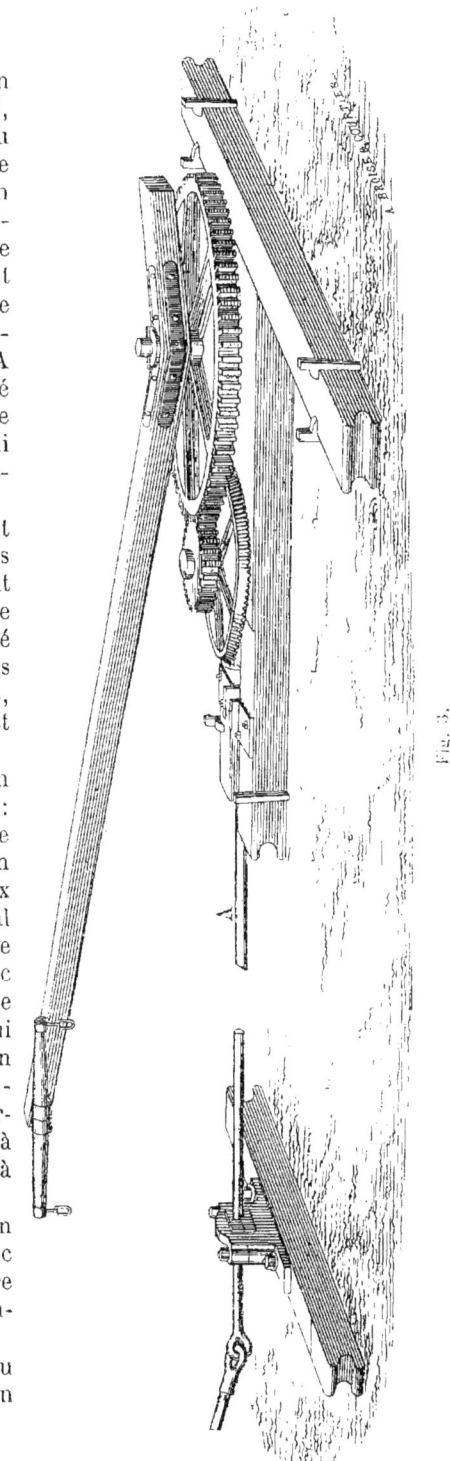

Fig. 3.

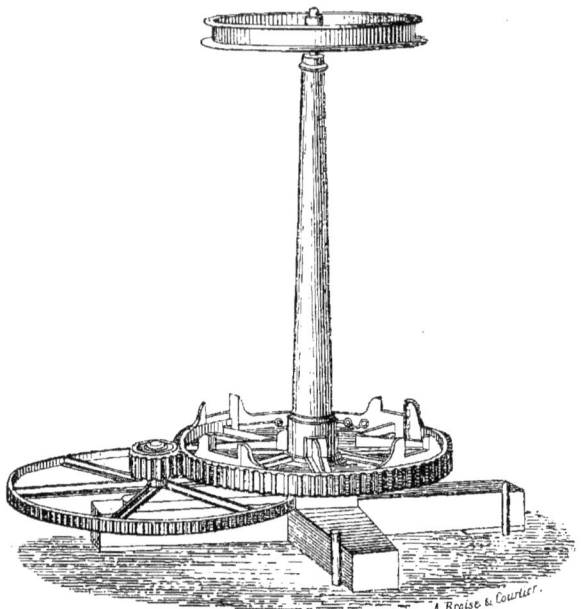

Fig. 4.

Fig. 5.

manège à un cheval pour 125 à 150 francs, et à deux chevaux pour 300 à 400 francs.

Cet appareil n'est pas, à notre avis, d'un usage assez fréquent sur les chantiers et devrait être plus répandu.

Valeur comparative du travail du cheval et du travail de la locomobile. — En général, on peut évaluer presque partout la journée du cheval en location à 6 francs ; ce prix de revient n'est pas atteint pour les chevaux employés par leur propriétaire lui-même.

Ainsi, pour 6 francs, on a un travail journalier de 1,166,000 kilogrammètres, le cheval actionnant un manège.

Une locomobile de six chevaux, travaillant huit heures, coûte 19 fr. 60, comme nous l'avons vu plus haut, et donne 12,960,000 kilogrammètres de travail brut, soit 6,480,000 kilogrammètres de travail utile, en comptant sur un rendement de 50 p. 100, car le mécanisme qui utilise le travail de la locomobile consomme de la puissance et éprouve des pertes de temps.

Le *travail utile d'un cheval-vapeur*, avec une journée de travail de huit heures, *est donc sensiblement égal au travail d'un cheval animé*. Il est vrai de dire que la locomobile pourrait, à la rigueur, travailler vingt-quatre heures par jour, et qu'alors un cheval-vapeur vaudrait trois chevaux animés ; mais, sur les chantiers de travaux, les machines font la même journée que les hommes et les chevaux.

Une journée de cheval animé coûtant 6 francs, la journée de cheval-vapeur, avec une locomobile de six chevaux, coûtera 3 fr. 25, et avec une locomobile de quatre chevaux 4 francs à 4 fr. 25.

Lorsque la journée de cheval ne revient pas à plus de 3 ou 4 francs, et que, de plus, une force ne dépassant pas trois à quatre chevaux est suffisante, il y aura souvent avantage économique sur les chantiers à substituer le manège à chevaux à la locomobile pour le montage des matériaux, surtout lorsqu'il ne s'agit pas d'une construction de grande importance et qu'on n'a pas sous la main des locomobiles dont le capital soit déjà en grande partie amorti.

Observations sur l'emploi des locomobiles. — Les locomobiles ne datent guère que de 1830 et sont arrivées aujourd'hui à leur perfection.

La véritable locomobile pratique ne dépasse guère la puissance de dix chevaux, sans quoi elle cesserait d'être maniable ; le modèle le plus convenable pour chantier de construction est de la puissance de six à huit chevaux.

Une locomobile de six chevaux pèse 2,500 à 3,000 kilogrammes, et une locomobile de dix chevaux 4,000 kilogrammes ; les prix respectifs sont 4,500 francs et 7,500 francs.

La locomobile doit être d'un entretien facile et d'un mécanisme simple et robuste : c'est une condition capitale sur les chantiers, où les machines sont exposées à des intempéries, à des chocs, et où l'on n'a pas sous la main des mécaniciens expérimentés ni les outils nécessaires pour des réparations délicates. L'alimentation d'eau et le graissage ne doivent offrir aucune complication ; l'ajustage de toutes les pièces doit être nettement indiqué par des repères.

Si, après avoir réalisé ces conditions, on obtient en outre une consommation de combustible aussi réduite que possible, la machine est parfaite ; mais il ne faut pas oublier que l'économie de combustible est souvent un point secondaire sur des chantiers intermittents ; une dépense supplémentaire de 2 ou 3 francs de charbon par jour est insignifiante pour quelques jours de travail, si l'on est, grâce à cette faible somme, assuré contre tout chômage. Il va sans dire que nous ne posons point cela en principe et qu'il est toujours bon de ne pas gâcher le combustible et de réaliser les économies compatibles avec la bonne marche du travail.

Quoi qu'il en soit, il est prudent de compter, pour les machines de chantiers, sur une consommation de 4 kilogrammes de charbon par heure et par cheval utile.

Le constructeur doit s'appliquer à n'employer dans la locomobile que les transmissions les plus simples, afin que l'on puisse en un instant, au moyen d'une courroie, atteler un outil quelconque à la machine. Presque toujours la locomobile est employée à un travail essentiellement variable ; il est donc nécessaire qu'elle soit munie d'un régulateur à main pour l'admission de la vapeur et d'un appareil à détente variable. L'usage de ces organes doit être nettement indiqué. Le régulateur automatique est précieux aussi pour régulariser l'allure de la machine.

La locomobile doit, bien entendu, être pourvue de tous les appareils de sûreté réglementaires, et c'est un devoir absolu pour le chef du chantier de s'assurer fréquemment que ces appareils fonctionnent d'une manière satisfaisante, et de surveiller l'alimentation et le nettoyage périodiques de la chaudière.

Autant que possible, il ne faut pas que la locomobile fonctionne en plein air, car les intempéries l'arrêteraient, ou tout au moins détérioreraient les organes et dérangeraient les transmissions ; il est toujours facile de lui construire un abri en planches.

La plupart des constructeurs montent leurs locomobiles sur des trains et des roues en fer et fonte ; nous préférons les trains solides en bois, bien construits, parce qu'il est facile de les remplacer et de les réparer partout et qu'ils résistent mieux aux cahots et aux chocs.

Il convient de ménager un libre jeu à la dilatation de la chaudière ; en général, elle porte le mécanisme qui est monté sur une plaque de fonte. Cette plaque est reliée d'un bout à la chaudière par des boulons ajustés à force sur la boîte à fumée, et de l'autre par un boulon à rainure fixé sur le corps cylindrique de la chaudière. Cette disposition laisse toute liberté à la dilatation de la chaudière et le mécanisme ne peut ainsi être forcé.

La considération de la vitesse à imprimer à l'outil qu'une locomobile doit mouvoir est très importante. — Le nombre de tours que l'arbre d'une locomobile donnée peut faire à la minute, varie entre des limites assez rapprochées, et il est possible que sa vitesse normale soit trop forte ou trop faible pour l'allure régulière de l'outil. Nous avons déjà signalé ce fait que beaucoup de locomobiles étaient incapables de donner une vitesse suffisante par exemple à des pompes rotatives; comme on ne peut agir sur le piston pour en accélérer les battements dans la proportion voulue, il faut alors augmenter, à l'aide d'une fourrure en bois, le diamètre du volant qui actionne la courroie mobile de l'outil. Dans d'autres circonstances, la vitesse pourra se trouver trop grande et on sera forcé de recourir à un engrenage intermédiaire. En général, le nombre de tours de l'arbre d'une locomobile ordinaire est de cent dix à cent vingt à la minute.

Le combustible ordinairement employé au chauffage des locomobiles est la houille; cependant il peut y avoir parfois avantage et même obligation à employer un autre combustible, le bois ou la paille par exemple, et il convient d'aménager le foyer en conséquence. Pour vaporiser sept litres d'eau, il faut compter sur une consommation de :

    1 kilogramme de bonne houille.
    2 kilogrammes de tourbe.
    2,25 kilogrammes de bois.
    3 kilogrammes de tiges de coton ou de broussailles.
    3,75 kilogrammes de paille de froment.

Si l'on a soin de donner au foyer de grandes dimensions, on pourra à la rigueur y brûler de la tourbe ou du bois, bien qu'il ait été construit en vue du charbon de terre; mais pour y brûler de la paille il faut recourir à des dispositions spéciales, augmenter la capacité du foyer, donner à l'air un large accès, et assurer l'enlèvement des scories siliceuses qui se forment en abondance et qui attaquent et encombrent les barreaux de la grille.

Divers dispositifs sont en usage pour l'emploi de la paille comme combustible : la paille est engrenée entre deux rouleaux situés en avant du foyer et mus par la locomobile même, elle s'engage ainsi dans le foyer en nappe horizontale dont on règle convenablement la vitesse.

Une couche d'eau est maintenue dans le cendrier pour éteindre les flammèches et s'opposer à un échauffement excessif des barreaux, qui sont fréquemment nettoyés avec une sorte de peigne ou avec un jet de vapeur; l'espacement de ces barreaux, qui est de $0^m,02$ avec le charbon, est porté à $0^m,10$.

On compte sur une consommation de 7 à 12 kilogrammes par cheval et par heure et l'appareil de combustion exige une dépense supplémentaire de 750 francs.

2° APPAREILS SIMPLES DE BARDAGE ET DE TRANSPORT

Les appareils élémentaires servant au bardage et au transport des fardeaux sont peu nombreux ; nous décrirons successivement :

1. Les pinces et leviers ;
2. Les madriers et rouleaux ;
3. Les chariots et fardiers ;
4. Les cordages, câbles et poulies ;
5. Les treuils et cabestans ;
6. Les chèvres ;
7. Les crics, vis et vérin.

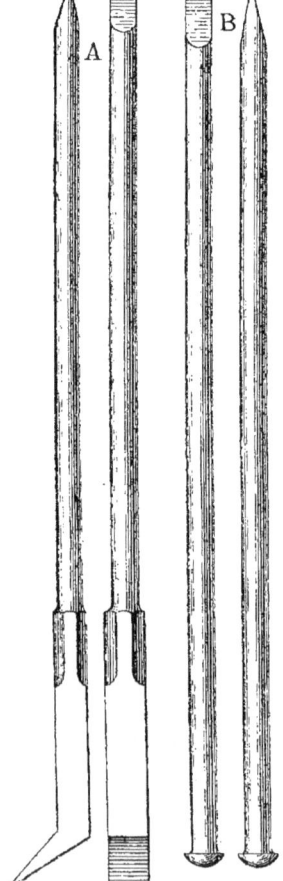

Fig. 6.

Fig. 7.

1. Pinces et leviers. — Pour imprimer aux grosses pièces de petits mouvements et pour les mettre bien en leur place ou pour les faire avancer sur des rouleaux et madriers, on se sert de *pinces* et *leviers* généralement en fer. La pince A diffère du levier B en ce qu'elle possède un bout recourbé et aplati qui lui permet de se glisser sous les pièces à mouvoir avant de les soulever. Le principe de ces engins est celui du levier ; la pince s'appuie sur le sol par son extrémité inférieure, l'ouvrier exerce un effort à la partie supérieure, et cet effort est transmis à la pièce en un point intermédiaire, mais il est multiplié par le rapport du grand bras de levier au petit.

C'est en général une bonne précaution que d'intercaler entre la pince et la pièce à mouvoir une planchette en bois, qui protège les arêtes de la pièce contre toute dégradation.

Souvent on substitue à la pince en fer un levier de bon bois, arrondi par le bout que tient l'ouvrier et simplement équarri à l'autre extrémité.

Pour l'entretien des voies ferrées, on se sert de grands leviers en bois et fer, appelés *anspects*, qui sont aussi très utiles sur les chantiers de construction. Le prix d'un de ces leviers est de 12 francs. Ils ont l'avantage d'être plus légers que les leviers en fer et de pouvoir par conséquent, à poids égal, recevoir de plus grandes dimensions.

2. Madriers et rouleaux. — Dans certains cas, on transporte les pièces en les faisant glisser sur des madriers, placés par exemple sur deux lignes parallèles au chemin à parcourir; ces madriers forment ce qu'on appelle un *chantier*. Quand on veut faciliter le mouvement, on réduit le frottement en arrosant les surfaces en contact, et mieux encore en les graissant.

Ce procédé n'est vraiment applicable que lorsqu'il s'agit de faire descendre les matériaux par un plan incliné; la pesanteur intervient pour faire une partie du travail; on peut même avoir à retenir la pièce pour modérer la descente; mais la meilleure inclinaison est évidemment celle pour laquelle il suffit d'exercer seulement un léger effort dans le sens du mouvement; la pièce ne descend pas seule, et on peut l'arrêter ou la mettre en marche pour ainsi dire à volonté.

Ces plans inclinés rendent de grands services dans les montagnes pour l'exploitation des forêts : les pièces de bois sont placées sur des traîneaux qui descendent un plan incliné, formé par des rondins transversaux plus ou moins espacés. Un seul homme suffit à diriger le traîneau.

Les *couloirs* ou *coulottes*, dans lesquels on fait descendre du sable, des cailloux, du mortier ou de la terre, sont basés sur le principe précédent.

Lorsque l'on veut faire avancer, par exemple, une pierre de taille sur des madriers, on a à vaincre le frottement de glissement, dont la valeur est bien supérieure à celle du frottement de roulement. On aura donc bien moins de travail à dépenser si l'on substitue des rouleaux aux madriers. C'est ce qui se fait d'ordinaire.

La figure 8 représente une pièce de bois que l'on transporte sur des

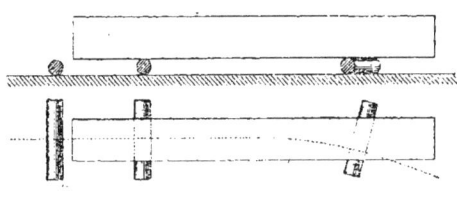

Fig. 8.

rouleaux; on la soulève d'abord, à chaque extrémité successivement, avec un levier, et on place les rouleaux, puis on pousse la pièce soit à la main, soit avec des leviers placés en arrière, soit avec des leviers placés latéralement que *l'on fait nager*, comme on dit, c'est-à-dire qu'on amène d'arrière en avant en exerçant un effort comme pour soulever la pièce, puis d'avant en arrière sans exercer d'effort, soit encore avec des cordeaux que l'on tire si l'on veut ménager les arêtes de la pièce. La vitesse avec laquelle la pièce s'avance est double de celle des rouleaux, de sorte que celui d'arrière ne tarde pas à quitter la pièce, et celle-ci basculerait si l'on n'avait soin auparavant de lui présenter en tête un troisième rouleau; trois rouleaux suffisent donc pour un voyage indéfini.

S'agit-il de changer la direction du mouvement, on incline soit le rouleau de tête, soit les deux rouleaux, et l'habitude indique bien vite les proportions à garder. On imprime aux rouleaux ce changement de direction en les frappant en tête avec un levier quelconque.

Pour faciliter ce mouvement, on donne souvent aux rouleaux une forme fusoïde, c'est-à-dire que leur diamètre va en décroissant légèrement du centre aux extrémités.

Il est bon d'insister sur ce point que le fardeau s'avance avec une

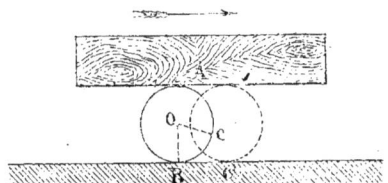

Fig. 9.

vitesse double de la vitesse de progression du rouleau; ce théorème résulte immédiatement de la considération du centre instantané de rotation, mais on peut en donner une démonstration très simple. Supposons que le rouleau O tourne d'un certain angle BOC; s'il tournait sur place, le point de contact primitif A du rouleau et du fardeau qu'il supporte subirait un déplacement précisément égal à la longueur de l'arc BC et le fardeau s'avancerait de cette longueur dans le sens de la flèche; mais, pendant le même temps, le rouleau s'est lui-même avancé sur le sol d'une longueur BC′ précisément égale à l'arc BC, de sorte que l'avancement total du fardeau est le double de l'arc BC, c'est-à-dire le double de l'avancement du rouleau.

On profite de l'avantage des rouleaux sans en avoir l'inconvénient en plaçant les pièces sur deux trucs supportés chacun par un rouleau formant essieu, comme le montre la figure 10. Au lieu de cet appareil, si

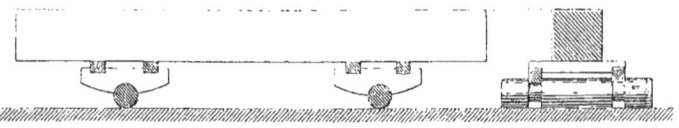

Fig. 10.

l'on prend une plate-forme montée sur essieu en fer avec deux petites roues en fonte, on a un appareil très commode, par exemple pour transporter de grandes poutres en fonte ou en fer que l'on place sur deux de ces petits chariots.

APPAREILS DE LEVAGE ET DE BARDAGE

Les constructeurs de chemins de fer portatifs ont imaginé un certain nombre de ces chariots ou trucs appropriés au transport de tels ou tels objets. Nous avons vu dans le précédent volume l'excellente application qui en a été faite au transport des blocs de pierre en carrières.

3. Chariots et fardiers. — Avant de parler des chariots, signalons pour mémoire la *civière* sur laquelle on transporte des moellons et de petites pierres de taille, la *brouette* dont nous avons déjà parlé à propos des terrassements (on a soin de se servir de brouettes à claire-voie pour transporter les moellons, afin de se débarrasser des poussières

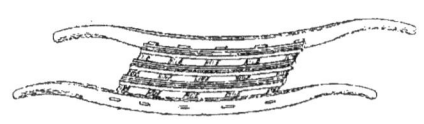

Fig. 11.

et des éclats), l'*oiseau* qui sert à transporter de petites quantités de mortier ; cet appareil est formé de deux planches assemblées à angle droit : dans la rigole qu'elles forment on place le mortier ; à la planche du dessous sont cloués deux bras, dans l'intervalle desquels un homme peut mettre le cou ; le manœuvre porte l'oiseau sur ses épaules derrière le cou, et le maintient en appuyant les mains sur les deux branches qui viennent en avant.

Cet appareil est encore très répandu, et cela ne se conçoit guère, car il donne lieu à une certaine perte de mortier, n'est pas économique et impose à des manœuvres un labeur pénible qu'il serait bien facile d'éviter ; une poulie et un cordage y suffiraient. On est étonné de voir encore tous les jours des entrepreneurs recourir à des procédés aussi barbares, même sur des chantiers importants et dans de grandes villes où la main-d'œuvre est cependant coûteuse.

La *charrette* ou voiture à deux roues, qui presque partout sert aux transports ordinaires, se compose d'un bâti horizontal monté sur un essieu en fer, dont les fusées reposent dans les moyeux de deux roues, lesquelles tournent indépendamment de l'essieu ; on empêche l'échauffement et on diminue le tirage en ayant soin de frotter de temps en temps la fusée avec une graisse quelconque ; à ce propos, on devrait bien s'éviter l'opération pénible du graissage en ménageant dans le moyeu une boîte à graisse hermétiquement fermée. Le bâti horizontal d'une charrette se compose de deux pièces longitudinales ou *limons ;* l'intervalle qui les sépare est réservé pour moitié au cheval appelé limonnier, et dans l'autre moitié on trouve des pièces transversales ou *épars*, dont les tenons sont reçus par des mortaises pratiquées dans les limons. Les épars soutiennent le plancher de la voiture ; aux limons sont fixées latéralement, par des boulons ou autrement, les pièces verticales supportant les *ridelles ;* celles-ci peuvent être pleines ou à claire-voie.

Dans les pays où les chemins sont en bon état, on se sert beaucoup de chariots à quatre roues; l'arrière-train est fixe, l'avant-train est mobile et son essieu peut tourner autour de la cheville ouvrière; la plate-forme prend alors de plus grandes dimensions, et la voiture se prête mieux au transport des matériaux encombrants.

Mais les charrettes et chariots sont en général peu commodes pour le transport des gros matériaux de construction, surtout à cause des difficultés de chargement et de déchargement.

On a recours alors au *fardier* que représente la figure 12. Ce fardier est destiné au transport des longues pièces de bois. Il se compose de grands limons assemblés par des épars; ce bâti est réuni au moyen de boulons mobiles à des pièces de bois courtes et massives, nommées

Fig. 12.

chantignolles, et qui sont fixées aux extrémités de l'essieu près des moyeux. En déplaçant les boulons des chantignolles, on peut par exemple reporter l'essieu en arrière, transporter des pièces de bois plus longues, tout en maintenant le centre de gravité de la charge un peu en avant de l'essieu, de manière que les limons compriment le cheval plutôt que de tendre à le soulever.

On soulève les pièces au moyen de cordes et de leviers; le plus souvent les cordes s'enroulent sur des rouleaux servant de treuils et manœuvrés par des leviers en bois dont l'extrémité s'engage dans des manchons mortaisés, faisant corps avec les rouleaux.

Pour le transport de grosses pierres de taille, les fardiers sont beaucoup moins longs; la pierre est suspendue sous l'essieu et on la soulève au moyen de treuils et de chaînes en fer; il faut garnir les arêtes avec des tasseaux pour éviter les écornures. Quelquefois la pièce est placée sur une civière que l'on soulève et que l'on dépose avec elle, ce qui simplifie la manœuvre. Si l'on veut transporter de la sorte de grosses pierres, on est forcé d'élever l'essieu et, par suite, de donner aux roues un grand diamètre, qui du reste favorise le tirage.

La figure 13 représente un engin de transport appelé *diable*; il se compose de deux roues réunies par un essieu, qui supporte deux chantignolles réunies par une pièce transversale dans laquelle est implantée une flèche, traversée à son extrémité par une barre transversale. Pour soulever une pièce de bois qui est sur chantier, on place au-dessus d'elle le diable, la flèche verticale, on entoure la pièce avec une chaîne serrée, et, en abaissant la flèche, on soulève la partie postérieure de la pièce ; la flèche est alors abaissée jusqu'à toucher la partie antérieure de la pièce,

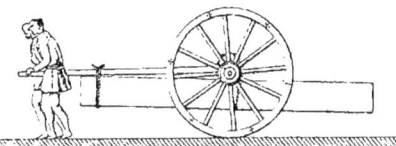

Fig. 13.

à laquelle on l'enchaîne ; le centre de gravité doit être un peu en avant de l'essieu ; les ouvriers soulèvent la barre transversale et entraînent le diable en poussant sur cette barre.

Le diable précédent est à grandes roues, on peut l'employer pour le bardage des grosses pierres de taille ; pour les pierres moyennes, on se sert d'un diable à roues basses ; le bâti est au-dessus des roues et se prolonge par une flèche médiane, qui ne doit point reposer sur l'essieu. Pour charger une pierre, on soulève la flèche de manière que le plancher du diable soit presque vertical ; puis on fait basculer la pierre sur

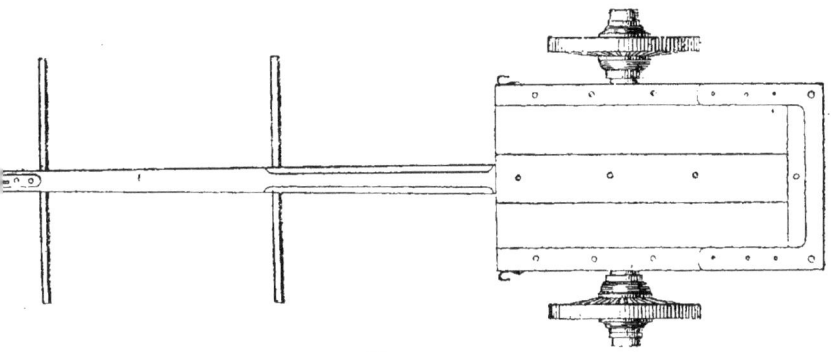

Fig. 14.

ce plancher, en la protégeant toutefois par des tampons de paille ; on rabaisse brusquement la flèche jusqu'à terre, pour faire descendre la pierre au-dessus de l'essieu, et on se met en marche. Pour le déchargement, on opère d'une manière inverse, en ayant soin de faire basculer la pierre sur des cales ou sur un chantier, afin qu'il soit facile de la reprendre. Souvent on attelle un cheval en avant de la flèche.

Le *binard* est un chariot bas à quatre roues, dont le plancher porte en général deux pièces longitudinales saillantes, sur lesquelles on fait glisser les pierres. Quelquefois il y a deux planchers, l'un fixe et garni de rails longitudinaux, l'autre mobile et porté sur des roulettes en fonte qui parcourent les rails ; ce dernier est manœuvré par un treuil, et, en inclinant le binard, on peut le faire monter ou descendre à volonté.

4. Cordages, câbles et poulies. — On a besoin de cordages et de câbles dans presque toutes les manœuvres des chantiers, et il est utile d'entrer ici dans quelques détails sur leur composition et leur mise en œuvre.

Cordages. — La matière dont on fabrique les bons cordages est la partie fibreuse de la tige du chanvre ; on soumet le chanvre récolté à une fermentation humide appelée *rouissage*, dans laquelle les fibres ne sont pas attaquées ; les matières résineuses et gommeuses sont dissoutes, l'écorce est fendillée et désagrégée. On fait ensuite sécher la plante ; puis on la broie pour séparer des filaments toutes les parties étrangères.

Les filaments, peignés et cardés, sont ensuite réunis pour former un fil. Le fil de chanvre, comme celui de lin et de coton, s'obtient en exerçant une torsion énergique sur tous les filaments accolés ; on augmente ainsi le frottement de ces filaments dans une énorme proportion, et d'un assemblage sans résistance on fait, par la torsion, un tout capable de résister à de grands poids.

Le fil primitif ainsi obtenu, abandonné à lui-même, se détord et perd sa résistance ; on combat cet inconvénient en tordant ensemble plusieurs fils primitifs, ce qui donne un *fil bitord*.

Le fil élémentaire du cordier est appelé *fil de caret*, il a deux millimètres de diamètre.

Trois fils de caret, réunis par une seconde torsion, forment un *merlin*. Plus de trois fils de caret, réunis par une seconde torsion, forment un *toron*. En tordant ensemble plusieurs torons, on obtient une *aussière*, et en tordant ensemble plusieurs aussières, on obtient un *câble*.

Le chanvre donne un fil grossier et jaunâtre, mais c'est le plus résistant ; il faut rejeter tout cordage sur lequel on remarque des traces de décomposition ou de pourriture ; un bon cordage doit être souple, très dur, non tacheté et sans odeur de moisi.

Les cordes goudronnées, savonnées ou mouillées ont moins de durée et moins de résistance ; il semble que le frottement des fibres élémentaires, les unes contre les autres, se fasse plus facilement.

Nœuds. — Les nœuds sont les assemblages de cordages soit entre eux, soit avec des anneaux, soit avec des pièces de bois ou de fer. — Voici la description des principaux nœuds :

A et B représentent une *ganse* vue dans les deux sens ; presque tous les nœuds commencent par une ganse ;

C, *nœud simple*, commencé et fini ;

D, *nœud allemand*, commencé et fini ;

E, *nœud en lacs*, commencé et fini ;

F, *nœud double*, commencé et fini. La corde est tortillée deux fois en passant deux fois dans la ganse. On peut faire de même un nœud triple, quadruple, etc.

APPAREILS DE LEVAGE ET DE BARDAGE

La planche 1 représente les autres nœuds usuels :

Figures 1 et 2, *boucle,* commencée et finie.

Figure 3, *boucle coulante,* avec laquelle on termine un cordage ;

Figures 4 et 5, *nœud de tisserand,* commencé et fini.

Figures 6 et 7, *nœud droit,* commencé et fini. S'appelle aussi nœud de marin et nœud plat : il est bon dans les usages ordinaires et pour de petits cordages ; dans les manœuvres, il n'est pas solide, et se défait aisément.

Figures 8, 9, 10, nœud appelé par les marins *nœud à plein poing ;* il ne se dénoue jamais et ne glisse pas ; mais les cordes étant pliées très court, sont exposées à se rompre près du nœud.

Figures 11 et 12, *point anglais,* commencé et fini.

Figure 13, *point à deux ligatures :* bon, mais long à exécuter.

Amarrage sur organeaux :

Figure 14, *amarre en tête d'alouette avec ligature.*

Figure 15, *amarre en tête d'alouette sur boucle de galère :* cette amarre a l'avantage qu'on peut désamarrer subitement en enlevant le billot qui constitue le nœud d'alouette.

Figure 16, *amarre ou nœud de marine.*

Figure 17, *amarre ou nœud de réverbère.*

Figures 18, 19, 20, *ligature portugaise* servant à réunir deux bigues égales pour en faire usage comme d'une chèvre. Les figures 18, 19 montrent les deux bigues accolées et ligaturées ; les bouts de cordages sont tordus et enlacés dans les derniers tours ; lorsque la ligature est faite, on écarte les bigues en les croisant à la manière d'une croix de Saint-André. Par ce moyen, la ligature serre forte-

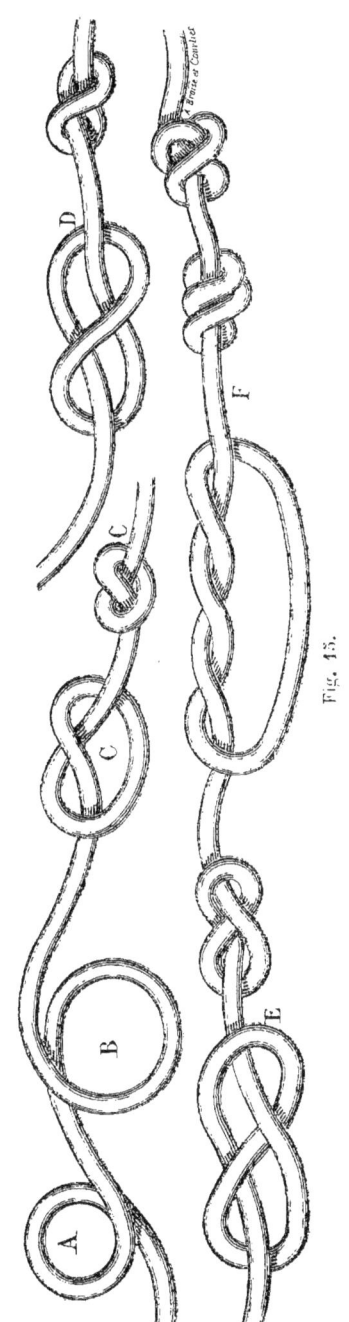

Fig. 15.

ment les bigues; pour achever de la consolider, on l'entoure d'un collier fait de plusieurs tours d'un petit cordage passant entre les bigues et dont les bouts sont noués.

La figure 21 représente ce qu'on appelle un *brellage à garot*, qui sert à rassembler deux pièces de bois, à maintenir, par exemple, une pièce que l'on enfonce le long du madrier vertical qui sert de glissière au mouton. Avec le cordage (*a*), on fait deux ou trois tours autour des deux pièces sans les serrer; puis on introduit entre le cordage et le bois, le garot (*mn*) auquel on fait subir une rotation; on augmente ainsi la tension autant qu'on le veut; pour maintenir le garot, on en fixe l'extrémité à un point fixe (*q*) par un lien (*pq*).

Pour prolonger par un autre cordage un cordage trop court, il arrive souvent qu'on ne peut faire un nœud, parce que le cordage doit, par exemple, passer dans la gorge d'une poulie. On fait alors une *épissure*, comme le montre la figure 22 : on accole les deux cordages et on les serre l'un contre l'autre par un cordelet; cet assemblage est très résistant.

Nous ne pouvons qu'engager le lecteur à exécuter lui-même les différents nœuds avec une ficelle, afin de les connaître parfaitement.

Résistance des cordages en chanvre ou en aloès. — Les accidents dus à la rupture des cordages et des câbles sont malheureusement trop fréquents et causent chaque année la mort d'un certain nombre d'ouvriers. Et cependant la plupart de ces accidents pourraient être évités par une surveillance attentive, car les cordages, en matière végétale, ne cèdent pas brusquement et l'on est averti du danger par leur mauvaise apparence et par des ruptures partielles; il n'en est pas tout à fait de même avec les câbles métalliques.

Il faut donc visiter avec soin les câbles et cordages à intervalles rapprochés et rejeter tous ceux qui présentent des traces de désorganisation.

Les cordages en chanvre ne se conservent bien que dans une atmosphère sèche; ils ne peuvent convenir notamment à des puits humides. Ils ne conviennent pas non plus à une température élevée et on doit leur substituer alors les câbles métalliques.

Le goudronnage augmente la durée des câbles. Il ne suffit pas de goudronner le cordage fabriqué, il faut passer dans un bain de goudron le fil qui sert à le fabriquer; mais la proportion de goudron conservée par le fil ne doit pas dépasser 20 p. 100 du poids.

La fibre de l'aloès ou agave d'Amérique, chanvre de Manille, a le grand avantage de se plaire dans l'humidité; elle convient donc aux puits humides et on l'arrose lorsqu'elle est exposée à une chaleur sèche. En hiver, la gelée rend cassants les cordages d'aloès et il faut les passer sur un foyer.

La tension de rupture varie de :

400 à 600 kilogrammes par centimètre carré pour les cordages en chanvre.

400 à 800 kilogrammes par centimètre carré pour les cordages en aloès.

APPAREILS DE LEVAGE ET DE BARDAGE

Les *tensions pratiques* qu'on impose aux cordages en chanvre ou en aloès sont les mêmes et ne dépassent pas :
75 kilogrammes par centimètre carré,
Ou 60 kilogrammes par centimètre circulaire.

Les câbles en chanvre ou en aloès pèsent à peu près 1 kilogramme le litre ; donc, ces câbles peuvent être chargés dans la pratique de 750 fois leur poids.

Voici les poids et les résistances pratiques des câbles ronds ou plats :

Câbles ronds en chanvre.

	CHANVRE NON GOUDRONNÉ			CHANVRE GOUDRONNÉ	
DIAMÈTRES	POIDS par mètre.	CHARGES pouvant être portées.	DIAMÈTRES	POIDS par mètre.	CHARGES pouvant être portées.
millim.	kilog.	kilog.	millim.	kilog.	kilog.
16	0,21	200	46	1,65	2.250
20	0,32	300	52	2,13	3.000
23	0,37	400	59	2,67	3.600
26	0,53	500	65	3,70	4.500
29	0,64	750	72	4,00	5.000
33	0,80	900	78	4,80	6.200
36	0,96	1.000	85	5,60	7.500
39	1,06	1.250	92	6,40	8.700
46	1,55	1.500	98	7,46	10.000
52	2,03	2.000	105	8,53	12.000

Câbles plats en chanvre ou aloès goudronné.

LARGEUR	ÉPAISSEUR	POIDS PAR MÈTRE	CHARGES POUVANT ÊTRE EXTRAITES
millim.	millim.	kilog.	kilog.
92	23	2,35	1.000
105	26	3,04	1.300
118	26	3,36	1.500
130	29	4,26	1.800
130	33	4,80	2.000
144	33	5,28	2.200
157	33	5,60	2.400
157	36	6,24	2.700
183	36	7,20	3.000
183	39	7,84	3.300
200	41	9,25	4.000
250	46	12,10	5.000
310	47	15,00	6.000

Câbles métalliques. — Les câbles métalliques rendent de grands services pour les transmissions et tractions à longues distances et pour les enlèvements à grandes profondeurs, qui exigeraient des câbles végétaux très pesants, de dimensions considérables et par conséquent d'une raideur excessive.

L'élément constitutif de ces câbles est le fil métallique, fer, acier ou cuivre; plusieurs fils associés en hélice donnent un *toron*, et le *misage* ou *commettage* de plusieurs torons associés en hélice constitue un câble.

Généralement, l'âme des torons et celle des câbles est un cordage en chanvre, qui a pour effet d'augmenter la flexibilité de l'ensemble. La figure 16 représente un câble de mine à six torons; chaque toron est formé d'une âme de chanvre recouverte d'une double enveloppe concentrique de fils métalliques.

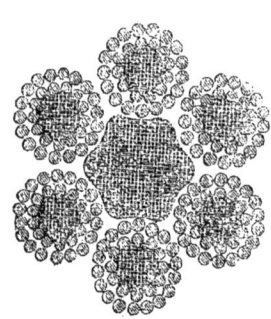

Fig. 16.

Les longueurs de spires sont de huit à douze fois le diamètre des torons ou des câbles.

On comprend qu'il est impossible de composer des câbles avec des fils rectilignes accolés; on n'arriverait jamais à les tendre également, de sorte que les uns travailleraient trop sous l'influence de la charge, ils se rompraient; d'autres se rompraient à leur tour successivement et le câble périrait en peu de temps. Le commettage en hélice, bien effectué, permet d'éviter cet inconvénient et de répartir convenablement la charge dans toute la section.

La commission des ardoisières d'Angers a créé en 1855 une carderie avec tréfilerie afin de fabriquer ses câbles elle-même et de mettre ses ouvriers à l'abri de toute chance de rupture des câbles d'extraction en employant un fer de qualité exceptionnelle, mis en œuvre avec une parfaite régularité.

La série de ses machines lui permet d'assembler, en torons de six fils et au-dessous, tous les numéros de fil métallique de $0^m,0001$ à $0,01$ de diamètre, et ensuite de composer des câbles de six torons et au-dessous pouvant atteindre jusqu'à $0^m,07$ de diamètre; on donne aux torons, comme aux câbles fabriqués à couvert sans fausse torsion par longueur indéfinie, un commettage régulier, calculable suivant l'emploi des câbles, et impossible à réaliser par le câblage à la main ou par les machines ordinaires. De la sorte, on est parvenu à obtenir tous les degrés de souplesse joints aux plus grandes résistances que peut exiger l'emploi des câbles métalliques.

La stabilité des câbles plats a fait aussi l'objet des études de la commission des ardoisières. Quel que soit le procédé de couture adopté pour former un câble plat avec un certain nombre de câbles ronds ou *aussières*, composés de fils métalliques ou autres, on produit sur toutes les aussières un raccourcissement inégal pour chacune d'elles, car il dépend de la position qu'elles occupent et des effets irréguliers de perforation de la couture.

« On ne peut, dit M. Larivière, gérant de la commission des ardoisières d'Angers, neutraliser d'une manière complète et sûre les effets des raccourcissements irréguliers, cause la plus fréquente de l'instabilité des câbles plats, qu'en opérant leur couture sous une tension mesurée, continue et constante ou continue et variable à volonté, représentant pour le câble entier au moins le maximum de la charge qu'il sera appelé à supporter dans son service et pour chaque aussière isolément une charge correspondante. »

« C'est avec un procédé réalisant complètement les conditions énoncées ci-dessus que sont aujourd'hui cousus tous les câbles plats que fournit la compagnie. »

Les fils de fer dont on se sert sont nécessairement fabriqués avec un métal de choix qui ne se rompt que sous une charge de 55 à 70 kilogrammes par millimètre carré, et on adopte le coefficient de sécurité 1/10.

On emploie les fils de numéros moyens, dont les diamètres vont de 18 à 30 dixièmes de millimètre; les fils très fins offrent trop de prise à l'oxydation.

On admet qu'un câble en fil de fer *peut porter* pratiquement une charge égale à 1,000 *fois son poids par mètre courant*.

Les cordes rondes en chanvre blanc coûtent	1 fr. 45 le kilog.
— — goudronné.	1 20 —
Les câbles plats ou ronds en aloès ou en chanvre goudronné	1 20 —
Les câbles en fils de fer	1 30 —

Les câbles métalliques exigent tout autant de surveillance que les câbles végétaux ; c'est un devoir strict pour un chef de chantier de les visiter fréquemment et de rejeter tous ceux qui présentent des traces d'altération.

Chaînes. — Les chaînes sont plus dangereuses que les câbles et exigent plus de soins encore ; le métal s'en altère à la longue et parfois les maillons emmêlés ont à supporter des chocs auxquels ils ne résistent pas.

Le maillon elliptique est à rejeter, comme trop sujet à déformation ; le maillon étançonné ne se rencontre guère que dans les grosses chaînes de marine ; le bon maillon ordinaire est formé de deux barres droites raccordées par des demi-cercles et soudées sur la partie droite.

On admet d'ordinaire que chaque côté du maillon doit être suffisant pour résister à la moitié de la charge totale P, travaillant à 6 kilogrammes par millimètre carré. Il en résulte, pour le diamètre du fer de la chaîne, exprimé en millimètres, la valeur :

$$d = \sqrt{\frac{1}{3\pi}} \sqrt{P},$$

sensiblement équivalente à

$$d = \frac{1}{3}\sqrt{P}.$$

Ainsi une chaîne qui doit porter 10,000 kilogrammes, doit être faite avec un fer rond ayant 33 millimètres de diamètre.

C'est la règle qu'on admet dans la pratique; elle suppose que l'effort de cisaillement qui se transmet d'un maillon à l'autre s'exerce aussi sur deux sections du métal, ce qui n'est pas exact.

Mais il faut reconnaître que les chaînes sont nécessairement fabriquées avec un fer de bonne qualité et très résistant; ainsi les chaînes ordinaires de la marine sont essayées à une traction de 14 kilogrammes par millimètre carré de la double section du fer.

La charge que peut porter une bonne chaîne s'obtient en mesurant en millimètres le diamètre du fer du maillon; la *charge*, exprimée en kilogrammes, peut s'élever à *neuf fois le carré de ce diamètre*. Ainsi, une chaîne dont le maillon est fait avec un fer de 5 millimètres de diamètre, peut porter pratiquement 9 × 25 ou 225 kilogrammes.

Poulies simples et composées. — La poulie A est un disque en bois ou en métal percé au centre d'un œil qui tourne à frottement doux sur un axe, lequel est réuni à une *chape* qui embrasse le cylindre et est fixée à un point immobile, par exemple au sommet d'une grue : le disque est

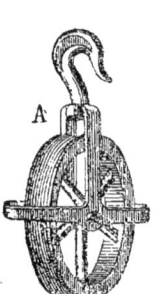
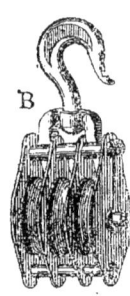

Fig. 17.   Fig. 18.

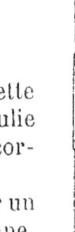
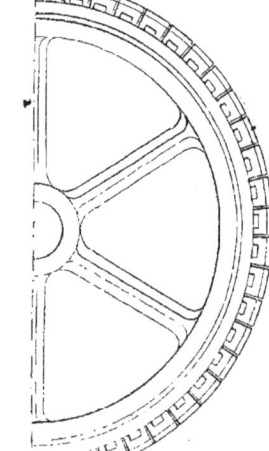

Fig. 19.

entaillé sur son pourtour, et cette entaille est la *gorge* de la poulie sur laquelle s'enroulent les cordages.

Plusieurs poulies réunies sur un même axe et une même chape, prennent le nom de *moufle* B (de l'allemand *muffel*, manchon); et deux moufles réunies par un cordage qui passe alternativement d'une poulie d'une moufle à une poulie de l'autre constituent un *palan*.

L'inconvénient de la poulie à gorge lisse est que le cordage ou la chaîne ne peuvent être entraînés par cette poulie, lorsqu'elle est motrice,

APPAREILS DE LEVAGE ET DE BARDAGE

que s'ils font plusieurs tours sur la gorge. Sans cela il n'y a point d'adhérence. Dans les appareils où cette adhérence est nécessaire, on a recours à la *poulie à empreintes* ou *poulie Fowler*, dont la gorge est remplacée par une série de cames à bascule. Ces cames forment une série de tenailles qui serrent le cordage d'autant plus énergiquement que la réaction qui tend à l'entraîner est plus forte. Cet appareil empêche donc tout glissement du cordage, même quand il n'embrasse qu'une partie de la circonférence de la poulie; aussi rend-il en bien des cas de grands services. La poulie Fowler est employée pour la traction sur plans inclinés; nous la retrouverons plus loin dans les palans à vis sans fin.

La *poulie simple*, c'est-à-dire fixée en un point déterminé, a pour objet unique de changer la direction d'un effort exercé sur un cordage ou sur une chaîne. S'agit-il de soulever un poids attaché à une corde, l'ouvrier placé à un étage supérieur aurait peine à tirer la corde directement et travaillerait à tous égards dans de moins bonnes conditions que s'il agissait sur le cordage par une traction dirigée de haut en bas. La poulie permet cette utile transformation.

Mais ce n'est là pour elle qu'un rôle secondaire et les engins formés de plusieurs poulies ont une importance beaucoup plus considérable; ils permettent de soulever un fardeau de poids quelconque et de multiplier, dans tel rapport que l'on veut, l'effort de traction exercé par un homme.

Comme nous le savons, on ne peut demander à un homme, qui tire sur un cordage, par exemple pour soulever un mouton ou les seaux d'un puits, un effort continu supérieur à 15 kilogrammes; si les périodes de travail sont coupées de repos, l'effort peut être porté à 20 kilogrammes.

Cet effort est bien limité; on l'amplifie en ayant recours aux poulies mobiles et aux palans.

Avec la poulie mobile le fardeau est attaché au crochet de la chape; le cordage est fixé à son extrémité en B et on le tire en A; quand la main de l'homme a tiré une certaine longueur de cordage, la poulie et le fardeau se sont élevés d'une hauteur égale à la moitié de cette longueur. Le travail restant constant, on gagne en force ce que l'on perd en vitesse, c'est-à-dire que le fardeau soulevé peut être un poids double de l'effort exercé par l'homme qui tire, mais sa vitesse ascensionnelle n'est que la moitié de la vitesse de traction de la main.

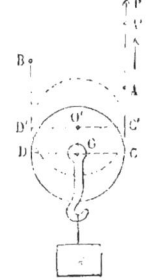
Fig. 20.

Le palan permet de modifier les efforts dans une proportion quelconque; la figure 21 représente un palan formé de deux moufles à trois poulies; quand la corde de tirage se développe d'une certaine longueur, chaque brin qui va d'une moufle à l'autre se raccourcit d'un sixième de cette longueur et le fardeau monte d'autant; mais ce fardeau peut égaler par son poids six fois l'effort de traction exercé par le moteur. Avec un tel palan, un seul homme soulèvera d'une manière continue un fardeau de 90 à 120 kilogrammes. On fait des palans de toute puissance et ces appareils simples rendent les plus grands services. Un palan, avec moufles à 3 poulies, pouvant porter 150, 500, 1,000, 3,000, 10,000 kilogrammes, coûte 44, 60, 80, 100, 150 francs, non compris les cordages qu'il faut compter à 1 fr. 90 le kilogramme.

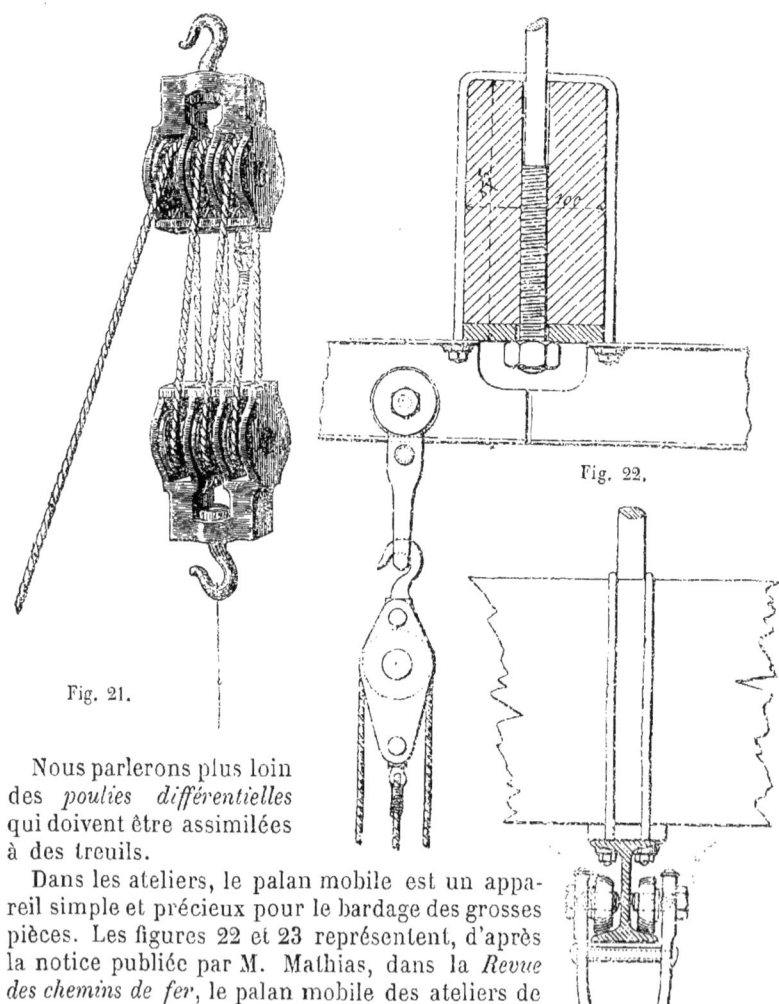

Fig. 21.

Fig. 22.

Fig. 23.

Nous parlerons plus loin des *poulies différentielles* qui doivent être assimilées à des treuils.

Dans les ateliers, le palan mobile est un appareil simple et précieux pour le bardage des grosses pièces. Les figures 22 et 23 représentent, d'après la notice publiée par M. Mathias, dans la *Revue des chemins de fer*, le palan mobile des ateliers de la compagnie du Nord. Un fer à double T est fixé aux entraits des fermes et encastré dans le mur longitudinal de l'atelier ; sur les ailettes inférieures de ce fer roulent deux petits galets dont les axes taraudés portent les œils d'un étrier entretoisé, qui peut recevoir le crochet du palan.

On saisit ainsi les pièces des machines pesant moins de 500 kilogrammes et on les manœuvre à volonté.

APPAREILS DE LEVAGE ET DE BARDAGE

L'ouvrier, travaillant à l'établi mural, se sert également de ce palan pour manipuler les pièces un peu lourdes.

5. Treuils. — Un treuil se compose essentiellement d'un cylindre mobile autour de son axe, et reposant par l'intermédiaire de deux tourillons sur un bâti solide; à l'axe est fixée une manivelle. Presque toujours des engrenages sont interposés entre la manivelle et le cylindre du treuil, afin d'amplifier la force transmise.

Le principe mécanique du treuil peut se définir comme il suit : lorsque deux manivelles sont montées sur le même axe, et soumises l'une à un effort, l'autre à une résistance, il faut, pour qu'il y ait équilibre, que l'effort et la résistance soient dans le rapport inverse de leurs distances à l'axe, c'est-à-dire dans le rapport inverse des rayons de leurs manivelles.

D'après cela, si vous exercez un effort d'un kilogramme sur un rayon de 100 mètres, cet effort pourra vaincre une résistance de 100 kilogrammes sur un rayon de 1 mètre; mais le chemin parcouru par cette résistance sera 100 fois moindre que le chemin parcouru par l'effort dans le même temps. Ce fait s'énonçait ainsi dans les anciens traités : « Ce qu'on gagne en force, on le perd en vitesse. »

Des deux côtés il y a quelque chose de constant, c'est le produit de l'effort ou de la résistance par le chemin respectivement parcouru, c'est le travail.

Le principe des engrenages est le même que celui du treuil et le calcul en est aussi facile. Une manivelle de rayon R communique son mouvement à une petite roue dentée ou pignon, monté sur le même axe et de rayon (r); la force (f) qui s'exerce à la circonférence du pignon est à la force F exercée sur la manivelle, dans le rapport $\frac{R}{r}$ ou bien $f = F \cdot \frac{R}{r}$.

Le pignon agit à son tour sur une grande roue dentée de rayon R' à la circonférence de laquelle il exerce nécessairement l'effort (f); sur le même axe que cette grande roue est monté un second pignon de rayon (r'), qui exerce à sa circonférence l'effort $f' = f \frac{R'}{r'} = F \cdot \frac{R}{r} \cdot \frac{R'}{r'}$.

Ce second pignon peut activer à son tour une autre roue dentée sur l'axe de laquelle est monté un troisième pignon et ainsi de suite; de sorte que finalement l'effort transmis à la circonférence du dernier pignon, ou bien à la circonférence du cylindre du treuil sur l'axe duquel est fixée la dernière grande roue, est égal à l'effort primitif amplifié dans le rapport du produit des grands rayons R. R'. R''... au produit des petits $r. r'. r''$. Supposez une manivelle et deux roues dentées de $0^m,50$ de rayon, avec deux pignons et un cylindre de treuil de $0^m,05$ de rayon, l'effort exercé par un homme sur la manivelle sera amplifié dans le rapport $\frac{50 \times 50 \times 50}{5 \times 5 \times 5} = 10^3 = 1,000$.

Le treuil pourra donc soulever un poids 1,000 fois plus grand que l'effort exercé; mais aussi la vitesse de ce poids sera 1,000 fois plus petite que la vitesse du bouton de la manivelle.

Les notions précédentes font bien comprendre le jeu et la composition d'un treuil à engrenages; nous allons maintenant en donner la description pratique.

Roue à chevilles. — La figure 23, planche I, représente un treuil simple, c'est la *roue de carrière* des environs de Paris; elle sert à l'extraction des pierres de taille. Un homme fait tourner la grande roue en marchant sans cesse sur les échelons dont elle est garnie à la circonférence, et le poids de l'homme peut vaincre une résistance égale à ce poids multiplié par le rapport du rayon de la roue au rayon du treuil. Soit un homme pesant 70 kilogrammes, une roue de 3 mètres de rayon et un treuil de $0^m,15$, on pourra soulever à la limite, avec cet appareil, en ne tenant pas compte des frottements, un poids de

$$70 \times \frac{300}{15} = 70 \times 20 = 1,400 \text{ kilogrammes.}$$

Avec plusieurs hommes, on peut donc extraire des blocs de poids quelconque. Il est bon de munir cet appareil d'un frein automatique

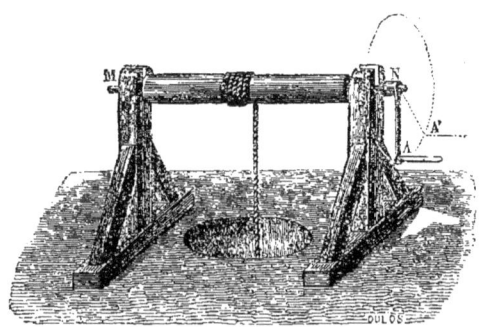

Fig. 24.

qui fonctionnerait si, par une cause quelconque, les ouvriers venaient à être vaincus par le fardeau à soulever; à cet effet, un rochet, en connexion avec l'axe tournant, parcourt une roue dentée sans l'actionner tant que la rotation est dans le sens voulu; mais, si l'appareil est emporté en sens contraire, le rochet fait tourner sa roue dentée et celle-ci exerce une traction sur une corde qui agit sur le levier d'un frein puissant.

Les chevilles des roues de carrières sont espacées de $0^m,30$ à $0^m,35$; on les a parfois remplacées par des marches, que gravissaient à la fois une vingtaine de forçats. Nous avons vu l'application qui avait été faite autrefois de ce système à une drague du port de La Rochelle.

APPAREILS DE LEVAGE ET DE BARDAGE

Treuils simples et composés. — Au lieu d'une grande roue montée sur l'axe du treuil, supposez une simple manivelle, et vous aurez l'appareil qui sert à monter les seaux d'un puits.

Ce *treuil simple* est assez répandu sur les chantiers; le rayon du tambour est de 0^m,10, celui de la manivelle 0^m,40; l'effort moyen de 9 kilogrammes exercé par un homme sur la manivelle peut enlever un poids de 36 kilogrammes, et, avec quatre hommes aux manivelles on soulèvera 144 kilogrammes; la vitesse du bouton de la manivelle étant de 0^m,60, le fardeau s'élèvera de 0^m,15 par seconde, ou de 9 mètres par minute.

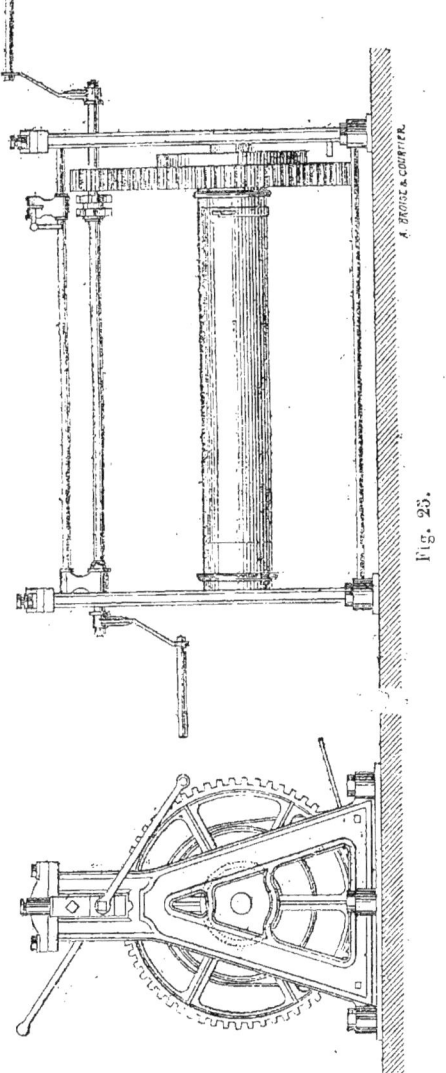

Fig. 25.

Mais on n'a plus guère recours maintenant au treuil simple; le treuil à engrenages, ou *treuil composé*, se trouve partout et doit faire partie du matériel du moindre entrepreneur. Nous donnerons plusieurs spécimens de cet engin:

La figure 25 donne à l'échelle de 0^m,05 pour mètre, les dessins d'un treuil simple, porté par un bâti en fonte; l'arbre des manivelles porte un pignon qui fait mouvoir la roue dentée du tambour en bois de 0^m,25 de diamètre; la manivelle a 1 mètre de diamètre, le pignon 0^m,15 et la roue dentée 0^m,80. L'effort exercé sur la manivelle est donc amplifié 21 fois, c'est-à-dire qu'un homme seul peut soulever un fardeau de 189 kilogrammes avec une vitesse de 0^m,03 environ à la seconde, ou 1^m,80 à la minute. Un frein, formé d'une lame d'acier entourant une poulie accolée à la grande roue dentée, peut être manœuvré instantanément avec un levier à pédale. Au-dessus de l'arbre des manivelles on voit un autre arbre en fer portant un double doigt d'encliquetage que l'on peut rabattre dans les encoches d'un rochet fixé sur l'arbre des manivelles; quel que soit le sens de la rotation, on peut donc arrêter le fardeau en un point quelconque de sa course.

Les figures 1 et 2 planche V représentent un treuil à tambour avec bâti en forme d'A, muni de l'embrayage-frein système Mégy que nous décrirons plus loin ; il est monté sur quatre roues et peut parcourir un pont de service. Ce treuil, à l'échelle 1/10, est d'une force de 2,000 kilogrammes. La vitesse d'ascension est de $0^m,05$ par tour de manivelle, et la vitesse de descente au frein régulateur de $0^m,225$ par seconde. Le poids de l'appareil est de 550 kilogrammes.

Dans les treuils ordinaires, on laisse descendre les fardeaux en dégageant le cliquet de la roue à rochet et en pesant plus ou moins sur le frein de manière à modérer la descente; si le cliquet est mal relevé et qu'il retombe, il en résulte un choc et une rupture à peu près certaine de l'appareil; si la chute s'accélère et que le frein semble devenir impuissant, un ouvrier inexpérimenté s'imagine parfois d'abaisser le cliquet, et le choc qui en résulte brise l'appareil. C'est donc sur *le fonctionnement du cliquet* que l'on doit principalement porter son attention quand on manœuvre un treuil.

Les figures 1, 2, 3, planche II, représentent un grand treuil à engrenages employé au port de Cherbourg pour l'embarquement des blocs de rochers. Il est monté sur un bâti en fonte et garni de roulettes, de manière à se mouvoir sur un chemin de fer supporté par un appontement; les figures 24 et 25, planche I, montrent cet appontement et font suffisamment comprendre comment les caisses, pleines de pierres, sont amenées par un chemin de fer établi sur le quai, comment elles sont soulevées au-dessus de leur truc, et entraînées par le treuil, comment enfin elles se vident dans les navires.

Voici maintenant le détail du treuil : la manivelle (m) fait mouvoir un pignon (p) qui commande la roue dentée D, laquelle porte sur son axe le pignon p', qui commande la roue D', sur l'axe de laquelle est monté le tambour T du treuil; sur ce tambour s'enroule la corde. Les dessins sont cotés, et il est facile de faire le calcul de l'effort que le treuil peut exercer ; mais pour faire ce calcul complet, il faut tenir compte des frottements ; il faut en outre calculer les diverses pièces et le bâti lui-même, de telle sorte qu'ils résistent sans déformations sensibles aux efforts qu'ils ont à supporter.

Aux pièces constitutives du treuil, il faut en ajouter deux autres qui sont indispensables pour la manœuvre: l'encliquetage et le frein. L'encliquetage est représenté en (n), tout près d'une manivelle ; il a pour but d'empêcher tout mouvement rétrograde; tant que le poids monte, la roue à encoches va de droite à gauche et le doigt de l'encliquetage qui est fixé au bâti est soulevé par les saillies de la roue; mais que les ouvriers s'arrêtent, le poids tend à descendre, le doigt de l'encliquetage s'engage dans une encoche et y est fortement maintenu par la pression. Lorsque l'on veut laisser descendre le fardeau, on soulève le doigt et on le rejette de côté, puis on modère la descente en retenant les manivelles.

Le frein est un appareil de sûreté destiné à modérer la descente dans tous les cas et à parer à une rupture possible de l'encliquetage. Il se compose d'une roue f, sur laquelle s'applique un ruban d'acier ; en position ordinaire, le ruban touche à peine la roue et il n'y a pas de frottement ; mais lorsqu'il en est besoin, en agissant fortement avec les mains ou les pieds à l'extrémité du levier l, on applique sur la roue le ruban dont les deux extrémités sont attachées au levier près de son point fixe ; il en résulte un frottement considérable, une résistance qui peut arrêter le mouvement de descente. Le frein est situé à côté de la seconde manivelle et à portée de l'ouvrier.

L'encliquetage et le frein doivent être montés sur l'arbre des manivelles et non pas sur l'arbre du tambour, parce que dans la première disposition leur effet de résistance s'augmente de la résistance due aux frottements des engrenages.

Fig. 26.

La figure 26 représente un treuil à engrenage simple ; c'est le treuil courant des chantiers ; il est muni d'un débrayage à fourchette, qui est très utile lorsqu'on se sert du treuil pour lever un mouton de sonnette ; le débrayage permet de laisser tomber le mouton quand on le veut ; il est vrai qu'avec ce système le cordage entraîné dans la chute éprouve un coup de fouet qui l'use rapidement. Lorsque le débrayage est inutile, il est bon de l'enrayer d'une manière fixe pour éviter les accidents.

La figure 27 représente un treuil à engrenage double, muni de deux fourchettes de débrayage, ce qui permet de faire jouer à volonté l'engrenage simple ou l'engrenage double suivant le poids du fardeau à soulever. Ce dispositif est chose essentielle, car la vitesse ascensionnelle de l'appareil à engrenage double est très réduite et l'on serait exposé à perdre beaucoup de temps s'il fallait faire fonctionner l'engrenage double même pour des poids réduits.

Fig. 27.

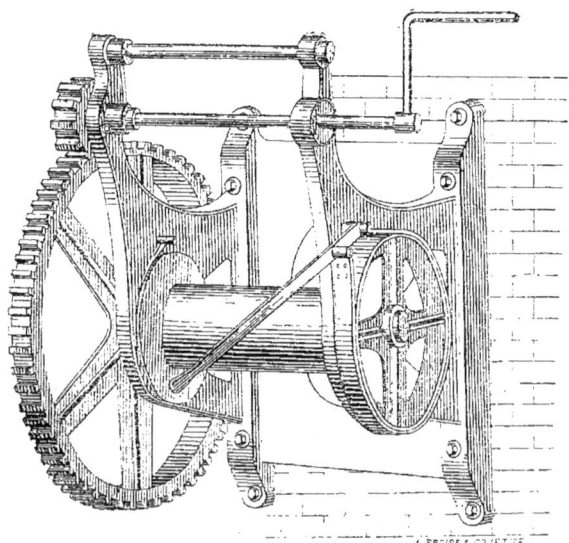

Fig. 28.

Un treuil ordinaire à engrenage simple, de la force de 100, 200 ou 1000 kilogrammes, coûte 95, 120 ou 200 francs ; un treuil sans engrenages, de la force de 50 kilogrammes, coûte 75 francs.

Un treuil à double engrenage, à frein et à deux vitesses, d'une force de 1,000, 2,500 4,000 ou 5,000 kilogrammes, coûte 165, 300, 485 ou 675 francs, et pèse 255, 435, 660 ou 840 kilogrammes.

On fait des *treuils d'applique*, montés sur une plaque verticale en fonte qui se boulonnent sur un pilier ou sur un mur; ils sont, comme les autres, munis d'un frein, d'un encliquetage et d'un débrayage. Il faut évidemment vérifier avec grand soin la solidité de l'attache puisque la charge agit en porte-à-faux. Un appareil de ce genre, de 100, 200 ou 500 kilogrammes de force coûte 80, 110 ou 150 francs.

Il y a presque toujours avantage à adopter pour les treuils des *tambours à trois joues*, dont une joue médiane, afin de leur faire porter deux câbles dont l'un s'enroule pendant que l'autre se déroule; d'où économie et rapidité dans le fonctionnement.

Treuil à noix, avec embrayage-frein et régulateur automatique. — Dans le *treuil à noix* le cordage ou le câble de traction est remplacé par une chaîne (*fig.* 13, Pl. IV), mais cette chaîne ne s'enroule pas sur un tambour cylindrique, elle est tirée par une *noix* m calée sur l'arbre k du treuil ; cette noix est une sorte d'étoile à quatre pointes, les pointes pénètrent dans les maillons de la chaîne de deux en deux et le maillon intermédiaire s'applique par la tranche dans la concavité que présente la noix entre deux pointes consécutives ; une gorge en fonte n sert de guide à la chaîne, par cette disposition la chaîne ne fait qu'un demi-tour sur l'arbre du treuil, elle est toujours bien tendue et n'est pas exposée aux chocs provenant de l'emmêlement des maillons ; de plus, et c'est là l'avantage du système, *la traction est constante et s'exerce toujours dans le même plan*, ce qui ne peut arriver lorsqu'une chaîne ou un cordage fait plusieurs tours sur un tambour.

Au treuil à noix s'ajoutent d'habitude, dans les appareils perfectionnés, *l'embrayage-frein* et le *régulateur automatique* du système Mégy, Echeverria et Bazan.

« L'*embrayage-frein* a pour but de transmettre à une poulie l'effort exercé sur un arbre, de régler à volonté l'action à transmettre, et au besoin de l'annuler complètement, même pendant la marche.

Voici comment ces résultats sont obtenus :

La poulie tourne folle sur l'arbre ; dans la poulie est logé un ressort qui pèse sur la paroi intérieure de la jante par sa force d'expansion. Ce ressort reçoit le mouvement de l'arbre moteur et entraîne la poulie par son adhérence. Un mécanisme spécial permet de rapprocher à volonté les deux extrémités du ressort et par suite de diminuer ou d'annuler complètement cette adhérence ; on peut ainsi régler la force transmise à la poulie ou même laisser cette poulie entièrement libre. Il est clair que si la résistance à vaincre est supérieure à l'adhérence due à l'élasticité du ressort, la poulie glisse sans qu'il puisse se produire de rupture.

Une bande de cuir fixée extérieurement sur le ressort, assure un frottement très régulier et empêche l'usure et le grippement de l'acier sur la fonte.

Lorsque la relation entre l'arbre et la poulie est renversée, c'est-à-dire que l'arbre est maintenu immobile et la poulie mise en mouvement par un effort extérieur, on peut régler ce mouvement à volonté en faisant varier, comme précédemment, la pression du ressort, lequel sert alors de frein.

L'appareil constitue donc à la fois un embrayage et un frein, avec ce double avantage : que l'embrayage limite l'effort à transmettre à un maximum en rapport avec la solidité des pièces et que, si l'action du frein vient à cesser, la pression se rétablit et les pièces s'arrêtent immobiles, contrairement à ce qui a lieu avec les freins ordinaires.

Le mouvement de l'arbre moteur est transmis au ressort par un taquet fixé à l'intérieur du ressort et une came calée sur l'arbre. La position de ce taquet n'est pas indifférente. Lorsqu'il est fixé à l'extrémité postérieure du ressort considérée dans le sens du mouvement, la résistance au glissement est sensiblement égale à la pression du ressort multipliée par un coefficient de frottement qui serait avec la garniture extérieure en cuir d'environ 0,20 ; mais cette résistance augmente à mesure que la butée se rapproche de l'autre extrémité ; elle est d'autant plus grande que la longueur d'arc embrassée par la surface poussée est elle-même plus considérable. Lorsque l'appareil sert à la fois d'embrayage et de frein, comme dans le treuil représenté sur la planche IV, on place le taquet au milieu du ressort, afin d'obtenir une résistance égale dans les deux sens du mouvement.

Le *frein régulateur automatique* est un appareil basé, comme le précédent, sur l'élasticité d'un ressort logé dans une poulie ou un tambour; mais cette propriété est utilisée d'une façon inverse; au lieu d'un ressort d'expansion, on emploie un ressort de concentration qui nécessite pour s'ouvrir et adhérer à l'intérieur de la poulie une pression intérieure ; cette pression est obtenue automatiquement : c'est la force centrifuge de masses en fonte mises en mouvement par la poulie même dont il faut limiter la vitesse.

La résistance du ressort et le poids des masses sont réglés de façon que, si la vitesse de la poulie dépasse la limite déterminée, les masses s'écartent, le ressort s'ouvre et fait naître sur la paroi intérieure de la couronne un frottement de glissement proportionnel à la pression ; mais comme l'arbre dont ce ressort est solidaire le maintient immobile, le mouvement de la poulie se trouve ramené au régime convenable. »

Description de l'embrayage-frein et du régulateur de vitesse. — Les figures 1, 2, 3, planche IV, représentent l'embrayage frein, du système Mégy, tel qu'il est construit par MM. Sautter, Lemonnier et Cie.

A, arbre des manivelles ;

B, bâti du treuil ;

C, douille de manœuvre double enmanchée à carré sur l'arbre A et par conséquent solidaire de cet arbre ;

D, manchon d'entraînement à l'intérieur duquel tournent librement l'arbre A et la douille C ;

E, couronne venue de fonte sur le manchon D ;

F, boîte, ou cylindre creux, renfermant l'embrayage-frein ; cette boîte est folle sur le manchon d'entraînement D et son prolongement N porte soit la noix motrice du treuil, soit, ce qui est plus fréquent, un pignon qui actionne une roue dentée montée sur l'arbre spécial de la noix ;

H, roue à rochet calée sur le manchon D ;

I, cliquet de butée de cette roue ;

L, plateau de fermeture de la boîte de frein F, fixé à celle-ci par des vis et, comme elle, tournant librement autour du manchon d'entraînement ;

M, mentonnet fixé au plateau L ;

O, chaînette destinée à rapprocher les extrémités du ressort R et à modifier ou même supprimer complètement l'effort d'expansion exercé par ce ressort contre la paroi intérieure du cylindre F ; cette chaînette est fixée d'un bout à la douille C et de l'autre bout à une extrémité du ressort R, elle passe sur deux petits galets fixés chacun vers une extrémité du ressort ;

P, taquet d'entraînement rivé sur le ressort R ;

R, ressort d'entraînement circulaire, en acier, garni de cuir à l'extérieur ;

r, ressort régulateur de vitesse, logé dans le cylindre E et garni également de cuir ;

S, secteurs en plomb ou en fonte entourés par le ressort *r*; lorsque la vitesse de rotation augmente au delà d'une certaine limite, la force centrifuge oblige ces secteurs à s'écarter et à ouvrir le ressort qui presse alors contre la paroi interne du manchon E et forme ainsi un frein régulateur.

Cette description permet de comprendre le fonctionnement de l'appareil.

Pour soulever une charge suspendue à la chaîne de la noix, on agit sur les manivelles de manière à faire tourner l'arbre A dans le sens indiqué par le mot *montée* ; la chaînette O étant relâchée, le ressort d'embrayage s'applique avec toute sa force contre la couronne F et détermine la solidarité entre cette couronne et le manchon D qui entraîne le taquet P ; la charge est donc soulevée, en tant du moins qu'elle ne dépasse pas la limite qui correspond à l'adhérence du ressort.

La charge une fois soulevée, si l'on veut la laisser retomber, on imprime à l'arbre de la manivelle un effort en sens contraire, indiqué par le mot *descente*. La douille de manœuvre C tire sur la chaînette O qui rapproche les deux branches du ressort R ; l'adhérence entre ce ressort et la poulie F est atténuée plus ou moins ou supprimée ; la poulie F est débrayée ; devenue libre et sollicitée par la charge, elle se met à tourner tandis que le manchon d'entraînement retenu par le cliquet I et la roue à rochet H reste immobile.

Mais, si la vitesse de chute du fardeau s'accélère trop et dépasse une certaine limite, le frein régulateur entre en jeu et vient agir plus ou moins, par son frottement, à l'extérieur du manchon E solidaire de la poulie F. Le frein régulateur fonctionne donc automatiquement.

Il faut, pendant toute la chute du fardeau, non pas détourner la manivelle, mais exercer sur elle un effort dans le sens *descente*; si on l'abandonnait, le ressort R, n'étant plus maintenu par la chaînette, se détendrait et embrayerait à nouveau la poulie F et le manchon d'entraînement; comme celui-ci est retenu par la roue à rochet et le cliquet, le mouvement s'arrêterait.

C'est, du reste, ce qui arrive quand on abandonne la manivelle pendant le mouvement de montée, la charge reste suspendue et le mouvement s'arrête.

On voit combien ce treuil spécial est docile et facile à manœuvrer.

Le bruit du cliquet sur la roue à rochet est désagréable et peut devenir gênant dans certaines industries; on le supprime en ayant recours au *cliquet dormant* (fig. 4 et 5, Pl. IV). Sur le manchon d'entraînement, à la place de la roue à rochet, est calé le disque en fonte découpé B ; il est entouré par un ressort C muni de deux taquets D ; et ce ressort tend à s'appliquer sur les parois de la boîte E, fixée par les oreilles F au bâti du treuil. Lorsque l'arbre A tourne à la montée, le disque B agit sur le taquet D et ferme le ressort, qui tourne alors librement dans la boîte ; le cliquet ne fonctionne pas. Si la manivelle s'arrête ou tend à tourner en sens contraire, le ressort est tendu, appliqué à l'intérieur de la boîte cylindrique, et celle-ci fonctionne comme encliquetage.

Treuil applique. — Les figures 6 et 7, planche IV, représentent le plus simple des treuils du système que nous venons de décrire ; c'est un treuil applique de 150 kilogrammes de force, donnant une vitesse de montée de $0^m,185$ par tour de manivelle et une vitesse de descente au régulateur de $0^m,90$ par seconde. Ce treuil pèse 58 kilogrammes et exige pour la chaîne un fer de 7 millimètres de diamètre ; la chaîne pèse $1^k,10$ le mètre courant. Tous les organes sont réunis sur le même arbre. Prix : 190 francs.

Treuil vertical de 500 kilogrammes de force. — Ce second appareil est plus complexe que le précédent ; il y a deux arbres ; la poulie-frein F actionne un pignon N, qui agit sur une roue dentée portée par l'arbre de la noix ; on aperçoit en E l'extérieur du manchon régulateur automatique. La vitesse d'ascension du fardeau est de $0^m,047$ par tour de manivelle, et la vitesse de descente au régulateur $0^m,30$ par seconde. Le poids de ce treuil est de 86 kilogrammes et le fer de sa chaîne a un diamètre de 8 millimètres 1/2; elle pèse $1^k,60$ le mètre courant. Cet appareil peut être utilisé comme treuil de pont roulant et est alors disposé comme on le voit sur la figure 10. Prix : 320 francs (fig. 8 et 9, Pl. IV).

Treuil vertical de 3,000 kilogrammes à deux vitesses. — Les figures 11 et 12, planche IV, représentent un treuil vertical de 3,000 kilog. à deux vitesses. Cet appareil comporte quatre arbres ; l'arbre de la noix avec sa roue dentée qu'actionne le pignon N, l'arbre de la poulie-frein F, l'arbre intermédiaire X, et l'arbre moteur U avec ses manivelles. L'arbre des manivelles porte deux pignons, un grand et un petit, y et y', qui permettent de faire marcher à volonté le treuil à des vitesses différentes. L'arbre intermédiaire X porte trois pignons, deux z et z' sont mobiles et d'inégal diamètre et engrènent avec y y' ; le troisième, en dehors du palier de droite de l'arbre, actionne la roue T de l'arbre de la poulie-frein. I et H sont le cliquet et la roue à rochet de cet arbre. La manœuvre de l'embrayage-frein ne se fait plus par la manivelle même comme précédemment, mais par le volant V, calé sur l'arbre de la poulie F ; pendant le mouvement de montée, on n'agit pas sur le volant V ; pour produire la descente et agir sur le ressort, on exerce au contraire un effort sur le volant, en sens contraire de la rotation des manivelles ; la chaînette est desserrée et le ressort n'embraye plus.

Cet appareil donne des vitesses à la montée de $0^m,03$ ou $0^m,062$ par tour de manivelle ; la vitesse à la descente au frein régulateur est de $0^m,35$ par seconde, le poids du treuil est de 515 kilogrammes ; il faut une chaîne avec un fer de 21 millimètres de diamètre, et cette chaîne pèse $9^k,20$ le mètre courant. Prix : 1,300 francs.

Les chaînes sont en général munies d'un contrepoids sphérique près du crochet ; ce contrepoids est nécessaire pour produire le déroulement de la chaîne sur les treuils à régulateur lorsqu'on descend à vide.

Les treuils peuvent actionner des chaînes moufflées au lieu de chaînes simples, ce qui permet de soulever de grands fardeaux avec une faible puissance. On monte aussi ces treuils sur des bâtis en bois, ou sous la forme de treuils à tambours avec bâtis en A.

Les appareils que nous venons de décrire sont très ingénieux, très simples et très rapides ; mais ils sont évidemment plus délicats que des treuils à engrenages, plus difficiles à réparer et exigent des soins plus assidus. Ils offrent cette supériorité que la charge est automatiquement limitée, tandis qu'avec les treuils ordinaires on peut chercher à soulever des poids dangereux pour les organes de l'appareil.

Entretien de ces treuils. — Dans les treuils à noix, il faut maintenir la *chaîne toujours tendue* sur le treuil afin que les mailles se dirigent bien d'elles-mêmes dans les empreintes de la noix ; une maille qui s'y introduit mal peut se rompre ou rompre la noix ou le guide-chaîne.

Si l'on a laissé accumuler une partie de chaîne molle sur le treuil (ce qui peut avoir lieu quand on continue à tourner la manivelle alors que le fardeau repose sur un plancher), on doit, pour éviter un accident possible, remonter lentement en guidant les mailles à la main jusqu'à ce que la chaîne soit de nouveau tendue.

Graissage de la chaîne. — Graisser la chaîne pour éviter dans les extrémités intérieures des mailles une usure qui, en allongeant le pas de la chaîne, nuirait à une bonne marche et obligerait à la remplacer.

On y procède ordinairement en laissant tomber goutte à goutte de l'huile sur les mailles pendant la marche, sauf à y mélanger un tiers de pétrole lorsqu'au bout d'un certain temps cette chaîne se recouvre d'huile figée.

Dans un *atelier poussiéreux*, ce procédé de graissage devient insuffisant parce que les mailles se garnissent d'une couche pâteuse qui finit par s'opposer à l'introduction de l'huile sur les parties en contact ; dans ce cas, démontez la chaîne, passez-la sur un feu de bois léger pour brûler le cambouis sans rougir le fer, puis graissez soigneusement à l'huile en l'appliquant même à l'aide d'un vieux pinceau à l'intérieur des mailles. Renouvelez ce graissage chaque fois que les parties en contact ne pourront être lubréfiées en marche.

Graissage du treuil. — Remplir de graisse chaque semaine le petit godet à vis placé sur le côté de la boîte de frein ; à défaut de graisse, employez exceptionnellement de l'huile de bonne qualité, mais en fort petite quantité (trois ou quatre gouttes par jour), pour qu'elle ne puisse pénétrer dans la boîte et y former un cambouis nuisible. Sans cette précaution on serait exposé à avoir des broutements intérieurs du frein qui se traduiraient par une descente saccadée du fardeau et, par suite, à faire de fréquents nettoyages.

Les autres tourillons doivent être graissés en y versant de l'huile. Evitez toujours d'en mettre en excès. Bouchez les trous graisseurs au moyen de petites chevilles en bois pour les préserver de la poussière.

Nettoyage. — Lorsqu'on suit les prescriptions ci-dessus relatées pour le graissage, le bon fonctionnement est assuré pendant un temps presque illimité ; dans le cas contraire, ou bien encore lorsque le treuil est resté en repos pendant plusieurs mois consécutifs, il faut en *nettoyer l'intérieur*.

Ouverture de la boîte. — Pour ouvrir la boîte, après l'avoir enlevée des paliers du bâtis, démontez les vis qui fixent le plateau ; puis en tenant ladite boîte dans un étau, desserrez le frein au moyen du carré de la manivelle et retirez-le. *Essuyez bien la graisse ou l'huile* qui s'y trouve ; *nettoyez les cuirs* en limant à l'aide d'une râpe toutes les parties noircies par le cambouis. Et enfin, profitez de ce démontage pour *graisser au suif fondu* la chaînette Galle du ressort et les axes des galets.

Treuils à double noix et à parachute. — Avant de recourir à la noix et à la chaîne à maillons, on se servit de la chaîne Galle tirée par une roue dentée, mais la chaîne Galle donne lieu à plus de frottements et s'infléchit moins bien que la chaîne à maillons. L'emploi de la noix constitue donc un progrès qui paraît avoir été réalisé tout d'abord dans les treuils Bernier.

Les treuils Bernier comprennent aujourd'hui une double noix, l'une motrice de la chaîne et l'autre conductrice, plus un guide-tendeur et un parachute automatique de sûreté. Ils sont à deux vitesses, l'une double de l'autre, et ont reçu de très nombreuses applications dans les constructions de Paris; ils offrent, en effet, pour la sécurité en cas de rupture, des garanties assez sérieuses dont il ne faudrait cependant pas s'exagérer la portée.

La noix conductrice est placée sur un arbre qui, par une roue dentée, reçoit son mouvement d'une roue dentée égale montée sur l'arbre de la noix motrice; les deux noix tournent donc avec la même vitesse; la noix conductrice entraîne la chaîne au fur et à mesure de sa sortie de la noix motrice, et oblige les maillons à s'appliquer sur celle-ci.

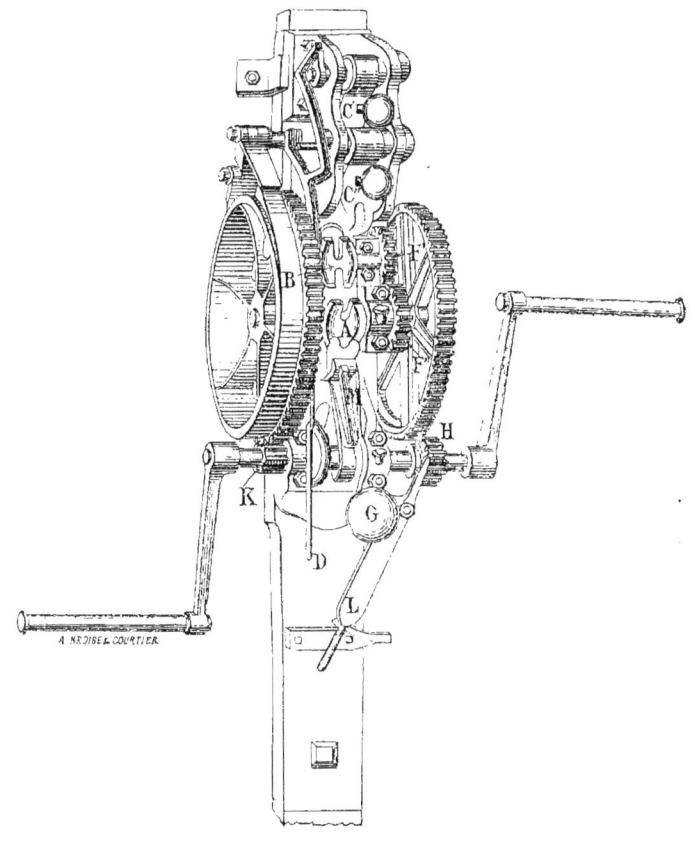

Fig. 29.

L'application de la chaîne sur la noix conductrice est assurée par le guide tendeur de sûreté; la chaîne, à sa sortie de la noix, passe sur une poulie de renvoi dont la chape porte un boulet, l'extrémité libre de la chaîne étant accrochée à celle qui porte le fardeau, à 1^m,50 environ au-dessus de ce fardeau; il en résulte une tension constante qui empêche tout enchevêtrement.

Le parachute automatique, destiné à saisir la chaîne et à arrêter le mouvement en cas de rupture d'une pièce du mécanisme, se compose de deux cliquets en bon fer forgé, dont les empreintes correspondent exactement à la forme des maillons de la chaîne, et qui viennent constamment s'intercaler entre deux maillons à leur passage dans le parachute. Ces cliquets sont disposés de telle sorte qu'ils empêchent tout mouvement rétrograde du fardeau pendant son ascension sans nuire à son mouvement de progression.

Quand on opère la descente du fardeau, on relève le cliquet de la roue à rochet et on agit sur le frein pour modérer la vitesse de chute; le levier du frein porte deux autres petits leviers qui relèvent les cliquets du parachute et en suspendent l'effet. Si une pièce vient à casser, l'abandon du levier de frein suffit à remettre les cliquets en prise avec la chaîne et à l'arrêter.

La figure 29 donne une vue d'ensemble du treuil Bernier, monté sur un bâti en fonte fixé à un poteau en bois :

A noix motrice ; — B noix conductrice ; — C′ C″ cliquets du parachute ; — D levier du frein et du parachute ; — F′ F″ pignons solidaires des deux noix ; — G main d'embrayage ; — H pignon de grande vitesse ; — K pignon de petite vitesse ; — L levier de grande vitesse ; — M cliquet du rochet avec son valet qui tient le cliquet dégagé quand on se sert du frein.

Dans les chantiers de construction, ces treuils sont montés, soit sur une chèvre ordinaire de charpentier, soit sur une sapine, soit sur un chariot roulant.

La sapine en charpente, un peu plus haute que l'édifice à construire, est placée à côté de lui ; à la partie inférieure, elle porte deux traverses sur lesquelles on boulonne le treuil, dont la chaîne est renvoyée sur une poulie à chape établie à la partie supérieure de la sapine ; la chaîne ne s'accumule pas au pied du treuil, mais s'attache, comme nous l'avons dit, à son autre extrémité qui porte le fardeau.

Pour élever les tours du Trocadéro, on s'est servi d'un treuil à une noix.

« La chaîne enveloppe la demi-circonférence de la noix, et ses deux extrémités sont renvoyées sur des poulies placées à la hauteur de 85 mètres, mesurés du niveau du sol sur lequel repose le treuil.

« Par suite de cette disposition, pendant qu'une charge monte, l'autre extrémité de la chaîne descend et se trouve prête à recevoir un fardeau au moment de l'arrivée à destination de la charge suspendue à l'autre extrémité de la chaîne. Pour obliger la chaîne arrivée dans le haut et débarrassée de son fardeau à redescendre au lieu de s'échapper de la poulie par l'effet du surcroît de poids de la chaîne comprise entre la poulie et le treuil, les deux extrémités de la chaîne sont reliées par les extrémités d'une autre chaîne qui descend jusqu'au sol et passe à cet endroit sous des poulies qui en maintiennent la tension.

« Par ce mode d'assemblage des chaînes, l'effort du treuil qui élève le fardeau détermine également l'entraînement de la chaîne de liaison, qui, à son tour, oblige l'extrémité de la chaîne arrivée dans le haut à redescendre par le fait même de l'ascension de l'autre extrémité. Ces deux installations ont fonctionné régulièrement pendant la durée des travaux du Trocadéro et ont donné les meilleurs résultats. »

Nous reconnaissons le mérite des treuils que nous venons de décrire ; on les trouvera parfois un peu compliqués pour des chantiers courants. Le parachute ne prévient pas les accidents dus à une rupture de chaîne, et il ne doit pas inspirer une sécurité trompeuse ; le chef de chantier n'en doit pas moins surveiller et entretenir avec la plus grande attention ses chaînes et ses appareils.

En cas de rupture, il faut toujours compter avec les chocs qui rendent impuissants les appareils de sûreté. Un corps qui tombe de $0^m,05$ prend une vitesse de 1 mètre, et, s'il pèse 1,000 kilogrammes, il prend dans sa chute une force vive de 1,000 kilogrammètres, qui ne peut pas toujours être annulée par la déformation élastique du parachute, et qui souvent brise les encliquetages des treuils ordinaires.

Il ne faut donc pas trop compter sur le parachute ; nous n'entendons pas dire cependant qu'il faille le rejeter, car n'éviterait-il qu'un seul accident qu'il serait encore utile. Toutefois, le meilleur appareil de sûreté est la surveillance attentive des appareils de levage.

Treuils à vapeur. — Il était naturel de substituer la force de la vapeur à la force musculaire de l'homme pour la manœuvre des treuils d'une certaine puissance ; cette substitution doit naturellement se traduire par une économie de temps et d'argent, surtout dans les opérations importantes ou de longue haleine, capables de supporter l'amortissement d'une dépense première parfois considérable.

La combinaison la plus simple pour transformer un treuil à manivelle en treuil à vapeur, est d'enlever les manivelles et de monter sur leur arbre une poulie motrice actionnée par la courroie d'une locomobile. Nous avons vu des applications de ce système au battage des pieux. Un système de débrayage permet l'arrêt et la mise en marche. Avec une seconde courroie croisée, on peut renverser la marche.

L'inconvénient de ce système est qu'il tient beaucoup de place et que la locomotive tourne à vide pendant la descente du fardeau ou de la chaîne.

Aussi est-il préférable, lorsque l'on fait une installation de toutes pièces et qu'on n'a pas une locomobile à utiliser, de se servir d'un treuil portant lui-même sa machine à vapeur, alimentée par une chaudière portative, une chaudière verticale tubulaire, par exemple.

La figure 5, planche V, représente le treuil Lacour, qui fonctionne d'après ce système, et qui a reçu déjà de nombreuses applications pour traction sur plans inclinés, ponts roulants, battage de pilotis, etc.

La vapeur arrive par la tubulure A dans le tiroir du cylindre B ; la tige du piston actionne l'arbre moteur par un système C de bielle et manivelle. On voit en D le levier d'embrayage et en E le levier de changement de marche. Un frein est monté sur l'arbre du tambour. F est un arbre indépendant aux extrémités duquel on peut adapter deux manivelles qui fonctionnent lorsqu'on ne marche pas à la vapeur. Ce treuil est simple et facile à installer et à conduire, son prix est de 1,100 francs ;

pour lui faire monter à l'heure un poids de 20 tonnes à 20 mètres de hauteur, il faut lui adjoindre une petite chaudière tubulaire de 1,200 à 1,500 francs.

Le cylindre unique, rejeté sur un des côtés de l'arbre moteur, a l'inconvénient d'exercer sur cet arbre un effort de torsion qui est fâcheux, surtout lorsque cet arbre est long, comme c'est le cas dans les treuils à tambours. Aussi, lorsque les treuils sont appelés à exercer de grands efforts, comme ceux qui travaillent dans les docks et sur les navires, on leur donne deux cylindres moteurs agissant chacun à une extrémité de l'arbre avec manivelles calées à 90 degrés l'une de l'autre (*fig.* 8 et 9, Pl. V).

Il y a avantage, en certains cas, à monter le treuil et la chaudière sur un seul bâti porté par un chariot à quatre roues parcourant une voie ferrée; cette disposition est commode quand le treuil doit parcourir un pont de service ou battre une file de pieux.

Les figures 6 et 7, planche V, en donnent un exemple; le levier de changement de marche règle en même temps la distribution de la vapeur. Il y a, en outre, un levier de débrayage et un levier à pédale pour la manœuvre du frein pendant la descente. En dehors du tambour, on voit sur le même arbre deux cônes pouvant fonctionner comme cabestan et une poulie à chaîne qui permet de déplacer l'appareil par sa propre puissance. Une caisse à eau est logée dans le bâti.

Lorsque ces appareils fonctionnent, il est nécessaire qu'ils soient solidement fixés, sans quoi les trépidations ne tarderaient pas à les déplacer et à détériorer le mécanisme; à cet effet, le bâti porte des anneaux qui permettent de le fixer solidement à l'aide de cordages ou de chaînes; il convient, en outre, de caler les roues.

La pression à la chaudière ne dépasse pas 3 à 4 atmosphères; le treuil pouvant lever des fardeaux de :

        600   1,100   1,750   2,250 kilogrammes.

le poids de l'appareil complet est de :

        2,500   3,000   3,500   4,000 kilogrammes.

et son prix de :

        4,300   5,400   6,700   8,000 francs.

La vitesse ascensionnelle de la chaîne est de $0^m,20$ à $0^m,22$ par seconde, soit 12 mètres à la minute.

Les figures 3 et 4, planche V, représentent un treuil à vapeur, à noix et à embrayage-frein, du système Mégy. Ce treuil, de 1,000 kilogrammes de force, est à un seul cylindre et l'arbre moteur est muni d'un volant; il coûte 1,800 francs; il est à une seule vitesse, cette vitesse est de $0^m,11$ à la seconde pour une pression de vapeur de 5 atmosphères;

APPAREILS DE LEVAGE ET DE BARDAGE

la vitesse à la descente au frein régulateur est de 0^m,30 à la seconde. La puissance de la machine est de 1 à 2 chevaux-vapeur.

Ces treuils de 2,000, 3,000, 5,000 et 10,000 kilogrammes de force coûtent 2,300, 2,600, 3,000 et 4,200 francs, toujours avec une machine de 1 à 2 chevaux de puissance et un seul cylindre; le prix augmente de 1,000 francs si la puissance de la machine est de 3 à 5 chevaux et qu'il y ait un second cylindre.

Treuils électriques. — Le déchargement et la mise en piles de sacs de sucre ou de grain ne peut s'effectuer assez rapidement avec des treuils ordinaires et coûte très cher lorsqu'on l'effectue directement avec des ouvriers coltineurs.

M. Sartiaux a demandé cette opération à un treuil électrique installé à la gare de la Chapelle.

La force était prise à une machine Gramme servant à l'éclairage et transmise, à une distance de quelques centaines de mètres, à une sorte de locomotive électrique roulant sur les rails d'un treuil Mégy préexistant.

Le treuil proprement dit se compose d'un chariot à quatre roues, portant deux machines électriques Siemens, dont une donne le mouvement de marche en avant ou en arrière, tandis que l'autre exécute le mouvement d'ascension ou de descente.

Le treuil parcourt un chemin de roulement formé de deux fers double T placés à 4^m,25 au-dessus du sol.

Suivant qu'on envoie dans les machines un courant d'un sens déterminé ou un courant inverse, le chariot marche en avant ou en arrière et le fardeau monte ou descend. Le jeu d'un commutateur suffit à la manœuvre.

On a réalisé tout à la fois vitesse et économie.

Cabestans. — Le cabestan est un treuil à tambour vertical, et l'on supprime les engrenages par la faculté que l'on a d'augmenter dans de grandes proportions le rayon des manivelles; on se sert comme leviers de longues tiges de bois ou de fer qui s'implantent dans des cavités à la tête du cabestan.

La figure 4, planche II, fait comprendre la manœuvre du cabestan ; deux hommes agissent sur chaque barre a engagée dans la tête du cabestan; ils font tourner le tambour c; le cordage mn fait trois à quatre tours sur le tambour pour y prendre une adhérence suffisante, et un homme placé en n tire ce cordage à mesure qu'il se déroule et que le fardeau attaché en m s'avance.

Un homme qui pousse en marchant peut exercer un effort continu de 10 kilogrammes à la vitesse d'environ 0^m,40 par seconde; huit hommes au cabestan, agissant avec un bras de levier de 1^m,50 sur un tambour de 0^m,20 de rayon, pourront exercer une traction de $80 \times \dfrac{1,5}{0,2}$ ou de 600 kilogrammes, mais le fardeau n'avancera qu'avec une vitesse de 0^m,053 à la seconde. Il va sans dire que le bâti du cabestan doit être solidement fixé au sol afin d'offrir à la traction du cordage une réaction supérieure.

Les cabestans fixes, dont on se sert dans les ports ou sur les navires, ont la disposition que l'on voit représentée sur la planche III.

Ils peuvent recevoir huit ou dix barres; le tambour tourne sur son axe vertical en fer, et à la base du tambour on voit une série de doigts ou cliquets en fer qui s'opposent à tout mouvement de recul en buttant contre des heurtoirs fixes. On entend pendant la rotation les chocs réguliers de ces cliquets.

On fait peu de cabestans à engrenages, mais on conserve le nom de cabestans aux treuils à vapeur à tambour vertical que l'on rencontre parfois dans certaines industries.

Levier de la Garousse. — Des treuils il faut rapprocher le levier de la Garousse, dont on se sert assez souvent à Paris pour élever les matériaux de construction.

Un grand levier en fer AD est assemblé à fourche sur l'arbre D et est mobile sur cet arbre; par le doigt B il actionne la roue dentée F, et par

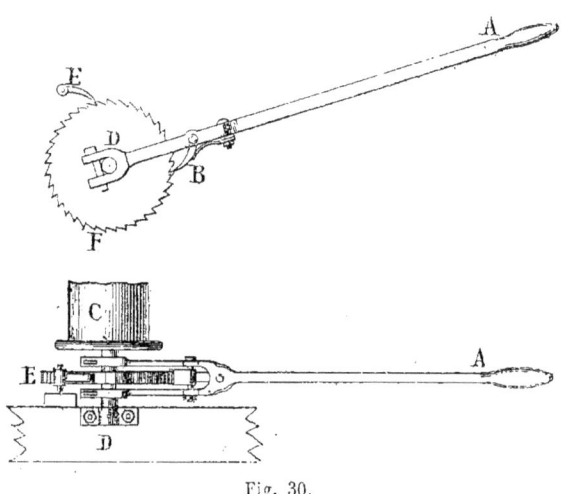

Fig. 30.

conséquent le tambour C pendant son mouvement de descente; mais, quand on le relève, le doigt B n'agit plus sur la roue, celle-ci est arrêtée par le cliquet E et le levier remonte à vide. On voit que son action est nécessairement intermittente. Le levier a 1 mètre, le rayon du tambour $0^m,10$; l'homme peut exercer, en tirant de haut en bas, un effort de 20 kilogrammes; il peut donc monter avec cet appareil 200 kilogrammes, et deux hommes monteront 400 kilogrammes.

Treuils et poulies différentiels. — Le principe du treuil différentiel est très simple et très ingénieux et il est regrettable, à notre avis, qu'il n'ait point fait l'objet d'applications plus nombreuses.

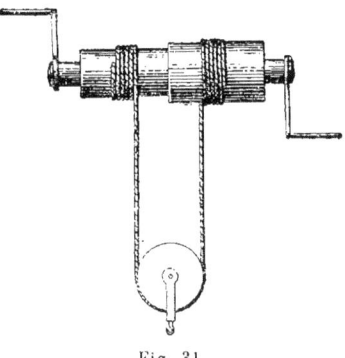

Fig. 31.

Un cordage s'enroule par ses deux extrémités et dans le même sens sur deux parties d'un tambour dont les rayons R et r sont différents; ce câble porte une poulie mobile à laquelle est attaché le fardeau; pour un tour de manivelle, le câble s'enroule de $2\pi R$ et se déroule de $2\pi r$; il s'enroule en réalité de $2\pi(R-r)$, et le fardeau P monte de $\pi(R-r)$, absorbant un travail égal à $P\pi(R-r)$; pendant ce temps, le travail moteur est égal à $F \times 2\pi . 0{,}40$, le rayon de la manivelle étant de $0^m,40$. — S'il y a deux hommes aux manivelles, ils exercent un effort de 18 kilogrammes avec une vitesse de $0^m,60$ à la seconde. Égalant le travail moteur et le travail résistant, on a :

$$P . \pi (R-r) = 18 . 2\pi . 0{,}40.$$

Veut-on pouvoir soulever 1,000 kilogrammes avec cet appareil, il suffit que la différence des rayons R et r soit de $0^m,0144$, mais la vitesse d'ascension du fardeau ne sera que de $0^m,0108$ à la seconde, ou $0^m,648$ à la minute.

La puissance de cet appareil n'est limitée que par la résistance des matériaux et par les frottements; il est à remarquer cependant qu'on peut faire le tambour aussi vigoureux qu'on le désire, puisque c'est la différence seule des deux rayons qui intervient.

Ce treuil nous paraît beaucoup trop abandonné et devrait recevoir des applications plus fréquentes sur les chantiers et dans les carrières.

Poulies différentielles. — Les poulies différentielles, qui sont basées sur le même principe, sont plus répandues. La figure 32 en représente deux types A et B. Dans le type A, les deux poulies, à gorge de rayon différent, sont montées sur la même chape; on tire le brin de chaîne m, la traction se transmet au brin n qui s'enroule sur la première poulie, la plus grande; le brin n tire le brin p, qui se déroule de la deuxième poulie, la plus petite, et le brin p tire le brin q, qui complète la chaîne sans fin.

La théorie du mouvement est exactement la même que celle du treuil différentiel; pour un tour de la grande poulie, la chaîne np, qui porte le fardeau par l'intermédiaire d'une poulie mobile, se raccourcit d'une quantité égale à la différence des circonférences des deux poulies, soit de $2\pi(R-r)$, et le fardeau P monte de $\pi(R-r)$; la traction F a fait décrire à la chaîne m un chemin égal à $2\pi R$.

Égalant le travail moteur et le travail résistant, on a :

$$2\pi . R . F = P . \pi . (R - r),$$

ou :

$$P = F . \frac{2R}{R - r}.$$

Fig. 32.

Avec une poulie R de $0^m,20$ de rayon, un homme exerçant une traction F de 20 kilogrammes, on pourra soulever un fardeau de 500 kilogrammes, si la différence des rayons R et r est de $0^m,016$.

APPAREILS DE LEVAGE ET DE BARDAGE

Ce système est plus simple et moins coûteux que le palan; une poulie différentielle pour charge de 500 kilogrammes coûte 15 francs et le mètre courant de chaîne 1 fr. 60.

Le modèle B est plus puissant; la chaîne motrice est distincte et agit sur un volant V de diamètre supérieur à celui de la poulie différentielle; la force motrice se trouve donc amplifiée dans le rapport du rayon du volant au rayon R de la poulie. Un appareil de ce genre, pour une charge de 2,000 kilogrammes, coûte 60 francs; le mètre courant de chaîne de charge coûte 3 fr. 50, et le mètre courant de chaîne de manœuvre 2 fr. 50.

Ces appareils sont donc beaucoup moins coûteux que les treuils composés, et peuvent les remplacer avantageusement en certaines circonstances, surtout dans les ateliers et magasins.

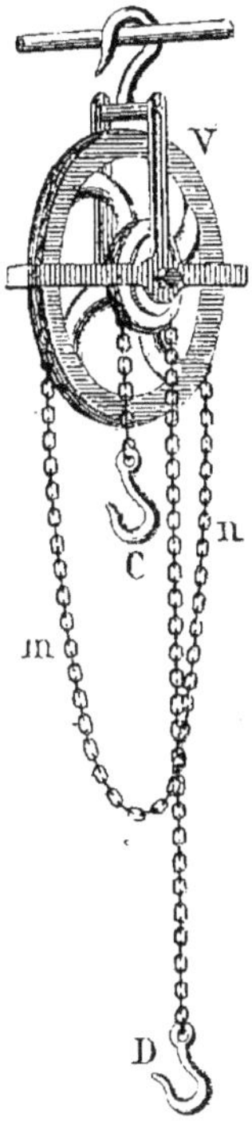

Le treuil simple lui-même, c'est-à-dire le treuil sans engrenages, peut être remplacé par le monte-charges (*fig.* 33). La chaîne motrice mn transmet la traction au volant V sur l'arbre duquel est montée une poulie à gorge; la chaîne porteuse fait deux tours au moins sur cette poulie; un de ses bouts C monte pendant que l'autre descend, et réciproquement. L'effort est amplifié dans le rapport des diamètres du volant à celui de la poulie; si ce rapport est égal à cinq, un seul homme, exerçant un effort de 20 kilogrammes, montera un fardeau de 100 kilogrammes.

Fig. 33.

Nous n'avons tenu compte, dans les calculs sommaires qui précèdent, ni des frottements ni de la raideur des cordages; ces résistances absorbent une partie de la puissance.

6. Chèvres.

— La chèvre est l'appareil courant de levage de tous les chantiers de construction.

La pièce essentielle d'une chèvre est un bâtis en charpente formant un triangle isocèle (*fig.* 5 et 6, Pl. II); deux longues pièces de bois (*a*), reliées par des épars (*b*), s'appuient sur le sol et sont assemblées solidement à leur sommet; à la base est un treuil que l'on manœuvre avec des leviers pénétrant dans les trous de deux manchons à section carrée; en haut est une poulie sur laquelle passe la corde destinée à soulever le fardeau. C'est avec le treuil et la poulie que l'effort s'exerce. Un pareil système ne tiendrait pas debout si le sommet n'était relié à un troisième point fixe; pour cela, on attache à ce sommet un cordage que l'on amarre à un pieu sur le sol, ou bien on supporte la chèvre par une pièce de bois ou pied de chèvre. L'appareil prend alors la forme d'un trépied, il peut servir à soulever un objet que l'on veut travailler ou monter à une faible hauteur, mais il est mal commode pour le maniement des matériaux de construction.

Lorsqu'on n'a pas de chèvres à sa disposition, on se sert de deux bigues, ou mâts cylindriques, réunies par une ligature portugaise, ainsi que nous l'avons vu en parlant de l'emploi des cordages. Avec un crochet en fer, on fixe une poulie au sommet.

En général, la chèvre ne peut produire qu'un déplacement vertical toutefois lorsqu'elle est fixée au sol par un cordage, si l'on a soin de placer un palan à l'extrémité de ce cordage, on peut le raccourcir dans une certaine mesure, et par suite relever le sommet de la chèvre; dans ce cas, le fardeau se trouve soumis en outre à un déplacement horizontal perpendiculaire au treuil. Ce moyen est commode pour mettre en place des objets de dimension moyenne, tels que des vases, des statues, etc.

Les figures 7 à 9, planche II donnent les dessins de la chèvre employée par M. l'ingénieur Potel à la construction du phare de Belle-Isle. Cette chèvre est à trois pieds; elle est pourvue d'un treuil à manivelle elle amène les pierres de taille jusque sur un plancher mobile, et là où les reprend au moyen de rouleaux. Au sommet de la chèvre nous apercevons un plateau en fer d'où partent des haubans qui soutiennent les échafaudages volants destinés au ragréement et au rejointoiement des parements.

Remarquons encore que cette chèvre est surmontée d'un paratonnerre dont la chaîne aboutit dans un baquet plein d'eau.

Le calcul de ces appareils est simple et facile, grâce aux principes que nous avons posés précédemment.

Lorsque l'on veut doubler le fardeau à soulever, on l'attache au crochet d'une poulie mobile; une extrémité de la chaîne motrice s'enroule sur le treuil, tandis que l'autre est fixée au sommet de la chèvre. Comme nous le savons, la vitesse ascensionnelle est réduite de moitié.

7. Crics, vis et vérins. — Un cric ou vinda est un appareil très usité, servant à produire de petits déplacements, par exemple à soulever un bloc à une faible hauteur.

Il se compose d'une manivelle à encliquetage, qui met en mouvement un pignon, lequel engrène avec une crémaillère logée dans le massif en bois qui supporte le tout. A sa base, la crémaillère est munie d'un talon saillant, et au sommet d'un croissant recourbé, ce talon et ce croissant sont destinés à exercer l'effort sur les pièces à soulever. La force transmise à la crémaillère est égale à l'effort exercé sur la manivelle multiplié par le rapport du rayon de cette manivelle au rayon du pignon; la force qui agit dans le sens longitudinal de la crémaillère est celle qui agit à la circonférence du pignon.

Lorsqu'on veut amplifier l'effort dans une plus grande proportion, on interpose une grande roue dentée et un second pignon entre le premier pignon et la crémaillère, mais alors on perd en vitesse ce que l'on gagne en puissance.

Dans le premier cas, le cric est simple; dans le second, il est composé.

Le cric simple n'a guère de puissance; la manivelle a $0^m,25$ de rayon et le pignon $0^m,05$, de sorte que l'effort, qui ne peut guère dépasser 20 kilogrammes pour un seul homme, est seulement amplifié cinq fois

APPAREILS DE LEVAGE ET DE BARDAGE

ar l'interposition d'une ou de deux roues, d'un ou de deux pignons, n arrive à faire des crics pour soulever des fardeaux de plusieurs milers de kilogrammes. La course soit du talon, soit de la tête, est limitée on par la hauteur totale du cric, mais par la distance qui sépare le alon de l'axe du pignon actionnant la crémaillère. Le talon sert à rendre les blocs par dessous lorsqu'ils touchent le sol; la tête sert à oulever les fardeaux sous lesquels le cric peut s'engager, ou bien ncore à exercer une poussée latérale ur un fardeau qu'on veut faire glisser.

Le cric est un appareil précieux our les déplacements des grosses nasses ; il sert aussi à soulever les nachines et les véhicules, surtout en as d'accidents, d'éboulements ou de uptures. Tous ses éléments doivent tre construits en excellent fer, et nieux encore en acier ; il importe jue l'encliquetage soit bien solide, fin d'inspirer toute sécurité.

Quand la hauteur d'élévation du ardeau dépasse la course du cric, on procède par reprises successives en soutenant à chaque fois le fardeau par des cales ou des étais.

Il est bon que la face des crics, le long de laquelle s'élève le talon, soit dépourvue de tout écrou ou rivet saillant et soit nette et lisse, afin de

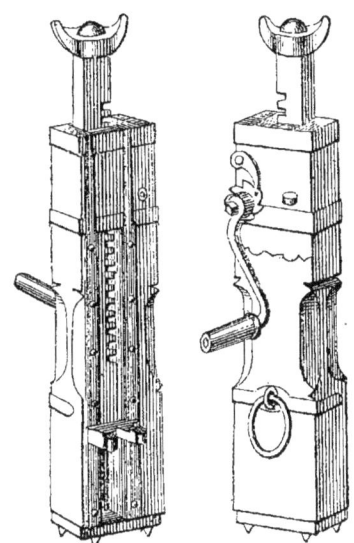

Fig. 34.

ne point opposer d'obstacle au mouvement des blocs soulevés avec le talon de l'appareil.

L'effort qu'un ouvrier exerce sur la manivelle d'un cric peut être évalué à 20 kilogrammes, et non à 9 kilogrammes comme pour la manivelle d'un treuil, parce que le travail au cric est tout à fait intermittent et que l'ouvrier peut développer momentanément sans excès de fatigue un effort parfois considérable.

Un cric de 1 mètre de hauteur totale, à simple engrenage, d'une force de 1,000 kilogrammes, coûte 44 francs, à double engrenage, d'une force de 2,000, 3,000, 4,000, 5,000, 10,000 kilogrammes, coûte : 60, 74, 86, 98, 170 francs.

Fig. 35.

La figure 35 représente la viole, cric de forme spéciale qui sert notamment aux charpentiers pour serrer les assemblages et faire entrer par exemple les tenons dans les mortaises.

Vis sans fin, poulies et palans à vis sans fin. — Le principe de la vis sans fin a été habilement appliqué par plusieurs constructeurs aux appareils de levage ; nous citerons les palans à vis sans fin de MM. Verlinde et Paris.

Une chaîne sans fin m, reçoit l'effort de traction et le transmet à la poulie à empreinte A ; l'axe de celle-ci se prolonge par la vis sans fin V qui tourne avec la poulie A et qui actionne la roue dentée R ; à chaque tour de la poulie motrice A, la vis fait aussi un tour et avance virtuellement d'une longueur égale à son pas ; en réalité, c'est la roue R qui avance d'une longueur égale au pas de la vis, c'est-à-dire d'une dent. On voit que si la poulie A a $0^m,20$ de diamètre et la vis un pas de $0^m,02$, un tour de la poulie A, c'est-à-dire un développement de la chaîne m d'environ $0^m,60$, fera avancer la vis de $0^m,02$; l'effort moteur appliqué en m sera donc amplifié trente fois. On peut donc facilement donner à cet appareil simple telle puissance que l'on veut, pourvu que les éléments aient une résistance suffisante. Sur l'axe de la roue dentée R est calée une autre poulie à empreintes qui reçoit la chaîne du fardeau ; cette chaîne np porte une poulie mobile et le brin p de cette chaîne est fixé à la chape de la vis ; le brin de chaîne q, qui se déroule de la poulie à empreintes B, est lié au brin fixe p.

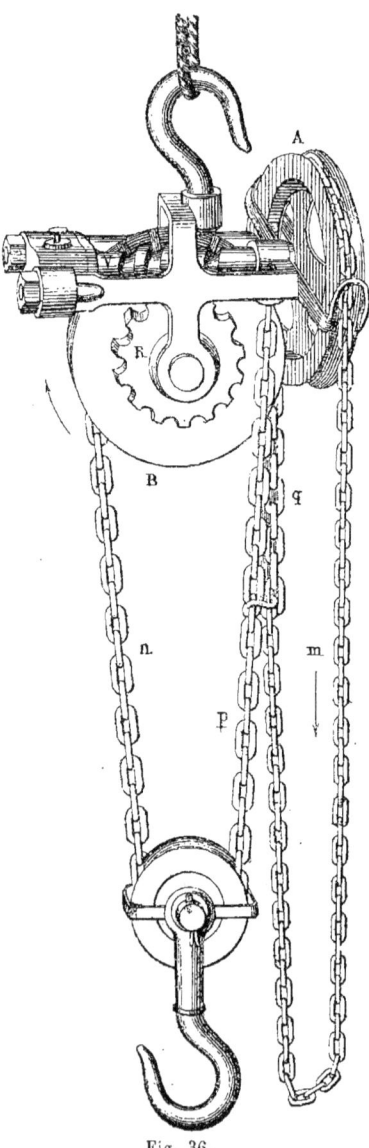

Fig. 36.

L'effort transmis à la roue dentée R est encore amplifié par l'emploi d'une poulie mobile qui réduit à moitié l'élévation du fardeau et double par conséquent le poids maximum de ce fardeau. Avec

APPAREILS DE LEVAGE ET DE BARDAGE

un effort de 9 à 10 kilogrammes, on monte facilement une charge de 500 kilogrammes.

La charge abandonnée à elle-même reste suspendue sans le secours d'un frein, la chaîne étant retenue par les talons de la roue à empreintes.

En général, pour les charges supérieures à 2,000 kilogrammes, ces palans à hélice sont mouflés à 2, 3 ou 4 tours de chaîne, de telle sorte que l'effort supporté par chaque brin de chaîne comme par la vis ne dépasse pas 1,000 kilogrammes. La vis est en fer aciéré et engrène avec une roue en bronze; l'engrenage est très soigné et plusieurs dents sont toujours en prise avec la vis.

Un palan de ce genre de :

coûte :

	350	500	1,000	1,500	2,000 kilogr. de force
	30	40	60	80	110 francs.

non compris la chaîne de traction dont le prix est de 2 francs le mètre courant, ni la chaîne de levage dont le prix est de 2 à 4 francs le mètre.

Vérin. — Le vérin (du latin *vérinus*, vis) est une des applications les plus puissantes de la vis. Quand on monte sur l'écrou fixe d'une vis un levier de longueur R à l'extrémité duquel on exerce un effort F, le travail moteur pour un tour complet du levier est $2\pi.\text{RF}$; l'écrou fixe transmet à la vis mobile une pression P, dirigée suivant l'axe de cette vis, et pour un tour complet le déplacement de cette pression est égal au pas h de la vis, ce qui donne un travail résistant Ph.

Egalant le travail moteur et le travail résistant, on a

$$2\pi.\text{R}.\text{F} = \text{P}.h;$$

Prenons un levier de 1 mètre de long et exerçons à l'extrémité un effort de 10 kilogrammes, nous aurons l'égalité approximative

$$60 = \text{P}.h.$$

Avec un pas de vis de $0^m,01$ nous pourrions donc exercer une pression de 6,000 kilogrammes.

L'inclinaison des filets de ces vis sur la génératrice de leur cylindre est généralement assez faible pour que l'écrou puisse conduire la vis sans que la réciproque soit vraie; de sorte que le fardeau soulevé par la vis peut être arrêté à n'importe quelle hauteur et continuer à presser sur elle sans la faire redescendre.

La formule à employer pour calculer la puissance pratique du vérin est la suivante :

$$\text{P} = \text{Q}\left[\frac{r'}{r} + \frac{h + 2\pi r'f}{2\pi r' - fh}\right],$$

dans laquelle on appelle :

P la traction totale appliquée à l'extrémité du ou des leviers moteurs ;
r la longueur des bras de levier, c'est-à-dire le rayon de la circonférence parcourue par le point d'application de la traction ;
Q la résistance ou le poids à soulever suivant l'axe de la vis ;
r′ le rayon moyen de la surface hélicoïdale en contact avec l'écrou ;
h le pas de la vis ;
f le coefficient du frottement de fer sur fonte (0,18).

La figure 37 représente les trois formes usuelles du vérin.

La plus simple est le *vérin à trépied* A ; le fardeau porte sur la tête de la vis ; cette tête plate surmonte une boule percée d'un œil horizontal dans lequel on engage une tige de fer formant bras de levier ou bras de cabestan ; à chaque tour de ce bras, la vis monte d'un pas dans le trépied qui lui sert d'écrou. Généralement on se sert du *vérin à cliquet* B ; sous la tête de la vis et calée sur cette vis est une roue à rochet, comprise entre deux flasques horizontales mobiles sur elle à frottement doux ; ces flasques se prolongent par une douille horizontale C dans laquelle on emmanche le levier moteur ; la douille porte un cliquet *c* qui peut agir sur la roue à rochet ou glisser sur elle, suivant qu'on

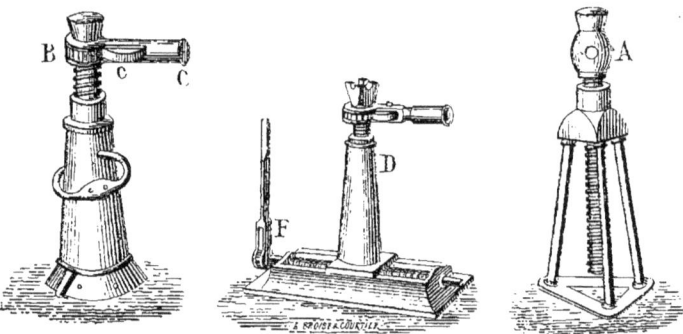

Fig. 37.

tourne le levier dans un sens ou dans l'autre. En un mot, c'est un levier de la Garousse qui fait tourner la vis, et pour un tour complet de la roue à rochet, la vis s'élève d'un pas au-dessus du pied massif qui constitue son écrou fixe. Le vérin le plus perfectionné prend la forme du *vérin à chariot* ; il se compose d'un vérin ordinaire à cliquet D, mais son pied au lieu d'être posé sur le sol forme l'écrou mobile d'une vis horizontale que l'on actionne par le levier F ; de la sorte, on peut non seulement soulever le fardeau avec le vérin, mais encore le déplacer horizontalement. Nous verrons plus loin le grand parti qu'on a tiré de ces vérins, par exemple pour remettre sur rails les locomotives déraillées.

Ces appareils dont la hauteur varie de $0^m,45$ à $0^m,70$, ne sont pas coûteux ; un vérin à trépied de 5,000 ou de 10,000 kilogrammes de force, coûte 60 ou 120 francs ; un vérin à cliquet de 6,000, 10,000 ou 12,000 kilogrammes, coûte 105, 145 ou 175 francs ; un vérin à chariot de 6,000, 12,000 ou 20,000 kilogrammes, coûte 175, 205 ou 325 francs.

Ces engins, à la fois si simples et si puissants, ne conviennent évidemment qu'au déplacement de très gros blocs à de faibles distances; avec quelques vérins on peut soulever et déplacer les machines les plus lourdes et des édifices tout entiers.

3° GRUES OU APPAREILS A COORDONNÉES POLAIRES

L'ancienne grue à bras incliné a tiré son nom de sa forme même qui lui donne une ressemblance plus ou moins lointaine avec le long cou de l'oiseau appelé grue; c'est le type des appareils à coordonnées polaires. Au sommet du bras incliné est une poulie sur laquelle passe une chaîne qui vient s'enrouler sur un treuil au pied de l'appareil et qui, par son autre extrémité, soulève le fardeau ; si la grue est fixe elle ne peut produire qu'un mouvement élévatoire; si, de plus, elle tourne autour de son axe vertical, elle peut porter le fardeau en un point quelconque de la surface cylindrique que décrit le brin vertical de la chaîne ; si, enfin, le bras incliné est mobile et s'incline plus ou moins sur l'horizon, la grue peut porter le fardeau en un point quelconque de l'espace compris à l'intérieur du cercle maximum qu'elle décrit.

Exemples divers d'anciennes grues en bois (Pl VI). — La figure 1 donne l'élévation d'une grue simple en bois ; le fardeau est attaché à la chape d'une poulie mobile ; le cordage est fixé par une extrémité au sommet de la grue, et par l'autre extrémité il s'enroule sur un treuil. On voit comment le pied de la grue est enchâssé dans un bâtis solide et comment son pivot tourne sur une crapaudine inébranlable.

Dans la figure 2 la grue est double, et l'une des parties fait contrepoids à l'autre, le mécanisme est le même. Les deux appareils précédents n'impriment au fardeau que deux mouvements élémentaires, et le fardeau ne sort pas de la surface d'un cylindre circulaire droit à génératrices verticales.

La figure 3 donne un exemple plus complexe ; la grue peut prendre, soit sur des madriers, soit sur des rails, par l'intermédiaire de roulettes, un mouvement de progression longitudinale.

La figure 4 représente une grue du canal Saint-Jean, à Anvers ; elle est plus complexe que les précédentes, en ce sens qu'un palan permet d'incliner plus ou moins le bras de l'appareil et, par suite, d'imprimer au fardeau un mouvement suivant un rayon du pivot.

Les figures 5 et 6 sont des grues à bras mobiles qui ont servi à mettre en place les pierres de maçonneries importantes.

Ces divers appareils que nous venons de décrire ne se rencontrent guère aujourd'hui ; ils sont cependant susceptibles d'être imités encore en certains cas et de rendre des services ; c'est pourquoi nous les avons reproduits.

Du reste, il y a quarante ans on ne connaissait guère que les grues en bois, qui présentent de grands inconvénients surtout lorsqu'elles atteignent des dimensions un peu fortes. Elles exigent des réparations nombreuses ; on a peine à se procurer dans de bonnes conditions les grosses pièces de bois qui constituent la flèche et les supports ; elles se disjoignent et donnent lieu à des frottements considérables ; elles exigent donc beaucoup de main-d'œuvre et avec cela sont lourdes et encombrantes.

La figure 1 planche 7 représente une *ancienne grue en bois du port de Brest*, qui fonctionnait encore en 1847.

Le pivot fixe, enfoncé de 2 mètres dans la maçonnerie, est soutenu par quatre contre-fiches scellées dans le dallage ; il est armé d'une tête en fer qui pénètre dans la crapaudine de la flèche ; cette flèche peut donc tourner librement autour de la verticale du pivot. Elle a 15 mètres de long et $0^m,40$ d'équarrissage et fait un angle de $52°$ avec la verticale ; elle est renforcée par une sous-poutre et par deux contre-fiches ; le tout est serré entre trois cours de moises horizontales ; au cours inférieur est suspendu le treuil, dont le moteur est une roue à tambour et à échelons de 4 mètres de diamètre et de $1^m,50$ de largeur.

Cet appareil exigeait une vingtaine d'hommes agissant sur le tambour pour soulever avec une poulie mobile un poids de 4 à 5 tonnes, et encore fatiguait-il beaucoup.

Grues en bois et fonte, système Cavé. — Aussi les grues en bois et fonte que Cavé se mit à construire vers 1850, réalisèrent-elles un grand perfectionnement et furent-elles accueillies avec faveur. La figure 2, planche 7, en représente un modèle de 5 mètres de portée, pouvant soulever des poids de 20 tonnes.

La flèche est formée de deux pièces de bois de chêne arcboutées l'une contre l'autre et liée à un arbre vertical M dont la base est armée d'un pivot en acier tournant dans une crapaudine sur un autre pivot fixe également en acier et légèrement sphérique. A $3^m,75$ au-dessus du pivot, à la surface du quai, l'arbre vertical porte un renflement cylindrique de $0^m,62$ de diamètre qui roule sur un équipage de six galets horizontaux, maintenu entre deux bandes circulaires horizontales en fer dont l'ensemble repose lui-même par six roulettes sur un plateau en fonte couronnant les maçonneries.

La rotation de l'arbre M de la grue n'a donc à vaincre que des frottements de roulement et le frottement du pivot à sa base.

La chambre verticale du pivot est disposée de manière à pouvoir être visitée facilement par un ouvrier qui descend dans un puits latéral, garni d'échelons en fer et fermé par un couvercle.

L'arbre pivot est en fonte ; il présente du côté de la flèche de grandes nervures et est plein sur la face opposée qui souffre le plus de la charge.

L'appareil entier pèse plus de 9 tonnes. C'est là son principal défaut ; il exige, cela va sans dire, une fondation inébranlable et la chambre du pivot doit être à l'abri des infiltrations. De grands progrès ont été obtenus par les constructeurs modernes qui ont avec raison substitué le fer à la fonte et allégé tous les éléments sans nuire à la résistance.

Le tambour de $0^m,37$ de diamètre sur lequel s'enroule le câble est monté sur l'axe d'une roue H de $0^m,70$ de rayon et de 108 dents actionnée par un pignon D de $0^m,13$ de rayon et de 20 dents. Sur l'arbre du pignon est une roue M de $0^m,46$ de rayon et de 100 dents.

En arrière de l'arbre de la roue M, dans le même plan horizontal, est un autre arbre qui porte en face de M un pignon de $0^m,05$ de rayon et de 10 dents, plus une roue N égale à M.

Enfin, l'arbre moteur à manivelles porte deux pignons a et b de $0^m,05$ de rayon et de 10 dents; le levier P permet de mettre l'un ou l'autre en prise avec les roues M et N. A la roue N est accolé le frein, figures 4 et 5.

Si le pignon b est moteur, la roue N intervient dans la transmission, la force de soulèvement de l'appareil est augmentée, mais la vitesse du câble est réduite dans la même mesure; si le pignon a est moteur, le fardeau soulevé est moins lourd, et la vitesse d'ascension est plus grande.

Cet ingénieux dispositif a été, comme nous l'avons vu, appliqué et perfectionné dans tous les treuils; sans lui, il faudrait élever avec la même lenteur les petits fardeaux et les grands et l'on perdrait ainsi beaucoup de temps, sans utiliser convenablement la force musculaire des hommes placés à la manivelle.

Si l'on appelle, $R\,r\,r'\,r''$ les rayons de la manivelle et des roues N, M, H,

S $s\,s'\,s''$ ceux du tambour et des pignons, le rayon du tambour étant augmenté de celui de la corde,

P la puissance appliquée à la manivelle,

Q le fardeau,

on a l'égalité

$$P.R.r\,r'\,r'' = Q.S.s\,s'\,s'',$$

qui donne

$$Q = 1093.P.$$

Chaque force d'un kilogramme appliquée à la manivelle peut soulever 1,093 kilogrammes, abstraction faite des frottements.

En supprimant la transmission intermédiaire, on a

$$Q = 118.P.$$

Il serait bon d'avoir, entre les deux combinaisons, au moins une combinaison intermédiaire quand il s'agit d'appareils de grande puissance.

Pour un tour du tambour, il faut 540 tours de la manivelle avec la transmission complète et 54 tours seulement si l'engrenage intermédiaire est supprimé. La vitesse d'ascension est dans le premier cas de $0^m,00232$ par tour et dix fois plus grande dans le second cas; la manivelle à bras d'hommes fait 32 tours à la minute, soit 1/2 tour à la seconde.

Quand le fardeau est attaché à une poulie mobile, comme l'indiquent les figures, son poids peut être doublé, mais nous savons que la vitesse d'ascension est réduite de moitié; les calculs précédents supposent la traction directe du fardeau par le câble.

La réduction à faire subir, pour tenir compte des frottements, est d'environ un cinquième.

Pour un demi-tour à la seconde, le fardeau, avec la transmission complète, monterait de $0^m,00116$; un homme à la manivelle, étant susceptible de donner un travail de 6 kilogrammètres par seconde, lèverait donc un fardeau de 5,172 kilogrammes. On voit qu'avec 4 hommes, l'appareil que nous venons de décrire peut lever des fardeaux de 20 tonnes.

Grue Neustadt à chaîne de Galle. — La substitution des chaînes de Galle aux câbles et aux chaînes ordinaires dans les grues, substitution opérée vers 1855 par M. Neustadt, inspecteur de la compagnie d'Orléans, a été considérée à cette époque comme très avantageuse. Elle semble être aujourd'hui beaucoup moins appliquée; l'adoption des poulies Fowler a produit dans plusieurs appareils les mêmes résultats et la traction des chaînes au moyen des noix, que nous avons décrites en parlant des treuils, est encore plus répandue.

Les anciens treuils à tambour, sur lesquels s'enroulait la chaîne à mesure que l'on soulevait le poids, avaient un grave inconvénient : les

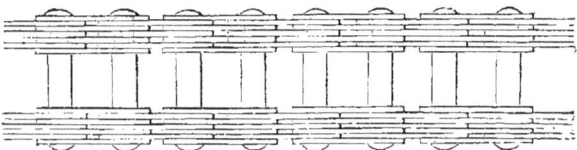

Fig. 38.

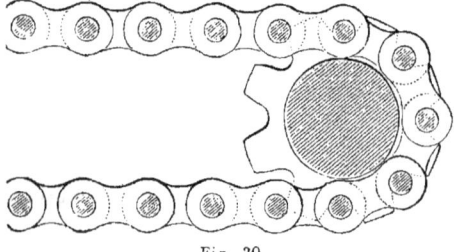

Fig. 39.

différentes spires de la chaîne s'accolaient sur le tambour, et il n'y en avait qu'une qui se trouvât dans l'axe de la poulie d'en haut; pour toutes les autres la traction était oblique, et il se produisait des frottements très nuisibles ; de plus, si plusieurs rangs de chaîne se superposaient, le tambour n'avait plus un rayon constant, et la force du treuil se trouvait modifiée. M. Neustadt a remédié à cet inconvénient en remplaçant le tambour par un pignon à chaîne Galle : la chaîne ordinaire et la chaîne à la Vaucanson sont composées de maillons d'un seul morceau ; qu'un maillon s'use et cède, tout est perdu ; avec la chaîne Galle, ceci n'est plus à craindre ; pour en comprendre la constitution (*fig.* 38 et 39), on ne peut mieux la comparer qu'à une échelle dont les échelons seraient très courts et très rapprochés ; ces échelons sont des boulons en fer qui traversent les montants à frottement doux ; entre deux échelons, chaque montant est composé de plusieurs plaques de fer accolées, dont chacune porte un œil traversé par l'échelon, et qui sont indépendantes de celles qui forment le montant dans l'intervalle du haut et dans celui du bas ; l'échelle ainsi formée aurait à chaque échelon une charnière mobile dans tous les sens, c'est donc une chaîne à maille carrée. Qu'une lame du montant vienne à s'user et à se rompre, les autres résistent, et l'on a le temps de faire la réparation. Cette chaîne, qui se tire à plat, s'enroule sur un pignon dont les dents pénètrent dans le carré vide des mailles, et le pignon est placé dans le plan des poulies et dans l'axe du treuil ; le brin qui tire s'enroule sur le pignon suivant la moitié ou les trois quarts de sa circonférence, et de là se rend sur un tambour séparé où il s'emmagasine ; mais ce tambour est indépendant du treuil, et c'est le pignon à dents qui seul exerce la traction.

La substitution du fer et de la tôle au bois et à la fonte a permis d'obtenir des appareils beaucoup plus légers ; il a réduit par exemple à 4,800 kilogrammes le poids de la grue de 6 tonnes qui pesait auparavant 6,000 kilogrammes.

Grues modernes. — La substitution des métaux au bois dans la construction des grues a donné des appareils à la fois plus robustes et plus élégants, d'apparence moins massive ; on les a dotés de treuils perfectionnés et de freins puissants et la manœuvre en est devenue simple et rapide ; enfin, on a substitué dans les grues puissantes la force de la vapeur à la force musculaire de l'homme et par ce système on a obtenu des engins de levage et de déplacement qui font en quelques heures et à peu de frais la besogne d'une armée de manœuvres.

Toutefois, il ne faut pas oublier qu'en toutes choses il convient de proportionner l'outil au travail à obtenir ; les grues en bois peuvent donc être bien souvent conservées avec avantage pour des opérations simples et pour de petits fardeaux ; ces grues en bois sont moins coûteuses et peuvent être réparées partout, ce qui est important sur des chantiers.

La planche 8 représente divers systèmes de grues construites par MM. Sautter et Lemonnier, et munies en général de treuils à noix à frein automatique, système Mégy ; le bout de chaîne qui se déroule est reçu dans une caisse spéciale et ne traîne point sur le sol. Ces grues, plus ou moins modifiées, se trouvent en France chez un certain nombre de constructeurs bien connus : Bernier, Suc, Chaligny et Guyot-Sionnest, Chrétien, Lacour, etc.

La figure 1 donne une grue d'atelier, en bois avec pivots en fonte, capable de faire une révolution complète ; la hauteur et la portée, qui est fixe, ainsi que le maximum du poids à soulever, déterminent les dimensions des diverses pièces qui composent l'appareil; la chaîne de traction, fixée par un bout à l'extrémité de la potence, passe d'abord sur la poulie mobile qui porte le fardeau, puis sur deux poulies de renvoi, avant d'arriver au treuil. Souvent, on ne fait en bois que le poteau vertical et la pièce inclinée et le tirant horizontal se compose de deux tiges de fer rond ; les abouts des pièces de bois sont encastrés dans des chapeaux en fonte.

Les prix sont évidemment très variables suivant les circonstances ; une grue en bois de 1,000, 1,500 ou 2,000 kilogrammes de force ne coûte pas moins de 750, 1,500 ou 2,000 francs.

La figure 2, donne une grue en fer à portée variable, qui permet de déplacer le fardeau dans les trois sens et de le rapprocher du pivot, disposition indispensable dans les fonderies et ateliers de construction. Le soulèvement s'opère par la traction du treuil sur la chaîne $mnpq$, la poulie mobile est portée par un chariot C, qui se déplace horizontalement par l'action d'une chaîne tu qu'actionnent le volant V et la chaîne sans fin s.

La rotation de l'appareil autour du pivot vertical s'obtient, comme dans l'appareil précédent, par une poussée à bras d'hommes ou par une traction latérale opérée sur la potence à l'aide d'un cordage.

La figure 3 représente la grue ordinaire de chantier ou de quai; elle peut être à pivot fixe ou à pivot mobile; nous préférons le système à pivot fixe ; celui-ci est alors coiffé d'un chapeau en fonte qui porte la grue et qui tourne avec elle ; la rotation se fait sur une couronne de galets ou de billes en acier, afin de substituer le frottement de roulement au frottement de glissement qui serait trop dur à vaincre. Quand le pivot tout entier est solidaire de la grue et tourne avec elle, il repose à sa base dans une crapaudine inébranlable et est entouré, au niveau du sol, par un collier fixe avec couronne horizontale de galets interposée. Il faut se ménager alors la possibilité de visiter et de graisser le pivot et la crapaudine, et il faut aussi les mettre à l'abri des infiltrations d'eau qui pourraient engendrer la rouille et même causer des ruptures pendant les gelées de l'hiver.

Lorsque la fondation est difficile ou impossible, on monte le pivot fixe sur une cuvette en fonte, figure 4, que l'on surcharge le plus possible, et on s'efforce d'équilibrer l'appareil autour de son axe vertical à l'aide d'un contre-poids afin de réduire au minimum la tendance au renversement ; l'équilibre parfait ne pourrait être obtenu que si la grue était toujours chargée du même poids. Une grue de ce genre de 3 mètres de rayon et de 1,000 kilogrammes de force coûte 1,300 francs, de 3,000 kilogrammes, 2,400 francs.

La figure 5, donne une grue analogue comme forme aux deux précédentes, mais montée sur truc roulant, de manière à se déplacer sur une

APPAREILS DE LEVAGE ET DE BARDAGE

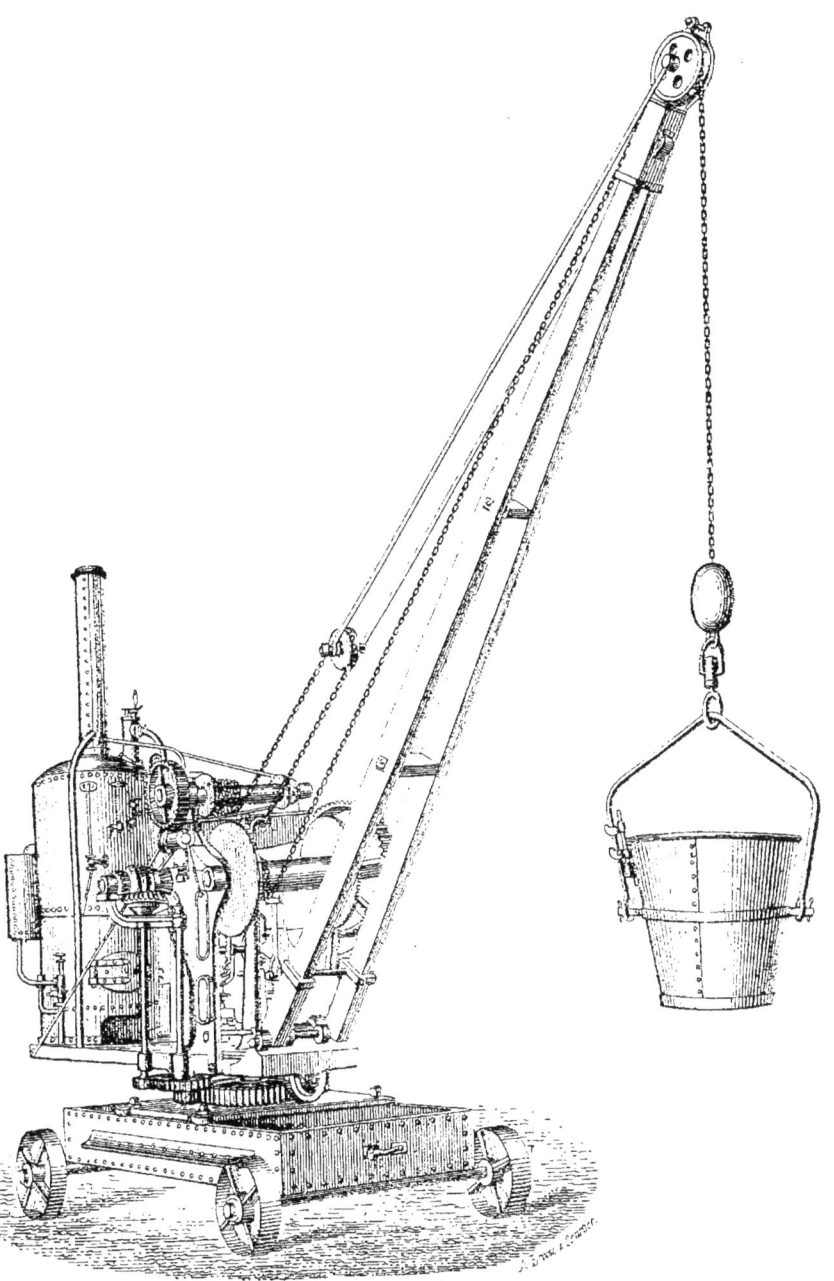

Fig. 40.

voie ferrée ou même sur le sol suivant que les roues sont à boudin ou plates. Ces grues mobiles se font toujours à contre-poids; le contre-poids se compose d'un coffre en tôle rempli de ferrailles ou de pierres; lorsque les charges à soulever sont susceptibles de varier dans des limites étendues, il est bon de rendre mobile la caisse contre-poids; à cet effet, on la monte sur galets et cela permet de l'éloigner ou de la rapprocher de l'axe vertical.

On pourrait même en régler la position par une graduation spéciale ou bien encore rendre le déplacement automatique; mais ces complications sont peu utiles. Il ne faut pas oublier cependant qu'on ne doit point chercher à faire porter aux grues une charge supérieure à leur puissance; à ce point de vue, les freins automatiques agissent efficacement pour limiter les charges. Une grue mobile sur rails de 4 mètres de portée, et de 1,000, 2,000 ou 3,000 kilogrammes de force coûte environ 1,750, 2,700 ou 4,600 francs.

Lorsqu'on a à soulever d'une manière continue de lourdes charges, et surtout lorsqu'on veut opérer rapidement, ce qui est le cas habituel dans les docks et entrepôts et sur les grands chantiers de terrassements ou de dragages, on a recours aux grues à vapeur. La figure 6, représente un des modèles les plus simples. La vapeur est fournie par une chaudière verticale tubulaire qui forme contre-poids et qui est mobile avec la grue; sa plate-forme mobile porte le mécanicien qui tient en mains le régulateur du treuil à vapeur et le levier du frein; la montée se fait par la machine à vapeur, le mécanicien arrête le fardeau à la hauteur voulue et la descente se fait au frein régulateur avec vitesse limitée automatiquement, comme nous l'avons expliqué en parlant des treuils. On se réserve, du reste, la possibilité de mouvoir le treuil avec des manivelles à bras d'hommes.

La rotation de l'appareil autour du pivot vertical s'obtient à l'aide de la roue à manette *m* qui fait tourner le pignon *n* actionnant une roue dentée *r* placée à la base du fût mobile de la grue. Il serait, du reste, facile de demander ce mouvement de rotation à la machine à vapeur, soit par un embrayage soit par un cylindre spécial; c'est ce qui se fait dans les appareils puissants.

La figure 40, représente un de ces appareils : le mécanicien est monté sur la plate-forme même qui porte la chaudière; il tient d'une main le levier de la machine à vapeur, qui actionne un treuil à tambour sur lequel s'enroule la chaîne porteuse; de l'autre main il agit sur le levier d'embrayage de l'appareil de rotation de la grue, dont on voit le détail sur la gauche et au pied de la figure. L'inclinaison du bras est réglée suivant les besoins par une chaîne mouflée qui s'enroule sur un treuil spécial et qui agit sur le double tirant en fer partant du sommet de la grue; un embrayage permet à la machine d'actionner ce treuil spécial. Ainsi tous les mouvements sont demandés à la machine à vapeur et un mécanicien suffit pour guider et commander un appareil de ce genre; les spectateurs sont toujours étonnés de voir cette puissante machine obéir avec précision et rapidité comme le ferait un être intelligent, et exécuter sans effort apparent un travail immense. La grue représentée par la figure 6 de la planche VIII, se fait pour soulever 1 ou 2 tonnes ; elle coûte 10,000 à 11,000 francs.

Grue à vapeur à action directe, système Chrétien.

— M. Chrétien a eu l'idée de demander la traction de la chaîne qui soulève le fardeau à la tige même d'un piston de machine à vapeur. La chaudière A, qui donne la vapeur, et la plate-forme qui porte le mécanicien forment contre-poids à la grue proprement dite, et l'ensemble tourne sur un pivot porté par un truc en fer (*fig.* 41).

Le moteur est un long cylindre parcouru par un piston E dont la tige forme chape d'une poulie mobile H, moufflée avec la partie fixe I ; la chaîne de traction est fixée par un bout au point K, vient passer sur la moufle, puis sur la poulie J à l'extrémité du bras de la grue, et se termine à l'autre bout par un crochet de suspension.

Pour une course du piston, chaque brin de la moufle se raccourcit ou s'allonge d'une longueur égale à cette course, et, suivant qu'il y a 2, 4, 6 ou 8 brins à la moufle, la chaîne de traction se raccourcit ou s'allonge de 2, 4, 6 ou 8 fois la course du piston ; le fardeau monte ou descend d'autant.

Avec un piston de 2 mètres, on obtient donc sans peine des hauteurs d'élévation de 4, 8, 12, 16 mètres et plus, et la vitesse ascensionnelle peut être considérable, 1 à 4 mètres par seconde, sans que pour cela la vitesse du piston dépasse une limite convenable. La manœuvre est très simple, il suffit d'agir sur le levier D ; si on le lève, la vapeur, qui de la chaudière A arrive au tiroir T, vient presser au-dessus du piston pendant que le dessous du piston est mis en communication avec l'atmosphère, le piston descend dans le cylindre et le fardeau monte ; en donnant plus ou moins de vapeur, plus ou moins de pression, on peut forcer la vitesse ou la charge. Si on abaisse le levier à sa position moyenne le tiroir est fermé, et la vapeur reste enfermée au-dessus du piston qu'elle continue à presser ; le mouvement s'arrête et le fardeau reste suspendu ; il est vrai que par le refroidissement la vapeur confinée dans le cylindre se condense peu à peu et que la pression tombe ; le fardeau redescendrait donc lentement avec le temps ; mais en somme le refroidissement est très lent et le fardeau peut rester suspendu plusieurs heures, le manomètre n'indiquant qu'une faible variation de pression.

Quand on abaisse le levier D au-dessous de sa position moyenne, la partie basse du cylindre est mise en communication avec la partie haute et la vapeur de celle-ci se répand dans tout le cylindre ; le piston remonte grâce à la traction de la chaîne et du fardeau, et la vitesse de ce mouvement est d'autant plus grande que le passage de la vapeur du haut en bas du cylindre est plus largement ouvert, c'est-à-dire que le levier est plus abaissé.

Il est à remarquer que la partie du cylindre située au-dessus du piston est toujours en contact avec la vapeur et n'est pas exposée au refroidissement.

Si par fausse manœuvre ou par accident, le fardeau venait à descendre trop rapidement, le piston ferait mouvoir, avant d'arriver à la fin de sa course, le levier PRS qui actionnerait le tiroir et laisserait rentrer la vapeur au-dessus du piston, ou plutôt suspendrait l'émission, de sorte que la vapeur accumulée formerait ressort et empêcherait un choc dangereux.

Le mouvement de rotation de l'appareil se fait à la main, soit que l'on pousse ou que l'on tire de l'extérieur, soit que le mécanicien agisse sur une manette à engrenages ; il est à remarquer que l'effort et le travail à produire pour déterminer cette rotation peuvent être très atténués puis-

Fig. 41.

qu'il n'y a plus de fardeau à élever, mais seulement des frottements à vaincre.

On voit que ces appareils à action directe sont très simples et bien faciles à conduire ; ils sont remarquables par la douceur de leur fonctionnement. Ils réduisent les transmissions et engrenages au strict nécessaire, et donnent lieu par conséquent, à une moindre perte de travail ; cette perte de travail peut bien atteindre 20 0/0 dans les appareils à treuils et à engrenages.

A égalité de travail, la dépense de vapeur doit être moindre avec l'appareil Chrétien qu'avec les autres, surtout quand la vapeur sert à la descente comme à la montée.

Il importe de ne point laisser l'eau de condensation séjourner dans le cylindre, surtout en hiver, car les gelées le feraient éclater.

Les grues Chrétien ont reçu des applications dans les travaux publics, soit pour le battage des pieux, soit pour l'extraction des déblais ; on enlève facilement avec elles 30 à 40 mètres cubes de déblai à l'heure, et il est facile d'imaginer un système de cordages qui renverse ou qui ouvre les bennes pour les vider, lorsqu'elles sont arrivées à la destination voulue.

Grues de dimensions exceptionnelles, machine à mâter. — On a recours, dans les ports de mer, à des grues gigantesques, désignées d'ordinaire sous le nom de machines à mâter. Notre intention n'est point de les décrire ici, nous voulons seulement en donner une idée.

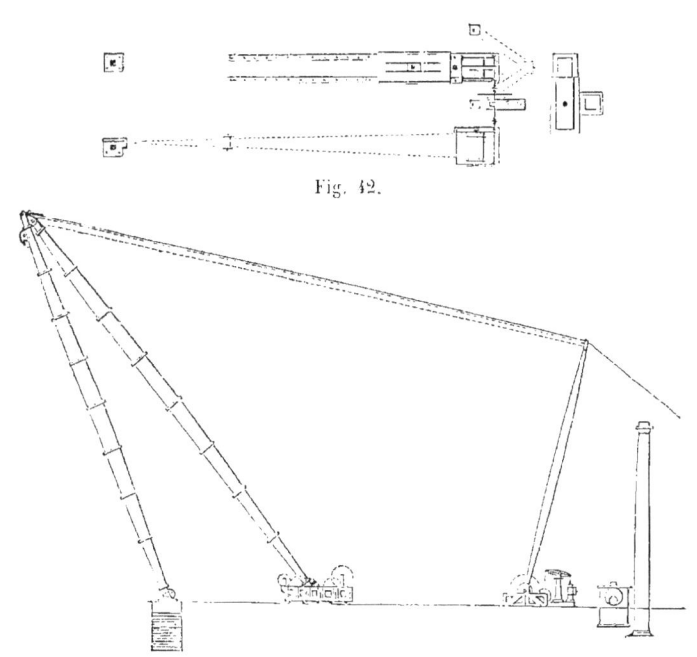

Fig. 42.

Fig. 43.

Les figures 42 et 43 représentent à une petite échelle une grue à vapeur installée aux docks de Southampton, et destinée à prendre à bord du navire pour les déposer à quai, ou inversement, des colis dont le poids peut atteindre jusqu'à 50 tonnes.

La grue se compose de deux grands mâts de 27^m,36 de longueur, formant chevalet. Ce chevalet peut recevoir, autour de son axe horizontal un mouvement de va-et-vient, dont l'amplitude est de 13 mètres.

En son sommet s'articule un autre mât; le pied de ce mât repose sur un chariot mobile sur deux rails, dont la direction est perpendiculaire à l'axe horizontal du chevalet.

Le sommet commun est réuni par des chaînes à l'extrémité d'un second chevalet incliné en sens inverse du premier, et fixé en un point du sol par une chaîne de retenue. A gauche du chevalet on voit le treuil que fait mouvoir une machine à vapeur dont la chaudière et la cheminée se trouvent indiquées sur la figure.

Le treuil principal a $0^m,45$ de diamètre et $1^m,50$ de long. Il porte une roue dentée de $2^m,20$ commandée par un pignon de $0^m,20$ monté sur l'arbre du volant de la machine. La chaîne qui s'enroule sur ce treuil est en fer rond de $0^m,02$ de diamètre; à la tête de la grue, elle passe sur un palan à six poulies.

Lorsque la machine à vapeur fait 50 révolutions à la minute, la vitesse ascensionnelle du fardeau est de $0^m,60$ par minute.

Le chariot mobile porte des treuils destinés : 1° à le faire mouvoir; 2° à soulever à bras d'hommes les charges de faible poids.

On peut étudier, dans nos ports, de grandes grues à mâter les navires, qui sont analogues à celle que nous venons de décrire.

Ainsi la société des ateliers et chantiers de la Loire vient d'installer, à Saint-Nazaire, une mâture de 80 tonnes dont la portée horizontale est de 14 mètres, et la longueur de la bigue au-dessus de ses tourillons de base est de 25 mètres; cette bigue forme donc un bras énorme qui peut s'abaisser depuis la verticale jusqu'à l'inclinaison qui correspond à une base de 14 mètres.

Le mouvement de bascule est obtenu à l'aide de deux vis inclinées à 45° sur lesquelles se meuvent les écrous de commande du pied moteur.

Le mouvement de levage est obtenu par un palan à 6 brins et par deux tambours parallèles à gorge commandés par des vis sans fin.

Une machine horizontale de 25 chevaux actionne par transmission de courroies les écrous du pied qui commande l'inclinaison de la bigue ainsi que les tambours de levage.

Les mouvements sont à plusieurs vitesses.

Calcul d'une grue. — Le calcul des engrenages qui transforment l'action du moteur est le même que le calcul des engrenages d'un treuil.

Nous avons donc seulement à rappeler comment on détermine les efforts transmis au pivot, au collier, à la volée et au tirant. Soit une grue dont le pivot est en O et le collier en A, la volée est AC et le tirant BC; le support de son pivot exerce sur elle une réaction F, qui a une composante horizontale X et une composante verticale Y; la réaction Z du collier est évidemment horizontale et dirigée à l'opposé de F. Aux forces extérieures, il faut ajouter le fardeau P à élever appliqué à une distance p de la verticale OA et le poids propre de la grue Q, poids appliqué au centre de gravité de l'appareil à une distance q de la verticale OA.

Égalant à zéro la somme des projections verticales et la somme des projections horizontales des forces en présence, ainsi que la somme

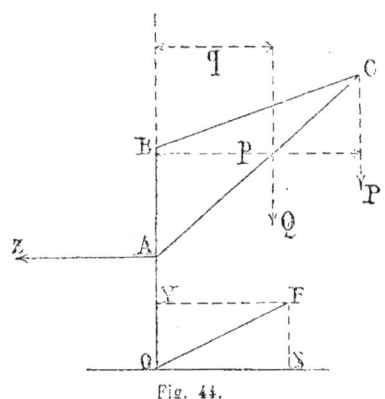

Fig. 44.

de leurs moments par rapport au point O et désignant OA par h, on trouvera

$$X + Z = 0 \qquad Y - P - Q = 0 \qquad Pp + Qq - Zh = 0,$$

équations qui donnent

$$Y = P + Q \qquad Z = \frac{Pp + Qq}{h} = -X.$$

Toutes choses égales d'ailleurs, il y a avantage à éloigner le collier du pivot, afin de diminuer la réaction et le frottement. Quand on le peut, la colonne de la grue est encastrée dans le plafond de l'atelier où elle travaille et le collier se trouve reporté au-dessus du tirant.

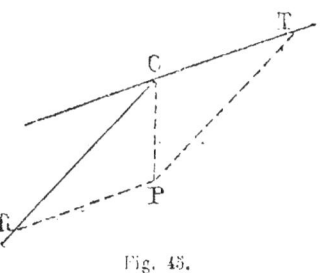

Fig. 45.

Le poids P, transmet à la volée une compression R et au tirant une tension T ; il est facile de construire ou de calculer ces deux efforts par le parallélogramme des forces. Le poids propre de l'appareil contribue à les augmenter ; en décomposant ce poids, appliqué au centre de gravité, en deux forces verticales appliquées en C et A, on obtiendra en C la valeur du poids qu'il faut ajouter à P pour tenir compte du poids propre de l'appareil.

4° TREUILS ROULANTS, OU APPAREILS A COORDONNÉES RECTANGULAIRES

Les treuils roulants peuvent, avons nous dit, comme les grues complètes, porter un fardeau d'un point à un autre point quelconque de leur champ d'action; mais ils diffèrent des grues par la forme et l'étendue de ce champ d'action.

Les treuils roulants conviennent lorsque le transport et l'élévation des fardeaux ne sont pas condensés en un point, mais s'étendent sur une grande longueur; ces treuils sont bien plutôt des appareils de chargement et de déplacement horizontal que des appareils élévatoires; leur mouvement vertical est toujours très limité et ne dépasse pas quelques mètres. Ils conviennent particulièrement dans les grands ateliers de machines et dans l'exploitation des carrières, ainsi que pour le chargement des pierres et des grosses masses sur les wagons de chemins de fer. On leur donne souvent le nom de grues roulantes, c'est un tort, il faut réserver le nom de grue aux appareils à bras incliné et appeler *treuils* ou *ponts roulants* les appareils à coordonnées rectangulaires.

On fait les treuils ou ponts roulants surtout en vue d'efforts considédérables et il convient de leur donner un moteur à vapeur lorsqu'ils sont destinés à un travail continu.

Ponts roulants actuels. — Les figures 1 et 2, planche IX, représentent un pont roulant, de la force de 10,000 kilogrammes, construit par MM. Sautter et Lemonnier, et destiné à desservir des ateliers de grande importance. Le pont peut en parcourir toute la longueur en roulant sur des rails portés par des consoles fixées aux murs longitudinaux, il va sans dire qu'il faut s'assurer tout d'abord que ces murs sont capables de résister à la charge qu'on leur impose, sinon il conviendra de supporter les rails par des longrines coiffant des poteaux accolés au parement intérieur des murs, ou bien on construira un contre-mur en maçonnerie de briques et de ciment.

Le pont est composé de deux poutres de la forme dite d'égale résistance, entretoisées à chaque extrémité par deux doubles T; le tout est complètement solidaire et calculé en vue de résister aux plus grandes charges que doit porter l'appareil. Entre les deux poutres, dont les bords intérieurs portent chacun un rail, roule le treuil du système que nous connaissons: treuil Mégy avec embrayage-frein automatique et régulateur de descente.

Les trois mouvements: vertical, transversal, longitudinal, peuvent être commandés soit du sol même de l'atelier, soit par des ouvriers montés sur le pont:

1° Quand on veut agir du sol même de l'atelier, on tire la chaîne sans fin a, qui par l'engrenage x fait tourner l'arbre ff, celui-ci porte à chaque extrémité une roue dentée m qui agit sur un pignon solidaire de la roue R; les roues R tournent donc dans un sens ou dans l'autre suivant le sens de la traction exercée sur la chaîne a et entraînent tout. C'est la chaîne sans fin b qui, de la même manière, détermine le roulement du treuil sur le pont; elle actionne l'arbre k et ses roues dentées l qui engrènent avec deux pignons calés sur l'arbre des roues de gauche r du chariot; celui-ci se met donc à rouler dans un sens ou dans l'autre suivant le sens de la traction exercée sur la chaîne b.

Enfin c'est la chaîne c qui actionne la poulie à gorge faisant mouvoir le treuil.

2° Trois systèmes correspondants, placés sur la plate-forme du pont, permettent de commander les trois mouvements. La manivelle M agit sur un arbre vertical et sur un système de roues d'angle, qui actionnent l'engrenage x et l'arbre ff qui donne le déplacement longitudinal. La roue à manette N, agit sur l'arbre k pour déplacer le treuil. Enfin, les manivelles O agissent sur les engrenages du treuil.

Le prix du pont dépend évidemment de la portée et de la charge ; quant au treuil roulant et à ses accessoires, pour des forces de 5,000, 10,000 ou 20,000 kilogrammes il peut coûter 4,500, 5,000 ou 6,000 francs.

Nous avons supposé que la manœuvre s'opérait à bras d'hommes, mais on peut prendre la force motrice par courroies sur un arbre de transmission qui tourne toujours. Pour chaque mouvement, deux ficelles pendantes servent de commande ; suivant qu'on tire sur l'une ou sur l'autre, on embraye le mouvement dans un sens ou dans l'autre.

Si on le veut, on peut monter sur le pont lui-même la chaudière à vapeur et la machine motrice et des leviers commandent les divers embrayages.

On a commencé à se servir de l'électricité comme force motrice et la transmission est alors des plus simples.

La figure 3, planche IX, représente un pont roulant en bois, fer et fonte d'un type que l'on rencontre souvent, et qui convient notamment au service des carrières et des gares à pierres. Ce pont est fait d'ordinaire pour une force de 10,000 kilogrammes.

Des manivelles commandent sur la plate-forme le mouvement ascensionnel et le déplacement transversal du treuil. Quant au déplacement longitudinal, on l'obtient sur chaque rail par une roue à manette m, dont le mouvement se communique par un pignon à une roue dentée, calée sur l'arbre de la roue de support.

Il arrive souvent que ces ponts roulants présentent une partie en encorbellement, surtout quand ils sont établis sur un mur de quai pour le chargement et le déchargement des bateaux. Les figures 1 et 2, planche X, représentent un pont mobile de ce genre, en bois et fer, de la force de 16,000 kilogrammes, à deux vitesses, construit par MM. Sautter et Lemonnier. Le pont lui-même est en fer et les poutres ont entre elles un écartement suffisant pour livrer passage aux blocs de dimension maxima ; les deux palées de support sont en bois, elles craignent moins les chocs et sont moins exposées à flamber que si elles étaient en fer, des consoles en fonte relient les poutres du pont et les palées.

Chaque palée est portée sur trois roues et une seule est motrice. Le mouvement ascensionnel est obtenu par les manivelles M, le mouvement transversal par les roues à manettes N, et le mouvement longitudinal par les roues à manettes O.

Un pont roulant de ce genre est installé sur les bords de l'Oise, pour desservir les carrières importantes qui alimentent Paris.

Nous avons indiqué sur la figure 3, planche X, la disposition générale d'un pont roulant à vapeur pour chargement et déchargement des gros blocs de pierres. Le moteur est à action directe, du système Chrétien que nous avons décrit précédemment. L'appareil est construit tout en fer, il pèse 62 tonnes, embrasse un espace de 28 mètres, et peut manier des blocs de 15 tonnes.

Puissance des divers appareils de levage par journée de travail. — En étudiant les divers appareils de levage, nous en avons indiqué ou calculé le travail mécanique et, avec les renseignements que nous avons donnés, il sera facile au lecteur de déterminer dans chaque cas la puissance journalière d'un appareil quelconque, c'est-à-dire la charge totale qu'il pourra élever en une journée à une hauteur donnée.

On comprend que cette puissance peut varier dans de grandes limites; suivant les circonstances, il faut à chaque montage accrocher le fardeau à son point de départ, le décrocher à son point d'arrivée, faire descendre à vide le crochet ou le plateau de suspension, à moins qu'il n'y ait un double système, l'un descendant à vide pendant que l'autre monte à charge.

L'organisation des services d'approche et de dégagement des fardeaux a, comme on le saisit tout d'abord, une influence capitale sur le rendement des appareils, car le temps perdu à chaque opération est souvent beaucoup plus considérable que le temps pendant lequel fonctionne le mécanisme; avec des grues à vapeur à grande vitesse, le rendement n'est pour ainsi dire limité que par le temps perdu au départ et à l'arrivée, et c'est ce temps perdu qu'il faut chercher à atténuer par une parfaite organisation des chantiers. On arrive ainsi à doubler et à tripler le rendement des appareils.

Nous ne pouvons donc donner ici que des indications vagues, reposant sur certaines hypothèses.

1° Un *homme* vigoureux, montant des matériaux sur un escalier raide, arrive à élever à une hauteur de 10 mètres 5 tonnes par jour, ce qui représente un peu plus que le poids des matériaux nécessaires à la confection de 2 mètres cubes de maçonnerie.

2° Un *baritel* avec deux forts chevaux, ou un manège, peut monter 360 kilogrammes à 10 mètres de hauteur en 45 secondes; supposez une minute de perte au départ et à l'arrivée pour charger les bennes, vous ne ferez que 22 ascensions à l'heure, soit un produit de 8 tonnes à l'heure ou de 80 tonnes par jour. Admettez que l'on gagne une demi-minute en haut et en bas de chaque course, et la puissance s'élève à 123 tonnes par jour.

3° Un *treuil ordinaire* sans engrenage élève 70 kilogrammes environ à 10 mètres de hauteur en une minute; avec une minute perdue à chaque extrémité, cela fait 20 voyages à l'heure, ou 14 tonnes par journée de 10 heures, ce qui est le poids nécessaire à la confection d'environ 6 mètres cubes de maçonnerie. Le calcul suppose qu'une benne descend pendant que l'autre monte.

Si l'on réduisait les pertes de temps à un quart de minute à chaque extrémité de la course, on ferait 40 voyages à l'heure et on doublerait la puissance.

4° Un *treuil Mégy* de 500 kilogrammes de force, mû par un seul homme, avec une manivelle de $0^m,40$ faisant un tour en 4 secondes, monte son fardeau de $0^m,047$ par tour ; il l'élèvera donc à 10 mètres en 14 minutes ; la vitesse de descente au régulateur est de $0^m,30$ à la seconde, soit environ une demi-minute pour 10 mètres. Avec le temps perdu, on fera à peine 4 voyages à l'heure, soit 2 tonnes à l'heure, ou 20 tonnes par jour. Ce chiffre seul montre les avantages que présentent les treuils modernes à engrenages sur les anciens treuils en bois à manivelle et tambour.

5° Un *treuil à vapeur*, de 1,000 kilogrammes de force, élève son fardeau avec une vitesse de $0^m,11$ à la seconde, soit une minute et demie pour une ascension de 10 mètres. Si l'on compte 2 minutes de perte de temps pour l'accrochage, le décrochage et la descente au régulateur, on arrive à faire 17 voyages à l'heure, soit un rendement de 17 tonnes. Mais le rendement s'abaisse rapidement si le temps perdu augmente au départ et à l'arrivée.

6° Le *rendement des grues à vapeur* employées dans les ports au chargement et déchargement des navires a été donné par M. Le Rond, ingénieur des ponts et chaussées, dans une notice insérée aux *Annales* de 1886. Voici les chiffres qu'il indique :

Des grues à vapeur, de 1,500 kilogrammes de force, ont donné un rendement de :

15 à 20 tonnes par heure à Dieppe,
20 tonnes — à Saint-Nazaire,
20 à 25 tonnes — à La Rochelle,
13 à 20 tonnes — au Boucau, sur l'Adour.

Au Havre, une grue de 2 tonnes manutentionne 15 à 22 tonnes par heure, suivant la nature des colis et des marchandises.

Les rendements qui précèdent s'appliquent surtout à des minerais et à des charbons, on peut dire que, à quelques mètres près, ils sont presque indépendants de la hauteur d'élévation, car la durée d'une opération dépend surtout du temps perdu au chargement et au déchargement et de la durée de la rotation de la volée.

Une foule de circonstances, comme le dit M. Le Rond, influent sur les résultats, ils dépendent du groupement des marchandises et de l'aménagement des navires, et de la manière dont on utilise la grue. Il faut toujours la faire travailler à pleine charge et réunir à cet effet plusieurs colis en un seul ou employer des bennes de dimensions convenablement calculées.

La grue doit toujours trouver une benne pleine et toute prête à être enlevée. « En un mot, la grue la plus parfaite ne donne de bons résultats que lorsqu'une foule de circonstances accessoires sont remplies. »

CHAPITRE II

ÉCHAFAUDAGES ET PONTS DE SERVICE

Procédés de montage chez les Anciens. — Le plan incliné paraît avoir été le principal engin de montage des constructeurs primitifs, mais les Grecs et surtout les Romains eurent recours de bonne heure à des procédés mécaniques plus perfectionnés.

« Tantôt, dit M. Choisy dans son *Art de bâtir chez les Romains*, les pierres présentent sur deux faces opposées des rainures en forme de fer-à-cheval permettant de les suspendre à des cordages et de les amener en place ; tantôt un canal de même forme est creusé dans la masse pour donner passage au câble qui doit servir à la monter. D'autres fois, une mortaise s'évasant vers le fond décèle l'usage de cet ingénieux système de coins que les modernes emploient sous le nom de *louve* pour saisir les blocs et les fixer à des cordages ; ou bien deux mortaises voisines semblent ménagées pour donner prise à une sorte de tenaille mentionnée par Vitruve parmi les instruments destinés au maniement des pierres. »

Tout cela suppose l'emploi de câbles, de poulies et d'échafaudages, et en effet Vitruve décrit les moufles, les chèvres, les cabestans et les bigues.

Pour les édifices élevés, les Romains se servaient d'échafaudages volants posés sur des corbeaux saillants en pierre de taille, corbeaux que l'on retrouve dans un grand nombre de monuments, le pont du Gard par exemple ; on peut voir une réminiscence de ces corbeaux dans l'usage des rails posés en travers des piles de viaduc et les débordant à droite et à gauche de manière à supporter les cintres des voûtes.

Échafaudages ; définition et classification. — Les appareils élémentaires de levage, que nous avons décrits au chapitre précédent, sont connus depuis longtemps; mais c'est depuis quelques années seulement qu'on les a vus se répandre sur les plus petits chantiers où tout se faisait auparavant par la main de l'homme.

Les moteurs modernes, machines à vapeur, machines à gaz ou à air comprimé, ont permis de donner aux appareils de levage les plus simples une puissance indéfinie et d'imprimer à l'exécution des édifices une rapidité qui n'est limitée que par l'espace disponible.

On appelle *échafaudages* les constructions provisoires, généralement en charpente, qui servent au montage, à la distribution et à la mise en place des matériaux d'un édifice.

Ces constructions provisoires varient avec l'importance et avec la forme de l'édifice ainsi qu'avec la rapidité voulue pour l'exécution.

S'il s'agit d'une maison ordinaire, on aura recours aux procédés les plus simples et les moins dispendieux; une grande maison de Paris exigera davantage, elle se développe surtout en hauteur et les assises successives peuvent être desservies par un ascenseur unique, logé dans une cage verticale en charpente et rencontrant une série de planchers convenablement étagés; si la maison ou l'édifice sont considérables et que les dimensions en plan l'emportent sur les dimensions en hauteur, on pourra être amené à recourir à plusieurs cages d'ascension et même à poser des treuils roulants sur les planchers de service, ou bien on adoptera une cage d'ascension unique roulant sur des rails posés sur le sol; pour construire une tour, une grue à bras incliné, mobile autour de son axe vertical et posée au centre de l'édifice, sera l'appareil indiqué tout d'abord.

S'il s'agit d'un pont, la longueur l'emporte de beaucoup sur les deux autres dimensions; il convient donc de recourir à un pont de service établi dans le sens de la longueur et parcouru par un treuil ou par une grue roulante. Le même système ne conviendra pas toujours à un viaduc, parce que la dimension verticale devient alors prédominante, le pont de service serait trop onéreux comme construction et comme manœuvre et l'on est amené à se servir de charpentes verticales analogues à celles qui conviennent pour des maisons élevées.

Nous étudierons donc successivement :
1° Les échafaudages ordinaires usités en architecture ;
2° Les échafaudages pour tours et phares ;
3° Les ponts de service et grues roulantes pour ponts ordinaires ;
4° Les échafaudages et apparaux de levage pour viaducs ;
5° Les apparaux divers.

1° ÉCHAFAUDAGES USITÉS EN ARCHITECTURE

Echafaudages courants. — Les échafaudages ordinaires ou *échafauds* sont d'un emploi général pour l'exécution des constructions courantes.

On distingue les *échafauds sur plan horizontal*, les *échafauds sur plan vertical* et les *échafauds volants*.

Le plus simple des échafauds *sur plan horizontal*, se construit en plaçant des planches sur des chevalets. Les planches dont on se sert proviennent, à Paris, du déchirement de certains bateaux que l'on ne reconduit pas à leur point de départ et que l'on trouve plus économique de dépecer. Ces échafauds servent principalement aux plafonneurs et aux peintres. Si l'on n'a point de chevalets, on construit l'échafaud au moyen de perches verticales, s'appuyant le long des murs et supportant de longues traverses ; les traverses sont formées quelquefois de plusieurs morceaux de bois, entés au moyen de ligatures ; tous les assemblages d'un échafaud ordinaire se font pour ainsi dire partout avec des cordages.

Le plus simple des échafauds *sur plan vertical* c'est *l'échelle* : on la forme de deux montants parallèles en excellent bois, réunis de place en place par des boulons en fer formant échelons ; les autres échelons sont en bois, renflés vers le milieu, espacés de $0^m,30$ à $0^m,40$; on doit veiller avec le plus grand soin à remplacer tous les échelons douteux, afin d'éviter les accidents. Lorsqu'une longue échelle oscille trop fortement sous la charge, on peut la soutenir par une jambe de force qui prend un point d'appui sur la muraille et l'autre sur l'échelle, vers son milieu.

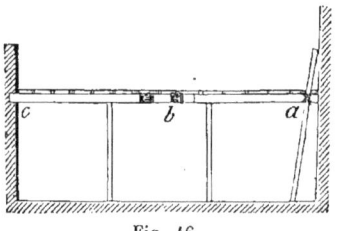

Fig. 46.

On construit aujourd'hui des échelles tout en fer, qui rendent quelques services ; il y en a qui se replient en plusieurs morceaux au moyen de charnières ne s'ouvrant que dans un sens.

Pour construire un *échafaud sur plan vertical*, on se sert de deux sortes de pièces de bois : 1° de longues perches, qui sont généralement des sapins de petite dimension a ayant conservé leur forme conique, on les appelle *échasses* ou *écoperches* ; 2° de rondins cylindriques c d'environ $2^m,50$ de long qu'on appelle *boulins*. Les échasses sont dressées verticalement, de 2 mètres en 2 mètres, à $1^m,50$ en avant de la construction ; puis, sur la hauteur, on relie aux échasses, par des cordages, des boulins espacés de $1^m,75$ et scellés dans le mur de face ; les trous qui restent ainsi, après la construction, portent eux-mêmes le nom de *boulins*. Les échasses sont plantées dans le sol, ou dans des patins en plâtre qui les maintiennent. On a établi de la sorte des rangs de traverses tous les $1^m,75$ sur lesquelles on applique des planches de $0^m,04$ d'épaisseur : sur les plates-formes ainsi obtenues, les ouvriers circulent et l'on y dépose les approvisionnements. Les échasses sont réunies dans le sens longitudinal par des pièces horizontales appelées *filières* b. Les boulins, qui travaillent par flexion, doivent être en bois solide, chêne ou frêne.

Un *échafaud volant* sert à faire des réparations en un point donné d'une façade, à ragréer les moulures, à rejointoyer, à peindre de grandes

ÉCHAFAUDAGES ET PONTS DE SERVICE

surfaces, etc. Le plus simple est la corde à nœuds : l'ouvrier a le corps maintenu dans une bretelle solide qui, à chaque bout, porte une agrafe en fer, que l'on accroche aux nœuds ; il a chaque jambe entourée d'une bandelette en cuir, munie aussi d'une agrafe ; en somme quatre points

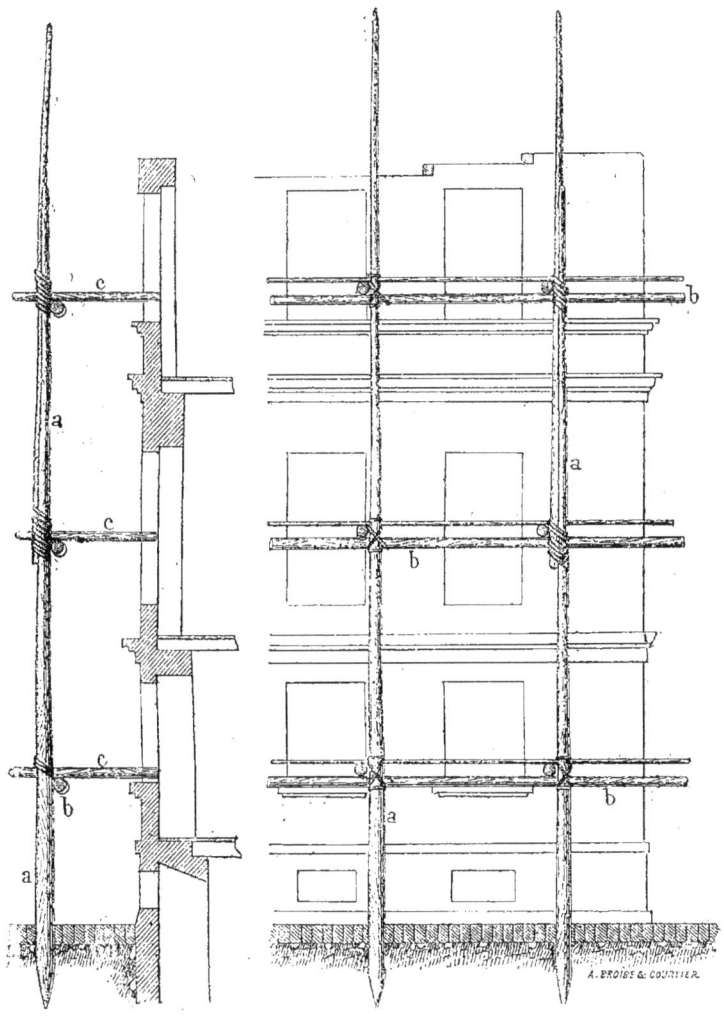

Fig. 47.

d'appui, que l'ouvrier peut déplacer successivement; il se transporte ainsi de haut en bas, et quand il reste en place, il a la libre disposition de ses mains.

D'autres fois, l'ouvrier est assis sur un plateau étroit, supporté par quatre cordages se réunissant un peu plus haut et attachés à un câble solide, parfaitement amarré lui-même. Ce système suffit quand le travail doit se faire à une hauteur constante ; mais si l'on veut que l'ouvrier puisse se mouvoir verticalement, on remplace le câble par un palan, dont le bout est sous la main de l'ouvrier, qui peut alors allonger sa chaîne ou la raccourcir à volonté ; on dispose en outre une poulie avec un petit cordage, avec lesquels un peintre, par exemple, peut monter ses pots de couleur ou de badigeon. Signalons encore l'appareil ingénieux qui peut servir au ragréement des plinthes d'un pont : c'est un chariot à quatre roulettes, dont deux roulent sur un parapet et deux sur l'autre ; les flancs du chariot supportent de petites plates-formes sur lesquelles les ouvriers travaillent.

Grands échafaudages en bois assemblés. — Les échafaudages en bois ronds, échasses, filières et boulins, ne conviennent pas pour les édifices importants, car ils ne peuvent recevoir les appareils mécaniques de montage et ne supporteraient pas les grosses pierres de taille. Il faut donc recourir alors à de véritables charpentes aux divers étages desquelles circulent des treuils ou des grues roulantes.

Il est bien rare que les pièces de ces charpentes pèchent par défaut de résistance, quand on les considère isolément ; les accidents et les chutes d'échafaudages proviennent presque toujours de défauts d'assemblage et de triangulation. L'échafaudage ordinaire n'exige pas impérieusement une triangulation, car les échasses peuvent être fixées solidement au sol et les boulins à la maçonnerie ; si, de plus, les ligatures sont bien faites, la déformation n'est pas à redouter. Cependant, lorsque la hauteur est notable, il est bon de clouer sur les perches des planches inclinées qui les relient entre elles et les rendent solidaires.

Dans les échafaudages en charpente la triangulation est indispensable, car, nous le répétons, c'est surtout par les déformations que les échafaudages sont exposés à périr ; quand le déversement a commencé, il est difficile de l'arrêter. Le triangle étant la seule figure articulée indéformable, c'est en triangulant les charpentes qu'on en assure la stabilité.

Ligatures métalliques. — Dans les échafaudages courants l'assemblage des pièces horizontales et verticales qui se rencontrent se fait presque toujours par cordages ; cela suffit pour les constructions ordinaires qu'on exécute en peu de temps ; mais les ligatures doivent être l'objet d'une surveillance continuelle. Dans les constructions importantes il vaut mieux renforcer les liaisons avec des clous, des crampons et des étriers en fer ; l'emploi des étriers notamment est compatible avec l'intérêt qu'il y a à conserver les bois et à en ménager le réemploi.

On substitue parfois aux cordages un système de chaînes avec vis de tension, comme celui que représente la figure 48 ; en serrant la vis, on tend plus ou moins les chaînes et on développe entre les pièces de bois en contact tel frottement que l'on veut. Il ne doit pas moins se développer un certain jeu avec le temps et ce système d'assemblage, du reste simple et expéditif, doit, comme le système ordinaire, être l'objet d'une surveillance assidue.

Pour maintenir des pièces horizontales sur des pièces verticales, on a parfois recours au système d'étrier en fer représenté par la figure 49;

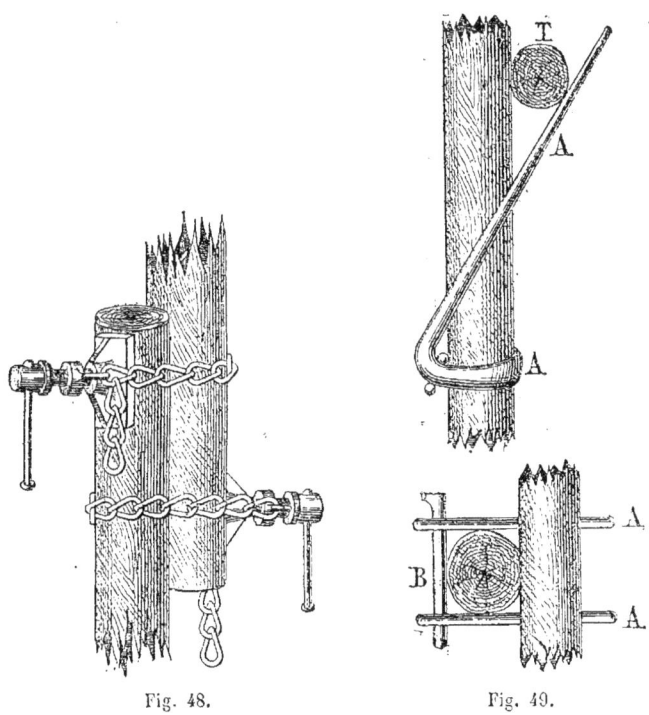

Fig. 48.   Fig. 49.

l'étrier AA, qui entoure le bois vertical est maintenu par le verrou à fourchette B; le bois horizontal T tend à faire basculer l'étrier et à l'appliquer d'autant plus fortement contre le bois vertical que la pièce T est plus chargée.

Exemple d'un grand échafaudage pour maison de Paris. — Les figures 1 à 6 de la planche XI représentent, d'après les *Annales de la construction*, un grand échafaudage à treuil roulant employé pour la construction d'un groupe de dix maisons sur l'avenue Trudaine, à Paris. Cet échafaudage, de 44 mètres de long, en onze travées, a coûté 44,000 francs, soit 100 francs le mètre courant, et a absorbé 95 stères de bois.

Il se compose de 24 montants en sapin du Nord, de $0^m,35$ d'équarrissage et de 20 mètres de haut; ils sont espacés de 4 mètres dans le sens transversal comme dans le sens longitudinal, et portent à leur sommet deux longrines en sapin de $0^m,20$ d'équarrissage sur lesquelles sont fixés les rails du treuil roulant. De chaque côté de la voie on aperçoit un plancher permanent supporté par des consoles en charpente ; le plancher est composé de madriers de $0^m,22$ sur $0^m,055$.

Les planchers des échafaudages exigent les soins les plus assidus ; il suffit d'une planche pourrie ou placée en porte-à-faux pour qu'un ouvrier soit précipité dans le vide. Les entrepreneurs et surveillants de travaux doivent donc montrer sur ce point une constante vigilance.

L'écartement des montants est maintenu par quatre rangées horizontales de madriers de $0^m,22$ sur $0^m,055$ fixés aux montants par des boulons.

Au fur et à mesure que les constructions s'élèvent, on établit le long de l'échafaudage des planchers provisoires de petite largeur composés de deux ou trois madriers pouvant s'enlever instantanément ; et c'est sur ces petits planchers que les maçons reçoivent les pierres à poser.

Le treuil roulant est un treuil ordinaire monté sur un bâti en fonte.

L'échafaudage que nous venons de décrire est évidemment supérieur aux sapines verticales qui déposent toutes les pierres en un même point, ce qui force ensuite à les transporter sur roules à leur emplacement définitif, et il faut même établir des planchers volants pour leur faire franchir les vides de la construction.

A notre avis, le contreventement et la triangulation de ce grand échafaudage ne sont pas suffisants ; sans doute, les montants sont solidement reliés par des traverses boulonnées et les contre-fiches des longrines supérieures s'opposent à la déformation ; mais le contreventement dans le sens transversal n'est assuré qu'aux deux travées extrêmes par des croix de Saint-André, figure 3 ; quelques écharpes seraient utiles dans le sens longitudinal, au moins une à deux étages de chaque travée. Sous cette réserve, on peut considérer cet échafaudage comme satisfaisant.

Échafaudages de la Galerie nationale à Berlin. — La figure 50 représente, d'après Heusinger von Waldegg, la disposition générale de l'échafaudage de la Galerie nationale à Berlin. Les pierres sont prises dans un bateau, soulevées par un treuil roulant, déposées sur des wagons ; les wagons les portent à l'aplomb d'une grande grue roulante, mobile parallèlement à la façade de l'édifice ; cette grue se meut sur deux rails portés chacun par un échafaudage et ces deux échafaudages comprennent entre eux la façade. Avec une installation de ce genre, une pierre quelconque est amenée mécaniquement à sa place ; la rapidité d'exécution, l'économie réalisée sur la main-d'œuvre peuvent, dans une construction importante, couvrir, et au delà, la dépense première ; cette dépense peut même se trouver considérablement diminuée lorsque l'on peut prévoir le réemploi des apparaux.

On voit sur la figure 51 la disposition générale d'un échafaudage employé à la construction des grandes maisons de Berlin ; cet échafaudage enveloppe le mur de façade, et les écharpes transversales sont placées de manière à passer dans les baies de l'édifice projeté. Au sommet de la charpente est un chariot roulant, mobile parallèlement à la façade, qui porte un treuil roulant, mobile transversalement, de sorte que les

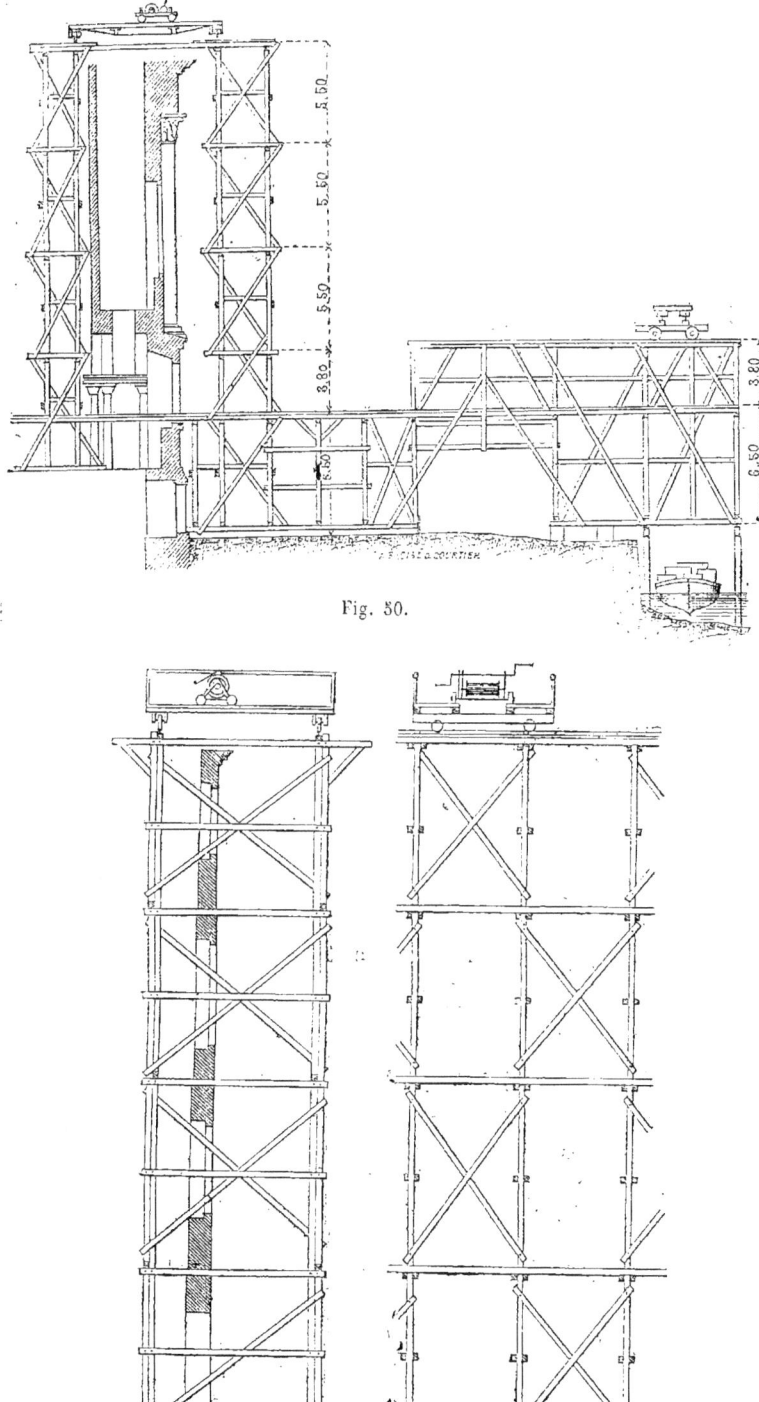

Fig. 50.

Fig. 51.

matériaux pris à la base de l'édifice peuvent être transportés en un point quelconque de la cage en charpente.

Échafaudages en bascule ou en porte-à-faux. — Il arrive souvent qu'on ne peut prendre aucun appui sur le sol ou qu'on veut laisser libre l'accès du rez-de-chaussée d'un édifice à réparer ou à remanier. On est alors conduit à employer un échafaud en bascule ; des pièces de bois horizontales A, posant par leur milieu sur l'appui des fenêtres sont calées, à l'intérieur du premier étage, entre un potelet

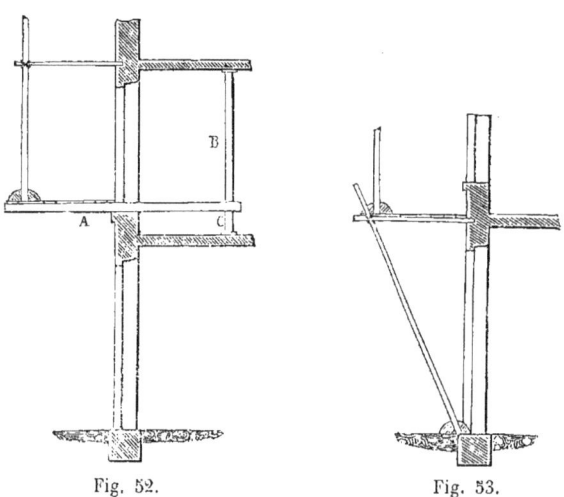

Fig. 52.   Fig. 53.

C et une chandelle B, de sorte que le poids de l'échafaud est équilibré par une pression que le poteau B transmet de bas en haut au plancher du deuxième étage.

Au cas où on ne pourrait prendre un point d'appui à l'intérieur du premier étage, on supporte les boulins inférieurs de l'échafaud par des contre-fiches reportant le poids de l'échafaud au pied du mur de face.

Sapines employées pour la construction des maisons de Paris. — Les échafaudages simples, sur lesquels les matériaux sont élevés à dos d'hommes ne suffisent pas pour des maisons de quelque importance.

A Paris, pour monter les matériaux aux divers étages d'un échafaud, on se sert de grandes *sapines*, dont l'ossature est formée avec quatre montants verticaux, que relient des moises horizontales régulièrement espacées ; les carrés, compris entre les moises et les montants, sont occupés par des croix de Saint-André, qui s'opposent aux déformations.

Dans ce couloir prismatique, on plaçait autrefois une série d'échelles par où montaient les manœuvres avec leurs fardeaux ; aujourd'hui on a

ÉCHAFAUDAGES ET PONTS DE SERVICE

recours à une benne qui se trouve guidée entre les quatre montants, et que soulève une chaîne qui, après avoir passé sur une poulie à la partie supérieure, redescend pour s'enrouler sur un treuil que met en marche soit une locomobile, soit une machine à gaz, soit une manivelle. Mieux vaut encore avoir deux bennes, dont l'une monte pendant que l'autre descend : elles se font contrepoids, comme dans l'appareil Coignet.

L'appareil dont nous venons d'indiquer le principe est aujourd'hui bien perfectionné ; il convient parfaitement dans les grandes villes, parce qu'il est peu encombrant, et reçoit son mouvement soit d'une petite locomobile, soit d'une machine à gaz.

Les figures 1 à 4, planche 12 représentent le modèle employé à la construction de la caserne du Prince-Eugène, à Paris.

Sur le volant de la locomobile sont montées deux courroies, l'une droite (d), l'autre croisée (e), de sorte qu'elles communiquent à la poulie motrice (h) des rotations de sens différents.

Ces courroies traversent chacune une fourchette f ; les deux fourchettes sont montées sur une pièce horizontale à laquelle on peut imprimer un mouvement de va-et-vient au moyen de la manette (a), qui, par l'intermédiaire de l'axe vertical (b), fait tourner le doigt (c). Grâce à ce mécanisme, on fait passer l'une ou l'autre courroie de sa poulie folle (g) sur la poulie motrice (h), et l'on change à volonté le sens du mouvement.

Sur l'arbre (i) de la poulie (h) sont montées deux roues 1 et 3, qui engrènent avec deux autres roues (2) et 4. L'arbre (i) porte un manchon claveté (j) et un taquet d'arrêt (r), de sorte qu'on peut lui donner un mouvement de va et vient dans ses paliers, et communiquer le mouvement à l'arbre k au moyen de la roue (2) ou de la roue (4). La roue 2 convient pour les grandes vitesses et les petits fardeaux, et la roue 4 pour les petites vitesses et les grands fardeaux.

L'arbre k porte une vis sans fin qui communique le mouvement à la roue dentée (l) et par suite à la poulie à noix (m) sur laquelle s'enroule la chaîne de levage.

En haut de l'échafaudage on voit deux autres poulies à gorge (n).

La chaîne qui supporte le fardeau vient passer sur la première poulie (n), descend pour passer sur la poulie (m), et remonte sur la seconde poulie (n) pour revenir vers le sol.

Lorsque le fardeau monte, l'autre bout de la chaîne descend, et on l'accroche à une nouvelle pièce, que l'on soulèvera à son tour en changeant le sens du mouvement.

Une sonnette (s), manœuvrée d'en haut, donne au mécanicien les signaux de départ et d'arrêt.

La vitesse moyenne de la chaîne est de $2^m,90$ par minute quand le grand pignon de 30 dents est embrayé, et de $1^m,08$ quand c'est le petit pignon de 19 dents qui travaille.

Du côté des constructions, la face de l'échafaudage est complètement dégagée des traverses et des croix de Saint-André pour laisser le passage libre aux matériaux levés à toute hauteur.

Le plus souvent on adapte à la base de la sapine un treuil quelconque, treuil à applique ou treuil ordinaire de l'un des modèles que nous avons décrits au chapitre précédent.

La charpente de la sapine est bien triangulée, elle se compose de pièces fortement boulonnées et constitue un ensemble très rigide, facile à démonter et susceptible d'un emploi presque indéfini, de sorte que la dépense première est vite amortie.

La figure 5 de la planche 12 donne un modèle de sapine avec les dimensions de ses bois, dont voici le métré :

4 montants en sapin de 21 mètres et de $0^m,22$ d'équarrissage	4^{mc} 07
19 traverses en sapin de $2^m,75$ de long et de $0^m,06$ sur $0^m,22$ d'équarrissage.	0 69
2 traverses en sapin de $2^m,70$ de long et de $0^m,12$ sur $0^m,22$ d'équarrissage.	0 13
26 pièces inclinées de $4^m,40$ de long et de $0^m,06$ sur $0^m,22$ d'équarrissage.	1 51
Cube total du bois.	6^{mc} 40

à ajouter : 145 kilogrammes de fer.

Il faut compter une dépense de 15 à 20 francs pour les terrassements et le scellement des poteaux.

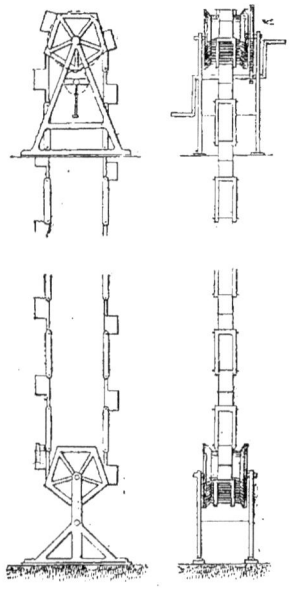

Fig. 54.

On admet qu'avec une sapine de ce genre une équipe de deux hommes peut monter 15 mètres cubes de pierres par journée de travail de 10 heures.

Des sapines il faut rapprocher les norias, ou élévateurs à briques, très usitées à Vienne, figure 54. Il faut deux hommes à la manivelle du haut, e diamètre des tambours est de 0^m,80; on ajoute des mailles au fur et à mesure, ce qui est une sérieuse complication.

Les sapines ont le grand avantage de n'exiger aucun remaniement pendant la durée du travail, ce qui n'était point le cas des chèvres dont on se servait autrefois d'une manière générale et dont il fallait modifier sans cesse l'emplacement et l'inclinaison.

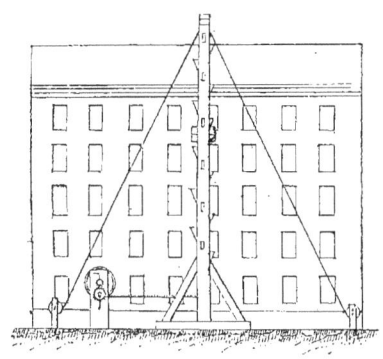 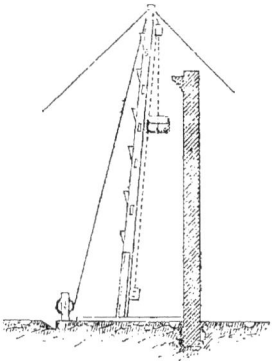

Fig. 55.

On doit reconnaître cependant que certaines chèvres puissantes, convenablement installées, sont aussi d'un emploi avantageux, mais elles sont plus encombrantes, et il faut pour les maintenir quatre haubans prenant leurs points d'appui sur le sol à d'assez grandes distances, sujétion parfois difficile à réaliser. La figure 5 de la planche II représente la chèvre ordinaire.

Grue employée à la construction du théâtre du Vaudeville à Paris. — Les figures 1 à 7 de la planche XIII représentent l'appareil élévatoire inventé par M. Borde, et qui a servi pour plusieurs grandes constructions, par exemple pour le théâtre du Vaudeville, à Paris.

En A est une machine à vapeur, qui, par une courroie, communique son mouvement au treuil D, et à la chaîne destinée à soulever le fardeau.

Ce fardeau est supporté par la poutre E, dont l'inclinaison peut varier au moyen d'une corde qui s'enroule sur un treuil de rappel C.

K est une tige de fer destinée à renforcer la poutre en bois.

On voit que le fardeau reçoit, grâce au treuil D, un mouvement vertical, et grâce au treuil C, un mouvement horizontal.

Le poids de la machine doit être tel qu'il fasse équilibre à un poids supérieur au maximum du poids des fardeaux à enlever.

Tout l'appareil se transporte sur deux rails parallèles à la façade de la construction.

On obtient de la sorte une grande rapidité alliée à une grande économie.

Le prix total de l'appareil est de 12,000 francs, la force de la machine à vapeur est de 3 chevaux, on peut élever des blocs cubant jusqu'à $1^m,40$ et le temps nécessaire pour le montage à 12 mètres et la pose d'un bloc a été de 3 à 9 minutes.

La machine Borde avait été employée précédemment à la construction de la Bourse de Marseille, et avait donné lieu au calcul comparatif ci-après :

1° On avait installé d'abord, pour le levage, huit treuils, mus par deux ouvriers chacun ; chaque treuil élevait par jour $3^{mc},60$ de pierre et avec l'amortissement et l'entretien des appareils, chaque mètre cube élevé revenait à 1 fr. 73. La construction comprenant 15,000 mètres de pierre, la dépense totale s'établissait donc comme il suit :

```
15,000 mètres cubes à 1 fr. 73. . . . . . . . . . . . . . . . . .   25,950 francs.
Échafaudages, défalcation faite de la revente des bois. . . . . .   70,000  —
                                    Dépense totale. . . . . . . .   95,950 francs.
```

2° En substituant aux huit treuils quatre machines Borde, chaque machine élevait par jour $25^m,35$ de pierre et coûtait 24 fr. 25, cette somme comprenant l'intérêt, l'amortissement et l'entretien des appareils, le salaire des mécaniciens, la dépense en huile et en charbon ; le prix de levage d'un mètre cube était donc de 0 fr. 96, ce qui donnait pour la construction entière :

```
15,000 mètres à 0 fr. 96. . . . . . . . . . . . . . . . . . . . .   14,400 francs.
Dépréciation des appareils . . . . . . . . . . . . . . . . . . .    4,800  —
                                    Total . . . . . . . . . . .    19,200 francs.
```

D'où une économie considérable de temps et d'argent.

Sans méconnaître le côté ingénieux des appareils dont il s'agit, nous croyons qu'on peut arriver au même résultat économique avec des treuils et des sapines convenablement disposés, en ayant recours, cela va sans dire, à un moteur à vapeur ou à gaz ; l'appareil Borde nous paraît exiger, en vue de la sécurité, des précautions et une attention particulières, ce qui est un inconvénient sérieux.

Grue roulante de 30 mètres de hauteur *pour la construction de l'église du Sacré-Cœur à Montmartre.* — M. l'ingénieur Bonnet a établi, d'abord pour la construction du nouvel Hôtel des postes de Paris, puis pour la construction de la nef de l'église du Sacré-Cœur à Montmartre, une grue à balancier, mobile sur rails, qui a rendu de grands services à tous égards et qui a fourni un travail rapide et très économique.

Cet appareil est représenté sur la planche XIV, et nous en donnons ci-après la description, telle qu'elle a été présentée par M. Bonnet, à la *Société des Ingénieurs civils* en 1885.

Le programme imposé se résume de la manière suivante :

« En hauteur l'appareil doit pouvoir opérer la pose des assises jus-

jusqu'aux sommiers des voûtes, poser les sommiers et établir les voûtes ; l'extrados étant à 27 mètres du sol de la nef.

« En déplacement, la grue doit desservir les deux côtés de la nef et tout le pourtour du chœur.

« La nef s'étend sur une longueur de $52^m,500$ et le chœur a un rayon de $7^m,280$ dans œuvre.

« Ses piliers ont $4^m,500$ d'épaisseur.

« La partie centrale de l'ensemble de l'édifice devait rester entièrement libre.

« La translation, dans la nef et au pourtour du chœur, étant nécessairement effectuée à la volonté d'un mécanicien, et suivant les besoins du service, par des moyens mécaniques dont la puissance motrice serait demandée à une machine à vapeur placée sur la plate-forme de l'appareil.

« Un homme seul devait suffire à la manœuvre complète.

« Dans la partie correspondant au chœur, l'axe du rail extérieur pouvait avoir au maximum $6^m,860$ de rayon. Le passage dans cette partie ne pouvait être obtenu qu'en rendant mobile l'un des essieux ou en employant un appareil auxiliaire.

« Le poids total est de 25 tonnes ; la manœuvre d'un essieu mobile est dangereuse dans de telles conditions de charge, on a donc dû recourir à un appareil auxiliaire spécialement disposé pour transborder l'appareil élévatoire.

« L'étude comprend donc trois parties distinctes :

« 1° L'appareil élévatoire ;
« 2° Le chariot transbordeur ;
« 3° La voie.

« *Appareil élévatoire*. — La pose doit avoir lieu à 27 mètres au-dessus de la nef, comme hauteur maximum.

« Certaines obligations locales ont conduit à surélever le rail de 2 mètres au-dessus du sol de la nef. Le plan supérieur de pose se trouve ramené à 25 mètres du niveau du rail.

« Afin d'atteindre le porte-à-faux, assez considérable, de $4^m,500$, demandé par l'épaisseur des piliers, l'axe du balancier a dû être établi à 25 mètres au-dessus du rail.

« Le balancier a 11 mètres, ce qui donne une hauteur de $30^m,50$ au-dessus du rail pour l'axe de la poulie recevant la chaîne de charge.

« *Balancier*. — Le balancier est formé par deux poutres en treillis montées parallèlement sur un axe en fer qui les traverse toutes deux dans des tourteaux en fonte rivés sur des tôles qui forment l'âme des poutres au milieu et aux extrémités.

« Ces poutres sont entretoisées de distance en distance par des entretoises intérieures.

« Aux deux extrémités du balancier sont placées deux poulies : l'une la poulie recevant la chaîne de charge, l'autre la poulie servant au rappel du balancier.

« L'axe d'oscillation porte aussi une poulie qui sert à renvoyer la chaîne de charge au treuil de manœuvre placé sur la plate-forme inférieure.

« Les pierres employées à Montmartre sont toutes des pierres dures de Château-Landon ; le levage est fait à la louve, les pierres arrivant toutes taillées.

« Le balancier doit opérer la pose directement sans bardage supplémentaire ; il doit donc pouvoir prendre toutes les positions, depuis la position horizontale jusqu'au relèvement total limité par la chaîne de charge ramenée contre les montants.

« Pour que cette manœuvre soit régulière, le centre de gravité du balancier a dû être fixé un peu en dessous de l'axe d'oscillation au moyen d'un contrepoids spécial.

« *Pylône*. — Le pylône, portant le balancier à la partie supérieure et la machinerie à la partie inférieure, est formé de pièces de charpente en pitchpin.

« Il est composé de deux montants verticaux assemblés dans un des longerons du châssis inférieur et réunis entre eux, à diverses hauteurs, par des entretoises. Dans le plan vertical des montants, deux contre-fiches latérales viennent buter ces pièces. En arrière des montants, deux autres contre-fiches.

« Pour la constitution de cet ensemble, le métal devait être rejeté :

« 1° Par suite du poids qui aurait remonté le centre de gravité total et compromis la stabilité ;

« 2° Comme rendant très difficile l'assemblage au moment du montage sur place ;

« 3° Par raison d'économie de premier établissement.

« Les pièces travaillent toutes à compression sauf les contre-fiches d'arrière qui travaillent à traction, l'emploi du pitchpin est motivé dans cette application.

« Les voies d'accès de la butte Montmartre ont obligé à constituer les pièces en deux parties, le passage ne pouvant s'effectuer au delà de 17 mètres de longueur.

« Les pièces sont assemblées à traits de Jupiter de 3 mètres de longueur.

« Les deux longerons sur lesquels sont boulonnées et encastrées les pièces du pylône, sont formés de deux morceaux de chêne de fort équarrissage. Ils sont réunis entre eux par deux traverses également en chêne et boulonnées.

« Les longerons et leurs traverses forment un châssis sur lequel est installée la machinerie.

« Tout l'ensemble est porté par deux essieux en fer sur lesquels sont calées des roues en acier de $0^m,600$ de diamètre.

« La machinerie est complexe, elle doit répondre aux besoins suivants :

« 1° Élévation du fardeau ;
« 2° Manœuvre du balancier ;
« 3° Translation de la grue ;
« 4° Translation du chariot transbordeur.

« La puissance motrice est demandée à une machine à vapeur, mi-fixe, verticale.

« Cette machine commande, au moyen d'une courroie, un arbre de la transmission, lequel arbre donne le mouvement :

« 1° Au treuil de charge ;
« 2° Au treuil de rappel du balancier ;
« 3° A la translation.

« *Treuils.* — Les treuils sont du système «Bernier» afin de ne pas former un matériel hors série pour l'entrepreneur et de conserver les habitudes des ouvriers du chantier. Les débrayages de ces treuils sont ramenés près de la machine sous la main du mécanicien.

« Le treuil de charge est entre les deux montants, le treuil de rappel du balancier est fixé aux contre-fiches d'arrière.

« Ces treuils sont à deux vitesses, mais ils fonctionnent toujours :
« Le treuil de charge à la grande vitesse.
« Le treuil de rappel à la petite vitesse.
« La descente des pierres ou des bennes à mortier s'effectue au frein.

Translation. — La translation est obtenue par des engrenages commandant l'essieu placé sous la machine et elle est mise en mouvement, à la main, par un embrayage à doubles cônes de friction permettant le renversement du sens de la marche.

« Le dernier engrenage, qui communique le mouvement à l'essieu moteur, est monté fou sur cet essieu et il n'en devient solidaire que par le moyen d'un embrayage à emboîtement qui est manœuvré du plancher même de la machine.

« *Puissance de l'appareil élévatoire.* — La puissance de l'appareil a été calculée pour résister aux efforts provenant d'une charge de 2,800 kilogrammes, ce qui correspond à un volume de $1^{m3},200$, la densité du Château-Landon étant de 2,400 kilogrammes environ.

« Dans ces conditions, le fer travaille à 6 kilogrammes par millimètre carré pour le balancier (flexion et compression), à $6^k,50$ pour les essieux; la fonte à 2 kilogrammes par millimètre carré pour les dents d'engrenages ; le bois de pitchpin à $0^k,061$ par millimètre carré pour compression seule et à $0^k,850$ par millimètre carré lorsqu'il travaille à flexion et compression à la fois.

« L'appareil peut lever et poser 80 à 100 mètres cubes par jour suivant les conditions d'alimentation du chantier et de hauteur de pose. La hauteur n'a d'influence que dans les valeurs extrêmes, le montage se faisant pendant que la translation s'effectue.

« *Stabilité.* — Une des questions les plus importantes est la stabilité.

« Le moment résistant a été trouvé de

$$27{,}750.$$

« Le moment de renversement maximum est donné par la charge 2,800, le balancier étant horizontal; sa valeur est de

$$14{,}280.$$

« Rapport du moment résistant au moment renversant

$$\frac{27{,}750}{14{,}280} = 1{,}943,$$

donnant une sécurité absolue dans le cas le plus défavorable.

« L'influence du vent est considérable au point élevé où fonctionne l'appareil.

« En tenant compte des circonstances locales, la stabilité n'est compromise que lorsque le vent a une intensité supérieure à celle qui correspond à une pression de 162 kilogrammes par mètre carré, le balancier étant droit, et de 222 kilogrammes par mètre carré, le balancier étant horizontal, et encore faut-il que la direction soit normale à l'axe de la voie et à l'arrière de l'appareil.

« *Sécurité des manœuvres.* — Depuis 1881, il a été constaté qu'il ne s'était pas posé moins de 15,000 mètres cubes avec ces appareils, non seulement sans danger pour l'existence des hommes qui ont été employés, mais encore sans qu'aucun d'eux ait été seulement blessé.

« *Chariot transbordeur.* — L'appareil auxiliaire devant transborder l'appareil élévatoire, doit se déplacer sur une voie circulaire dont le rail extérieur ne peut avoir plus de 6^m,860 de rayon, à l'axe.

« Les essieux de la grue étant distants de 5 mètres, le chariot a 6^m,500 de longueur totale.

« *Conditions d'établissement.* — Les conditions d'établissement du chariot transbordeur sont les suivantes :

« 1° Permettre l'accès facile à l'appareil venant des voies latérales ou s'y rendant;

« 2° Il doit être relié à la voie latérale jusqu'au moment où l'appareil devient solidaire du chariot.

« 3° Le chariot et l'appareil doivent être rendus solidaires par un mouvement automatique, et cette solidarité doit exister pendant toute la translation autour du chœur;

« 4° Le mouvement moteur doit être pris directement sur le mouvement de translation de l'appareil;

« 5° Le chariot étant nécessairement relié à la voie latérale sur laquelle l'appareil pose les pierres de la nef, pendant cette période, il y a enclenchement des pièces mobiles du chariot afin que l'appareil ne puisse s'engager sur ce chariot, sans que celui-ci ne soit prêt à le recevoir.

« *Chariot.* — Le chariot est formé par un châssis métallique composé de deux longerons, de deux traverses et de plusieurs entretoises. La rigidité de l'ensemble est assurée par des goussets et deux contreventements horizontaux. Les roues sont extérieures, avec supports spéciaux, disposition donnant la hauteur minimum. Leur nombre est de cinq pour assurer la stabilité du côté de la charge.

« *Liaison du chariot et des voies d'accès.* — La liaison du chariot et des voies latérales est obtenue par des verrous fixés sur les traverses et manœuvrés au moment du départ, l'enclenchement se fait automatiquement. Dans cette position, les voies du chariot sont rigoureusement dans le prolongement des voies d'accès. Les longerons reposent sur des patins en acier légèrement inclinés afin d'éviter le frottement au départ.

« *Solidarité de l'appareil et du chariot.* — A chaque extrémité des rails du chariot est disposé un verrou en fer forgé coulissant dans des guides en fonte.

« Ces verrous sont manœuvrés par des bielles mises en mouvement par un levier à contrepoids. Les bielles sont en deux parties avec écrous de réglage.

« Le fonctionnement est automatique au moyen d'un taquet de butée fixé sur le longeron de la grue. Le taquet entraîne le levier et les verrous viennent buter sur les boudins des roues; dès que le mouvement de l'appareil a son amplitude complète, les boudins découvrent les verrous qui, rendus libres, achèvent leur fermeture sous l'action du contrepoids. L'ouverture se fait à la main.

« *Mouvement moteur du chariot.* — Une des particularités du système adopté consiste à demander le mouvement moteur du chariot à l'appareil élévatoire lui-même.

« Ce mouvement est pris sur le dernier engrenage de la translation monté fou sur l'essieu.

« Un ensemble de deux harnais de roues coniques transmet le mouvement au chariot au moyen d'une crémaillère scellée dans le sol du chœur.

« Pour éviter les erreurs de mise en route, le sens de marche des roues du chariot est le même que celui de la grue pour un même déplacement du levier d'embrayage.

« *Enclenchement des pièces mobiles.* — Il y a lieu de se préoccuper de rendre impossible un accident résultant de ce que les pièces mobiles du chariot, manœuvrées pendant que la grue fonctionne sur les voies latérales, aient pu amener l'ouverture de tous les verrous à la fois.

« On a acquis toute sécurité en terminant l'arbre des bielles des verrous par une série de leviers actionnant un étrier qui, doué d'un mouvement en sens inverse de celui du levier auquel il est relié, vient entourer l'extrémité du second levier et empêche le déplacement de celui-ci.

« *Voies*. — Les voies latérales sont formées de deux alignements droits raccordés par une courbe de 106^m,75 de rayon.

« Les voies de la nef ont 2^m,880 de largeur d'axe en axe.

« Les rails sont en acier, type du chemin de fer du Nord, pesant 30 kilogrammes le mètre. Ils sont posés sur longrines entretoisées. Il y a trois entretoises par longueur de rail de 8 mètres.

« Les rails du chariot sont établis à 0^m,595 en contre-bas de ceux des voies latérales. La voie a 3^m,100 de largeur, le rail extérieur étant cintré, comme il a été dit, à 6^m,860 de rayon.

« *Levage sur place*. — Le levage sur place s'est fait avec une grande facilité en utilisant une charpente existante de 13 mètres de hauteur. Il a été fixé, sur cette charpente, deux sapines inclinées l'une vers l'autre, reliées par des traverses. La traverse supérieure portait la chape d'une poulie sur laquelle s'enroulait le câble d'un treuil placé sur le sol de la nef. La poulie était à 36 mètres du sol. »

L'ensemble a coûté à peu près 33,000 francs pour une hauteur de 30 mètres. La charpente du chœur eût coûté au moins 500,000 francs ; l'économie a donc été considérable.

Ces appareils élévatoires, puissants et maniables, sont très avantageux à tous égards pour les grandes constructions et remplacent d'énormes charpentes.

Ils prennent la pierre et la posent n'importe où, quand elle arrive, à condition, naturellement, que la pierre sous-jacente soit prête à la recevoir. Il n'est point nécessaire de suivre une assise ; il y a quelquefois trois ou quatre assises montées dans un coin et rien dans l'autre.

Le mécanicien arrive très vite à éviter les fausses manœuvres, tout en effectuant simultanément les divers mouvements ; il pose la pierre juste à la place voulue, sans risque de l'écorner.

Les ouvriers sont à l'abri de tout danger.

Chèvre roulante employée à la construction de la gare d'Orléans, à Paris. — La planche 15 représente la chèvre roulante, établie par M. Cousté pour la construction de la gare d'Orléans, à Paris ; elle se déplace sur un chemin de fer au niveau du sol et pose la pierre d'un seul côté ; elle convient pour les grands édifices publics avec longue façade en pierre de taille.

Les éléments de l'appareil sont :

ÉCHAFAUDAGES ET PONTS DE SERVICE

    a treuil de levage ;
    b mécanisme du déplacement transversal ;
    c chariot ;
    d locomobile ;
    e mécanisme de transport de l'appareil.

La hauteur totale de la chèvre est de 26 mètres; la charpente affecte une forme pyramidale et repose sur une base formant à peu près un carré de 8 mètres de côté.

Chèvre roulante employée à la construction du collège Chaptal, à Paris. — On voit sur la planche 17 les dessins de la chèvre mobile, établie également par M. Cousté, qui a servi à la construction du collège Chaptal, à Paris. Elle roule sur un chemin de fer installé sur les planchers de l'édifice et pose les pierres des deux côtés; elle peut être appliquée aux bâtiments ordinaires, mais ne convient toutefois qu'à des édifices d'une longueur notable, car il faut à chaque étage démonter et remonter l'appareil ; une sapine serait plus économique pour des bâtiments à faibles dimensions en plan;

    a est le treuil de levage ;
    b le mécanisme qui commande le déplacement transversal ;
    c le chariot.

Le treuil est à double manivelle et manœuvré, suivant les cas, par deux ou par quatre hommes.

La machine, que nous allons décrire ci-après, dérive des deux précédentes et est spécialement applicable aux églises.

Grue roulante et tournante employée à Francfort. — Les échafaudages, qui sont disposés de telle sorte que leurs apparaux de levage puissent aller prendre les matériaux en dehors de la cage de la charpente, sont généralement plus commodes que ceux dont l'action est limitée à l'intérieur de la cage. Si, de plus, la potence ou le bras de levage peuvent recevoir un mouvement de rotation autour d'un axe vertical, le fonctionnement est meilleur encore.

Cette disposition est réalisée par la grue mobile tournante, figure 56, construite par Holzmann et Cie, à Francfort-sur-le-Mein.

Au sommet d'un échafaudage fixe est un chariot roulant, mobile parallèlement à la façade de l'édifice à construire. Sur un pivot vertical placé au centre de ce chariot est montée une grue tournante en bois et fer, figure 57.

La volée du bras de cette grue est de 2^m,50; la construction en est très robuste ; elle est portée sur quatre galets qui parcourent un chemin circulaire en fer ; le bras saillant et son fardeau sont équilibrés par une caisse à moellons.

Le levage s'effectue par un treuil à deux manivelles et la rotation par une poussée à bras d'hommes.

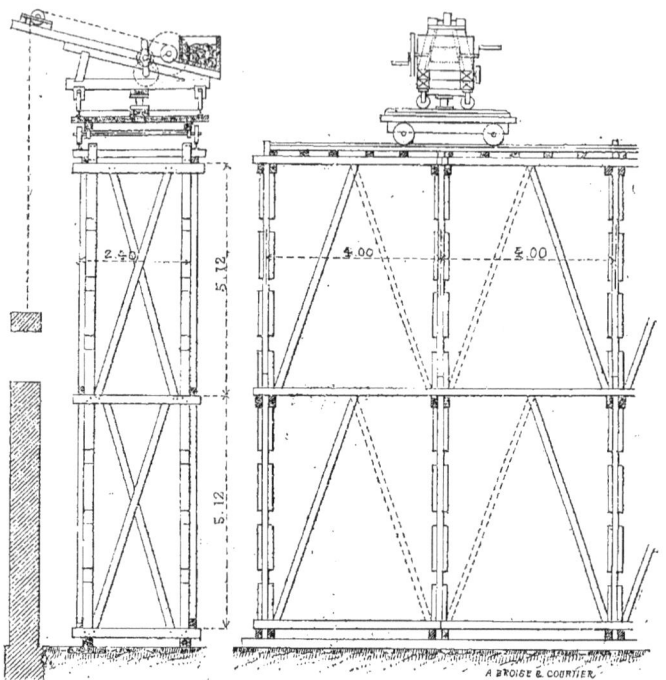

Fig. 56.

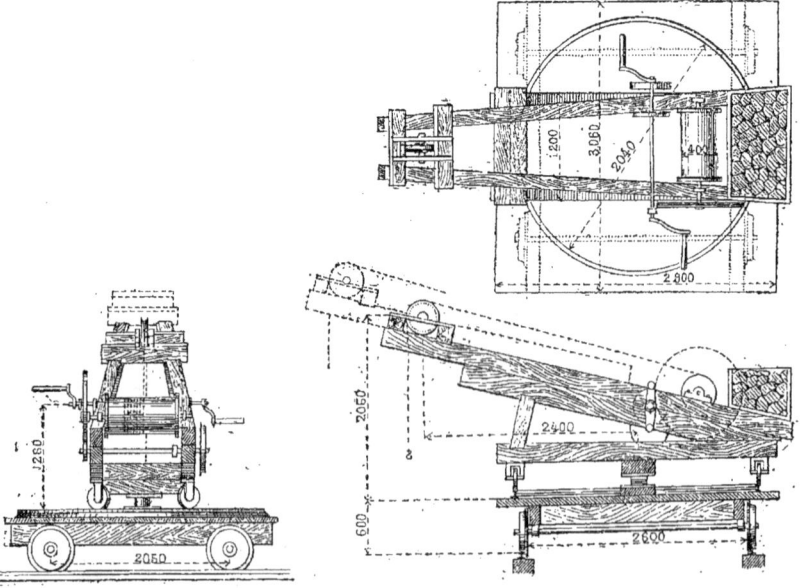

Fig. 57.

Avec un cordage unique, 4 hommes montent 1,600 kilogrammes.

Cette grue tournante, simple et robuste, est susceptible de rendre de sérieux services pour la construction des tours et notamment pour la construction des édifices de phares.

Échafaudage de l'église Notre-Dame-des-Champs, à Paris. — Les figures 8 et 9, planche XIII, représentent l'échafaudage roulant qui a servi à la construction de l'église Notre-Dame-des-Champs, à Paris.

Cet échafaudage est formé de quatre montants inclinés comme les arêtes d'une pyramide, sur lesquels s'assemblent des contre-fiches inclinées en sens contraire et transformant en éventail la partie haute de l'échafaudage; toutes ces pièces sont reliées, dans chaque face principale par des cours de moises horizontales et les deux faces principales sont elles-mêmes rendues solidaires par des moises et des croix de Saint-André.

L'échafaudage est porté par six roues à boudin, parcourant une voie ferrée établie suivant l'axe longitudinal de la nef. Une locomobile est installée dans une cabine, au premier étage de l'échafaudage, et le mécanicien a trois mouvements à produire :

1° Par des arbres horizontaux et verticaux et par des engrenages coniques, indiqués sur la figure, il agit sur les six roues porteuses de l'appareil qu'il déplace ainsi dans le sens longitudinal ;

2° Par des treuils il agit sur les chaînes $x\,y$ qui passent sur les petits chariots mobiles a et b et viennent soulever les fardeaux tels que A ;

3° Par des treuils et des chaînes plus petites il déplace les chariots a et b sur les rails qui les portent et produit ainsi le mouvement transversal du fardeau.

L'action de chaque bras s'exerce à $12^m,50$ de l'axe, soit une zone totale de 25 mètres de large pour l'appareil entier, dont la hauteur atteint 30 mètres. Le plancher supérieur est rendu rigide par des haubans attachés aux montants de la pyramide médiane.

La base de l'appareil a 8 mètres de côté et la stabilité est assurée, tant par son poids propre que par le poids de la machine qu'il porte. Il peut soulever jusqu'à $4^m,3$ de pierre dure, soit 8 à 10 tonnes. Un mécanicien et deux hommes suffisent à la manœuvre.

Grand échafaudage roulant pour le montage des fermes en fer de la gare d'Orléans, à Paris. — Les voies de la gare d'Orléans à Paris sont recouvertes par une halle métallique vitrée ; l'ouverture des fermes est de $52^m,55$ d'axe en axe des pilastres ; deux grandes fermes successives sont espacées de 10 mètres, elles sont réunies par des pannes horizontales qui constituent elles-mêmes des poutres importantes ; la lanterne supérieure occupe une largeur de 12 mètres, figures 1 à 2 planche 16.

La construction métallique abrite huit voies ferrées et deux larges trottoirs, et il fallait l'élever sans interrompre la circulation ; on laissa donc six voies libres et les trottoirs furent protégés par des toitures provisoires afin de mettre les voyageurs à l'abri des accidents. Dans toutes les constructions métalliques, les ouvriers laissent sans cesse échapper un outil, un boulon, un rivet, et il convient de mettre tout le monde à l'abri de ces projectiles.

L'échafaudage que nous avons à décrire a été étudié avec le plus grand soin par M. Mathieu, ingénieur en chef du Creuzot, qui, dans tous ses travaux, s'est attaché à combiner des procédés parfaits de hardage et de mise en place, estimant que l'on regagne bien vite par l'économie de temps et de main-d'œuvre la dépense de premier établissement.

Donc l'échafaudage roulant de la gare d'Orléans se composait de deux fermes perpendiculaires aux voies, espacées de $9^m,66$ d'axe et soutenant, à 16 mètres de hauteur, un grand plancher occupant, dans le sens longitudinal des voies, une longueur de 20 mètres correspondant à l'intervalle de trois grandes fermes successives de la halle. Chaque ferme ou charpente de l'échafaud a pour ossature essentielle trois montants verticaux de $0^m,34$ d'équarrissage, triangulés par des contre-fiches et des croix de Saint-André ; chaque montant extrême est porté par un chariot roulant de 4 roues en fonte de 1 mètre de diamètre, et le chariot du montant intermédiaire est seulement à deux roues. Les deux fermes de l'échafaud sont reliées parallèlement aux voies par des liernes, des moises et des croix de Saint-André.

On accède au plancher général, situé à 16 mètres de hauteur, c'est-à-dire à la naissance de la toiture, par une série d'escaliers larges et commodes ; on ne saurait croire comme cette disposition facilite le travail et la surveillance. Parfois un ingénieur ou un architecte peu ingambe recule devant une ascension pénible à faire sur des échelles mal commodes et branlantes ; il n'hésite pas s'il trouve devant lui un bon escalier ; l'ouvrier le plus exercé, le plus insouciant du danger, y gagne lui-même en sécurité et en rapidité de manœuvre.

Les pièces métalliques étaient prises, sur les wagons venant du Creuzot, par des treuils de 10 tonnes de puissance établis sur l'échafaud ; on montait les grands arbalétriers en quatre morceaux, les pannes et autres pièces en un seul morceau. On assemblait les quatre morceaux d'un arbalétrier dans son plan vertical, puis on l'élevait d'une seule pièce à sa position définitive en le saisissant à l'aide de six chèvres ; une autre équipe d'ouvriers posait les bielles et les tirants, une troisième les pannes et une quatrième la lanterne. Grâce à cette division du travail, on parvint à réduire de six jours à trois le délai nécessaire à la pose d'une travée.

Des échelles portatives prenant leur point d'appui sur le plancher général donnent accès à tous les assemblages.

Les arbalétriers, amenés à leur place, sont soutenus par un plancher spécial incliné comme la toiture et porté par les poteaux d'une des deux fermes de l'échafaud, poteaux prolongés à cet effet. De la sorte, aucun renversement n'est à craindre et c'est seulement lorsque toutes les pannes sont rivées et les bielles et tirants assemblés que l'on abandonne les arbalétriers à eux-mêmes.

Un autre plancher horizontal sert pour le montage de la lanterne ;

mais il n'est pas fixe comme le plancher général et on le démonte rapidement quand il faut faire rouler l'échafaud.

Le roulement s'obtient, du reste, sans peine, vu le grand diamètre des roues, et huit crics ou vérins agissant sur les huit grands chariots de base impriment le déplacement à la masse entière, aussitôt qu'une ferme est montée.

Cet échafaudage roulant a absorbé 380 mètres cubes de bois et 35,000 kilogrammes de fer et fonte ; il a coûté environ 50,000 francs et sa valeur après emploi atteignait encore 20,000 francs.

Échafaudages pour la réparation du Panthéon. — Après la guerre de 1870, on établit, pour réparer le Panthéon, les échafaudages dont les éléments principaux sont représentés par les figures 3 et 4 de la planche XVI.

Il fallait pouvoir accéder à tous les points des trois coupoles, à l'intérieur comme à l'extérieur, sans cependant entamer les murs et les voûtes, et en prenant comme points d'appui les entablements de l'architecture. On devait assurer la circulation d'un grand nombre d'ouvriers jusqu'à 60 mètres de hauteur et leur porter tous les menus approvisionnements en matériaux de tous genres.

Nous distinguons dans l'ensemble deux parties principales :

1° L'échafaudage de manœuvre, figure 3, placé sur la droite du fronton du portique, au dessous de la colonnade qui entoure le fut cylindrique portant le dôme ; cet échafaudage de manœuvre ne comporte que trois fermes ; il a pour mission d'élever jusqu'à son plancher les matériaux apportés au pied de l'édifice.

2° L'échafaudage du dôme, au contraire, entoure le tiers de la périphérie et comporte treize fermes comme celle de la figure 4 ; il prend ses points d'appui sur l'entablement extérieur de la colonnade qui entoure la coupole ; ces points d'appui s'obtiennent par des corbeaux en charpente, en forme d'équerre renversée, composés de montants verticaux et d'un étai oblique reliés par des moises horizontales ; sur ces moises règne un plancher continu. C'est sur cette base que s'appuie toute la charpente supérieure ; on n'a pris sur le dôme aucun appui, car il fallait en réparer toute la surface et, par conséquent, l'envelopper sans le toucher.

De même l'échafaudage intérieur ne prend ses points d'appui qu'en K, L et P ; les premières pièces de charpente ont été posées sur les corniches K et L par des ouvriers suspendus à des bannes à poulie et manœuvrant à 35 mètres au-dessus du sol.

L'échafaudage de manœuvre, avec ses trois fermes, cube 30 stères et pèse 21 tonnes.

L'échafaudage extérieur, avec ses 13 fermes, cube 300 stères et pèse 280 tonnes.

L'échafaudage intérieur compte quatre fermes portant trois planchers superposés à 75, 90 et 95 mètres au-dessus du sol. Il cube 220 stères et pèse 200 tonnes.

Échafaudage de l'église de la Trinité, à Paris. — Les figures 3 et 4 planche 17 représentent les échafaudages adoptés en 1873 pour les réparations à l'église de la Trinité, échafaudages qui devaient permettre de parcourir toute la surface du monument, sans endommager ni moulures ni ornements.

L'échafaudage comporte, en façade, quatre grands montants en sapin de 28 mètres de hauteur, de $0^m,25$ d'équarrissage, formés de pièces entées par un joint brisé que maintiennent des brides en fer bien serrées. La triangulation est assurée par des contre-fiches placées en cinq triangles isocèles les unes au-dessus des autres.

Autour de la flèche l'échafaudage forme en plan un carré moisé, et dans ce carré s'inscrit, au-dessus de la galerie de l'horloge, un autre carré pour l'échafaud de la coupole.

L'escalier de la tourelle et des escaliers en bois allant d'étage en étage desservaient la circulation.

Il a été employé 207 stères de bois de sapin et la dépense s'est élevée à 14,700 francs. Les bois étaient en location ; le sapin était payé 59 francs pour échafauds difficiles, 39 francs pour planchers, et 78 francs pour la calotte sphérique.

Montage des charpentes métalliques de l'Exposition de 1878, à Paris. — Trois systèmes principaux ont servi au montage des charpentes métalliques de la grande galerie des machines et des galeries intérieures.

1° GALERIE DES MACHINES

« Les figures 1, 2, 3 et 4 planche XVIII, donnent l'ensemble des dispositions adoptées par la compagnie de Fives-Lille pour la galerie des machines.

L'échafaudage roulant se composait de deux parties :

1° Un plancher formant cintre au-dessous de l'arc ;

2° Un pont de service avec treuil mobile au-dessus de la ferme.

Chaque demi-ferme arrivait décomposée en trois morceaux principaux de la manière suivante :

1° Un pilier avec une portion de l'arc, limitée au montant qui doit recevoir la première panne : poids total, 8,350 kilogrammes ;

2° Un tronçon d'arc partant du faîtage et comprenant trois intervalles de pannes : longueur 12 mètres, poids 2,600 kilogrammes ;

3° Un tronçon de raccord comprenant seulement l'intervalle de deux pannes : longueur 5 mètres, poids 1,300 kilogrammes.

Les deux piliers étaient d'abord couchés de part et d'autre de la galerie : l'un reposait sur le sol, l'autre sur un chariot roulant qui rachetait la profondeur des sous-sols.

Le socle était boulonné aux fondations, et relié au corps de l'échafaudage par un cadre en charpente ; un arbre de rotation était fixé au pilier, et le cadre de charpente en recevait les coussinets.

A l'aide de poulies et de treuils indiqués planche 18, figure 1, on dressait simultanément les deux piliers symétriques ; les seules précautions à prendre consistaient à prévenir par des haubans l'effet d'un coup de vent sur le pilier, et à modérer par des palans de retraite le mouvement de descente au moment où le pilier allait reposer sur son socle.

Huit hommes levaient un pilier en quarante-cinq minutes.

Pendant cette opération, une équipe spéciale, placée sur le pont de service, posait, au moyen du treuil mobile, les tronçons de l'arc sur le plancher faisant cintre ; il suffisait pour effectuer l'assemblage de faire rouler le chariot dans le sens de l'emboîtement des pièces.

Ensuite on montait les pannes en transformant, à l'aide d'une flèche additionnelle, le treuil mobile en une grue.

Cette grue (fig. 1, 2 et 5), combinée en vue de saisir à $7^m,50$ de son axe les pannes de 750 à 1,200 kilogrammes, n'eût pu, sans courir le risque d'un mouvement de bascule, servir au levage des chéneaux, dont le poids était de 2,140 kilogrammes ; on montait un chéneau en le saisissant d'un bout par le treuil du pont de service, et de l'autre bout par un treuil auxiliaire porté sur les chéneaux de la travée précédente.

Les chéneaux une fois posés, on y fixait des poulies servant au levage des montants de vitrage et de la frise qui entretoise les piliers à leur sommet.

Le poids de métal mis en place peut être évalué moyennement à 0 tonnes par jour ; 16 hommes, en une heure de travail, transportaient l'échafaudage d'une de ses positions à l'autre. »

2° GALERIES INTÉRIEURES

« *Solution de M. Moisant* (Pl. XIX, fig. 1 et 2). — M. Moisant a employé, pour monter successivement les trois galeries, un échafaudage unique qui se déplaçait transversalement à l'aide d'un système de galets.

L'échafaudage consistait en une plate-forme munie, à sa partie antérieure, de deux chèvres pour le levage des pièces, et vers son milieu, d'un tréteau pour la pose des arbalétriers. L'arrière de l'échafaudage était réservé pour les opérations complémentaires, travaux de peinture, etc.

Tandis qu'une équipe assemblait, au milieu de l'échafaudage, les pièces d'une ferme, une autre équipe, travaillant aux deux chèvres antérieures, dressait les colonnes et approvisionnait les fers pour les fermes suivantes.

L'entrepreneur avait installé un double système de galets, qui permettait à volonté, soit de faire cheminer l'échafaudage dans le sens d'une galerie, soit de le transporter d'une galerie à l'autre.

Le cube de bois employé pour la charpente est de 38 mètres.

Les dépenses se répartissent comme suit :

Prix de la charpente, y compris ferrures et roues.	3,800 francs.
Les deux treuils, ensemble	1,000 —
Prix total.	4,800 francs.

L'échafaudage a permis, moyennement, de monter une ferme et demie par jour.

Le déplacement de la charpente exigeait dix hommes et se faisait en deux minutes.

Il suffisait d'une journée et demie de travail pour transporter l'échafaudage d'une travée à l'autre.

Solution de M. Baudet. (Pl. XIX, fig. 3 à 10.) — M. Baudet a monté simultanément deux galeries à l'aide d'échafaudages conformes aux figures 3 à 10.

Les pièces essentielles du système sont les suivantes :

1° Un plancher à gradins, de $4^m,50$ de profondeur, qui pouvait à volonté s'établir suivant l'inclinaison générale des pannes, ou se rabattre horizontalement pour passer sous les fermes en place ;

2° Deux grues tournantes, munies de contre-poids mobiles, qui permettaient de saisir les pièces et de les déposer sur le plancher incliné où elles étaient assemblées.

Le collier de rotation était monté sur boulets, conformément aux indications de détails des figures 8, 9 et 10.

Le cube de bois employé pour un échafaudage est de 30 mètres.

Avec cet échafaudage, vingt-deux ouvriers montaient en quatre heures une travée et les deux passages de 5 mètres qui lui sont adjacents.

Échafaudages et appareils de montage employés aux États-Unis. — Ces appareils sont généralement simples et ressemblent beaucoup à tous les mâts de charge employés à bord des navires ; les ingénieurs français ont également tiré pour la construction des phares un excellent parti de ces engins si maniables et si peu encombrants et nous en verrons plus loin quelques applications.

Une colonie de marins, comme celle qui a donné naissance aux États-Unis d'Amérique, devait nécessairement recourir aux appareils qu'elle avait eus sans cesse sous les yeux ; aussi les conserva-t-elle en les accommodant aux besoins des constructions terrestres ; ces appareils ont acquis aujourd'hui une puissance et des dimensions considérables.

M. Malézieux en a décrit plusieurs, qui sont représentés sur la planche XX et qu'il apprécie en ces termes :

1° *Chèvre employée à Cincinnati.* — Employée pour le levage des dalles minces dont on revêt la façade des maisons, cette chèvre (*fig.* 7 et 8) consiste en deux mâts légèrement inclinés qui en supportent un autre à leur extrémité supérieure et qui reposent eux-mêmes, ainsi que le treuil de manœuvre, sur un petit chariot à quatre roues. Le mât supérieur porte une poulie à 20 mètres environ au-dessus du sol ; deux cordes le retiennent en arrière, le rattachent à deux pieux obliquement fichés en terre et maintenus eux-mêmes par une contre-fiche. Suivant un usage fréquent en Amérique, ces câbles d'amarre traversent la rue, mais assez haut pour ne pas gêner la circulation.

Les pierres sont saisies non par des cordes, ni à la louve, mais par un outil spécial à deux vis pressant contre les deux faces de la dalle.

2° *Grues tournantes.* — Deux des grues dont nous allons parler sont à bras oblique et la troisième à bras horizontal. L'angle du bras oblique et du mât est variable dans un cas et invariable dans l'autre. De là trois appareils différents.

Grue à bras oblique et mobile. — Dans le premier système (*fig.* 3 et 4), le mât, surmonté d'un goujon, est à la fois retenu et contre-buté en arrière par trois pièces de bois dont les agrafes embrassent le goujon en se superposant. Le bras oblique est articulé à son pied sur une pièce de fonte boulonnée contre le mât; il peut ainsi tourner autour d'un axe horizontal et s'incliner plus ou moins. Il est commandé par une première chaîne qui, après avoir passé sur deux poulies fixées, l'une à la tête du mât, l'autre à l'extrémité supérieure du bras, descend le long du mât et se trouve ensuite renvoyée vers un treuil à vapeur. Une troisième poulie, pendante à la tête du bras, supporte par l'intermédiaire d'une moufle les fardeaux à élever; la chaîne de levage descend le long du bras, pénètre dans le mât dont la partie inférieure est creuse, descend par cette partie creuse et par le pivot qui est creux lui-même, traverse la crapaudine de support et enfin se trouve renvoyée horizontalement vers un second treuil à vapeur.

Cette grue fonctionnait à Brooklyn sur le chantier de pierre de taille du pont de la rivière de l'Est. Les blocs épais qu'on y soulevait étaient saisis à la louve. Le même appareil servait à embarquer sur le canal de l'Illinois, au lac Michigan, les pierres des carrières de Lemount.

Grue à bras oblique et fixe. — On a employé dans les travaux d'agrandissement du Capitole puis au pont de Cabin John (aqueduc de Potomac), et sur le chantier de dérochement de Hell-Gate (New-York), une grue dont le bras est fixé par son extrémité inférieure dans un sabot adapté à la base du mât (*fig.* 1 et 2). Ces deux pièces de charpente avaient à Washington une longueur de $15^m,25$ et formaient un triangle à peu près équilatéral avec la tige de fer de $0^m,030$ qui réunissait leurs extrémités supérieures. L'équarrissage était de $0^m,35$ sur $0^m,35$ pour le mât et de $0^m,30$ sur $0^m,30$ pour le bras, la tête du mât était amarrée par des câbles en fil de fer. Six poulies de $0^m,36$ de diamètre concourent à la manœuvre : deux fixées respectivement à la tête du mât et à celle du bras, deux autres pouvant osciller autour des mêmes points, les deux dernières simplement retenues par des cordages dans l'espace, mais réunies entre elles par une courte attache qui porte le crochet de levage.

Il y a deux cordages distincts, partant chacun d'un treuil, et dont l'un aboutit à la poulie oscillante b' du mât après avoir passé deux fois sur cette même poulie et avoir embrassé dans l'intervalle l'une des deux poulies libres c', tandis que l'autre cordage, après avoir passé sur les deux poulies fixes b et c du mât et du bras, embrasse deux fois la seconde poulie libre d et la poulie oscillante e du bras, et enfin revient s'accrocher à la poulie libre d. On comprend aisément, à l'inspection du dessin, qu'en tirant sur le cordage de droite et lâchant l'autre concurremment, on transportera le fardeau vers la gauche et réciproquement, et que si l'on tire sur les deux à la fois, on élèvera le fardeau : d'où résulte qu'en imprimant aux deux treuils des vitesses inégales et convenablement combinées, on déplacera la charge à volonté dans le plan vertical de la grue.

A Hell-Gate, la grue était installée sur le bord de la grande fouille dont elle extrayait les déblais pour les déposer dans de petits wagons qui venaient attendre à l'extrémité d'une voie de service. Là, comme presque partout ailleurs, on opérait à bras le mouvement de conversion de la grue, tirant avec une corde sur l'extrémité supérieure du bras. Du même point partait une seconde corde, attachée par son autre bout à un piquet fiché en terre, de telle sorte que le mouvement de rotation s'arrêtait juste au moment où la benne remplie de déblai arrivait au-dessus du wagon. Les deux treuils, mus chacun par un cylindre à vapeur, étaient installés à quelque distance de la grue.

On remarquera la simplicité d'installation de ces engins, le peu de place qu'ils occupent, le peu d'encombrement produit par des haubans surélevés qui vont s'amarrer à de très grandes distances. A New-York, le chantier de construction du nouvel hôtel des postes, qu'on bâtit en face de l'hôtel de ville, présentait huit ou dix grues analogues, dont les mâts étaient reliés ensemble par des tirants.

Grue à bras horizontal. — M. W. A. Rœbling a installé pour le pont de la rivière de l'Est, sur la pile de Brooklyn, des grues groupées de manière que l'ensemble de leurs cercles d'action couvrît tous les points de cette surface de 16 ares. Le type choisi était celui des grues à bras horizontal (*fig.* 5 et 6).

On voit que ce bras, formé de deux pièces jumelles qui portent des rails dépasse un peu le mât en arrière et y fait l'office d'un poinçon dont la tête est reliée par deux tirants avec les extrémités du mât : celui-ci se trouve ainsi roidi et consolidé. De la tête du mât partent des tirants qui soutiennent la portion du bras parcourue par le chariot. A ce chariot est suspendu le fardeau par l'intermédiaire d'une poulie. Il y a enfin trois poulies fixes : deux à la naissance et une à l'extrémité libre du bras horizontal. Une corde sans fin part de l'un des treuils de manœuvre pour revenir à l'autre après avoir passé non seulement sur les trois poulies fixes, mais aussi sur les deux rouleaux du chariot et, dans l'intervalle, juste au milieu de ce circuit symétrique, sur la poulie dont la chape porte le crochet de levage. Il suffit d'imprimer ou de laisser prendre aux deux brins des vitesses inégales pour que le chariot avance ou recule et qu'en même temps la charge monte ou descende à volonté.

Quand la grue doit tourner d'un angle un peu considérable, il convient que les câbles de manœuvre descendent par le vide intérieur d'un pivot creux.

La grue à bras horizontal est le type auquel se rattachent la plupart des machines à mâter qu'on emploie dans les ports américains.

Le bras se trouve alors divisé par le mât en deux parties égales et la charge est équilibrée par un contrepoids mobile.

Un caractère commun de ces divers engins, c'est la légèreté, la simplicité, l'économie de la construction et du fonctionnement. Au lieu de lourdes et dispendieuses machines, ce ne sont souvent que des appareils improvisés avec quelques morceaux de bois et quelques bouts de cordes. C'est habituellement à la main qu'on fait tourner les grues : un homme ou deux suffisent pour cette besogne, dont les intermittences sont consacrées à d'autres travaux.

Nous terminerons en donnant, d'après le portefeuille des machines, la description d'une grande grue, analogue à celle du pont de Brooklyn, qui est fréquemment usitée pour les grandes constructions de New-York et que représentent les figures 9 à 18 de la planche XX.

« Les charges sont prises ou déposées à des distances pouvant varier de 1 mètre à $7^m,50$ du mât et jusqu'à des hauteurs pouvant atteindre 8 mètres.

« Le mât de $16^m,50$ de haut est fixe, son diamètre est $0^m,61$ à la base et $0^m,36$ au sommet. Le bras horizontal, qui se trouve à $9^m,50$ de hauteur, est formé par deux poutres de $0^m,15$ sur $0^m,30$, placées de champ et espacées de $0^m,50$. La partie antérieure, portant le chariot du palan, a $8^m,25$ de long, elle est soutenue par deux haubans de $0^m,035$ de diamètre. Les poutres formant cette flèche dépassent le mât, du côté opposé, de $3^m,50$ pour être retenues au moyen de câbles et de chaînes constituant une poutre armée. Le mât n'a pas été entaillé à l'endroit où il est pris entre ses moises, mais quatre vis de $0^m,025$ assurent l'assemblage. Deux contre-fiches de 21 mètres de long et plusieurs amarres partant des colliers fixés près du sommet du mât, assurent à celui-ci sa position verticale.

« Le chariot avance vers l'extrémité de la flèche lorsque l'on exerce un effort sur le câble de commande. Il reste en place dès que ce câble est assujéti contre le bas du mât, et ce n'est qu'après avoir fixé le chariot que le palan, sur lequel on agit au moyen d'un treuil, peut faire monter la charge. Toute traction sur le câble du palan ramène le chariot vers le mât, tant que celui-ci n'est pas arrêté par son câble de commande.

« Le chariot est d'une construction très robuste, ses deux essieux sont espacés de $0^m,76$, ils sont en fer carré de $0^m,075$ de côté et portent des galets en fonte de $0^m,25$ de diamètre et $0^m,13$ de largeur, roulant sur les faces supérieures de la poutre jumelle horizontale. Le palan est suspendu à un fort maillon qui embrasse l'arbre antérieur du chariot ; le brin du palan sur lequel s'exerce la traction pour lever les charges passe sur une poulie logée près de l'arbre postérieur entre les longerons du chariot.

« Pour maintenir le chariot dans la voie, il porte à sa partie inférieure un châssis muni de quatre rouleaux verticaux de $0^m,075$ de diamètre et $0^m,23$ de long, qui le guident en frottant de part et d'autre contre les faces intérieures des poutres jumelles entre lesquelles ils sont engagés.

« Le câble de commande du chariot passe par-dessus les deux poulies logées dans la traverse de tête du chariot et sur les deux poulies de renvoi fixées à l'extrémité de la flèche horizontale, avant de descendre par une poulie de renvoi, suspendue contre le mât, au pied du mât, où l'effort de traction peut être exercé soit directement, soit par un petit treuil. »

Tous ces appareils portent le nom de *derricks;* on appelle *boom-derricks* les grues à bras horizontal et *balance derricks* les grues à bras équilibré; celles-ci n'ont plus d'amarres supérieures, le bras est divisé en deux par le mât et pourvu d'un contrepoids mobile. Le mât est toujours prolongé à sa base, soit dans le sol, soit dans de la maçonnerie, d'une quantité suffisante pour assurer la stabilité.

Calcul des échafaudages. En général, on ne calcule pas les éléments des échafaudages, ponts de service, etc..., et on se contente d'adopter les dimensions consacrées par l'expérience. C'est un grand tort, surtout lorsqu'il s'agit de constructions importantes et exceptionnelles; dans ce cas, l'architecte et l'ingénieur doivent, à notre avis, soumettre au calcul les dispositions qu'ils adoptent et chercher à concilier la sécurité avec une sage économie.

Il faut avoir la certitude qu'un échafaudage est capable de supporter la plus lourde charge qu'il est exposé à recevoir, et cependant il est inutile de lui donner une puissance dépassant le nécessaire. Il nous semble même qu'il y aurait avantage à mettre en évidence la charge maxima compatible avec la résistance d'un système donné, afin d'éviter toutes les imprudences de manœuvre; il est vrai que, d'ordinaire, cette charge maxima est limitée par la puissance même des engins de levage et cette puissance indique en vue de quels efforts l'échafaudage doit être calculé.

Les planchers d'échafaudage servent souvent de dépôts de matériaux : c'est une pratique à surveiller de près car, si l'approvisionnement dépasse la consommation courante et immédiate, il peut devenir menaçant pour la sécurité.

Un échafaudage comporte d'ordinaire des pièces horizontales travaillant par flexion et des pièces verticales travaillant par compression; nous ne parlons pas des pièces inclinées, écharpes, moises, croix de Saint-André, etc..., qui constituent des liaisons destinées à trianguler le système et à le préserver de toute déformation; ces pièces accessoires, dont le rôle est de constituer un tout rigide, reçoivent évidemment des dimensions en rapport avec celles des pièces principales. Quelques pièces inclinées, cependant, servent de contre-fiches à des pièces horizontales, à des poutres supportant un plancher par exemple; il est facile pour celles-ci de savoir quelle charge maxima leur incombe et de les calculer en conséquence.

Coefficient de sécurité. — Le coefficient de sécurité, admis d'ordinaire pour les ouvrages provisoires en charpente, est $\frac{1}{5}$; on l'abaisse à $\frac{1}{7}$ pour les pieux non encastrés sur toute leur hauteur.

ÉCHAFAUDAGES ET PONTS DE SERVICE

Travail par flexion. — Nous avons donné, dans le tome III du présent Traité, les charges de rupture à la flexion pour les divers bois.

Pour les bois courants de bonne qualité, on peut admettre, d'une manière générale, que les fibres les plus chargées se déchirent par flexion sous une charge de 400 kilogrammes par centimètre carré. Avec le coefficient $\frac{1}{5}$ on peut donc leur faire porter une charge de 80 kilogrammes par centimètre carré.

Les pièces horizontales travaillant par flexion se calculent par les formules ordinaires que nous n'avons pas à rappeler ici.

Souvent on pourrait les considérer, à cause des ligatures et des liaisons, comme encastrées sur leurs appuis ; mais nous pensons que, dans la pratique, à cause du jeu possible il ne faut pas compter sur cet encastrement et qu'il est plus prudent, sauf circonstances particulières, de considérer toutes les pièces comme simplement posées sur leurs appuis.

Travail par compression. — Nous avons donné également, dans le tome III du présent ouvrage, les charges de rupture à la compression de tous les bois en usage.

Pour le bon sapin et le bon chêne, on admet que la charge de rupture par compression est de 420 kilogrammes par centimètre carré.

Ce nombre résulte d'expériences faites sur des pièces sensiblement cubiques.

Des expériences de Rondelet, il résulte que :

1° La résistance ne diminue pas sensiblement pour un prisme dont la hauteur ne dépasse pas 7 à 8 fois le plus petit côté de la base ;

2° La rupture peut se faire par flexion dès que la hauteur est de 10 fois le plus petit côté de la base ;

3° La rupture se fait toujours par flexion quand la hauteur dépasse 16 fois le plus petit côté de la base.

La résistance à la rupture décroît avec la hauteur dans la mesure suivante :

	RÉSISTANCE
Hauteur égale à 1 fois le diamètre ou la plus petite dimension de base.	1
12 — — — —	$\frac{5}{6}$
24 — — — —	$\frac{1}{2}$
36 — — — —	$\frac{1}{3}$
48 — — — —	$\frac{1}{6}$
60 — — — —	$\frac{1}{12}$
72 — — — —	$\frac{1}{24}$

Soit une pièce de 0ᵐ,20 d'équarissage; si elle a 6 mètres de hauteur libre entre deux ligatures bien solides s'opposant à toute déformation, sa hauteur est égale à 30 fois le côté de sa base, et on peut lui donner une charge comprise entre la moitié et le tiers de la charge qui conviendrait à une pièce cubique.

Avec le coefficient $\frac{1}{5}$, un cube de bon chêne pourrait être chargé de 84 kilogrammes par centimètre carré; la pièce précédente ne devra recevoir que 35 kilogrammes par centimètre carré.

M. Séjourné a établi les formules suivantes pour la résistance à la compression des pièces à section rectangulaire ou circulaire :

En désignant par :

S, la section d'une pièce ;
I le plus petit moment d'inertie de cette section autour d'un de ses axes de symétrie ;
L sa longueur ;
N la charge totale qu'elle supporte ;
R la charge maxima par unité de surface à admettre pour un cube de même matière ;
K un coefficient numérique ;

l'expérience a vérifié la relation suivante pour les barres comprimées

$$N = \frac{RS}{1 + K\frac{S}{I}L^2};$$

avec le coefficient $\frac{1}{5}$, R est égal à 84 kilogrammes et à 60 kilogrammes avec le coefficient $\frac{1}{7}$.

Pour une pièce rectangulaire dont b est le plus petit côté

$$\frac{S}{I} = \frac{12}{b^2}.$$

Pour une pièce circulaire dont d est le diamètre

$$\frac{S}{I} = \frac{16}{d^2}.$$

K est un coefficient numérique, déduit des expériences de Rondelet, Hodgkinson et autres ; ce coefficient est égal à 0,000 1821 ce qui donne

$$12K = \left(\frac{1}{24}\right)^2.$$

Si maintenant on désigne par p la pression moyenne $\frac{N}{S}$ à adopter comme maximum par unité de surface et par n le rapport de la hauteur libre L de la pièce au plus petit côté b ou au diamètre d de la section, on arrive aux formules définitives :

$$p = \frac{80}{1 + \left(\frac{n}{24}\right)^2}$$

pour les pièces rectangulaires avec coefficient de sécurité $\frac{1}{5,25}$;

$$p = \frac{60}{1 + \frac{1}{3}\left(\frac{n}{12}\right)^2}$$

pour les pièces circulaires, bois ronds et pieux, avec coefficient $\frac{1}{7}$.

Ces formules donnent des résultats qui concordent avec la règle empirique de Rondelet, sauf lorsque n dépasse 50 ; les charges déduites de la règle de Rondelet sont alors inférieures à celles que donnent les formules.

Influence du vent sur les échafaudages. — La plupart des constructeurs ne tiennent pas suffisamment compte de l'influence du vent sur la stabilité des échafaudages et ne soupçonnent même pas l'intensité de cette influence.

Cependant, un bon vent frais, favorable aux moulins, exerce déjà une pression de 7 kilogrammes par mètre carré ; la pression d'une forte brise monte à 13 kilogrammes, celle d'un vent de tempête à 75 kilogrammes, et celle d'un ouragan dépasse 200 kilogrammes ; le maximum des effets constatés correspond à une pression de 300 kilogrammes par mètre carré de surface choquée.

Il ne faut pas croire que la surface sur laquelle agit le vent se borne à celle de la paroi à claire-voie directement frappée, les parois en arrière interviennent également et l'on doit considérer comme surface active la surface pleine correspondant à la projection de la charpente entière sur un plan normal à la direction du vent. Et même, lorsque le vide est en faible rapport avec le plein et correspond par exemple aux petites mailles d'un treillis, il convient de négliger le vide et de considérer la projection tout entière comme surface active.

Considérons le cintre d'une voûte en demi-cercle de 30 mètres de diamètre et de 8 mètres de large, ce cintre pèse au plus 150,000 kilogrammes et son moment de résistance au renversement est de 600,000 kilogrammètres, en admettant que toutes les fermes soit reliées transversalement d'une manière inébranlable. La surface de charpente choquée par le vent atteint souvent le tiers de la surface de la voûte, soit dans le cas actuel 110 mètres carrés ; une pression de 300 kilogrammes par mètre, agissant avec un bras de levier de 10 mètres, donnera un effort de renversement de 330,000 kilogrammètres, et, si la liaison transversale des fermes n'est pas parfaite, ou si elle vient à céder, le renversement du cintre est à peu près certain.

Un échafaudage ordinaire, qui s'étend surtout en hauteur, se trouverait encore en pire condition.

Le constructeur doit avoir sans cesse présente à l'esprit cette action possible d'un vent de tempête et, pour y résister, il doit charger dans la mesure du possible tous ses échafaudages et les consolider par des cordages et des câbles destinés à empêcher le renversement.

Louves. — *Appareils employés pour saisir et soulever les pierres.* — Divers systèmes sont en usage pour accrocher les pierres à la chaîne ou au câble qui doit les enlever. Le plus usité porte le nom de *louve*.

La louve se compose d'ordinaire de

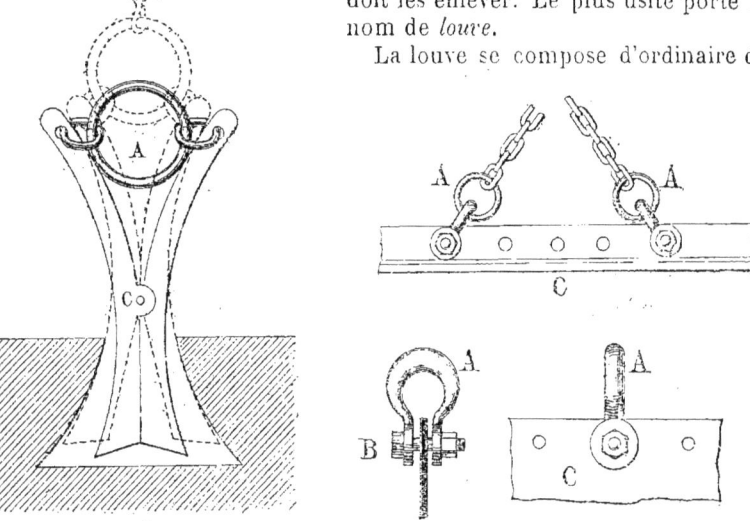

Fig. 58.   Fig. 59.

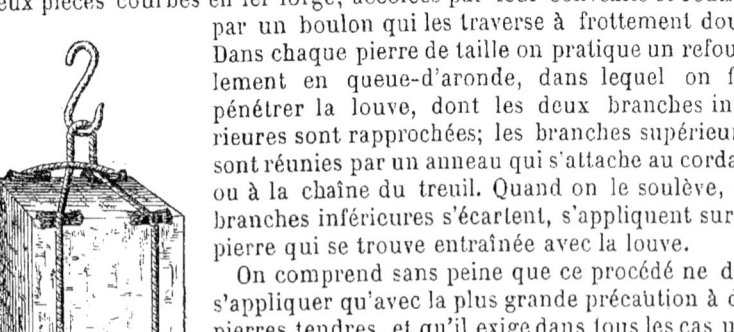

Fig. 60.

deux pièces courbes en fer forgé, accolées par leur convexité et réunies par un boulon qui les traverse à frottement doux. Dans chaque pierre de taille on pratique un refouillement en queue-d'aronde, dans lequel on fait pénétrer la louve, dont les deux branches inférieures sont rapprochées; les branches supérieures sont réunies par un anneau qui s'attache au cordage ou à la chaîne du treuil. Quand on le soulève, les branches inférieures s'écartent, s'appliquent sur la pierre qui se trouve entraînée avec la louve.

On comprend sans peine que ce procédé ne doit s'appliquer qu'avec la plus grande précaution à des pierres tendres, et qu'il exige dans tous les cas une grande attention lorsqu'on veut parer aux accidents.

La figure 58 est à l'échelle de $0^m,10$ pour mètre.

Pour lever des pièces métalliques, des éléments de pont par exemple, on se sert de boucles A avec boulon mobile B ; ce boulon est passé dans un trou de rivet de la pièce à lever; la chaîne de levage se termine d'ordinaire par deux brins.

Les pierres tendres, qui ne permettraient point sans danger l'emploi de la louve, sont enlevées à l'aide d'un cordage sans fin qui les entoure et qu'on appelle *élingue* ou *braye;* les deux extrémités du cordage sont réunies par une épissure et le cordage lui-même est protégé contre le frottement et l'usure par une enveloppe d'étoupe et de forte toile; le plus souvent on se contente de le séparer des angles de la pierre par des bouchons de paille tressée.

D'après Claudel, un atelier, composé d'un brayeur et de quatre garçons et muni d'un treuil capable de porter des pierres d'un tiers de mètre cube, emploierait :

Pour brayer ou louver la pierre.	17 minutes.
Pour la monter ou descendre à 5 mètres.	18 —
Pour la recevoir sur le tas, la délier, descendre le câble et barder la pierre en haut et en bas, à 4 ou 5 mètres de distance sur rouleaux.	25
Total.	1 heure.

Pour chaque mètre d'élévation ou descente, en plus des cinq premiers, il faudrait compter environ trois minutes.

Cela montre l'avantage qu'il y a : 1° à préparer à l'avance les trous de louve et mieux encore à monter les pierres sur des plateaux ou dans des caisses; et 2° à recourir à des treuils roulants qui évitent tout bardage à bras d'hommes et permettent de poser directement chaque bloc à sa place définitive.

Dans toute construction importante, les moyens primitifs de levage et de bardage doivent être abandonnés.

2° ÉCHAFAUDAGES POUR TOURS ET PHARES

Échafaudage du phare des Triagoz. — Le phare des Triagoz est construit sur une tête saillante du plateau granitique de ce nom qui forme écueil sur la côte de Bretagne dans la Manche, à l'Est des Sept-Iles.

Le rocher, qui a reçu le phare, présente au midi une paroi verticale et forme à l'opposé une petite crique ouverte vers l'est, c'est par là seulement qu'il est accessible à mer basse.

Pour loger les ouvriers, on a dû installer une cabane dans la partie répondant au vide de la tour, immédiatement après avoir dérasé la roche. Elle entourait un mât vertical placé au centre de la construction et armé d'une corne à sa partie supérieure pour le montage des pierres.

Le débarquement des matériaux s'opérait au moyen de mâts de charge semblables installés sur le rocher, l'un à l'entrée de la petite

118   PROCÉDÉS ET MATÉRIAUX DE CONSTRUCTION

crique, l'autre sur l'extrémité sud-est de la roche; il s'opérait avec promptitude toutes les fois que l'état de la mer permettait l'accostage.

Les travaux ont présenté de grandes difficultés surtout pendant la première campagne (1861), l'atelier ayant dû être chaque jour ramené à terre à 21 kilomètres de distance. La violence de la mer est telle que, depuis l'achèvement de l'édifice, les lames ont plusieurs fois couvert en

Fig. 61.

grand toute la plate-forme inférieure et projeté l'embrun jusqu'à la hauteur de la plate-forme supérieure.

On conçoit que les mâts de charge ci-dessus décrits, par leur simplicité, par leur montage facile, par le peu de résistance qu'ils offrent aux vents et aux vagues sont d'excellents appareils pour les travaux de ce genre. Nous aurons l'occasion de les signaler à nouveau dans les paragraphes suivants.

Apparaux de débarquement de levage et de pose du phare des Barges. — Le phare des Barges, établi sur une pointe d'un plateau sous-marin voisin du port des Sables-d'Olonne, a été construit vers 1860, par M. l'ingénieur Marin.

La question des apparaux est très importante dans les travaux de ce genre : il faut qu'ils soient simples, robustes, capables de résister aux coups de mer et de se prêter à une manœuvre rapide.

Le poids des pierres à enlever variait de 800 à 1,200 kilogrammes.

Les figures 1 et 2, planche XXI, représentent les premiers apparaux de débarquement et de pose, mis en œuvre pour la construction du soubassement de la tour; à droite est la grue de débarquement qui enlève les blocs apportés par bateaux dans un petit port créé à cet effet.

Cette grue comprend : 1° un mât vertical mobile dans une crapaudine femelle logée dans le massif de maçonnerie et maintenu à son sommet par un collier en fer attaché à 3 chaînes de $0^m,014$, amarrées sur les rochers et tendues par des vérins; 2° un bras incliné, mobile autour d'une charnière à sa base et maintenu en tête par un palan fixé d'autre part au sommet du mât vertical; à haute mer, ce bras incliné se relève et s'applique sur le mât vertical afin de diminuer l'obstacle à la lame; 3° un treuil, à deux axes seulement, fixé au mât vertical et facile à démonter.

La grue de pose est représentée à gauche de la figure, c'est une bigue avec potence en tête soutenant le palan de levage, actionné par un treuil à deux manivelles et à un seul tambour qu'on enlevait à chaque marée. Par deux charnières horizontales, les pieds de la bigue se relient à un bâti horizontal tournant autour du centre de la tour par l'intermédiaire d'un collier engagé sur un arbre cylindrique qui fait corps avec un plateau scellé par des boulons à la maçonnerie. La tête de la bigue est aussi reliée par un tirant en fer à l'angle du bâti horizontal. Les pieds de la bigue étaient armés de deux galets en fer roulant sur un chemin circulaire en bois. A haute mer on détachait le tirant en fer, et tout l'appareil pouvait se rabattre sur la maçonnerie et être fixé par des barres de fer.

Ces appareils simples dont le mécanisme se comprend de lui-même, ont donné d'excellents résultats pour les travaux du soubassement.

Les *mâts de charge*, analogues à la grue de débarquement ci-dessus décrite, sont souvent employés dans les travaux à la mer comme sur les navires. Généralement le mât vertical est fixe et ne tourne pas dans une crapaudine; à ce mât vertical est relié, par un palan, un autre mât incliné, mobile autour d'une charnière horizontale et pouvant prendre, par la manœuvre du palan, toutes les inclinaisons sur la verticale. Le mât incliné est fixé au mât vertical, à la partie inférieure, par le moyen d'un collier mobile, de sorte qu'on peut faire exécuter au fardeau une rotation complète autour du mât vertical. Un treuil simple complète l'appareil. Le collier mobile peut être remplacé tout simplement par un collier fixe en fer forgé, avec une saillie latérale dans laquelle est ménagée une crapaudine où s'engage un goujon en fer terminant le mât incliné; la rotation s'exécute beaucoup plus facilement avec ce goujon en fer qu'avec un collier mobile. En cas de chômage, on relève le mât incliné pour l'accoler à l'autre, et l'appareil ne présente aux violences de la mer qu'une faible surface.

Lorsque le soubassement du phare des Barges fut terminé, on dût recourir à des appareaux plus puissants et plus rapides pour élever la tour.

On construisit d'abord une grande hutte de sauvetage avec bigue de levage qui fut enlevée par une tempête, et il fallut revenir pour la grue de débarquement au système primitif, établi sur de plus grandes dimensions.

Appareil de montage du phare de Biarritz (Pl. XXI). — Le phare de Biarritz est construit en terre ferme ; les pierres étaient amenées au pied de la tour et là accrochées à un câble. Ce câble va passer sur une chèvre posée sur la dernière assise construite ; cette chèvre est formée de deux petits mâts de 4 à 5 mètres de longueur et de $0^m,15$ de diamètre, réunis à leur sommet et armés à leur pied de pointes en fer logées dans deux trous pratiqués dans la dernière assise. Cette chèvre portait, à sa partie supérieure, une poulie dont le câble retournait au pied de la tour où il passait sur une poulie de renvoi. Deux câbles formant étai et un câble de retenue assuraient la stabilité de l'appareil qui, d'après la description donnée par M. l'Ingénieur Vionnois, fonctionnait comme il suit :

Un traîneau de $1^m,60$ de long et $0^m,60$ de large, arrondi à l'avant, lisse sur sa face inférieure et muni de traverses saillantes sur sa face supérieure, muni à l'avant d'un anneau d'attelage, était tiré par une ou deux paires de bœufs, amené au chantier et placé à côté de la pierre à transporter. La pierre y était chargée par un simple changement de position en la portant d'un lit sur l'autre. Elle était amenée au pied de la tour, puis déchargée sur le sable par le même moyen. Par cette manœuvre, on évitait les mouvements dans le sens vertical, toujours dangereux dans les travaux. On fixait la pierre à l'extrémité du câble au moyen de herses (*), puis elle était élevée au sommet de la tour par une ou deux paires de bœufs attelés à l'extrémité du câble. Cette manœuvre ne durait que deux minutes pour 40 mètres de hauteur. Lorsque, n'ayant qu'une paire de bœufs, il fallait élever une pierre trop lourde, on se servait d'un cabestan. Le câble passait deux fois sur le treuil et les bœufs viraient au cabestan, mais cette manœuvre était longue. La pierre étant arrivée à une hauteur convenable, les bœufs étaient arrêtés à un signal

---

(*) Les *herses* sont d'excellents cordages de fatigue pour de petites longueurs ; on les fabrique comme il suit : après avoir planté invariablement, dans un madrier par exemple, deux clous a et b à une distance convenable, on noue au clou a un fil de caret puis on forme un écheveau bien égal en s'appuyant alternativement sur chacun des clous. Lorsque l'écheveau est suffisamment fourni, on fait une première ligature près d'un clou, puis une autre à $0^m,15$ plus loin sans rompre le fil, et ainsi de suite jusqu'à ce qu'on soit arrivé à l'autre clou. On n'a plus alors qu'à détacher la herse de ses deux clous. L'usage de ces câbles imparfaits est bien dans la pratique ; lorsqu'ils sont usés, les fils se cassent successivement et avertissent de la nécessité de changer de cordage, tandis que les câbles à torsion cassent trop souvent sans motifs apparents. Toutefois, on n'emploie guère aujourd'hui ces cordages imparfaits et nous ne les avons signalés qu'à titre de curiosité.

donné. Deux ouvriers pesaient alors sur les étais et amenaient la chèvre dans une position verticale. Par un mouvement de recul des bœufs, la pierre était alors descendue sur des rouleaux préalablement préparés. Dans son mouvement ascensionnel, elle était maintenue à distance du mur de la tour par un manœuvre, au moyen d'un câble directeur fait avec un câble usé. La pierre était alors détachée et l'extrémité du câble ramenée au pied de la tour par le même manœuvre et avec le câble directeur.

Pour diriger la pose, un point de repère était indispensable, on l'a pris au centre de la tour. Primitivement tracé sur les fondations, il a été repéré après l'établissement des premières assises, par une coche et au moyen du fil à plomb, sur une traverse b, c, fortement coincée. Pour le reporter à une assise quelconque, on plaçait sur le puits un croisillon soutenu par quatre pierres posées à sec sur le mur d'échiffre. Ce croisillon composé de deux traverses contre-fichées, était percé à son milieu et y était renforcé par une plaque en tôle. Il portait à ses extrémités quatre tiges en fer faisant support. Un plomb pesant plusieurs kilogrammes avait son fil passé au centre du croisillon. Ce fil était en cuivre et de plus de 40 mètres de longueur. En le raccourcissant, on amenait le plomb à environ 10 centimètres au-dessus du sol, et on l'y maintenait en faisant faire quelques tours au fil de cuivre autour d'un des bras du croisillon. On plongeait alors le plomb dans un seau d'eau, afin de le mettre à l'abri de l'influence du vent, qui, sans cela, ne l'aurait pas laissé en repos. Les choses en cet état, un ouvrier placé près de la coche de repère, examinait si le fil y passait d'aplomb. S'il n'en était pas ainsi, par les quatre commandements *nord*, *sud*, *est*, *ouest*, il indiquait les mouvements à faire effectuer au croisillon pour l'y ramener. Ces mouvements s'opéraient en chassant des coins entre les extrémités du croisillon et les pierres d'appui. L'aplomb obtenu, le centre du croisillon était au centre de la tour. On enlevait alors le seau, on déroulait le fil du bras du croisillon, on le laissait filer jusqu'à ce que le plomb reposât sur le sol, afin de ne pas le fatiguer. Enfin on dégageait le centre en plaçant le fil dans une petite coche latérale pratiquée dans la plaque de tôle du croisillon.

Le centre d'une assise établi, on exécutait d'abord le mur de la tour. La pierre, placée sur des rouleaux entre les pieds de la chèvre, était amenée à la place qu'elle devait occuper en la faisant rouler sur des madriers; mise en place sur quatre cales en bois, elle était vérifiée au moyen du compas. Ce compas était formé de deux tringles en sapin, réunies entre elles à recouvrement. La tringle inférieure était traversée par un clou à l'une de ses extrémités. Sa longueur, mesurée du clou, était de $1^m,85$, rayon intérieur du mur de la tour. La tringle supérieure avait $1^m,25$ de longueur utile. L'un de ses côtés était dégauchi dans la direction du clou. La largeur supérieure de l'assise étant rapportée sur le compas, on en plaçait la pointe au centre du croisillon. L'extrémité de la tringle inférieure traçait alors exactement la face intérieure de la tour et la dernière marque rapportait la face extérieure. Les joints étaient donnés par le côté dégauchi. La vérification terminée, la pierre était relevée puis remise en place après avoir été mouillée et avoir étendu un lit de mortier. Les quatre cales étaient alors enlevées et on la frappait à la masse de bois. Les joints étaient garnis à la fiche. Au moyen du compas, chaque pierre était vérifiée après sa pose. »

Précautions contre la foudre. — L'échafaudage de la tour du phare de Biarritz n'avait pas été mis à l'abri de la foudre. Cet oubli a failli être funeste aux travailleurs. L'édifice fut foudroyé pendant l'été de 1833; heureusement, les maçons étaient absents, un seul ouvrier fut blessé.

Dans les édifices de ce genre, il convient donc d'interrompre le travail pendant les orages et, mieux encore, d'installer au sommet un paratonnerre qui s'élève en même temps que la tour.

Échafaudage de la tour Saint-Germain-l'Auxerrois, à Paris.

— Cet échafaudage est formé lui-même d'une tour pyramidale en charpente, de $25^m,20$ de hauteur, terminée au sommet par un carré de 7 mètres de côté et à la base par un carré de $8^m,50$ de côté, divisée en étages de $4^m,20$ de hauteur; cet échafaudage enveloppe la tour en maçonnerie qui occupe l'emplacement d'un carré de 6 mètres de côté. Les quatre faces de la charpente sont symétriques deux à deux; les deux faces, au sommet desquelles reposent les supports de l'appareil de levage, sont évidemment les plus robustes puisque les deux autres faces ne servent que de liaison aux premières. Celles-ci comprennent donc quatre montants en sapin de $0^m,25$ d'équarrissage, équidistants, reliés à chaque étage par des moises de $0^m,20$ sur $0^m,10$; sous ces moises, on en place d'autres semblables, perpendiculaires aux premières, c'est-à-dire parallèles aux faces latérales de l'échafaudage.

Sur les premières moises, on pose les planchers mobiles nécessaires à chaque étage ainsi que des garde-corps en voliges jointives.

L'ensemble des montants et des moises est triangulé : 1° par une croix de Saint-André qui va de l'étage inférieur à l'avant-dernier et qui est formée de deux longues poutres de $0^m,20$ d'équarrissage; 2° à chaque étage par des pièces inclinées ou jambes de force placées dans les angles supérieurs du trapèze qui correspond à l'espace compris entre deux planchers successifs.

Quant aux faces latérales de l'échafaudage, elles sont déjà dessinées par les moises horizontales reliant les deux faces principales; on complète la liaison par des croix de Saint-André et des jambes de force.

En somme, la force portante de l'échafaudage réside dans huit montants en sapin de $0^m,25$ d'équarrissage; ces montants sont libres sur $4^m,20$ de hauteur entre deux planchers, c'est-à-dire une hauteur égale à dix-sept fois leur équarrissage; ils ne peuvent donc porter sans se rompre qu'environ 200 kilogrammes par centimètre carré, et on peut les charger de 20 kilogrammes par centimètre carré avec le coefficient de sécurité $\frac{1}{10}$; c'est une charge pratique de 12,500 kilogrammes par pieu, soit 100 tonnes en tout pour l'échafaudage, compris son propre poids.

3° PONTS DE SERVICE ET GRUES ROULANTES POUR CONSTRUCTION DE PONTS.

Apparaux du pont métallique de Moulins. — Le pont métallique à poutres droites, construit sur l'Allier à Moulins pour le passage de la ligne de Montluçon, par l'ingénieur Frémaux, comporte sept grandes travées de 40 mètres et 2 travées de rive de $18^m,25$; les tabliers métalliques de ce genre sont d'ordinaire montés sur rive dans la direction de leur emplacement futur, puis halés mécaniquement jusqu'à cet emplacement même. Au contraire, le tablier du pont de Moulins a été construit par assemblage sur place de ses divers tronçons et un pont de service a été, par conséquent, nécessaire. Ce pont est représenté sur la planche XXII.

Une voie ferrée reliait la gare de Moulins au chantier établi sur la rive droite de l'Allier, et cette voie se prolongeait sur le pont de service même.

Le pont de service a été établi d'abord pour les trois premières travées de la rive droite et, lorsqu'elles ont été terminées, la travée intermédiaire du pont de service a été démontée et reconstruite à l'emplacement de la travée n°4 du pont définitif.

Le plancher du pont de service était à 1 mètre en contre-bas de la semelle inférieure des poutres et avait 10 mètres de large ; il portait sur ses bords deux rails recevant les quatre roues d'une grue roulante de $9^m,40$ de hauteur, surmontée tantôt d'un vérin, tantôt d'un treuil mobile, destinés à soulever, puis à descendre en place les tronçons métalliques ; des manivelles et des engrenages, manœuvrés par des ouvriers se tenant sur un léger échafaudage adapté latéralement à la grue roulante, donnaient le mouvement à ses quatre roues et la faisaient avancer sur les rails.

Au sommet des échafaudages des piles, on voit d'autres grues recevant leur mouvement transversal à bras d'hommes et portant un treuil, mobile dans le sens perpendiculaire à celui de la grue.

Pour le montage, les tronçons des poutres de rive, de 7 mètres de longueur chacun, étaient assemblés et échafaudés sur le pont de service avec les poutrelles, les longrines et les contrevents ; quand le tout était boulonné et mis en place on procédait au rivetage ; on n'enlevait l'échafaudage d'une travée pour le reporter à la deuxième qui suivait que quand la travée intermédiaire était complètement rivée.

Les figures 5 et 6 représentent l'estacade établie parallèlement à la rive de l'Allier pour l'emmagasinement des sections de poutres.

Échafaudage pour la construction des piles du pont de Choisy-le-Roi. — Les piles du pont construit à Choisy-le-Roi, sur la Seine, pour le passage du chemin de fer de grande ceinture ont été fondées dans des caissons à air comprimé. Les échafaudages ayant servi à M. Montagnier pour la mise en place de ces caissons sont très simples et peuvent être appliqués soit dans des circonstances analogues, soit pour la mise en place de caissons ordinaires en bois.

Pour la pile de rive, située à 45 mètres de la culée, on s'est contenté de la relier à la rive par une passerelle, figures 1 et 2, planche XXIII, formée d'un plancher porté par des longrines reposant sur des palées espacées de $5^m,80$. Cet appontement permet d'amener les matériaux directement au lieu d'emploi et il est susceptible d'applications fréquentes notamment sur les rivières à faible profondeur.

Les figures 3 et 4 représentent l'échafaudage flottant qui a servi à la mise en place des caissons des piles intermédiaires; il est composé avec deux bateaux, construits sur place et jumellés par des traverses; à chaque traverse correspond une ferme verticale et les fermes verticales sont reliées entre elles par des moises et des écharpes. On voit, sur la plateforme supérieure, les vérins qui ont servi au soulèvement des caissons. La section totale des deux bateaux est de 144 mètres carrés en plan, de sorte qu'un enfoncement de $0^m,10$ seulement correspond à une charge de 14,400 kilogrammes.

La planche XXIV donne la disposition d'un système analogue de deux bateaux ou caisses flottantes jumellées et recouvertes d'un plancher continu; d'un côté le plancher porte une chèvre et de l'autre une sonnette. Un appareil de ce genre, de construction simple et peu coûteuse, est susceptible de rendre des services pour la construction des grands ponts, surtout lorsque l'on reçoit par eau des matériaux de grosses dimensions. Le poids mort de la chèvre et celui de la sonnette sont équilibrés; le tirant d'eau du système flottant est très faible et l'appareil peut passer sur les hauts fonds. La section horizontale est suffisante, eu égard au poids à soulever, pour que le renversement ne soit pas à craindre et les oscillations du système s'éteignent assez rapidement.

Grue roulante pour la reconstruction du pont de Tilsitt, à Lyon. — Le pont de Tilsitt, sur la Saône, à Lyon, qui comportait des arches en anse de panier de 20 mètres d'ouverture n'offrant pas aux crues un débouché suffisant, a été reconstruit avec des arches en arc de cercle de 22 mètres d'ouverture surbaissées au dixième; les fondations des piles ont été conservées.

On a établi deux cintres: un cintre retroussé pour la démolition des anciennes voûtes et un cintre rigide pour la construction des nouvelles.

Une grue roulante, planche XXV, à cheval sur le pont, a servi à l'enlèvement des vieilles pierres de taille et à l'apport des nouvelles.

Cette grue roulante est portée par deux ponts de service, l'un à l'amont, l'autre à l'aval; chacun de ces ponts a 2 mètres de large, dimension suffisante pour la circulation des diables et des wagonnets qui, roulant sur une voie ferrée, transportent les matériaux.

La grue roulante, d'environ 15 mètres de largeur totale, porte deux treuils roulants desservant chacun le pont de service correspondant; ces treuils peuvent être amenés à l'aplomb même des ponts de service pour charger ou décharger directement les wagonnets.

Comme on le voit, le système était disposé en vue d'une exécution aussi rapide que possible.

A l'amont des ponts de service, on avait installé un pont provisoire dont les palées étaient protégées par des brise-glaces en charpente.

Grue roulante et treuil des ponts d'Ars et de Frouard.

— La planche XXVI représente la grue roulante et le treuil employés au montage des ponts d'Ars et de Frouard (Moselle).

Ces ponts à peu près semblables sont formés d'arcs en fonte de 33 mètres d'ouverture portés par des piles en maçonnerie.

L'échafaudage en charpente qui porte le pont de service comprend de grands montants verticaux, les uns appuyés contre les piles et les autres formant pilotis, reliés par des moises C, D, E, E'; les poutres G et G' sont consolidées par les étais F.

Les figures 2 à 5 montrent les dispositions du chariot roulant qui se meut sur deux rails espacés de $10^m,40$ et qui porte le treuil.

Le treuil est à deux combinaisons :

1° Pour les fortes charges, la roue U, à 80 dents, assemblée sur l'axe même du treuil, engrène avec le pignon r garni de douze dents, l'axe S de ce pignon porte la roue V, à 70 dents, menée par le pignon t à 15 dents assemblé sur l'arbre u des manivelles X.

La manivelle a $0^m,40$ de rayon et le treuil $0^m,15$; on peut admettre qu'un homme à la manivelle est capable de donner un effort de 30 kilogrammes avec une vitesse de 35 tours à la minute.

La force de 60 kilogrammes appliquée à la manivelle est amplifiée dans le rapport du produit 0,40, 80, 70, au produit 0,15, 12, 15, c'est-à-dire dans le rapport de 83 à 1 ; mais il faut compter sur un dixième de perte par le frottement des engrenages, reste donc une amplification de 75 fois l'effort, c'est-à-dire que le treuil peut soulever 4,500 kilogrammes et même 9,000 kilogrammes avec une poulie mobile ; la vitesse de soulèvement est alors de 0^m52 par minute.

2° Pour les petites charges on fait engrener directement le pignon t des manivelles avec la grande roue du treuil; l'amplification de la force est de 14,22, ou de 12,80 avec la réduction de $\frac{1}{10}$, c'est-à-dire qu'on peut soulever 1536 kilogrammes avec une vitesse de 1^m80 à la minute.

Grue roulante du pont de Cinq-Mars.

— Le pont construit à Cinq-Mars sur la Loire, pour le passage de la ligne de Tours à Nantes, est composé de dix-neuf arches surbaissées en anse de panier de 20 mètres d'ouverture. Il est divisé par l'île César en deux parties distinctes, et c'est dans cette île qu'il convenait tout naturellement d'installer les principaux dépôts et chantiers, au moins pour les matériaux arrivant par bateaux, afin d'éviter les transports inutiles. Les chantiers étaient, du reste, desservis par des voies ferrées qui se prolongeaient sur un pont de service installé sur pieux à l'amont de l'ouvrage à construire.

C'est sur le pont de service que les matériaux étaient repris par grue roulante que représentent les figures de la planche XXVII.

Les dessins, cotés et à grande échelle, nous dispensent d'entrer da de longs détails : des travées en charpente, espacées de 3^m,75, 4 mèt et 4^m,20, supportent des longrines A surmontées de rails sur lesqu roule la grue par l'intermédiaire des roues R qu'actionnent les manivel à engrenage D ; le mouvement transversal est obtenu par un treuil ro lant ; c'est un treuil simple, mû par quatre hommes et de la for de 600 kilogrammes ; pour des poids supérieurs, il faudrait un treui double engrenage.

On remarquera que l'approche des matériaux peut se faire sous grue roulante par la partie centrale I de la plate-forme sur laquelle e roule ; en l'absence d'un pont de service à l'amont, la grue roulan pourrait donc être utilisée tout aussi facilement.

On voit que la charpente est simple et robuste ; elle n'offre qu'u inconvénient, sans grande importance du reste, c'est que l'échafauda est porté par le cintre même à l'emplacement de la voûte ; on ne pe donc maçonner à l'emplacement des montants et il faut venir apr coup boucher les vides qu'ils ont laissés. A ce point de vue, les apparei enveloppant complètement la construction sont préférables.

Grue roulante du pont de Pirmil, à Nantes.

— Les figur 1 et 2 planche XXV représentent le chariot roulant employé par M. l'ing nieur Lechalas à la reconstruction du pont de Pirmil à Nantes. Le ch riot roule sur des longrines horizontales, parallèles à l'axe longitudin de l'ouvrage ; il est formé de deux poutres composées, reliées seuleme à leurs extrémités par des madriers boulonnés ; ces poutres porte chacune un rail et sur les rails roule un petit chariot muni d'un treui Latéralement, on voit une passerelle, par laquelle on approche l pierres de taille que vient saisir le crochet du treuil ; cette passerel latérale, qui existe le plus souvent lorsque l'on construit un pont su rivière, est aussi munie de rails, sur lesquels roulent des wagonne chargés de matériaux.

Les longrines fixes, supportant le chariot, reposent sur des pieu verticaux que consolident des jambes de force ; cette partie fixe de l charpente est quelquefois moins élevée, et le chariot est monté sur de pieds en charpente que terminent des roulettes ; M. Lechalas estime qu cette dernière disposition est plus coûteuse et moins commode pour l manœuvre. Un seul homme suffit à faire mouvoir le treuil.

Le chariot mobile se trouve réduit à un simple plancher muni d roues ; il se déplace avec la plus grande facilité, après l'achèvement d chaque cours de voussoirs, et est moins exposé aux déformations que s' était monté sur des poteaux d'une certaine hauteur.

Pont de service avec grue roulante du viaduc de l'Erdre. — Le viadu de l'Erdre comporte un arc en fer de 98 mètres d'ouverture, qui a ét monté sur cintre comme une voûte en maçonnerie. Le poids de méta est de 10,000 kilogrammes par mètre courant.

« Le cintre, dit M. l'ingénieur en chef Dupuy, était formé de 12 palées supportant un plancher sur lequel les arcs s'appuyaient par l'intermédiaire de cales. Lorsque les arcs furent achevés, le décintrement s'opéra naturellement par le seul fait d'un accroissement de température. Le cube de bois employé dans le cintre est de 700 mètres et le nombre des pieux est de 190.

Les pieux ne s'appuyaient pas sur le rocher ; ils étaient battus au moyen d'un mouton de 800 kilogrammes tombant de 1 mètre de hauteur, et l'on arrêtait le battage lorsqu'une volée de dix coups ne produisait plus qu'un enfoncement de un à deux centimètres. On avait préalablement constaté que les pieux, dans ces conditions, pouvaient supporter un poids de 10,000 kilogrammes, double environ de celui dont on devait les charger. »

Échafaudages et grues roulantes du pont de Port-de-Piles. — Les figures de la planche XXVIII donnent, d'après Morandière, les dessins d'ensemble et de détails des échafaudages et de la grue roulante employés pour la construction du pont de Port-de-Piles.

A l'aval est un pont de service par lequel arrivent tous les matériaux. C'est là que vient les saisir le treuil roulant porté par une grue roulante.

La grue roulante parcourt un échafaudage formé de deux files de poteaux, reliés transversalement par des croix de Saint-André, et prenant leur point d'appui sur les cintres et sur la maçonnerie des piles ; les fermes transversales de cet échafaudage portent deux cours de longrines à contre-fiches qui reçoivent les rails de la grue roulante.

Celle-ci est de construction simple et robuste ; sa longueur totale est $12^m,86$; elle est en porte-à-faux vers l'amont comme vers l'aval, mais le porte-à-faux d'amont est limité à la largeur de la voûte, tandis que celui d'aval est beaucoup plus étendu, afin que le treuil puisse venir à l'aplomb du pont de service.

Le treuil est un treuil ordinaire à engrenages à deux manivelles ; il est mobile sur une voie de $1^m,55$ de large et les hommes le poussent sur les rails en prenant leur appui sur deux petits trottoirs ménagés au sommet et de chaque côté de la grue roulante.

La progression de celle-ci sur ses rails est obtenue à l'aide de l'engrenage représenté par la figure 5, et comprenant un pignon et une roue dentée solidaire d'une des roues à gorge qui portent l'appareil ; il y a quatre de ces roues porteuses, mais deux seulement sont motrices ; à chacune est un homme qui agit sur le pignon à l'aide d'une manivelle.

La partie fixe de l'échafaudage porte quelques planches formant passerelle pour les ouvriers et ceux-ci montent jusqu'au treuil à l'aide d'échelles fixes.

Échafaudages et pont de service du pont de Montlouis. — Le pont de Montlouis, sur la Loire, est un ouvrage de près de 350 mètres de longueur, qui comprend 12 arches en anse de panier de $24^m,75$ d'ouverture.

La planche XXIX donne la disposition générale des échafaudages qui ont servi tant à la construction des piles qu'à celle des voûtes et tympans.

Un échafaudage de pieux moisés entoure la fondation de chaque pile ainsi qu'un espace réservé à l'aval pour recevoir les bateaux qui apportent les matériaux ; il porte un treuil roulant qui vient prendre les pierres dans les bateaux et les conduit à leur place définitive.

Le treuil est à $8^m,20$ au-dessus de l'étiage ; à $2^m,20$, on trouve de chaque côté de l'échafaudage une plate-forme de $4^m,20$ sur 8 mètres, où l'on achève la fabrication des mortiers dont les éléments arrivent déjà mélangés.

A 14 mètres en amont des piles, on voit une passerelle formée d'une ligne de pieux avec consoles supportant un plancher ; cette passerelle, à $3^m,80$ au-dessus de l'étiage, sert à la circulation des ouvriers qui, par une échelle, descendent sur un radeau les conduisant à la pile.

Pour la construction des voûtes, on établit en même temps que les cintres et suivant les mêmes palées un double échafaudage à l'amont et à l'aval.

A l'amont un pont de service de 6 mètres de large donnait un accès facile aux ouvriers, au mortier et aux menus matériaux, et par des chemins inclinés on reliait ce pont à un point quelconque du chantier de maçonnerie.

A l'amont comme à l'aval, un échafaudage élevé au-dessus de toute la construction et composé de deux files de pieux, recevait un chariot roulant dans le sens longitudinal et portant lui-même un treuil roulant dans le sens transversal ; à l'intérieur de chaque file de pieux on voit sur les figures une passerelle portée par des consoles et servant à la circulation des ouvriers qui y trouvaient un point d'appui pour pousser le chariot roulant.

Les treuils prenaient les pierres dans les bateaux, les soulevaient et les amenaient à la place voulue.

Apparaux de transport et de montage du pont Saint-Pierre de Gaubert. — Le pont de Saint-Pierre de Gaubert sur la Garonne est un grand ouvrage de 480 mètres de long comprenant 17 arches de $21^m,65$ d'ouverture portées par des piles fondées sur des massifs de béton immergés dans des enceintes de pieux et palplanches ; il a été construit par M. l'ingénieur en chef Regnault.

Tous les matériaux arrivaient sur les chantiers par une voie ferrée raccordée à la ligne de Bordeaux à Cette ; des plaques tournantes reliaient cette voie à des voies de service desservant les divers magasins et la voie principale elle-même traversait tout le fleuve sur un pont de service.

Pont de service. — Le pont de service (*fig*. 1 et 2, Pl. XXX), comprend deux parties, l'une en amont, l'autre en aval, reliées entre elles par quelques pièces en bois blanc et surtout par les enceintes des piles.

Les matériaux arrivaient par wagonnets sur une voie de $1^m,50$ de large portée par la partie amont du pont de service, et là ils étaient soulevés par une grue roulante mobile sur deux rails portés l'un par la partie amont et l'autre par la partie aval du pont de service.

Le pont de service compte 99 travées ayant en général $4^m,20$ d'ouverture, à l'exception d'une travée mobile de 9 mètres d'ouverture, figure 1. Les pieux de support sont en sapin des Landes, de $0^m,25$ à $0^m,30$ de diamètre, d'une longueur moyenne de $6^m,50$. Il y a trois pieux pour la partie amont du pont de service et deux pour la partie aval, figure 2, et la figure indique comment ces pieux sont reliés entre eux par des pièces inclinées et par des moises horizontales.

Wagonnets. — La figure 9, planche XXX, représente le wagonnet pour le transport des pierres et la figure 8 le wagonnet pour le transport du mortier ; la plate-forme de ce wagonnet recevait les caisses à mortier contenant $0^m,70$ et sur la plate-forme du premier on pouvait charger environ 1 mètre de pierres de taille ou de moellons.

Grues roulantes. — La figure 4, planche XXX, représente une des quatre grues roulantes qui ont suffi pour la construction. Le cadre supérieur d'une grue est formé de deux poutres horizontales, de $0^m,25$ sur $0^m,30$ d'équarrissage, espacées de $0^m,90$ d'axe en axe et portant des rails sur lesquels se meut un treuil qui vient prendre les matériaux sur les wagonnets de la voie de service d'amont et les transporte au point voulu. Les deux poutres sont réunies à leur extrémité par des traverses et consolidées par des tirants en fer qui les transforment en poutres armées. Le cadre formé par les poutres et les traverses entoure le vide au dessus duquel se meut le treuil ; ce cadre est supporté par quatre montants verticaux avec contre-fiches dont les pieds sont moisés entre eux. Les moises sont supportées par des galets roulant sur les rails et à ces galets sont fixées des roues dentées engrenant avec des pignons portés par des arbres que des hommes font mouvoir en agissant sur des manivelles *(fig. 3, Pl. XXX.)*

« Ces grues, dit M. Regnault, sont d'un emploi très commode. En effet, on peut combiner le mouvement longitudinal de la grue entière avec le mouvement transversal du treuil mobile supérieur, de manière à amener les matériaux aux endroits mêmes où ils doivent être employés. Pour cela, on amène le treuil sur la partie de la grue en porte-à-faux sur le pont de service ; on laisse descendre le câble à l'extrémité duquel on attache les bennes contenant les matériaux transportés par wagonnets, puis on le remonte jusqu'à ce que ces bennes dépassent la hauteur des maçonneries déjà faites. Faisant alors mouvoir le treuil et la grue, et déroulant le câble, on amène les matériaux au point voulu. » La manœuvre d'une grue roulante exige huit hommes: quatre au treuil et quatre aux galets ; ils desservent un atelier considérable.

Il va sans dire que les bennes ou les pierres soulevées ne doivent pas avoir une largeur supérieure à l'écartement des montants de la grue roulante.

Chèvre ordinaire. — Pour le levage des bois du pont de service et des matériaux nécessaires à la construction des culées, on employa une chèvre ordinaire que représente la figure 5, planche XXX.

Grue roulante pour ragréement. — Pour les rejointoiements et ragréements des voûtes et des tympans, on a employé des ponts volants, suspendus à des grues roulant sur les plinthes du pont (*fig*. 7, 10 et 11, Pl. XXX). On avait adopté, pour supporter les ponts volants, la forme d'une haute grue roulante afin de laisser passer les trains au-dessous d'elle.

Pour le ragréement des plinthes, on se contentait de petits échafaudages suspendus à des rails passant par les ouvertures du garde corps, figure 12.

Pont de service et grue roulante du pont de Claix.

— Le pont de Claix, sur le Drac (Isère), reconstruit par M. l'ingénieur Cendre est un arc en maçonnerie de 52 mètres d'ouverture, figures 7 et 8, planche XXXI.

Le demi-cintre était soutenu par une palée en charpente et par un caisson sans fond rempli de béton et garni d'enrochements. — Le battage des pieux de palée a été arrêté lorsqu'une volée de 40 coups d'un mouton de 550 kilogrammes ne produisait plus que $0^m,01$ d'enfoncement.

La voûte, hourdée en mortier de ciment Vicat, a été exécutée en deux rouleaux ; le premier a été clavé simultanément à la clef et aux naissances, afin d'éviter les fissures qui, sans cette précaution, se seraient probablement produites aux naissances lors du décintrement.

« Un pont de service, prenant ses points d'appui en partie sur le rocher aux abords, régnait sur toute la longueur de l'ouvrage. Un chariot mobile sur rails se mouvait sur ce pont; il portait deux treuils manœuvrés à bras et pouvant être déplacés transversalement. »

Ponts de service et grues roulantes des ponts du Castelet, de Lavaur et Antoinette.

— Dans un mémoire très intéressant publié aux *annales des Ponts et Chaussées* de 1886, M. l'ingénieur Séjourné a donné tous les détails de construction de ces trois grands ponts en maçonnerie et les figures 1 à 6 de la planche XXXI tirées de ce mémoire représentent les ponts de service et les grues roulantes employés pour les construire.

« Aux trois ouvrages, dit M. Séjourné, a été exécuté, sur projet dressé par l'ingénieur et établi au mètre cube sur la somme à valoir, un pont de service indépendant du cintre, portant deux grues approvisionnées par deux voies au pont de Lavaur ; par une seule aux deux autres ; il comportait, au Castelet, cinq fermes, aux deux autres quatre, deux en amont, deux en aval, soit deux ponts contreventés, chacun séparément et ensemble à travers le cintre, par des moises horizontales et des croix de Saint-André.

Chaque ferme se compose de poteaux montants entés l'un sur l'autre

ÉCHAFAUDAGES ET PONTS DE SERVICE

s'appuyant, aux deux ponts sur l'Agout, sur les brises-lames, au Castelet sur le sol, divisés en étages au niveau des entures par des moises horizontales et réunis dans chaque étage par des croix de saint André.

On a seulement employé, au Castelet, des bois ronds ou refendus; aux deux autres, des bois équarris. Voici leurs dimensions :

	PONT de Lavaur.	PONT Antoinette.	PONT du Castelet.	
	Bois équarris.	Bois équarris.	Bois ronds.	Bois refendus.
Longrines sous rails	28/20	26/26	27	»
Jambes de force soutenant les longrines sous rails	18/18	24/22	20	»
Poteaux montants	18/18	20/20	28	»
Moises et croix de Saint-André. .	22/10 à 25/10	24/13 à 18/8	»	22 à 27

Les données relatives aux grues et voies d'approvisionnements sont résumées ci-après :

			PONT de Lavaur.	PONT Antoinette.	PONT du Castelet.
Grues roulantes.		Nombre.	3	2	2
		Force maxima	5 à 6 tonnes	5 à 6 tonnes	4 à 5 tonnes
		Revanche de la voie du treuil sur le plancher du pont de service.	$8^m,70$	$7^m,50$	$3^m,30$
		Écartement des galets de roulement.	12.00	8.30	9.55
		Cube de bois d'une grue.	$7^{mc},40$	$8^{mc},65$	$5^{mc},40$
Voies d'approvisionnements.		Nombre.	2	1	1
		Écartement.	$0^m,60$	$0^m,50$	$1^m,00$
		Niveau par rapport à l'intrados de la clef.	$-5^m,00$	$+1^m,50$	$-2^m,45$

La dépense de *main d'œuvre par mètre cube de charpente* pour chacun des trois ponts de service est résumée ci-après :

	PONT du Castelet	PONT Antoinette	PONT de Lavaur
Préparation............	5 fr. 54	8 fr. 54	4 fr. 54
Transport à 3^k,5........	3 62	»	»
Montage...............	21 19	11 44	11 73
Démontage, enlèvement......	3 70	1 98	3 36
Outils et faux-frais, 1/20.....	1 70	1 10	0 98
Total........	35 fr. 75	23 fr. 06	20 fr. 61

Au Castelet, la taille a eu lieu dans la gare d'Ax à 3^k,5 du lieu d'emploi. Aux deux autres ponts, la taille a été faite aux abords de l'ouvrage; le transport a été effectué par les charpentiers et les heures employées à ce travail sont comprises dans le montage.

Le nombre d'heures de charpentiers et de manœuvres, employées à la préparation, au transport, au montage et au démontage, a été par mètre cube de charpente de:

51 heures au pont du Castelet.
44,5 heures au pont Antoinette.
36,5 heures au pont de Lavaur.

Les dépenses, autres que celle de main-d'œuvre, se résument comme suit:

NATURE des dépenses	CUBE OU POIDS Mètre ou kilog.	PRIX DE L'UNITÉ			DÉPENSES partielles	DÉPENSES de main-d'œuvre	DÉPENSES diverses	DÉPENSE TOTALE
		Achat	Valeur après emploi.	Reste à compter				
1° *Pont du Castelet.*					fr. c.	fr. c	fr. c.	fr. c.
Bois............	154^m,22	40	10	30	4626,60	»	»	»
Fers, compris haubans de contreventement....	2276^k,60	0,65	0,25	0,40	910,64	5514,00	1148,76	12200,00
2° *Pont Antoinette.*								
Bois............	96^m,22	70	35	35	3367,70	»	»	»
Fers,...........	1187^k,00	0,50	0,20	0,30	356,10	2219,00	157,20	6100,00
3° *Pont de Lavaur.*								
Bois............	212^m,94	65	30	35	7452,90	»	»	»
Fers............	2823^k,70	0,50	0,20	0,30	847,10	4390,00	610,00	13300,00

ÉCHAFAUDAGES ET PONTS DE SERVICE

Les dépenses diverses comprennent notamment la fouille des supports des palées, la pose des voies aux abords, l'attache des haubans de contreventement, la maçonnerie des massifs du support.

Dépenses d'installation des appareils de transport et de levage.

DÉSIGNATION DES INSTALLATIONS	PONT DU CASTELET		PONT DE LAVAUR		PONT ANTOINETTE	
	Dépenses de premier établissement.	Moins-value à compter comme location.	Dépenses de premier établissement.	Moins-value à compter comme location.	Dépenses de premier établissement.	Moins-value à compter comme location.
	fr.	fr.	fr.	fr.	fr.	fr.
Grues avec treuil, câbles et accessoires	4.000 00	2.000 00	4.000 00	2.000 00	5.000 00	2.500 00
Voie provisoire						
Trucs, wagonnets, plates formes et bennes.	4.240 00	1.160 00	5.540 00	1.430 00	3.660 00	990 00
	2.300 00	800 00	1.770 00	940 00	940 00	440 00
Plans inclinés (tours, treuils, câbles, bandes de feuillard, traverses, wagonnets, chariots).	»	»	3.110 00	1.960 00	»	»
Divers (grues de chargement sur les wagons, cordages, magasins, etc.)	3.060 00	1.040 00	1.180 00	1.070 00	1.400 00	570 00
Totaux. . . .	13.600 00	5.000 00	15.600 00	7.400 00	11.000 00	4.500 00

Enfin la dépense totale des ponts de service et des installations est résumée au tableau ci-après :

	PONT du Castelet.		PONT de Lavaur.		PONT Antoinette.	
	fr.	c.	fr.	c.	fr.	c.
Dépense totale	17.200	»	20.700	»	10.600	»
Dépense par mètre superficiel d'élévation . . .	17	74	14	28	17	94
Dépense par mètre cube de maçonnerie de la voûte	27	94	31	04	19	98
Dépense par mètre cube de maçonnerie du pont achevé . . , ...	11	12	3	12	4	41

Ces prix de revient sont très intéressants à connaître, ne fût-ce qu'à titre de renseignement pour des constructions analogues.

La planche XXXI représente les dispositions d'ensemble des trois ponts de service que nous venons d'étudier; la figure 1 de la planche XXXII donne à l'échelle de 0,01 la coupe transversale des échafaudages du pont Antoinette; les projets de ces échafaudages avaient prévu uniquement l'emploi de bois ronds ou refendus, les entrepreneurs ont préféré fournir au même prix des bois équarris d'une meilleure revente.

Choix à faire entre les divers systèmes de ponts de service et de grues roulantes. — Nous venons de donner, à peu près dans l'ordre chronologique, d'assez nombreux exemples de ponts de service et de grues roulantes et l'on pourra toujours parmi ces exemples en trouver un qui convienne à telle ou telle application pratique.

Le choix peut cependant être parfois douteux; convient-il par exemple d'avoir une grue roulante qui enveloppe toute la construction future, ou faut-il se contenter d'une grue portée par les cintres des voûtes? Celle-ci coûtera moins cher, mais imposera quelques sujétions et fausses manœuvres. Toutefois, si les piles se construisent isolément et que l'apport des matériaux qui leur sont destinés se fasse par eau, il paraîtra naturel de placer l'échafaudage sur les cintres, surtout lorsqu'il s'agit d'ouvrages de grande longueur; les ponts de service latéraux seront, au contraire, indiqués pour les ponts formés de deux ou trois grandes arches seulement.

Les échafaudages sur cintres conviennent surtout aux ouvrages construits en petits matériaux, et non en pierres de taille, car il n'est plus besoin alors de grues ni de treuils puissants, et de petites voies ferrées avec wagonnets peuvent presque suffire à amener tous les matériaux à leur lieu d'emploi.

L'usage de ces petites voies ferrées n'est pas encore assez développé; beaucoup d'anciens ponts de service ont été faits pour recevoir de gros véhicules à traction de chevaux, ce qui a conduit pour ces ouvrages à de grandes dimensions et à de grandes dépenses. Aujourd'hui des wagonnets et des trucs sur voie de $0_m,80$ assurent un approvisionnement rapide des matériaux de toutes espèces et, si l'on n'a point de pierres de taille à manier, il est presque possible de se dispenser de grues roulantes. Les voies de service étant établies au niveau du sommet des voûtes, des glissières et des coulottes suffiront pour approvisionner tous les chantiers élémentaires.

La question du pont de service indépendant est, du reste, intimement liée à la plus ou moins grande facilité de battage des pieux et à la longueur qu'il faut leur donner. On ne peut donc formuler de règle absolue pour le choix d'un système.

Il convient d'examiner aussi comment on doit répartir la hauteur totale de l'échafaudage entre la partie fixe ou pont de service et la partie mobile ou grue roulante; au point de vue économique, il faut donner à la partie fixe la moindre hauteur possible, mais la grue roulante devient alors plus difficile à déplacer, la hauteur de levage par treuils est plus grande et les opérations sont ralenties ; pour une petite économie, on risque de perdre beaucoup de temps. Il nous semble donc que le niveau du pont de service est commandé par celui des voies d'accès à l'ouvrage ; ce pont doit recevoir les matériaux à la hauteur même à laquelle ils arrivent naturellement.

Échafaudage et appareils du viaduc de Morlaix. — Le viaduc de Morlaix, construit en 1862 sous la direction de M. l'Ingénieur Fenoux, est un travail considérable ; en se servant des moyens primitifs de montage, on eût été entraîné à des dépenses et à des pertes de temps énormes ; aussi s'est-on empressé de recourir aux moyens mécaniques. Les figures 1 à 4, planche XXXIII, font suffisamment comprendre la disposition de la passerelle de service et des procédés de levage.

La passerelle de service, que l'on voit en élévation et en plan sur les figures 1 et 2 se composait de deux poutres américaines en bois et fer, reliées à chaque montant vertical par une poutrelle transversale. Chaque poutre était formée de deux longrines de 0,20 sur 0,25 d'équarrissage, réunies par de grands tire-fonds en fer espacés de $1^m,80$ d'axe en axe ; l'intervalle était occupé par des croix de Saint-André en bois. La passerelle était munie d'un garde-corps et de deux planchers, l'un à la hauteur de la longrine supérieure, l'autre à la hauteur de la longrine inférieure, séparés par une hauteur d'environ $2^m,50$. Le plancher supérieur porte deux voies de service ; on le voit sur une moitié de la figure 3 ; sur l'autre moitié, les planchers sont supposés enlevés.

La passerelle reposait sur les piles par l'intermédiaire de chantiers de $1^m,50$ de hauteur, et on l'élevait successivement à l'aide de 4 vérins par pile.

Les matériaux arrivaient, comme nous le verrons plus loin, sur le plancher d'une travée spéciale plus large que les autres, munie d'appontements en saillie, et placée dans l'axe de l'arche la plus élevée.

Du plancher de la travée spéciale, les pierres et moellons s'en allaient sur les wagonnets jusqu'à l'aplomb de chaque pile ; là ces matériaux étaient repris et transportés transversalement par des grues avec chariot roulant muni d'un treuil. Quant au mortier, il arrivait sur le plancher inférieur du pont de service, et était transporté dans des hottes par des enfants qui venaient le verser au-dessus de chaque pile, dans des couloirs spéciaux.

Reste à expliquer le montage des matériaux :

Les pierres et moellons arrivaient par bateau dans le bassin à flot de Morlaix, et de là passaient sur des chemins de fer provisoires qui les amenaient au pied de la travée spéciale. On n'employait guère que des matériaux de petite dimension, les pierres de taille étant réservées pour les arêtes et pour les têtes de voûtes ; ces matériaux étaient placés alternativement sur chacun des deux plateaux d'un bourriquet, dont un plateau descendait pendant que l'autre montait. La chaîne de cet appareil passait sur le tambour d'un treuil à engrenages qui la mettait en mouvement ; le treuil lui-même était mû par une locomobile qui agissait sur lui au moyen de courroies et de poulies de transmission ; il y avait deux de ces poulies montées sur le même arbre, et l'on pouvait à volonté communiquer le mouvement à l'une ou à l'autre, au moyen d'un embrayage. Pour une des poulies la courroie était droite, et pour l'autre croisée, de sorte que le mouvement donné par l'une était inverse de celui que donnait l'autre. Une fois le plateau chargé arrivé en haut, on arrêtait le mouvement, on posait ce plateau sur un truc qui l'emportait, on accrochait à la chaîne un plateau vide ; puis, faisant agir la locomobile sur la poulie tout à l'heure immobile, on renversait le mouvement pour élever un nouveau fardeau.

Le truc, qui avait reçu le plateau plein, était amené à une plaque tournante (*fig.* 3) pour passer de là sur les voies de service.

Le mortier était amené sur le plancher inférieur de la passerelle au moyen d'une chaîne à auges, représentée par la figure 5 qui suffit à en faire comprendre le mécanisme.

Le prix de montage avec ces appareils a varié entre 3 fr. 50 et 5 fr. 10 par mètre cube de maçonnerie, tout compris. La dépense d'établissement des échafaudages et appareils de montage a été de 2 francs par mètre cube de maçonnerie.

Chaque appareil de montage était double, c'est-à-dire qu'il y en avait un à l'amont et un autre à l'aval de la pile centrale, identiques et indépendants. La locomobile de chaque bourriquet était d'une puissance de 5 chevaux et celle d'une noria à mortier de 2 chevaux.

Il nous semble que le poids mort de cette noria à petits augets devait être considérable et que, comme rendement mécanique, l'usage des grandes caisses fonctionnant comme les plateaux du bourriquet eût été préférable, d'autant que le prix d'installation d'une locomobile et d'un monte mortier s'élevait à 7,000 francs.

Échafaudages et appareils de montage des viaducs de la ligne de Saint-Germain-des-Fossés à Roanne. —

M. l'inspecteur général Croizette-Desnoyers a donné la description de divers échafaudages, avec grues roulantes et chemins de fer de service, employés à la construction de plusieurs viaducs sur le chemin de fer de Saint-Germain-des-Fossés à Roanne ; nous la reproduisons ici :

« Les échafaudages employés pour la construction des piles se rapportent à deux systèmes bien différents :

« Le premier, celui du viaduc de la Bèbre, est représenté par les figures 1 à 3, planche 34, et se compose essentiellement d'un pont de service continu reliant entre eux des cadres verticaux qui entourent chaque pile d'une manière complète. Le pont de service aboutit au coteau, sur le flanc duquel une voie de fer, disposée en plan incliné, sert à faire monter les matériaux au niveau du pont de service et une autre voie de fer établie sur ce pont lui-même, les conduit jusqu'à l'axe de la pile à laquelle ils sont destinés ; à ce point, ils sont pris par un chariot, mobile dans le sens transversal, muni d'un treuil à mouvement longitudinal (fig. 9 et 10), de sorte que la pierre est amenée et posée avec la plus grande facilité à l'emplacement exact qu'elle doit occuper. Les cadres des piles et les montants verticaux, qui supportent le pont de service, sont placés, dès l'origine, sur toute leur hauteur ; mais, afin de ne pas avoir à faire monter les matériaux beaucoup plus haut qu'il n'est nécessaire, le pont de service n'est fixé aux montants que par des boulons, ce qui permet de le relever au fur et à mesure de l'avancement du travail ; ce relèvement est opéré très facilement en quelques heures, et a lieu de préférence le dimanche, afin de ne pas causer d'interruption dans le travail. Il faut ajouter qu'au viaduc de la Bèbre, le pont de service était à une voie, avec gare d'évitement, ce qui suffisait à la rigueur; néanmoins, il y avait quelquefois de l'encombrement, et il serait préférable de faire tout de suite le pont à double voie, ce qui augmenterait très peu la dépense.

« Le second système, celui du viaduc de Montciant, est représenté par les figures 4, 5, 6, il se compose essentiellement d'échafaudages isolés pour chaque pile. Ces échafaudages forment des cadres analogues à ceux employés dans l'autre système et reçoivent également un chariot mobile à treuil, avec double mouvement ; seulement ce treuil, au lieu d'avoir seulement à prendre les pierres sur les wagonnets du pont de service, sert à les enlever à partir du terrain naturel.

« En comparant entre eux ces deux systèmes, on trouve que, dans l'un et l'autre, la pierre, une fois arrivée au niveau des maçonneries, est posée avec le même soin et la même facilité ; mais pour l'amener à ce niveau, l'opération est bien différente, puisque dans le premier cas il suffit de faire monter la charge sur un plan incliné, tandis que dans l'autre il faut l'élever verticalement. Par contre, le premier système, nécessitant un pont de service, est d'un établissement plus coûteux que le second ; mais cet excédant nous paraît largement compensé par la diminution des frais de montage, et surtout par la plus grande facilité avec laquelle se fait le service. Comme le montage vertical est plus long que le transport horizontal sur le pont de service, on est obligé de s'y prendre d'avance pour les approvisionnements qui, à Montciant, encombraient presque toujours les piles, tandis que cependant les ouvriers chômaient encore souvent, parce que les matériaux déjà bardés n'étaient pas ceux dont ils avaient besoin. A la Bèbre, au contraire, les wagonnets étaient chargés d'avance aux extrémités du pont de service ou sur les voies d'évitement, et n'étaient amenés aux piles qu'au moment où l'on en avait besoin ; en outre, le moellon ou le mortier chargé sur un wagonnet était distribué indifféremment à telle ou telle pile, de sorte que les maçonneries n'étaient jamais encombrées, que les ouvriers y travaillaient, par suite, plus facilement, et qu'enfin ils n'étaient presque jamais obligés de chômer. Ces avantages ont été bien compris par les entrepreneurs, et pour les trois autres viaducs, qui ont commencé un peu plus tard, ils ont tous suivi le système d'échafaudage du viaduc de la Bèbre. Le système ne cesserait d'être directement applicable que pour un ouvrage d'une très grande longueur, ou bien dans les cas où les culées ne s'appuieraient pas à un coteau ; mais alors il conviendrait d'établir sur un petit nombre de points des appareils spéciaux pour le montage, de créer au sommet de chacun d'eux un emplacement pour dépôt de approvisionnements, et de répartir ensuite ces approvisionnements su les piles, au moyen du système déjà décrit. L'application de ce systèm a été notablement simplifiée pour le viaduc de la Feige, en raison d faible volume des matériaux employés. Le pont de service est deven une simple passerelle (fig. 7 et 8), et les cadres autour des piles ont p être supprimés ; il n'était pas nécessaire, en effet, de se donner le moyens de porter les matériaux au lieu d'emploi même, et de les pose à la louve, puisqu'on n'employait pas de pierre de taille, et que tous le moellons de parement pouvaient facilement être transportés et posés la main. Cette simplification dans les échafaudages est encore un de avantages inhérents au système de construction en matériaux exclusi vement de petit appareil. Pour la construction des voûtes, on n'a em ployé à tous les viaducs qu'un seul système, représenté par les figures 1 et 14. Après la mise au levage des cintres, on établissait au-dessu d'eux un pont de service, soit immédiatement à la hauteur nécessai pour fermer la voûte, soit à un niveau inférieur, sauf à le relever plu tard, et l'on disposait sur ce pont de service des grues mobiles à doub mouvement (fig. 11 et 12). Ces grues, portées sur cintres, ont été em ployées pour la première fois par M. l'ingénieur en chef Kleitz, pour l construction du pont de Cinq-Mars, et leur usage est bien répand maintenant ; seulement, comme dans le cas actuel les matériaux arr vaient par l'axe de la construction elle-même, et non sur des ponts d service latéraux, comme pour les ponts en rivière, les grues avaient beau coup moins de portée, beaucoup moins de dispositions à basculer, ont pu être construites d'une manière beaucoup plus simple et plu légère. »

Les deux viaducs de la Bèbre et de Montciant ont été exécutés e deux campagnes ; dans la première, on a pu à peine exécuter les fonda tions et dans la seconde on a fait les piles et les voûtes. « Ce résultat été obtenu, dit M. Desnoyers, mais non sans quelques difficultés ; ca pour des ouvrages de ce genre, on ne peut pas activer la constructio d'une manière indéfinie, l'espace sur lequel on travaille étant très re treint, surtout pendant qu'on élève les piles ».

Au viaduc de la Bèbre, il a fallu 2 jours 1/3 en moyenne pour l'exé cution de chaque assise de pile, 40 jours pour le levage des cintres l'installation du pont de service supérieur avec grues, 40 jours po faire les voûtes.

Échafaudage des viaducs de la Combe-de-Fain et d la Combe-Bouchard.

— Les échafaudages de ces deux viaduc situés sur la ligne de Paris à Lyon, ont été des plus simples.

Pour le premier, les matériaux ont été bardés au moyen de petits ch mins de fer de service partant de chaque culée et posant sur les pile Ces petits chemins de fer ont été successivement démontés et rétabli des niveaux différents au fur et à mesure que les maçonneries s'éle vaient. Deux poutres armées peu coûteuses suffisaient à porter le petites voies ferrées et un plancher pour la circulation.

Ce mode de transport a été utilisé surtout pour le moellon ; pour les pierres de taille des voûtes et du couronnement on s'est servi d'une rue roulante portée par les cintres.

Au viaduc de la Combe-Bouchard, les matériaux ont été en partie levés au moyen d'un manège à quatre chevaux et d'une molette analogue à celle des carrières ; nous verrons plus loin des exemples de ce système.

Viaduc de l'Aulne, chantiers, apparaux de montage. — Le viaduc de l'Aulne, ligne de Nantes à Brest, est un superbe ouvrage, construit par M. l'ingénieur Arnoux, qui nous a laissé la description de ses chantiers et de ses apparaux de construction.

Le chantier, figure 12, planche XXXV, s'étendait sur les deux rives, particulièrement sur la rive droite de l'Aulne. Les matériaux arrivaient par eau, le moellon brut, le sable et la chaux de l'aval, et la pierre de taille avec le moellon paramenté de l'amont. Huit appontements ou estacades et sept grues fixes avec treuils roulants servaient au déchargement des barques ; des voies de fer conduisaient les matières aux magasins, aux chantiers de taille et aux dépôts.

Échafaudages des piles. — Jusqu'à 10 mètres en contre-haut du sol, les matériaux ont été montés à bras et à l'aide d'échafaudages en plans inclinés contournant chaque pile avec l'inclinaison $\frac{1}{5}$. Ce procédé simple ne serait plus économique aujourd'hui, vu le prix général de la main-d'œuvre.

Au-dessus, jusqu'à 2 mètres après la naissance des voûtes, c'est-à-dire jusqu'à 37 mètres environ au-dessus du sol, on a réuni les sommets des piles par un pont de service en charpente, portant deux voies de fer continues ; l'apport des matériaux se faisait par les deux extrémités du viaduc à l'aide de voies s'élevant progressivement le long des versants des coteaux ; des plaques tournantes reliaient les voies du viaduc à celles du coteau qui servaient l'une à la montée des wagons pleins et l'autre à la descente des wagons vides. Ces voies étaient à rebroussements et leur déclivité atteignait 0,065 pour la montée et 0,12 pour la descente.

Sur les rampes les wagons étaient remorqués par des chevaux ; sur le viaduc on les poussait à bras et ils étaient à la descente retenus par des freins.

Il eût été plus avantageux de concentrer tous les dépôts et magasins sur une seule rive, afin de n'avoir qu'un outillage ; mais on ne pouvait le faire, au moins tant qu'on n'avait pas atteint la hauteur de 30 mètres, parce qu'il fallait laisser la cinquième arche libre pour la navigation.

La planche 35 indique les principales dispositions adoptées.

Les abouts des travées du pont de service, figures 5 à 8, étaient supportés par des chantiers en bois empilés sur la maçonnerie ; quand il ne restait plus que $0^m,60$ entre le pont et la dernière assise posée, on relevait le pont de 1 mètre en se servant de 4 vérins et en intercalant de nouveaux chantiers.

C'était le dimanche qu'on procédait à ce relevage et l'on avait soin
rétablir à l'aplomb de chaque pile la continuité des voies, figure 8.

Le stationnement des wagonnets eût pu causer des retards et des e
traves à la circulation des approvisionnements; cet inconvénient
évité grâce à des cadres en fer formant chariots roulants, installés
place en place, figure 7, et permettant de faire passer les wagonn
d'une voie sur l'autre.

Travées du pont de service. — Chaque travée comprenait deux pout
de tête à treillis, réunies par un tablier vers le milieu de leur haute
figures 5 à 9, et espacées de $3^m,95$ d'axe en axe; l'espace libre de 3^m
était occupé par deux voies et une entre-voie de $0^m,80$ et par deux lisiè
de $0^m,50$. Les pièces de pont étaient des madriers de 0,22 sur 0,08, po
de champ dans les losanges des treillis, espacés de $1^m,34$ et recouve
par des planches de $0^m,06$ sur lesquelles étaient clouées les voies.
tout était contreventé par des croix de Saint-André.

De grandes contre-fiches de $5^m,50$, obliques à 45°, soutenaient chaq
poutre de tête au quart de sa longueur en prenant appui dans les joi
des assises des piles au moyen de forts onglets en fer.

Les poutres de tête, n'ayant pas plus de $1^m,47$ de hauteur totale,
donnaient que $0^m,75$ de hauteur de garde-corps; cela fut suffisant et
en tira même un certain avantage car la plate-forme des wagonnets
trouvait presque au niveau de la main courante et il suffisait de planch
et de couloirs pour faire passer et descendre les matériaux des wago
nets sur les piles, d'autant plus que les matériaux, de petite dimensic
étaient facilement maniables.

Les dimensions des éléments du tablier sont indiqués sur les figur
les bois étaient boulonnés avec des fers de $0^m,01$. Chaque travée absc
bait $23^m,70$ de bois de sapin et 1,150 kilogrammes de fer; elle pes
17,800 kilogrammes, dont 5,500 kilogrammes pour chaque poutre
tête; elle pouvait recevoir une charge de 10 tonnes uniformément rép
ties sans que les bois travaillassent à plus de 60 kilogrammes par cen
mètre carré.

La passerelle de service a été très utile pour le montage des ferm
des cintres, figures 10 et 11.

Levage du pont de service au-dessus des cintres. — Les cintres mis
place, il a fallu monter le pont de service au-dessus d'eux; chaq
travée était démembrée, mais les poutres de tête restaient entière
l'une après l'autre, elles étaient tirées horizontalement dans le sens lo
gitudinal et amenées sur l'axe de la pile correspondante, puis élevé
jusqu'au nouveau plan de la passerelle.

Les cintres donnaient un point d'appui pour ce mouvement de levag

Exécution des voûtes. — Le tablier de service étant reconstitué, il fa
lait descendre sur les piles et les voûtes les matériaux qu'il recevait e
cet effet on se servait de grues avec treuils roulants; pour déplacer

ÉCHAFAUDAGES ET PONTS DE SERVICE 141

es on avait installé un rail sur chaque poutre de tête de la passerelle
. 1 à 4).

l'abord, on montait les matériaux par les voies inclinées des coteaux ;
 on reconnut qu'il serait plus rapide et plus économique de les élever
ectement avec une machine à vapeur.

ette décision ne nous étonne pas ; les voies à rebroussement devaient
raîner bien des retards et il nous semble qu'on eût eu avantage à les
placer dès l'origine par des plans inclinés à flanc de coteau.

our le montage vertical direct on a installé sous la septième arche
 machine à vapeur de 8 chevaux et sur la passerelle un tablier en
rpente transversal, ayant $4^m,50$ de large et formant des encorbelle-
nts de 3 mètres de saillie sur les fermes extrêmes du cintre. Le plan-
r des encorbellements était percé de quatre ouvertures de $1^m,50$ sur
30 dont les volets à charnières n'étaient ouverts qu'au passage des
nes.

'n arbre de couche, à un mètre du sol, commandait les deux chaînes
monte-charge, formant deux systèmes distincts espacés de $1^m,80$.
que chaîne, longue de 170 mètres engrenait ses maillons dans une
lie à empreintes montée sur l'arbre de couche, et passait au sommet
une poulie ordinaire établie à $4^m,20$ au-dessus du plancher de la
serelle. Chaque câble figurait une sorte de balance à mouvement
rnatif.

e poids net élevé par les deux câbles atteignait 2,000 kilogrammes
 vitesse d'ascension $0^m,18$ à la seconde.

es embrayages et des freins permettaient de renverser et d'arrêter le
vement. Le trait principal des échafaudages du viaduc de l'Aulne
siste dans la simplicité du type de la passerelle, dans son emploi à
e période de la construction et dans la facilité de son déplacement
ant les besoins du service.

es fondations ont été faites en une campagne, les piles jusqu'aux
sances en une seconde campagne, les voûtes et le reste en une troi-
e campagne.

rue roulante du viaduc de Chaumont. — Sur l'étage
érieur du pont de service du viaduc de Chaumont on avait installé
 grue roulante avec treuil roulant, formant un système tout à fait
blable à celui du pont de Port-de-Piles que nous avons décrit pré-
emment, mais beaucoup plus robuste parce qu'il était destiné à
lever de plus grosses charges.

e treuil était à deux manivelles dont l'axe était armé en son milieu
e vis sans fin engrenant avec une roue dentée calée sur l'axe du
bour d'enroulement du câble de levage.

e treuil pouvait soulever 2,000 à 5,000 kilogrammes avec une vitesse
$)^m,90$ à la minute.

a grue roulante pesait un peu plus de 5,000 kilogrammes et coûtait
00 francs ; son rendement était de 10 mètres cubes de pierre élevés à
mètres de hauteur moyenne en 10 heures de travail.

our de grandes hauteurs d'élévation, il y a avantage évident à adopter des appareils puissants, surtout lorsqu'on les manœuvre à bras d'hommes, afin de réduire le poids mort proportionnel ainsi que les pertes de temps qui surgissent à chaque opération.

Échafaudages du viaduc de Messarges. — Ce viaduc, qui donne passage à la ligne de Moulins à Montluçon, est établi à la traversée d'un étang,

Les figures 5 et 6 de la planche 36 représentent les échafaudages qui ont servi à l'élévation des matériaux ; ceux-ci arrivaient au niveau du socle des piles, par un pont de service en charpente de 4 mètres de large. Chaque pile était entourée d'un grand échafaudage composé de quatre poteaux d'angle reliés par trois cours de moises horizontales avec contre-fiches à la partie supérieure ; cet échafaudage, en porte-à-faux du côté du pont de service, recevait un treuil roulant chargé d'élever tous les matériaux de la pile et des deux demi-voûtes adjacentes ; les arches n'ayant que 12 mètres d'ouverture et le viaduc étant construit presque uniquement en petits matériaux, la répartition de ceux-ci à droite et à gauche de la pile s'opérait sans difficulté.

Comme on le voit, le système d'approvisionnement peut être très différent, suivant que les matériaux arrivent par le pied du viaduc ou par la partie haute.

Échafaudages du viaduc de la Fure. — L'apport des matériaux venant des carrières se faisait par un plan incliné à moteur hydraulique.

Quant au montage du mortier et des matériaux préparés, il s'effectuait dans des bennes ou sur des plateaux tirés par des câbles actionnés par un moteur hydraulique ; sur une dérivation du cours d'eau, à pente rapide, on avait installé une roue hydraulique en bois B, figures 1 et 2, planche 36.

L'arbre de cette roue commande à chaque extrémité, par un système de roues dentées, un tambour A, dont un seul est représenté ; ce tambour reçoit le câble qui, par deux poulies de renvoi, fait monter ou descendre la benne V. Supposons que la benne monte et arrive à l'extrémité de sa course, on modère le mouvement par le frein f et on amène la benne, garnie de roues à sa base, sur une petite voie ferrée qui la conduit sur la pile voisine ; cette voie ferrée est montée sur deux poutres armées M, qui vont d'une pile à la pile voisine (*fig.* 4).

Le pont de service constitué par ces deux poutres reçoit deux échafaudages D et D' qui ont chacun sa poulie et son câble ; l'un correspond au tambour A et l'autre au tambour symétrique A' ; un des tambours est embrayé avec l'arbre de la roue hydraulique pendant que l'autre est débrayé ; une benne monte pendant que l'autre descend vide et le mouvement de descente de celle-ci est modéré par le frein f'.

Le pont de service M, qui s'appuie, comme nous l'avons dit, sur deux piles voisines est relevé de mètre en mètre au fur et à mesure de la construction des piles et la longueur d'enroulement des câbles change en conséquence.

Ces dispositions sont ingénieuses, mais il est douteux qu'on ait avantage aujourd'hui, sauf en certains pays de montagne, à recourir à un moteur hydraulique et à son attirail accessoire. Il est bien probable que, dans la généralité des cas, il serait plus simple et plus économique d'employer une locomobile, qui donnerait certainement une marche plus régulière et plus sûre.

Échafaudages des viaducs de l'Indre, de la Manse, de Comelle; montage par chevaux.

— Au viaduc de l'Indre, le montage des matériaux s'effectuait par traction de chevaux comme le montre les figures 1 à 4 de la planche XXXVII, sur lesquelles on voit la disposition d'ensemble du système et les détails de la grue tournante.

Deux ou plusieurs chevaux tirent horizontalement le câble qui, après avoir passé sur trois poulies de renvoi vient s'attacher au fardeau; le bec saillant de la grue est mobile autour de l'axe vertical de celle-ci, et la rotation s'obtient par une simple traction sur un bout de câble.

On résiste au renversement que produirait le porte-à-faux en maintenant l'arrière de la grue par une chaîne fixée à un crochet en fer, enfoncé dans un joint de la maçonnerie. On relève la grue toutes les fois que la maçonnerie de la pile a gagné environ 1 mètre en hauteur.

On ne peut avec ce système lever de grosses charges à la fois, car un bon cheval ne peut exercer une traction continue de plus de 100 kilogrammes, et il est même prudent de ne compter que sur 65 ou 70 kilogrammes avec une vitesse d'environ 1 mètre à la seconde.

L'installation, malgré sa simplicité, ne comporte donc pas une grande célérité d'exécution.

Le dispositif de manège, adopté au viaduc de la Manse, figures 1 à 4, planche XXXVIII, est plus puissant et doit donner un meilleur travail avec plus de rapidité. Les deux bennes ou plateaux et les câbles sont équilibrés, la vitesse ascensionnelle est réduite dans le rapport du diamètre du barillet à celui du manège et le poids des fardeaux qu'il est possible de soulever est amplifié dans la même proportion, les sapines forment échelles pour la circulation des ouvriers, les appareils sont installés à poste fixe, et il n'y a à remonter progressivement que les passerelles volantes qui vont de chaque sapine à la pile voisine.

Le système employé pour le levage des matériaux des piles du viaduc de Comelle, figure 6, planche XXXVII, est analogue à celui du viaduc de l'Indre, mais un peu plus simple, le fonctionnement en est facile à saisir, c'est une sorte de chèvre verticale avec potence au sommet.

Tous ces appareils ne sont disposés que pour la construction des piles des viaducs et pour le levage des éléments des cintres; lorsque ceux-ci sont en place, il est facile de leur faire porter un échafaudage léger avec chemin de service pour l'apport des matériaux, ou avec grue roulante et treuil.

En Russie et en Pologne, on se sert aussi de chevaux agissant par traction pour le levage des matériaux, comme le montre la figure 6, planche XXXVIII. Les chevaux sont attelés à un chariot intermédiaire A qui actionne le câble m, on ne comprend pas la nécessité de cet intermédiaire qui absorbe en pure perte une partie de l'effort de traction.

Deux poutres verticales jumellées B, forment un poteau implanté dans le sol et maintenu par des haubans, si c'est nécessaire; au sommet de ce poteau une potence en fer reçoit une poulie fixe, mouflée avec une autre poulie mobile à laquelle s'attache le fardeau, la moufle est à trois brins, de sorte que deux chevaux peuvent lever assez facilement une charge de 400 kilogrammes.

Ces appareils ingénieux sont encore susceptibles de rendre des services en certains cas, mais les bons treuils et les moteurs de toute puissance sont aujourd'hui si répandus que le plus souvent on les préfère, parce qu'ils s'installent partout sans complication ni difficulté.

Échafaudage du viaduc de l'Altier. — Le viaduc de l'Altier est un très important et très bel ouvrage, établi pour le passage de la ligne de Brioude à Alais, les échafaudages employés à le construire sont représentés par les figures de la planche XXXIX.

Deux grues à vapeur de 35 mètres de hauteur, du type de l'appareil Borde, que nous avons précédemment décrit, étaient employées au levage des matériaux.

Ces grues étaient mobiles dans le sens longitudinal sur un pont de service en charpente, élevé à 36 mètres au-dessus de l'étiage.

Le pont de service ne s'étendait qu'aux trois piles principales et aux deux piles à droite et à gauche de la route que franchit le viaduc, pour les autres piles le service se faisait au moyen d'échafaudages disposés en plans inclinés ou de passerelles légères se déplaçant à mesure que les maçonneries montaient.

Il a été employé en échafaudages 514 mètres cubes de bois.

On voit sur une des arches, figure 1, la disposition des chèvres ayant servi au levage des cintres. On a commencé par établir, au niveau des naissances des voûtes, un plancher général posant sur cinq fortes poutres allant d'une pile à l'autre, les abouts de ces poutres reposaient sur les semelles inférieures des cintres, portées elles-mêmes par des corbeaux en pierre.

Les deux chèvres, que le dessin représente montées sur le tablier, étaient maintenues au moyen de haubans dans un plan vertical distant d'environ 20 centimètres du plan même de la ferme de cintre à lever. La pièce transversale qui relie les deux chèvres était munie de poulies et de cordages au moyen desquels on montait et l'on fixait provisoirement, soit au bâti des chèvres, soit à la pièce transversale elle-même, les divers cours d'arbalétriers des cintres. On commençait par les pièces du bas et on passait aux pièces supérieures, jusqu'à ce que la ferme fût complètement édifiée et pût se soutenir à l'aide de quelques arcs-boutants provisoires.

On amenait alors les chèvres à l'emplacement de la deuxième ferme, que l'on montait de même et que l'on reliait aussitôt avec la précédente.

4° ÉCHAFAUDAGES DIVERS

Nous terminerons l'étude de cette importante question des échafaudages par l'examen de quelques systèmes divers, tels que les appontements ou estacades, les grues roulantes et échafaudages pour mise en place de statues, etc.

Appontements. — Les figures 1 à 3, planche XL, représentent l'appontement qui a servi à l'embarquement des blocs naturels pour la construction du port de Cherbourg. Cette charpente est très robuste parce qu'on pouvait avoir à manier des blocs d'un poids considérable, la disposition en est excellente et peut être adoptée pour tous travaux analogues, sauf à calculer les équarissages des bois pour les mettre en rapport avec les charges à soulever.

La figure 4, planche XL, donne l'élévation d'une estacade plus simple, composée de deux fermes semblables reliées par des croix de Saint-André, elle comporte deux étages; à l'étage inférieur A, arrivent les wagonnets ou véhicules amenant les matériaux ; à l'étage supérieur B est un treuil roulant monté sur une plate-forme à trottoirs latéraux, c'est sur ces trottoirs que se tiennent les manœuvres ; sous le treuil, on voit une passerelle d'accès pour la circulation des ouvriers.

Grue roulante pour la pose des conduites. — La pose des grandes conduites en fonte, dont le diamètre atteint $1^{m},10$ et dont les bouts de 4 mètres de longueur pèsent environ 2,500 kilogrammes, se fait à Paris à l'aide de grues roulantes, mobiles au-dessus des tranchées. Les figures 1 à 6, planche LXI, représentent une de ces grues construites par M. Fortin Hermann.

Elle est à trois mouvements : un levage vertical et deux translations horizontales, l'une perpendiculaire et l'autre parallèle à la tranchée.

L'ossature est en bois avec assemblage en fonte ; deux montants A, reliés au sommet par un support entretoise en fonte C, portent deux traverses B avec contre-fiches E, les bouts de l'appareils sont triangulés par deux contre-fiches E, et toutes les pièces en sont reliées par deux cours d'entretoises D, le cours inférieur reçoit les roues G du mouvement longitudinal, qui sont actionnées par des engrenages et par les roues à manettes H.

Sur un des côtés de la grue est le treuil de levage M, dont on voit en K K, les roues motrices à manettes, ce sont les roues inférieures qui fonctionnent pour le levage à petite vitesse, c'est-à-dire pour les grosses charges; quand la charge est moindre et que l'on peut adopter la grande vitesse, on débraye l'arbre inférieur et on agit sur l'arbre supérieur seul à l'aide de la roue K, située sur la gauche de la figure 2.

Le câble de levage part du tambour J, passe successivement sur les poulies S T S et va se fixer en U à un crochet porté par l'entretoise C, les deux poulies S sont solidaires, réunies par la traverse Q et situées à la base du chariot formé par les deux poulies R.

M est la poulie et N le levier du frein du treuil.

Sur la droite de l'élévation, on voit le treuil de translation avec sa manivelle X, son engrenage Y et ses deux tambours V tournant en sens contraire et reliés par le même câble, qui s'enroule sur un des tambours pendant qu'il se déroule sur l'autre.

Partant du tambour supérieur, le câble va passer sur la poulie Z à double gorge, s'attache au chariot RR, puis continue sa route jusqu'à la seconde poulie Z, l'entoure sur une demi-circonférence et revient à la seconde gorge de la première poulie Z, puis au tambour inférieur V. De la sorte, suivant que l'on tourne la manivelle X dans un sens ou dans l'autre, le chariot R et le fardeau qu'il porte se déplacent vers la droite ou vers la gauche.

Il est donc facile, par trois mouvements consécutifs ou simultanés, d'amener le fardeau au point précis qu'il doit occuper ; c'est, du reste, le système des grandes grues roulantes de gares ou d'ateliers.

Échafaudages pour mise en place de statues. — On peut recourir, pour la mise en place de statues et de vases à des systèmes variés d'échafaudages, quelques exemples suffiront à guider le lecteur.

Levage par petits mouvements alternatifs. — La figure 1, planche, XLII, indique un procédé très simple ; le socle étant construit et la statue debout à côté de lui, enveloppée d'un cadre rigide en charpente et posant sur un plancher porté par deux poutres solidaires pmq, on soulève alternativement chaque extrémité de ce plancher à l'aide d'un cric, à chaque coup l'élévation est telle que l'on puisse glisser dans la rainure existant entre les poteaux ab $a'b'$ une cale équarrie o, on laisse un peu redescendre l'extrémité q du plancher pour qu'il vienne s'appliquer sur cette cale, et on déplace le cric pour recommencer l'opération à l'extrémité opposée p. La statue s'élève donc jusqu'à la plate-forme du socle par une série de balancements alternatifs, on la fait ensuite glisser jusqu'à cette plate-forme à l'aide de pinces et de leviers.

Levage à l'aide d'une bigue et de palans. — La figure 2, même planche XLII, suppose l'emploi d'une bigue et de palans ; la bigue $abcd$ étant inclinée de telle sorte que son sommet arrive à l'aplomb du vase à soulever, celui-ci est accroché au palan xy et levé à une hauteur légèrement supérieure à celle du socle B. Cela fait, on agit par un palan sur le câble p qui relève la bigue et amène le vase sur sa verticale définitive ; il n'y a plus alors qu'à le laisser descendre doucement.

Levage par treuil roulant. — La figure 6, même planche XLII, représente un échafaudage plus important pour levage d'une statue équestre. Cet échafaudage enveloppe le socle et la statue déposée derrière lui et orientée à peu près suivant son plan définitif.

On la soulève à l'aide de cordages s fixés à deux bois ronds sur lesquels agissent les quatre poulies p, poulies mobiles dont les câbles o s'enroulent sur des cabestans à axe horizontal xy.

Les quatre cabestans sont montés sur un chariot roulant que tire le câble n, s'enroulant sur le tambour d'un cabestan latéral ; on voit en g, à l'autre bout de l'échafaudage, le cabestan pour le mouvement de retour du chariot.

Il va sans dire que, quel que soit le système auquel on ait recours, il convient de déterminer tout d'abord le poids maximum qu'il s'agit de soulever, puis on calcule en conséquence les dimensions des pièces diverses entrant dans la composition des échafaudages.

Échafaudage mobile pour déplacement de statues. — Les figures 7 et 8, planche XLI, représentent un échafaudage mobile qui a servi à démonter et à remonter les fontaines de la place de la Concorde, à Paris. Cet échafaudage a la forme d'un prisme triangulaire tronqué sur ses deux bases, chaque base est composée de deux jambes inclinées B et C, reliées par quatre cours de moises horizontales F. E. P. G. H. Chaque triangle ainsi obtenu est armé à sa base de deux roues en fonte, roulant sur une longrine portée par des chevalets, les deux triangles sont reliés par des moises supérieures portant plancher, par des tirants horizontaux assemblés à mi bois et par des croix de Saint-André I K. Les pièces R, S, prises dans les moises horizontales, supportent le plancher supérieur, mais n'ont pas à concourir au soulèvement du fardeau. Celui-ci est soutenu par un double câble à palan sur lequel agit le treuil simple installé sur chaque face latérale de l'échafaudage, les deux treuils fonctionnent simultanément.

Il est facile de se rendre compte du poids que peut soulever avec sécurité un appareil de ce genre. Chaque pièce inclinée, telle que B, a une section de 860 centimètres carrés ; supposons-la en sapin, pour lequel on peut admettre une résistance à la rupture par compression de 400 kilogrammes par centimètre carré ; avec le coefficient de sécurité 1/10, on pourrait charger cette pièce de 40 kilogrammes par centimètre carré si elle était encastrée sur toute sa longueur et non exposée à la flexion, mais il est plus prudent de la calculer comme un poteau isolé, dont la longueur est égale à trente fois le côté de la section transversale, sa résistance à la compression est alors réduite à un peu moins de la moitié de ce qu'elle serait dans un cube, c'est-à-dire qu'on ne peut guère la charger que de 16 kilogrammes par centimètre carré, soit en tout de 13,760 kilogrammes.

Une compression de 13,760 kilogrammes, exercée sur les pièces B et C, engendre une résultante égale à 25 tonnes dirigée suivant la diagonale de l'angle des deux pièces, et cette première résultante donne suivant la verticale une résultante finale d'environ 24 tonnes. Donc, l'appareil considéré peut soulever sans danger un poids de 48 tonnes, pourvu que les autres éléments soient eux-mêmes capables de résister à un pareil effort et que le treuil puisse le produire.

Dans le cas actuel, il n'en est rien : les deux moises supérieures, de $0^m,30$ d'équarrissage, au milieu desquelles est appliqué l'effort de soulèvement, et qui ont une portée de $4^m,50$, ne peuvent guère être chargées en leur milieu que de 4,000 kilogrammes, il est vrai qu'il serait facile de les renforcer par des sous-poutres et par des contre-fiches, et d'augmenter leur résistance dans une grande proportion.

Mais nous n'avons pas à insister sur ces considérations qui s'écartent de notre sujet, car nous ne présentons pas ici un traité de la résistance des matériaux.

Échafaudage volant pour l'entretien des façades. —

Les figures 5 à 7, planche XL, représentent un échafaudage volant en usage pour le nettoyage et l'entretien des façades des maisons dans la ville de Paris.

L'échafaudage proprement dit est un plancher de $0^m,80$ de large, muni de deux garde-corps, il a 5 mètres de long et est suspendu à deux étriers en fer. Chaque étrier est attaché à un palan à deux gorges, et l'extrémité du cordage du palan vient s'attacher sur l'échafaudage même, de sorte que c'est l'ouvrier monté sur cet échafaudage qui le fait monter ou descendre à volonté.

La poulie supérieure du palan est attachée par un cordage fixe à une chèvre montée au sommet de la maison.

Échafaudage tournant pour ragréement d'un dôme. —

La figure 4, planche LV, donne la disposition d'un échafaudage tournant pour ragréement d'un dôme, cet échafaudage pourrait servir au ragréement d'une voûte cylindrique en substituant le mouvement de bascule au mouvement de rotation. Il représente une nouvelle application des mâts de charge et des bigues, dont l'emploi est si commode lorsque l'on dispose d'un emplacement restreint. Le plancher d est supporté par les deux pièces f qui peuvent pivoter autour de leur pied, c'est le câble m qui leur donne ce mouvement de pivotement et l'appareil tout entier peut tourner autour du mât vertical a.

Nous pourrions multiplier les exemples d'échafaudages divers, ceux que nous avons donnés nous paraissent suffisants, car ils se prêtent à toutes les applications pratiques.

CHAPITRE III

APPAREILS HYDRAULIQUES

DE LEVAGE ET DE MANUTENTION

Historique. — L'utilisation de la puissance motrice des eaux en mouvement est pratiquée depuis des siècles, et les roues hydrauliques à axe horizontal ou à axe vertical sont arrivées peu à peu à l'état de perfection que nous connaissons aujourd'hui. Ce ne sont point ces appareils, dans lesquels l'eau est reçue et agit à l'air libre, que nous nous proposons d'étudier ici; nous avons à considérer ceux qui reçoivent et transforment la pression de l'eau contenue dans des tuyaux et réservoirs fermés et qui l'utilisent comme un piston, mobile dans un cylindre, utilise la tension de la vapeur.

Le plus ancien de ces appareils est la presse hydraulique, inventée, ou plutôt rendue pratique, par Bramah en 1795; les applications en furent pendant longtemps fort limitées, et c'est Armstrong qui les développa à partir de 1846. A cette date il installa les premières grues hydrauliques sur les quais de Newcastle, puis aux docks de Liverpool; il établit en 1849 la manœuvre hydraulique des portes d'écluse de Grimsby.

Quand on dispose d'un réservoir naturel situé à une grande hauteur, l'application du système est toute simple. Mais c'est un cas bien rare, et souvent on s'est vu forcé de recourir à une puissante machine à vapeur pour élever l'eau dans un haut réservoir, d'où cette eau s'échappe par des conduites pour aller trouver tous les engins qu'elle est chargée d'animer.

Il semble au premier abord que ce n'est pas là une opération logique, et qu'il vaudrait mieux employer directement le travail de la vapeur sans le faire passer par un intermédiaire qui en retient toujours une partie notable. Mais il faut réfléchir qu'une seule machine à vapeur puissante suffit ainsi à une multitude d'appareils; que cette machine est installée où l'on veut, à proximité de l'eau et du charbon, loin des ateliers pour lesquels le feu et la fumée peuvent être dangereux ou nuisibles.

Il faut remarquer encore que l'on peut faire travailler la machine à vapeur à pleine puissance pendant quelques heures consécutives, de manière à emmagasiner dans le réservoir la quantité d'eau nécessaire à la consommation intermittente et variable d'une journée entière. A l'instant voulu, on a la force disponible; il suffit de tourner un robinet, et, dès que le travail cesse, on ne consomme plus rien, avantage immense que ne donne pas la machine à vapeur.

A Grimsby, Armstrong avait adopté la solution du réservoir artificiel, cuve en tôle installée, à l'extrémité des docks, sur une haute tour en maçonnerie. Mais c'est évidemment un système coûteux et qui n'est point toujours réalisable.

Aussi, le véritable essor des appareils hydrauliques date-t-il de l'invention de l'*accumulateur*, réalisée par Armstrong en 1851.

Cet habile mécanicien remarqua qu'il suffisait d'obtenir une pression considérable de l'eau dans les conduites, et que cette pression pouvait être réalisée autrement que par une colonne d'eau. Voici donc ce qu'il imagina :

Dans un corps de pompe cylindrique pénètre, à travers la base supérieure, un piston plongeur de grande dimension; la tête de ce piston est lourdement chargée par des masses de fonte ou par de la maçonnerie. Une machine à vapeur injecte de l'eau à la partie basse du corps de pompe; cette eau, confinée sous le piston plongeur, se comprime et le soulève d'un mouvement lent. Lorsque le piston est au haut de sa course, l'eau à haute pression s'est accumulée dans le corps de pompe, d'où son nom d'accumulateur. Lorsque l'accumulateur est rempli d'eau, si on ouvre la conduite d'émission, l'eau comprimée se propage dans la conduite principale et dans ses ramifications, et la force motrice est transmise à tous les appareils qui sont reliés à l'accumulateur.

En réalité, la communication entre l'accumulateur et le réseau de distribution est permanente; tantôt il arrive plus d'eau que n'en consomment les appareils en fonctionnement, et l'accumulateur emmagasine l'excès, tantôt il restitue cet excès lorsque la consommation des appareils dépasse le débit des pompes. Il joue donc le rôle de volant ou de régulateur.

Les anciens réservoirs n'étaient pas, en général, à plus de 60 mètres au-dessus du réseau de distribution, ce qui donnait une pression de 6 atmosphères; avec les accumulateurs courants on obtient une pression de 50 atmosphères, qui représente une colonne d'eau de plus de 500 mètres de hauteur; quand l'eau fait mouvoir des machines perforatrices, on en porte la pression jusqu'à 200 atmosphères, et on va même jusqu'à 600 atmosphères pour les presses qui soulèvent les fardeaux les plus lourds, comme les tabliers des grands ponts métalliques.

Les accumulateurs ont tendance à se développer sans cesse pour le service des quais, des gares, des docks, des grandes usines métallurgiques, ainsi que pour la manœuvre des portes d'écluse et des ponts mobiles.

Le développement des moteurs hydrauliques, assimilables comme fonctionnement à la machine à vapeur, est, au contraire, resté presque stationnaire; cependant, depuis qu'on a appliqué à ces appareils le système des cylindres oscillants, ils sont devenus plus pratiques, peut-être finiront-ils par se propager dans les villes qui possèdent des distributions d'eau à pression notable, et il en résultera un véritable progrès, car ces appareils sont très commodes, de manœuvre simple, facile et sans danger; ils occupent une place restreinte et semblent réunir les meilleures conditions pour la *distribution de force à domicile*.

Il faut chercher la cause de leur insuccès *dans le prix de vente de l'eau, qui est généralement beaucoup trop élevé, surtout quand cette eau est à faible pression*.

Soit, en effet : h la pression de l'eau disponible en mètres;
  s la surface du piston moteur en m^2;
  v sa vitesse moyenne en mètres par seconde;
  1,000 kilogrammes le poids d'un mètre cube d'eau;
  q le débit du moteur à la seconde.

Le travail mécanique développé sur le piston à la seconde est égal à :

$$1000\, s\, v\, h \quad \text{ou} \quad 1000\, q\, h$$

Supposons que h soit seulement de 20 mètres, le débit nécessaire à la production d'un cheval-vapeur, ou de 75 kilogrammètres à la seconde, résultera de l'équation :

$$1000\, q\, 20 = 75,$$

qui donne $q = 3^{lit},75$.

Mais il est prudent de ne compter que sur un rendement de 50 p. 100: de sorte que, pour obtenir un cheval-vapeur effectif, il faudra consommer $7^{lit},50$ à la seconde, ou 450 litres à la minute, ou 27 mètres cubes à l'heure.

Si le mètre cube d'eau se vend 0 fr. 10, et ce prix n'est pas exceptionnel, la dépense s'élèvera à 2 fr. 70 à l'heure et à 27 francs pour une journée de travail de dix heures, c'est-à-dire plus de cinq fois le prix du même travail fourni par une locomobile actionnant plusieurs outils réunis dans un même atelier.

Il faudrait que la pression fût d'au moins 60 mètres pour qu'au prix de 0 fr. 10 par m^3 le moteur à eau comprimée pût lutter avec la machine à vapeur. Il faudrait, en outre, que l'on n'eût à redouter aucun chômage dans la distribution.

Dans certains cas, on a *utilisé comme moteur le poids de l'eau*, et non sa pression, mais les applications de ce système sont rarement pratiques, sauf en pays de montagne. Supposez un balancier portant à une extrémité une bâche à eau, et à l'autre extrémité un crochet pour soulever les fardeaux; la bâche étant au sommet de sa course, on y déverse un courant d'eau, elle s'emplit peu à peu et finit par descendre quand le poids du liquide arrive à vaincre la résistance du fardeau attaché à l'autre extrémité du balancier; le fardeau s'élève et, quand la bâche est arrivée au bas de sa course, il n'y a qu'à ouvrir un robinet de vidange pour la mettre en état de recommencer une nouvelle opération.

Un pareil système a parfois rendu des services; en l'appliquant à un balancier à bras inégaux, on a constitué notamment des presses très simples, destinées par exemple à l'extraction des huiles végétales. A Paris même, on a tenté de l'appliquer au montage des matériaux de construction; mais l'opération n'a pas réussi par deux raisons : d'abord, le prix de l'eau est trop élevé, et puis on n'utilise point la pression disponible dans les conduites, de sorte que la consommation d'eau est la même pour élever une charge à la hauteur d'un étage qu'à la hauteur de cinq étages; d'où un rendement mécanique des plus médiocres.

Jusqu'à ce jour, c'est donc l'accumulateur qui, seul, semble avoir résolu complètement la question du levage et de la manutention par moteurs hydrauliques.

Travail mécanique de l'eau comprimée. — Il n'est point de travail mécanique sans déplacement moléculaire, quelle que soit l'intensité de la force mise en jeu. On conçoit donc tout d'abord que la simple détente de l'eau comprimée, quelque élevé que soit le degré de compression, doit fournir très peu de travail, car le coefficient de compressibilité de l'eau est très faible. On ne peut demander un travail sérieux qu'à l'eau comprimée en mouvement; c'est ce que démontrent les calculs suivants :

1° Travail mécanique produit par la détente de l'eau comprimée. — Soit un réservoir de volume V plein d'eau à la pression atmosphérique; en agissant sur une pompe de compression, on porte cette eau à la pression de 50 atmosphères.

Le coefficient de compressibilité de l'eau, à la température ordinaire, est d'environ... 0,000 046.

Le volume V subit donc une compression

$$\Delta V = 0,000\,046\ V\,50.$$

Si, par une disposition quelconque, on laisse maintenant l'eau se détendre et revenir à sa pression initiale, le travail mécanique qu'on peut recueillir est dû à l'expansion du volume d'eau ΔV, dont la pression passe de 50 à 1 atmosphère, ce qui donne une pression moyenne de 24,5 atmosphères.

Or, la pression d'une atmosphère est de $1^{kg},033$ par centimètre carré, ou de 10 330 kilogrammes par m^2; il résulte donc de l'expansion de l'eau un travail disponible

$$T = \Delta V \times 24,5 \times 10\,330 = 0,000\,046 \times V \times 50 \times 24,5 \times 10\,330,$$

ou :

$$T = 582 \text{ kilogrammètres par mètre cube d'eau comprimée.}$$

APPAREILS HYDRAULIQUES

2° Travail mécanique produit par le mouvement de l'eau comprimée. — De l'eau comprimée s'écoule par une section S à une vitesse v, et sous une pression de p atmosphères, laquelle pression est égale par mètre carré à p fois 10 330 kilogrammes ; elle donne un travail mécanique brut égal à :

$$S\,v\,p\,10\,330 \text{ kilogrammètres.}$$

On peut remplacer le produit S v par son équivalent le débit q à la seconde, et, si l'on veut estimer le travail qu'on peut retirer d'un volume V d'eau, sans considérer la durée de l'écoulement, on n'a qu'à remplacer S v par V.

Le travail emmaganisé dans un volume V d'eau comprimée à p atmosphères et tombant à la pression d'une atmosphère est donc égal à

$$V\,(p-1)\,10\,330 \text{ kilogrammètres.}$$

Supposons que l'eau soit comprimée à 50 atmosphères, le travail emmagasiné par 1 mètre cube de cette eau sera :

$$49 \times 10\,330 = 506\,170 \text{ kilogrammètres.}$$

C'est le travail produit par la chute d'un mètre cube d'eau qui tomberait de 506 mètres de hauteur.

On voit que la compression de l'eau équivaut à la création de réservoirs fictifs qui seraient construits à de grandes hauteurs ; les accumulateurs remplacent économiquement ces réservoirs dont l'établissement serait à peine possible en pays de montagnes et qui reviendraient à des sommes énormes à cause des frais de tuyautage.

De cet exposé il faut retenir que le travail dû à l'expansion de l'eau comprimée n'est guère supérieur à la millième partie de celui que donne le mouvement de cette même eau comprimée.

3° Travail absorbé par le frottement de l'eau dans les conduites. — Le travail brut produit par le mouvement de l'eau comprimée n'est pas intégralement recueilli par les machines que cette eau commande. — Le frottement dans les conduites en absorbe une partie parfois considérable qu'il convient d'évaluer.

On admet d'ordinaire que *la résistance* opposée par les parois des tuyaux au mouvement des liquides qui les parcourent est *indépendante de la pression* de ces liquides. Ce principe paraît d'abord assez difficile à admettre lorsqu'on se rappelle les lois du frottement des solides. Cependant, si l'on réfléchit que les liquides sont peu compressibles et que dans les solides, au contraire, le frottement est produit par la pénétration des corps en contact, on reconnaît que l'indépendance des pressions et du frottement dans les liquides est logique.

Darcy a vérifié cette indépendance pour des pressions variant au plus de 18 à 41 mètres.

Mais l'étendue de cette variation est relativement très faible quand il s'agit, non plus de conduites ordinaires pour alimentation d'eau, mais de conduites desservant des accumulateurs où la pression est représentée par des hauteurs de plusieurs centaines de mètres.

Aussi verrons-nous plus loin qu'en réalité le frottement augmente d'une manière sensible avec la pression.

Tenons-nous-en pour le moment aux formules de Darcy, basées sur les lois suivantes : la résistance dépend de la nature des parois des tuyaux, lorsque ces parois sont neuves, mais en devient indépendante lorsque les tuyaux sont depuis quelque temps en service et se sont recouverts d'une patine interne ; la résistance est indépendante de la pression, inversement proportionnelle au diamètre du tuyau, et proportionnelle au carré de la vitesse moyenne d'écoulement.

En résumé, la perte de charge j par m courant de conduite, *depuis longtemps en service*, est donnée par la formule :

$$(1) \qquad rj = b_1 u^2$$

dans laquelle r est le rayon du tuyau ; u la vitesse moyenne d'écoulement, c'est-à-dire le quotient du débit à la seconde par la section du tuyau ; b_1 un coefficient qui prend les valeurs ci-après :

$$\begin{aligned}
\text{Rayon de } 0^m,01 \quad & b_1 = 0,0036 \\
- \qquad 0^m,02 \quad & b_1 = 0,0023 \\
- \qquad 0^m,03 \quad & b_1 = 0,0020 \\
- \qquad 0^m,05 \quad & b_1 = 0,0015 \\
- \qquad 0^m,07 \quad & b_1 = 0,0014 \\
- \qquad 0^m,10 \quad & b_1 = 0,0013
\end{aligned}$$

Au-dessus de $0^m,10$ de rayon, la valeur du coefficient ne varie guère et peut être considérée comme constante (d'après Darcy, les coefficients précédents devraient être réduits de moitié s'il s'agissait de tuyaux neufs, bien lisses et dépourvus de tout dépôt intérieur).

La formule (1) donne la perte de charge par mètre courant de conduite ; il suffira de multiplier cette perte par la longueur l de la conduite pour obtenir la perte de charge totale.

Exemple : Soit une conduite rectiligne de 320 mètres de long, de $0^m,127$ de diamètre, parcourue avec une vitesse de $2^m,50$ par de l'eau comprimée à 52 atmosphères ; d'après la formule de Darcy, dans laquelle on fait :

$$r = 0,0635 \qquad u = 2,5 \qquad b_1 = 0,0013,$$

la perte de charge, pour 320 mètres de longueur de conduite, est de

$$40^m,96,$$

ce qui représente une pression de 40 960 kilogrammes par mètre carré, ou de $4^{kg},09$ par centimètre carré, ou environ 4 atmosphères.

APPAREILS HYDRAULIQUES

Avec une vitesse moyenne d'écoulement réduite à 1 mètre, la perte de charge n'est plus que de $6^m,56$, c'est-à-dire plus de six fois moindre.

Ce simple calcul montre tout *l'avantage* qu'il y a à *réduire la vitesse d'écoulement* et, par conséquent, à adopter des *conduits de grand diamètre*.

Nous rappellerons que la formule (1) est complétée par la formule :

(2)
$$q = \pi r^2 u,$$

ce qui donne deux relations entre les trois éléments r, u et q.

Si l'on élimine u entre les équations (1) et (2) on trouve :

(3)
$$j = \frac{b_1 q^2}{\pi^2 r^5}$$

qui montre qu'à débit égal, les pertes de charge varient en raison inverse de la cinquième puissance des diamètres, en supposant toutefois ces diamètres assez grands pour que b^1 puisse être considéré comme constant.

D'après les expériences de M. Barret, les pertes de charge seraient plus fortes en réalité que celles qui sont calculées par la formule de Darcy, même en adoptant le coefficient relatif aux tuyaux depuis longtemps en service ; ainsi, dans l'exemple ci-dessus, M. Barret a relevé une perte de pression de $4^k,85$ alors que le calcul nous donne seulement $4^k,09$; le résultat calculé devrait donc être *majoré d'un dixième* environ.

Pertes de charge dues aux branchements et aux coudes. — Dans les distributions d'eau, le développement des conduites est tel que la perte de charge due au frottement est infiniment supérieure à celle qu'entraînent les changements de diamètre, les branchements et les coudes ; aussi cette dernière est-elle le plus souvent négligée. Mais elle prend, dans les réseaux d'accumulateurs, une importance beaucoup plus considérable et il semble, du reste, qu'elle doive croître avec la pression, bien que cet accroissement ne soit pas admis en théorie.

Lorsqu'il se produit sur une conduite un changement brusque de diamètre, la continuité du mouvement exigeant la constance du débit, les vitesses moyennes dans les deux sections de diamètres différents varient en raison inverse de ces sections ; si on les désigne par V et v, la perte de charge est d'ordinaire prise comme égale à :

$$\frac{(V-v)^2}{2g};$$

elle est mesurée par la hauteur d'une colonne d'eau et est, comme on le voit, indépendante de la pression.

Les branchements sont toujours normaux à la conduite principale ; les expériences précises manquent pour estimer la perte de charge produite par les remous et étranglements à l'entrée même du branchement ; d'après Genieys, la vitesse moyenne dans le branchement étant égale à

v, la perte de charge serait $\dfrac{2\,v^2}{2\,g}$, c'est-à-dire deux fois la hauteur de chute génératrice de la vitesse v.

Les coudes déterminent une inflexion de la masse liquide qui parcourt le tuyau, d'où perte de force vive et production de force centrifuge ; cette force centrifuge devient, dans les grosses conduites, assez considérable pour qu'il y ait lieu de la combattre au moyen de supports métalliques convenablement disposés. Soit R le rayon d'un coude, m la masse de l'eau contenue dans un mètre courant de conduite et v sa vitesse moyenne, la force centrifuge, qu'on peut considérer comme égale à la perte de charge exprimée en kilogrammes, sera par mètre courant de coude :

$$\frac{m\,v^2}{R} \text{ ou } \frac{\pi\,r^2\,1000}{g}\cdot\frac{v^2}{R}.$$

Une conduite de 0^m,50 de diamètre, faisant un coude de 2 mètres de rayon et parcourue par de l'eau animée d'une vitesse de 2 mètres, sera soumise à une force centrifuge de 40 kilogrammes par mètre courant.

D'après Mary, les pertes de charge dans un coude ne dépasseraient pas 0^m,002 pour des vitesses inférieures à 0^m,60 ; pour des vitesses de 1 mètre elles correspondraient à un accroissement de la longueur de la conduite égal à quatre fois son diamètre.

Expériences de M. Barret. — M. l'ingénieur Barret, à qui on doit l'application classique des engins hydrauliques des docks de Marseille, a procédé à des expériences pour déterminer le perte de charge avec différentes vitesses dans une conduite de 0^m,127 de diamètre.

La conduite était alimentée à l'extrémité par les pompes de compression ; l'écoulement de l'eau en un point voulu était réglé par une soupape à vis graduée de telle sorte que les vitesses moyennes variaient de 0^m,25 à 2^m,50 ; de la chambre de la soupape à vis part un bout de tuyau conduisant l'eau d'écoulement à un réservoir cylindrique de jaugeage, c'est ce réservoir qui a servi à régler la soupape à vis et qui permettait d'en contrôler le fonctionnement ; dans la même chambre que la soupape à vis se trouvait une soupape à contre-poids que l'on levait ou que l'on fermait brusquement à la main et qui seule permettait à l'écoulement de se produire dans les conditions de débit réglées par la soupape à vis.

Les pressions en des points déterminés de la conduite étaient enregistrées par des indicateurs de Watt dont le tambour était mû par un mouvement d'horlogerie.

Chaque écoulement à une vitesse déterminée durait une minute et donnait sur le papier de l'indicateur un diagramme analogue à celui de la figure 62, qui correspond à l'écoulement avec une vitesse de 2 mètres à l'extrémité de la conduite, dont la longueur totale était de 1 353 mètres. Le crayon traçait sur le tambour la droite mn, lorsque l'eau était immobile dans la conduite à la pression de cinquante-deux atmosphères ; venait-on à lever la soupape à contrepoids, celle à vis étant convenablement réglée, il se produisait une dépression brusque *ab* et, pendant la minute que durait l'écoulement, le crayon traçait la courbe *bc* donnant les pertes de charge ; la fermeture brusque de la soupape à contrepoids produisait sur l'indicateur une série d'oscillations correspondant à celles de la masse d'eau subitement arrêtée dans son mouvement.

On remarquera que la droite *bc* est inclinée sur l'horizontale *mn* qui correspond à la pression originelle et finale de cinquante-deux atmosphères ; il semble cependant que la perte de charge devrait être cons-

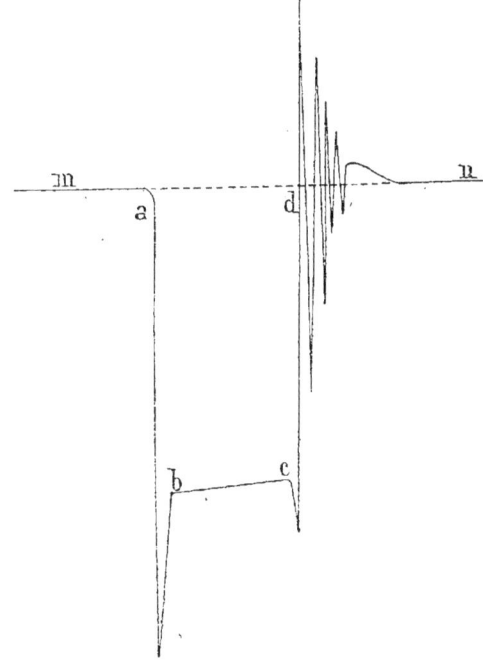

Fig. 62.

tante, c'est, en effet, ce qui arriverait si l'expérience était prolongée ; mais à l'origine du mouvement toute la conduite est remplie d'eau à cinquante-deux atmosphères, tandis que, lorsque le régime s'est établi cette pression de cinquante-deux atmosphères n'existe plus qu'à la naissance de la conduite près des machines et va en diminuant à mesure qu'on se rapproche de l'orifice d'écoulement ; l'eau de la conduite doit donc se détendre progressivement avant d'arriver à l'état de régime et le débit, pendant cette période de détente, est plus considérable à l'extrémité de la conduite qu'à sa naissance ; la vitesse d'écoulement était donc plus grande dès l'abord à l'orifice de sortie et a diminué progressivemeut jusqu'à atteindre la vitesse normale, d'où une perte de charge plus considérable au commencement qu'à la fin de l'écoulement.

Le calcul de la variation de la vitesse se ferait en considérant que, par le fait de la compression, chaque mètre cube d'eau emprisonne quarante-six grammes d'eau par atmosphère et que les tuyaux en fonte sont plus dilatés par une pression de cinquante-deux atmosphères que par cette pression diminuée de toutes les pertes de charge successives.

La courbe ci-jointe représente les pertes de charge subies à l'extrémité d'une conduite de 1 353 mètres de long, de $0^m,127$ de diamètre, alimentée en tête par un accumulateur à cinquante-deux atmosphères et parcourue par de l'eau à une vitesse croissante de 0 mètre à 3 mètres.

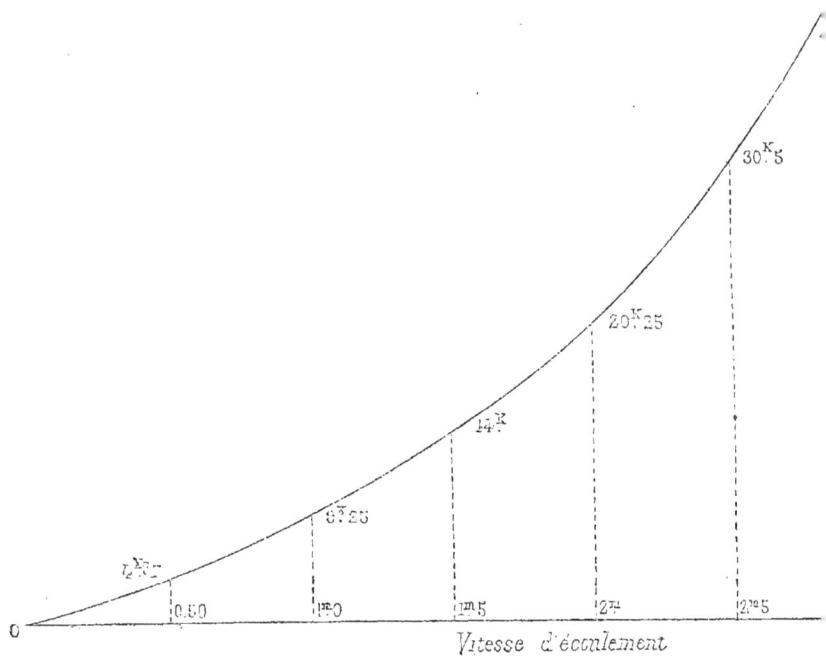

Fig. 63.

On voit que la perte de charge qui n'est que de $4^k,7$ par centimètre carré, ou environ 4,7 atmosphères pour une vitesse moyenne de $0^m,50$ s'élève à quarante-sept atmosphères pour une vitesse de 3 mètres, c'est-à-dire qu'il ne reste plus, dans ce cas, à l'origine de la conduite que cinq atmosphères sur cinquante-deux qui soient disponibles pour la production d'un travail utile. Ce résultat montre l'importance qui s'attache au maintien des petites vitesses et à l'adoption des conduites de grand diamètre.

La conduite expérimentée, de 1 353 mètres de longueur, comportait quarante-huit coudes à angle droit, d'un rayon moyen de $0^m,16$; le tableau ci-après donne les pertes de charge par mètre courant pour la conduite droite supposée sans coudes et la perte de charge produite par chaque coude :

	MÈTRES								
Vitesse moyenne......	0,25	0,50	0,75	1,00	1,25	1,50	1,75	2,00	2,25	2,50
	KILOGRAMMES								
Perte de charge par mètre courant de conduite droite.	0,0015	0,0025	0,0037	0,0049	0,0061	0,0073	0,0080	0,0102	0,0117	0,0140
Perte de charge produite par chaque coude......	0,01	0,03	0,04	0,06	0,07	0,085	0,12	0,135	0,18	0,21

Ce tableau montre encore combien les pertes de charge dues aux coudes augmentent rapidement avec la vitesse moyenne; avec une vitesse de $2^m,50$ un coude de $0^m,16$ de rayon absorbe un quart d'atmosphère.

Les pertes de charge dans les coudes peuvent être considérées comme variant en raison inverse du rayon de ces coudes.

De même les pertes de charge dues au frottement en conduite droite trouvées plus haut pour un tuyau de $0^m,127$ de diamètre, pourront être appliquées à des tuyaux d'un autre diamètre en les modifiant dans le rapport inverse de leur diamètre.

Grâce aux données théoriques et pratiques que nous venons d'exposer, il sera possible d'évaluer, d'une manière suffisamment approximative pour la pratique, toutes les pertes de charges qui pourront se produire dans un réseau à eau comprimée.

Épaisseur des tuyaux. — L'épaisseur des tuyaux doit être suffisante pour qu'ils résistent à l'énorme pression intérieure qu'ils supportent et qui tend à les déchirer suivant une génératrice.

h étant la pression intérieure du liquide en kilogrammes par mètre carré, et d le diamètre du tuyau, la force qui tend à séparer en deux parties égales, suivant un plan diamétral, un bout de tuyau de 1 mètre de long, est égale à hd.

La surface résistante du métal est représentée par $2e$, double de l'épaisseur du tuyau et, si R est la tension maxima qu'on veuille imposer à la matière par mètre carré, l'épaisseur e résultera de l'équation.

$$h\,d = 2\,\text{R}.\,e.$$

Soit une pression de cinquante-deux atmosphères, qui donne $53^k,716$ par centimètre carré ou 537 160 kilogrammes par mètre carré; supposons qu'on ne veuille pas faire travailler la fonte à plus de 2 kilogrammes par millimètre carré, l'épaisseur à donner à un tuyau de $0^m,127$ de diamètre sera donnée par l'équation :

$$537\,160 \times 0^m,127 = 2 \times 2\,000\,000 \times e,$$

d'où

$$e = 0^m,017.$$

Cette épaisseur sera certainement suffisante si on a des tuyaux de bonne qualité et bien coulés ; il importe de se montrer très sévère pour la réception et de n'admettre que des tuyaux d'épaisseur bien régulière.

La charge de rupture à la traction des meilleures fontes varie de 11 à 20 kilogrammes par millimètre carré ; en adoptant 2 kilogrammes pour le travail de ce métal, nous avons donc un coefficient de sécurité compris entre 5,5 et 10.

La limite d'élasticité est de quatre à huit kilogrammes.

Il faudra n'employer dans la construction des accumulateurs et de leurs accessoires que des fontes de première qualité.

Il faudra essayer les appareils par presses hydrauliques à une pression égale à une fois et demie la pression en service, soit à une pression de 78 atmosphères pour un accumulateur à 52 atmosphères.

Description générale d'un accumulateur et de ses accessoires. — Comme type d'une installation d'eau comprimée, nous donnerons celle des docks de Marseille qui a fait grand honneur à M. l'ingénieur Barret.

1° Accumulateurs. — Chaque accumulateur se compose d'un cylindre vertical en fonte de $0^m,544$ de diamètre extérieur et de $0^m,454$ de diamètre intérieur, dans lequel se meut un piston plongeur de $0^m,432$ de diamètre intérieur et de $0^m,1465$ de section transversale : ce piston a 5 mètres de course et déplace 735 litres d'eau. Il porte sur sa tête une caisse en tôle lestée de telle sorte que tout l'appareil mobile pèse 79 693 kilogrammes ; ce qui correspond sur la section transversale du plongeur, et par suite sur le liquide, à une pression de $53^k,716$ par centimètre carré ou 52 atmosphères (*fig.* 64.).

2° Machines motrices et pompes. — La distribution d'eau comprimée et les accumulateurs sont alimentés par une machine à vapeur de 120 chevaux, qui est suffisante pour commander tous les appareils des docks ; mais pour parer aux chômages et faire face aux travaux exceptionnels, une seconde machine identique est adjointe à la première. C'est là, comme on sait, une précaution indispensable en matière de distribution d'eau.

Les machines à vapeur sont des machines horizontales doubles à haute pression, à détente variable et sans condensation. Chaque machine actionne deux pompes foulantes et fait 35 tours à la minute. Nous ne

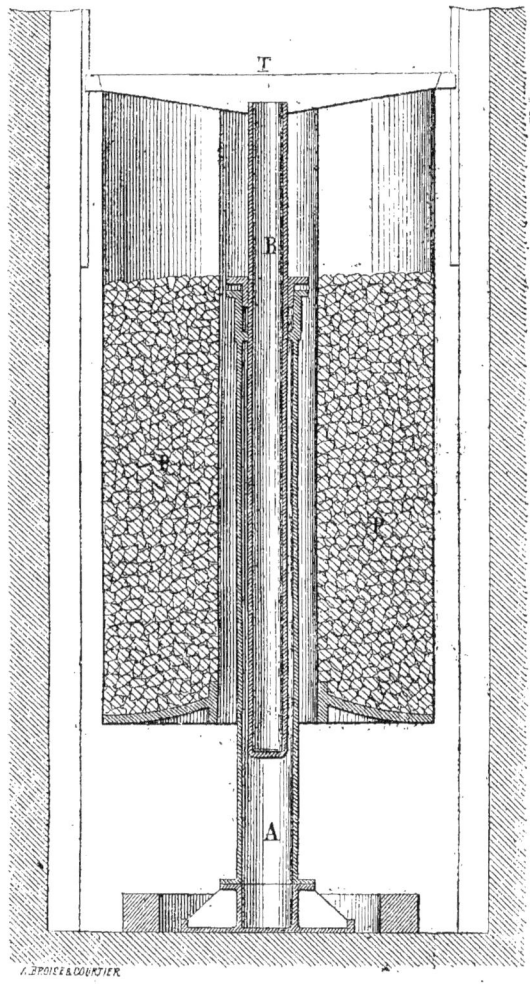
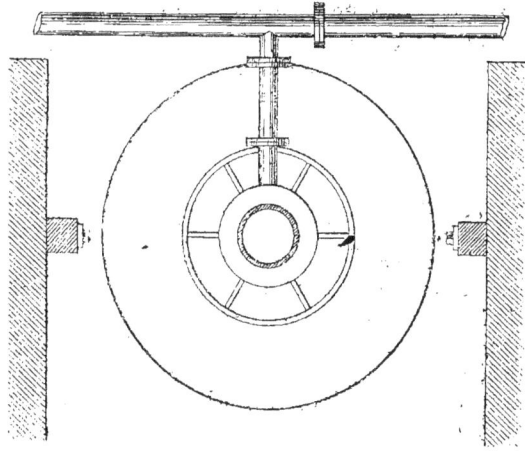

Fig. 64.

162   PROCÉDÉS ET MATÉRIAUX DE CONSTRUCTION

pouvons, sans dépasser les limites de notre cadre, entrer dans le détail de ces appareils.

Il en est de même pour les pompes; ce sont des appareils à piston plongeur, à double effet, disposés de telle sorte que la résistance à vaincre soit constante dans les deux sens du mouvement.

3° Valve de gorge régulatrice. — Le travail des engins mus par l'eau comprimée est essentiellement variable ; à un moment donné toutes les grues, tous les treuils travaillent à la fois, à un autre moment une partie seule de ces engins fonctionne, il peut même arriver que tous s'arrêtent simultanément.

Il faut donc régler à chaque instant le travail moteur et même le supprimer lorsque les appareils sont au repos et les accumulateurs au sommet de leur course.

C'est à quoi l'on parvient avec la valve de gorge imaginée par sir Armstrong (*fig.* 65 et 66).

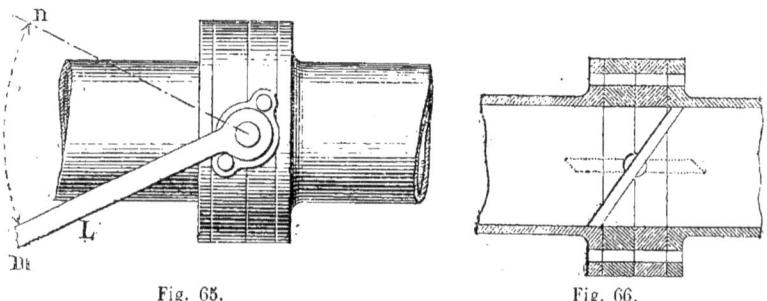

Fig. 65.   Fig. 66.

Le tuyau qui des chaudières amène la vapeur aux cylindres des machines traverse la chambre de l'accumulateur et c'est là que sur ce tuyau on place la valve de gorge, actionnée du dehors par un levier L qui décrit l'angle *mn* dans un plan vertical; lorsque ce levier est au bas de sa course en *m*, la valve est fermée et la vapeur n'arrive plus aux machines ; lorsque le levier est au haut de sa course en *n*, la valve est horizontale et effacée dans le plan médian du tuyau, les machines marchent à pleine vapeur. La course verticale du levier, c'est-à-dire la corde de l'arc *mn*, a une longueur d'un mètre.

Il s'agit donc de donner un mouvement convenable au levier L afin de régler l'admission de la vapeur ; cette fonction est confiée au *plongeur de sûreté* et à un *système de contrepoids*.

Le plongeur de sûreté est formé d'un bout de tuyau A, de $0^m,125$ de diamètre, placé à l'origine de la conduite maîtresse dans la chambre de l'accumulateur ; à la partie haute de ce tuyau se trouve un joint presse-étoupes traversé par une tige en bronze *t*, de $0^m,038$ de diamètre, plongeant dans l'eau à 52 atmosphères et recevant de cette eau une poussée de bas en haut égale à 609 kilogrammes. La tête de cette tige porte la chape de trois poulies; une chape semblable mais immobile est fixée sous le tuyau A et constitue avec la chape mobile supérieure une moufle à 6 brins ; sur cette moufle passe une petite chaîne de $0^m,01$ de diamètre dont le bout fixe est accroché à la chape inférieure, l'autre bout va, par les poulies de renvoi x et y, s'accrocher au levier L de la valve de gorge.

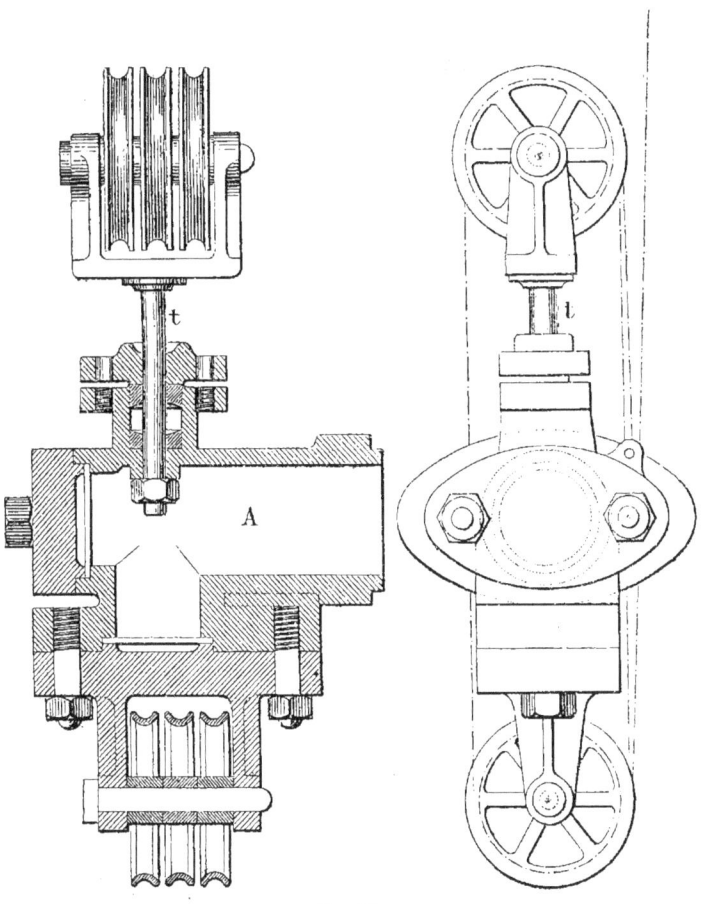

Fig. 67.

La chaîne exerce donc sur le levier L un effort égal au $\frac{1}{6}$ de la poussée de l'eau comprimée sur la tige t, soit un effort de $101^k,5$; mais les frottements de la chaîne et de la tige mobile au passage de son presse-étoupes absorbent 30 p. 100 de cet effort et le réduisent effectivement à 71 kilogrammes.

Mais sur la chaîne xy L est un maillon de raccord z, auquel s'attache

164   PROCÉDÉS ET MATÉRIAUX DE CONSTRUCTION

une seconde chaîne zup qui, après son passage sur la poulie de renvoi u, descend verticalement le long de l'accumulateur et se termine par un poids p de 18 kilogrammes. L'accumulateur porte un taquet o, qui s'é-

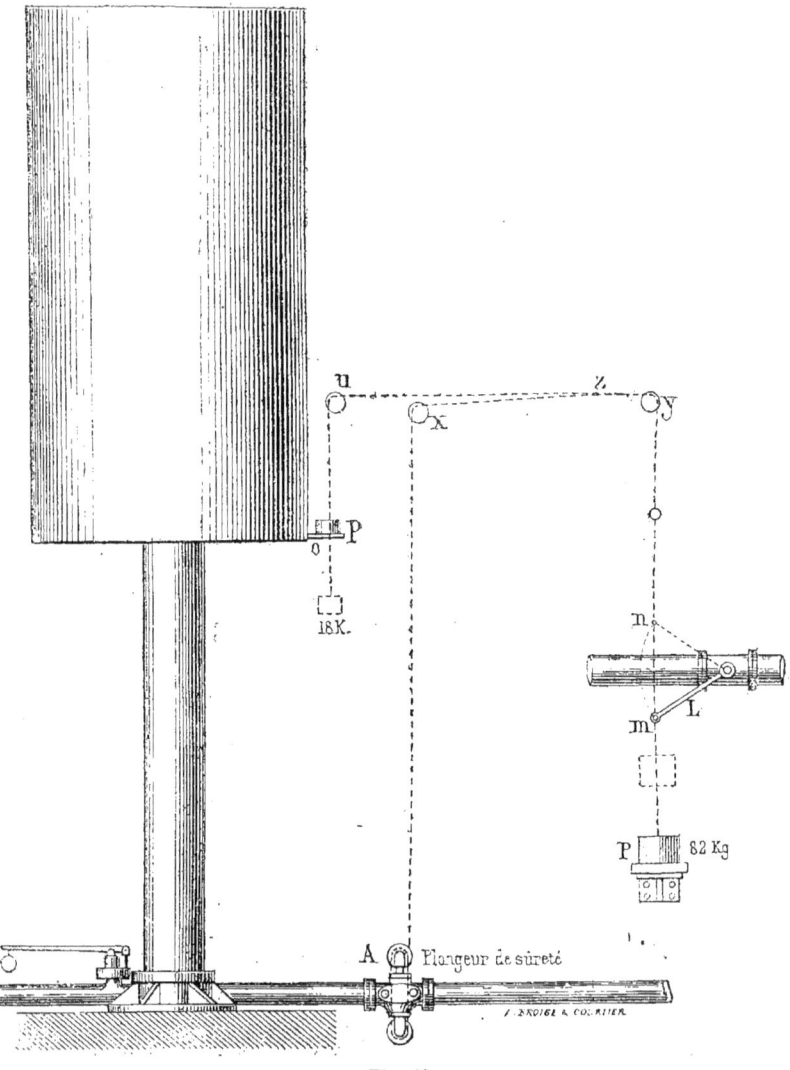

Fig. 68.

lève avec lui et qui rencontre le poids p aux $\dfrac{74}{100}$ de la hauteur d'oscillation de l'accumulateur ; à ce moment le poids p est soutenu par le taquet, la chaîne passe librement dans les trous ménagés au milieu du poids et du taquet, et l'effort de 18 kilogrammes n'est plus transmis au levier L.

Celui-ci qui recevait une traction totale de 89 kilogrammes, provenant pour 71 kilogrammes de la chaîne mouflée et pour 18 kilogrammes de la chaîne du contrepoids p ne reçoit plus qu'une traction de 71 kilogrammes.

Or, le levier L est sollicité en sens contraire, c'est-à-dire de haut en bas, par un autre contrepoids P de 82 kilogrammes.

Celui-ci est moindre que la traction totale (89 kilogrammes) des deux chaînes réunies ; donc, le levier est soulevé, et la valve de vapeur reste ouverte plus ou moins tant que le poids p tire sur la chaîne uz ; au contraire, quand ce poids cesse d'agir sur la chaîne, le levier L retombe et la vapeur ne va plus des chaudières à la machine.

Voyons donc ce qui va arriver au moment où, l'accumulateur étant au bas de sa course, on met la machine et les pompes en marche :

Le réseau des conduites se remplit, l'eau se comprime à 52 atmosphères, l'accumulateur s'élève d'une certaine quantité, les appareils de levage se mettent en mouvement et, s'il y en a beaucoup qui fonctionnent, tout le débit des pompes est absorbé par eux ; les oscillations de l'accumulateur servent de volant. Mais, à un moment donné, les appareils de levage cessent de fonctionner, l'eau comprimée s'emmagasine sous l'accumulateur, celui-ci monte et, quand il s'est élevé de $3^m,70$, le taquet qu'il porte entraîne le poids p qui s'élève avec lui ; le levier L obéit à son contrepoids et s'abaisse verticalement d'une quantité égale à celle dont l'accumulateur monte, la valve de gorge rétrécit donc peu à peu le passage de la vapeur et, lorsque l'accumulateur s'est élevé de $4^m,70$, le levier L est au bas de sa course, la valve de vapeur est complètement fermée, la machine et les pompes s'arrêtent.

Les appareils de levage rentrent-ils en fonctionnement ? l'accumulateur descend, la valve de gorge s'ouvre progressivement et donne à nouveau de la vapeur aux machines qui se remettent en marche.

4° **Soupape d'évacuation**. — Le système que nous venons de décrire ne donne pas encore toute sécurité, car il peut arriver que, par suite d'un arrêt subit de tous les appareils de levage, l'accumulateur monte brusquement à $4^m,70$ et même dépasse cette position, parce que les machines et les pompes, sous l'influence des volants, font quelques tours de plus.

Le piston plongeur de l'accumulateur serait donc exposé à sortir de son cylindre ; pour éviter cet accident grave, on branche sur le cylindre, à la hauteur de $4^m,70$, un bout de tuyau portant une soupape d'évacuation, qui s'ouvre par la traction d'une chaîne fixée à l'accumulateur et entraînée par lui ; dès que la hauteur de $4^m,70$ est dépassée, cette soupape s'ouvre et livre passage au produit des pompes qui ne tardent pas, du reste, à s'arrêter.

5° **Arrêt des machines en cas de rupture des conduites**. — S'il venait à se produire une rupture subite en un point du réseau de distribution de l'eau comprimée, la pression de l'eau tomberait immédiatement de 52 à 1 atmosphères, l'accumulateur soulevé descendrait très rapidement au bas de sa course, et la machine, continuant sa marche sans résistance à vaincre, s'emporterait, risquant de tout rompre. Il importe de prévoir et de conjurer un pareil danger ; c'est précisément le rôle accessoire que joue le plongeur de sûreté avec sa chaîne mouflée.

La pression de l'eau s'abaissant brusquement, la tige t du plongeur de sûreté n'est plus soumise à cet effort de 609 kilogrammes produit par la pression de 52 atmosphères agissant sur sa section droite; elle n'exerce donc plus de traction sur sa chaîne xy; le levier L de la valve de gorge ne reçoit plus que l'effort de 18 kilogrammes du petit poids p et l'effort de 82 kilogrammes de son contrepoids P; il obéit donc à ce dernier et tombe au bas de sa course, de sorte que l'admission de la vapeur est fermée presque instantanément quand une conduite vient à se rompre.

Nous avons dit plus haut qu'en cas de rupture d'une conduite, l'accumulateur tomberait très rapidement sur son siège, chassant l'eau emmagasinée sous lui ; le choc en résultant pourrait être très grave. Cepen-

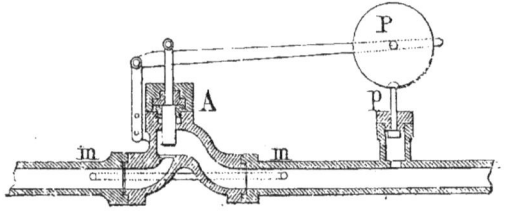

Fig. 69.

dant, il est probable que la vitesse d'expulsion de l'eau confinée ne pourrait, vu les frottements, devenir excessive et, par cela même, la descente de l'accumulateur ne saurait être indéfiniment accélérée. Quoiqu'il en soit, M. l'ingénieur Barret a proposé l'adoption d'une soupape de sûreté très simple à placer sur la conduite maîtresse, à la sortie immédiate de l'accumulateur. Cette soupape A est à levier et à contrepoids, et son contrepoids est articulé sur la tige d'un petit piston p ; tant que la pression élevée règne dans la conduite, ce petit piston est soulevé et la soupape A laisse passer librement l'eau. Que la pression vienne à tomber brusquement et la soupape va s'abaisser sous l'action de son contrepoids, l'eau confinée sous l'accumulateur ne pourra plus s'écouler et celui-ci se trouvera arrêté dès l'origine de son mouvement de descente, de sorte qu'il n'y aura plus de choc à craindre. Ce mécanisme ingénieux a un inconvénient : c'est que, la pression venant à baisser dans la conduite par suite du fonctionnement simultané de tous les appareils, la soupape A se ferme; alors, la pression de 52 atmosphères serait maintenue du côté de l'accumulateur, tandis qu'elle décroîtrait encore du côté des appareils; pour obvier à cet inconvénient, M. Barret proposait l'adoption d'un tuyau latéral *mm* de petit diamètre, établissant une libre communication entre les deux parties de la conduite séparées par la soupape de sûreté ; grâce à ce petit tuyau, l'équilibre de pression se rétablirait vite entre les deux parties de la conduite et, en cas de rupture, la descente de l'accumulateur ne s'effectuerait plus qu'avec une grande lenteur.

Nous ne pensons pas qu'en fait l'ingénieuse soupape de sûreté de M. Barret ait reçu de nombreuses applications.

6° Accumulateurs intermédiaires. — Nous verrons tout à l'heure qu'en plus du ou des accumulateurs principaux, situés tout à côté des machines à vapeur et des pompes, il est nécessaire d'installer des accumulateurs intermédiaires ou de renfort à l'extrémité de la conduite maîtresse et au voisinage des principaux groupes d'appareils moteurs.

Ces accumulateurs intermédiaires n'ont pas à agir comme régulateurs des machines ; il est donc inutile de les munir de la valve de gorge, du plongeur de sûreté et de la soupape d'évacuation. De même, à dimensions égales, on les charge moins que les accumulateurs d'origine; ainsi, aux docks de Marseille, on ne leur a donné qu'une charge de 76.000 kilogrammes, alors que celle des accumulateurs d'origine était de 78.893 kilogrammes, correspondant à une pression de 52 atmosphères.

De la sorte, quand les machines fonctionnent et que l'accumulateur de tête n'est pas au bas de sa course, les accumulateurs intermédiaires demeurent au sommet de leur course et, comme ils sont soumis à une poussée de 2.893 kilogrammes vers le haut, ils viennent buter contre une charpente qui les maintient et qui est calculée pour leur résister.

Ils n'entrent en fonctionnement que lorsque l'accumulateur de tête est au bas de sa course et que, cependant, le débit des machines n'est pas assez puissant pour le remonter, ce débit étant plus qu'absorbé par les appareils en marche; ils fonctionnent encore lorsque, par suite d'une forte consommation d'eau comprimée dans leur voisinage, la pression dans les conduites vient à descendre au-dessous de la fraction 0,963 de 52 atmosphères.

Frottement du plongeur des accumulateurs. — Du reste, malgré la moindre charge des accumulateurs intermédiaires, la pression à leur voisinage, lorsqu'ils sont immobiles et lorsqu'il n'y a qu'un petit nombre d'appareils en marche, est peu différente de celle qu'on trouve au voisinage des accumulateurs de tête; en effet, ceux-ci oscillent sans cesse : lorsqu'ils montent, l'eau comprimée doit vaincre le frottement du plongeur dans son presse-étoupes ; lorsqu'ils descendent, une partie de leur poids est employée à vaincre ce frottement et le reste à comprimer l'eau.

Aussi observe-t-on une différence d'une atmosphère, soit $\frac{1}{52}$ de la pression normale, entre la pression de l'eau comprimée sous l'accumulateur pendant qu'il monte et la pression de cette même eau pendant qu'il descend. Le frottement, étant supposé le même dans les deux sens, est donc égal à une demi-atmosphère pour un piston de $0^m,432$ de diamètre ; c'est, pour ce frottement, une valeur de 757 kilogrammes.

Le piston ayant $1^m,35$ de circonférence, le frottement peut être évalué, dans des cas analogues, à 561 kilogrammes par mètre linéaire de circonférence frottant dans le presse-étoupes.

7° Calcul du volume des accumulateurs. — Connaissant le débit pour chaque opération de chacun des engins à actionner par l'eau comprimée et le nombre maximum d'opérations que cet engin peut être appelé à effectuer dans une journée, on en déduit le débit total journalier de chaque appareil. La somme de ces débits totaux, divisée par la durée du travail des pompes, donne le débit régulier Q de celles-ci et permet d'en calculer les éléments.

Mais il pourra se faire que, pendant un certain temps t, tous les appareils fonctionnent à la fois et consomment un débit à la seconde Q' supérieur à Q ; le supplément d'eau comprimée devra alors, pendant le temps t, être fourni par les accumulateurs.

Leur volume V résultera donc de l'équation

$$V = (Q'-Q)\, t.$$

Il en est, en pareil calcul, comme en matière de distribution d'eau : on ne saurait prévoir trop largement l'avenir, et il faut compter au maximum toutes les consommations d'eau ; c'est le seul moyen d'éviter les mécomptes très difficiles à réparer qui se produisent lorsque l'exploitation des appareils en service devient intensive.

Le volume des accumulateurs est d'autant plus grand que l'on a à satisfaire à un travail d'allure plus irrégulière.

S'il s'agit d'actionner des appareils continus à travail constant, des machines perforatrices par exemple, les accumulateurs ne sont plus que des volants et des régulateurs de pression, et leur volume peut être réduit dans une proportion considérable.

En appelant :

d le diamètre du piston plongeur d'un accumulateur,
h sa course verticale,
m le nombre d'accumulateurs en service,
$\dfrac{V}{m}$ le volume d'eau à emmagasiner par chacun d'eux,

ce volume sera égal à :

$$\frac{\pi d^2}{4} h,$$

et l'on pourra écrire l'équation :

$$\frac{\pi d^2}{4} h = \frac{V}{m} d,$$

qui donne :

(1) $$d = \sqrt[3]{\frac{4}{\pi} \cdot \frac{V}{m} \cdot \frac{d}{h}},$$

Or le rapport $\left(\dfrac{d}{h}\right)$ varie de $\dfrac{1}{10}$ à $\dfrac{1}{15}$ et peut être pris égal à 0,08; l'équation (1) permet donc de déterminer d, et h se déduit ensuite de la valeur numérique du volume $\dfrac{V}{m}$.

8° **Nombre et position des accumulateurs.** — Nous avons montré déjà la nécessité des accumulateurs intermédiaires et nous n'aurons que peu de chose à ajouter.

Il est rare que l'accumulateur de tête puisse suffire seul; il faudrait, pour cela, que tous les appareils à actionner fussent groupés autour de lui à faible distance, et l'on pourrait alors recourir à plusieurs conduites maîtresses partant du pied de l'accumulateur de tête.

D'ordinaire, les appareils à desservir sont répartis sur une ligne allongée et il faut leur amener l'eau comprimée par une conduite maîtresse, commune à tous, et longue de plusieurs hectomètres, quelquefois même de quelques kilomètres.

Supposez un accumulateur unique en tête de la conduite; celle-ci est calculée pour le débit moyen des pompes, mais, lorsqu'au même moment fonctionnent la plus grande partie des appareils exigeant une consommation totale supérieure au débit moyen, la vitesse moyenne de l'eau doit croître, sur une partie plus ou moins longue de la conduite maîtresse, au delà du taux normal qui a servi de base au calcul des diamètres des tuyaux.

L'accroissement de vitesse détermine, comme nous l'avons vu et calculé, un accroissement beaucoup plus rapide de la perte de charge et il peut arriver que la pression de l'eau comprimée tombe, pour quelques appareils, à une valeur telle que ces appareils ne puissent plus effectuer le travail qu'on leur demande.

Ils se prêtent généralement à une diminution de pression de 4 ou 5 atmosphères, sans voir leur travail compromis; mais il importe que cette limite ne puisse, en aucun cas, être dépassée.

Il sera facile de s'en assurer, car nous avons donné précédemment tous les éléments nécessaires pour le calcul des pertes de charge; il conviendra donc de calculer ces pertes en se plaçant dans les conditions les plus défavorables, c'est-à-dire en supposant que tous les appareils fonctionnent simultanément à pleine charge, même si cette circonstance ne doit se produire que d'une manière exceptionnelle. Le calcul des pertes de charge permettra d'apprécier la pression minima que l'eau comprimée sera susceptible de prendre au pied de chaque appareil et, si l'on juge que cette pression est incompatible avec le bon fonctionnement de l'appareil, il conviendra de réduire les pertes de charge en augmentant convenablement le diamètre des conduites.

Donc, *on ne doit point chercher d'économie dans une réduction du diamètre des tuyaux ;* cette économie ne peut être que proportionnellement très faible, car le prix des tuyaux, dans les limites du choix à faire, varie seulement en raison directe du diamètre; les pertes de charge, à débit égal, sont en raison inverse de la cinquième puissance du diamètre.

L'accumulateur d'extrémité sera donc toujours nécessaire pour desservir la partie extrême de la conduite maîtresse pendant le fonctionnement simultané d'une grande partie des appareils. Le plus souvent il sera prudent de placer des accumulateurs intermédiaires près des groupes d'appareils à grande consommation.

L'emplacement des accumulateurs doit être réglé de telle sorte que la vitesse moyenne de l'eau dans les conduites principales ne dépasse pas 1 mètre, et mieux encore $0^m,50$, à la seconde dans des installations permanentes et ne dépasse pas $1^m,50$ dans des installations provisoires.

Des calculs analogues à ceux que nous venons d'indiquer permettront de calculer, dans une combinaison donnée de fonctionnement d'appareils, le rayon d'action de chaque accumulateur. C'est un problème identique à celui qu'on résout, en matière de distribution d'eau, lorsqu'on a une conduite alimentée par deux réservoirs et qu'on veut calculer, connaissant les débits aux divers points de la route, l'endroit où l'eau du premier réservoir cesse d'arriver et où commence l'alimentation par le second réservoir.

Partant de chaque accumulateur, on s'avancera sur la conduite en calculant les débits, les vitesses moyennes et les pertes de charge; comme on sait la valeur des pressions initiales, on en déduit celle des pressions successives qui vont en décroissant à partir de chaque accumulateur; on finit donc par trouver *le point de passage* pour lequel la pression est la même, quel que soit l'accumulateur dont on suppose que l'eau arrive; c'est ce point qui limite la zone d'action de chacun des accumulateurs. Il va sans dire qu'il change à chaque instant avec le nombre et la situation des appareils en marche.

On voit qu'il y a dans cette étude de la recherche du nombre des accumulateurs une série de tâtonnements délicats et d'hypothèses exigeant beaucoup d'attention et de sagacité. Avec les renseignements qui précèdent, le lecteur sera, nous l'espérons, en mesure de surmonter sans peine toutes les difficultés.

Rendement mécanique de la distribution d'eau comprimée des docks de Marseille. — Le rendement mécanique des machines et des pompes varie avec le système adopté et nous n'avons pas à le discuter ici d'une manière générale. Nous nous contenterons d'exposer les résultats obtenus aux docks de Marseille.

La puissance brute de la machine motrice, calculée d'après le diamètre et la course des pistons, le nombre de révolutions à la minute et la pression moyenne pendant une course de piston, pression déduite des diagrammes fournis par l'indicateur de Watt, cette puissance brute était de 170 chevaux à la vitesse normale de 35 tours à la minute.

Le volume d'eau lancé par chaque coup de piston de la pompe foulante sous l'accumulateur augmente avec la vitesse de la machine; le rapport de ce volume au volume engendré par le piston augmente de 0,963 à 0,994.

Mais le rapport du travail emmagasiné par l'eau refoulée dans l'accumulateur au travail développé sur les pistons de la machine motrice diminue avec la vitesse de la machine; il est, en moyenne, égal à la fraction 0,765, ce qui donne 131 chevaux de travail utile.

Nous avons évalué précédemment le frottement du plongeur au passage du presse-étoupes; ce frottement, qui donne une différence d'une atmosphère entre la pression à la montée et la pression à la descente, est moindre dans l'accumulateur que dans les anciennes presses hydrauliques, parce qu'on a substitué à l'ancien cuir embouti A une garniture

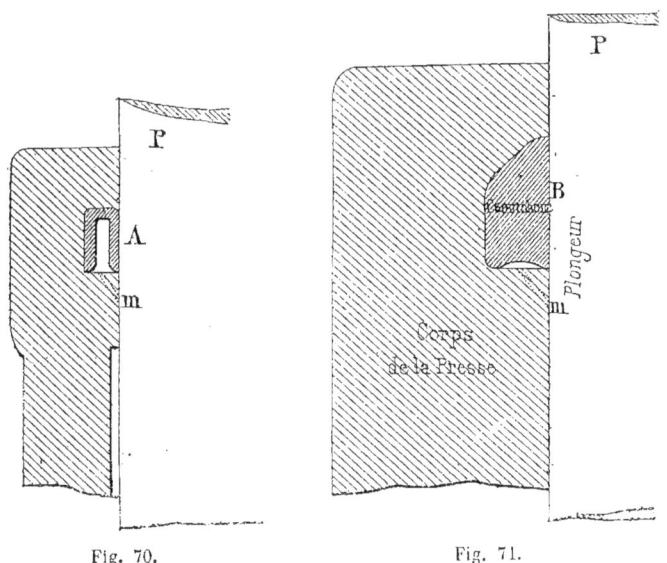

Fig. 70.   Fig. 71.

en caoutchouc B. Dans les deux systèmes, la pression de l'eau comprimée sous le plongeur agit sur la garniture par de petits conduits m; cette pression, transmise à l'intérieur de l'U formé par le cuir embouti, l'applique sur toute sa hauteur contre le piston plongeur P; transmise sous le caoutchouc B, elle le comprime, lui fait remplir exactement la cavité qu'il occupe et ne se transmet sans doute pas latéralement d'une manière intégrale sur le plongeur P, ce qui explique l'atténuation du frottement.

Il y a toujours une certaine perte d'eau par les espaces morts, par les joints du tuyautage et par les diverses soupapes; elle varie suivant l'état d'entretien des appareils, mais elle existe toujours et la différence entre le volume de l'eau lancée par les pompes sous l'accumulateur et le volume de l'eau consommée par celui-ci n'est pas inférieure à 1 p. 100.

Le travail utile en marchandises élevées n'a pas dépassé la fraction 0,33 du travail brut de la vapeur sur les pistons de la machine.

Ce résultat n'a rien qui doive nous surprendre; souvent même, le rendement sera moindre encore. En effet, comme le dit Callon, l'emploi d'un premier moteur à la création d'un second moteur, qui actionne à son tour des opérateurs, n'est pas, en général, une combinaison recommandable au point de vue purement mécanique. Mais elle peut avoir, comme dans l'espèce, des avantages supérieurs, par suite des conditions différentes dans lesquelles le travail se produit sur le premier récepteur et doit se consommer sur les divers opérateurs.

Ces avantages, nous les avons signalés au commencement de cette étude : machine motrice unique pour un grand nombre d'appareils disséminés sur une vaste étendue et fonctionnant d'une manière indépendante, machine motrice installée où l'on veut, le plus commodément, le plus économiquement possible, loin des ateliers; travail emmagasiné disponible au moment même où le besoin s'en fait sentir; économie considérable par cela même, malgré la faiblesse du rendement mécanique.

DESCRIPTION D'UN ACCUMULATEUR EMPLOYÉ AU CREUSOT

Cet accumulateur, dont les détails sont donnés sur la planche 43, est actionné par une machine à vapeur de 40 chevaux, à deux cylindres conjugués, qui met en mouvement trois pompes de compression actionnées par des excentriques. La machine est construite de manière que les actions qui s'exercent sur l'arbre soient aussi uniformes que possible; en voici les principaux éléments ainsi que ceux des pompes :

Machine.

Diamètre des cylindres	$0^m,360$
Course des pistons	$0\ 550$
Nombre de tours par minute	44
Pression effective de la vapeur	$4^k,30$
Introduction de vapeur	$0\ 75$

Pompes de compression.

Diamètre des plongeurs	$0^m,178$
Course des plongeurs	$0\ 300$
Quantité d'eau fournie à la seconde par les trois pompes ensemble	$16^{lit},5$
Pression de l'eau sous le plongeur par centimètre carré	$20^k.$

L'accumulateur ne fonctionne donc qu'à la pression de 20 kilogrammes par centimètre carré, soit 19,4 atmosphères. Il comprend les parties ci-après :

Accumulateur. — R, cylindre en fonte, fermé à sa partie supérieure par un presse-étoupes; son diamètre intérieur est de 60 centimètres, et l'épaisseur des parois de 5 centimètres.

R', plongeur, cylindre creux en fonte de 56 centimètres de diamètre

APPAREILS HYDRAULIQUES

xtérieur et de 45 millimètres d'épaisseur ; sa longueur totale est de $^m,59$ et sa course de $5^m,2$.

S, boîte annulaire en tôle de fer avec fond en fonte, suspendue sur la tête du plongeur et recevant un lest en fonte réglé d'après la pression à exercer sur l'eau.

T, tête du plongeur en forme de croisillon, à laquelle est suspendue la boîte S.

U, colonnes en fonte servant de guides à la tête du plongeur ; ces colonnes sont creuses et boulonnées sur la cuve en maçonnerie de l'accumulateur.

V, sommier en fonte reliant les colonnes et garni à sa partie inférieure d'un madrier contre lequel le plongeur vient buter à l'extrémité supérieure de sa course.

V', consoles en fonte reliant les colonnes aux murs.

X, sommiers en bois sur lesquels repose la boîte S au bas de sa course.

x, soupape de sûreté.

y, arrivée de l'eau.

La section du plongeur étant de 2.461 centimètres carrés et sa course de $5^m,200$, le volume d'eau comprimée est de 1,280 litres. Le plongeur et le lest renfermé dans la caisse représentent ensemble un poids de 54.142 kilogrammes, correspondant à une pression de l'eau sous le plongeur égale à 22 kilogrammes par centimètre carré.

Soupape de sûreté. — Une soupape de sûreté est placée auprès de chaque accumulateur pour limiter la pression et la montée du plongeur.

A cet effet, le levier auquel est supendu le poids de la soupape est muni à son extrémité d'une tige sur laquelle se fixe un arrêt, qui est mis en mouvement par un taquet adapté sur la tête du plongeur. Celui-ci, en arrivant à l'extrémité supérieure de sa course, soulève le levier, et l'eau s'échappe alors librement à travers la soupape. Dans d'autres installations analogues, le piston arrivé à l'extrémité de sa course détermine, par un renvoi de mouvement, la fermeture de la prise de vapeur.

Soupape de choc et soupape de prise. — Les figures 3 et 4 représentent une soupape de prise ou d'arrêt et une soupape de choc, du type employé sur le tuyautage des ponts mobiles de Marseille. La soupape de prise est fermée par un bouchon à tige taraudée, dont l'écrou en bronze est logé dans le couvercle du presse-étoupes.

Le bouchon conique est également en bronze et fixé sur la tige à l'aide d'un pas de vis et d'une goupille.

Cette soupape se manœuvre à l'aide d'une clef.

La soupape de choc a pour rôle de prévenir les coups de bélier. Elle se compose d'un piston à trois diamètres ; la tige supérieure est pleine et traverse le couvercle ; elle ne reçoit que la pression atmosphérique. La partie inférieure se termine par un bouchon conique, qui ferme en tombant l'orifice de la soupape.

La partie moyenne se meut dans une cloison garnie d'une entretoise réglée pour guider et limiter sa course. La face annulaire supérieure de ce piston est soumise en même temps que la face inférieure à l'action de l'eau comprimée ; et, comme la présence de la tige établit une différence entre les sections, le piston est maintenu soulevé. Si, par une circonstante fortuite, la pression vient à cesser dans les conduites placées à la suite de la soupape, l'effort de bas en haut qui la soulevait se trouve détruit et la soupape retombe sur son siège. Le piston est creux et muni d'un petit orifice par lequel l'eau continue de passer après la chute de la soupape ; si la cause de fermeture n'a été que passagère, la pression se rétablit dans le tuyautage et la soupape se relève d'elle-même.

Tuyaux de pression (fig. 5 et 6). — Les tuyaux servant à la conduite de l'eau comprimée sont en fonte pour les conduites principales, et en fer étiré, soudé à recouvrement, pour les embranchements allant aux appareils. Les tuyaux en fonte ont généralement $0^m,025$. Leurs extrémités sont munies de brides elliptiques épaisses de $0^m,064$; l'assemblage est fait par emboîtement, avec deux boulons de $0^m,040$ de diamètre. Le joint est rendu étanche à l'aide d'une garniture en gutta-percha, fortement comprimée, par le serrage des boulons, dans une rainure de section triangulaire ménagée entre les brides.

Les tuyaux en fer ont extérieurement $0^m,060$ de diamètre et intérieurement $0^m,048$. Leurs extrémités sont munies de brides en fonte taraudées ; les assemblages sont pareils à ceux des tuyaux en fonte. Les tuyaux d'évacuation sont en fonte et construits comme les conduites d'eau ordinaires.

INSTALLATION HYDRAULIQUE ET ACCUMULATEURS DU PORT D'ANVERS

Depuis 1870, le port d'Anvers a vu doubler son trafic qui s'est élevé rapidement à plus de 3 millions de tonnes et la municipalité a dépensé un capital considérable pour le développement des bassins et des quais.

Elle a installé à la station principale de la gare maritime des accumulateurs qui alimentent un réseau très étendu de distribution d'eau comprimée et qui desservent : 1° Sous la halle couverte, douze cabestans et 28 grues de 1,000, 1,500 et 2,000 kilogrammes de force ; 2° en dehors de la halle couverte et sur les quais, 16 grues dont 4 de 5 tonnes et 3 de 10 tonnes et 12 cabestans avec poupées de renvoi.

« Ces grues et cabestans, dit M. l'Ingénieur Sartiaux, sont mis en mouvement de la manière suivante :

Dans un bâtiment spécial, situé assez loin de la gare, sont installées deux machines à vapeur horizontales, à haute pression et à détente, d'une force totale de 75 chevaux-vapeurs effectifs, pouvant travailler simultanément ou isolément et actionnant directement deux corps de pompes foulantes à piston plongeur, capables de comprimer l'eau à

50 atmosphères et de décharger à cette pression 708 litres d'eau par minute.

A l'aide des machines et de ces pompes, l'eau tirée d'un réservoir de plus de 25 mètres cubes est jetée dans un accumulateur Armstrong où, comprimée à 50 atmosphères, elle soulève un piston de $0^m,43$ de diamètre et de $5^m,20$ de course, lesté avec un poids de sable de plus de 71.000 kilogrammes.

Ce piston lesté, livré à lui-même, exécuterait en descendant de toute sa course un travail de 370.000 kilogrammètres environ. Il constitue donc une sorte de réservoir de force où, jusqu'à concurrence de 370.000 kilogrammètres, est accumulée la puissance dynamique produite par la machine à vapeur. De là, le nom d'accumulateur donné à cet appareil ingénieux, imaginé par sir Armstrong. On conçoit parfaitement que si l'on adapte à cet accumulateur une canalisation de 1 kilomètre par exemple, cette canalisation dépensera à son extrémité chaque litre d'eau perdu par l'accumulateur, et que ce litre d'eau sera susceptible de produire, à l'extrémité de la canalisation, un travail égal au travail exécuté par le litre de l'accumulateur effectuant sa descente.

En un mot si, par exemple, le piston lesté de 71,000 kilogrammes produit un travail de 71.000 kilogrammètres en descendant de 1 mètre et en perdant 145 litres d'eau, ce travail (en négligeant les pertes par frottement dans la canalisation) de 71.000 kilogrammètres pourra être reproduit par les 145 litres sortant de la canalisation et être utilisé pour faire manœuvrer des grues, des cabestans, etc.

En effet, de l'accumulateur dont il a été parlé plus haut, part une canalisation de $0^m,10$ de diamètre, d'où se détachent des conduites de $0^m,076$ et $0^m,06$ amenant l'eau motrice à de petites pompes à eau, qui mettent en mouvement les grues et les cabestans.

Telle est sommairement la description des belles installations hydrauliques de la gare d'Anvers, faites avec un soin et un talent remarquables par les ingénieurs belges, sous la direction de M. Gobert.

Précautions contre la gelée. — Quand on compare les conditions climatologiques de Londres et des villes maritimes d'Angleterre, où fonctionne le système hydraulique, avec celles de Paris, de la Belgique et surtout de certaines parties du nord de la France, on est frappé de ce fait que, si la moyenne des températures d'hiver varie peu, les températures extrêmes ont, au contraire, de grands écarts qui atteignent quelquefois jusqu'à 8 et 10 degrés. Ce sont des écarts qui sont peut-être suffisants pour paralyser, à certains jours, dans nos climats, le système hydraulique qui fonctionne en Angleterre sans accident.

A Anvers, pour parer à cette éventualité, on a placé les conduites à $1^m,50$ au-dessous du sol, et dans les cuves où aboutissent les canalisations et où sont placées les petites pompes à eau, on a établi de petits becs brûlant un mélange de gaz oxygène et de gaz d'éclairage, dont la chaleur doit combattre l'effet de la gelée. Ces précautions sont-elles de nature à prévenir des congélations provenant de froids de 18 à 20 degrés comme il s'en rencontre de temps en temps? J'ai tout lieu de le croire, mais l'expérience seule résoudra définitivement la question. »

L'expérience a répondu et, en fait, les craintes excessives qu'on avait conçues tout d'abord au sujet de la gelée ne sont pas justifiées. On arrive, sans grande dépense, à combattre le refroidissement de l'eau.

S'il le fallait, et si on avait à redouter de trop basses températures, on substituerait à l'eau un mélange d'eau et d'alcool, ce qui n'entraînerait pas une grosse dépense, puisque c'est toujours le même liquide qui sert lorsque la distribution d'eau comprimée comporte une conduite de retour, comme c'est le cas ordinaire. La consommation du liquide comprend seulement les pertes qui se produisent dans la canalisation et dans les appareils, pertes qu'on peut réduire à peu de chose par un entretien soigné.

Dépense de l'installation hydraulique d'Anvers. — Cette dépense s'est élevée à 874.600 francs, se décomposant comme il suit :

Appareils moteurs (machine et accumulateur, etc).	118.500 fr.
Conduites et accessoires.	105.000 —
44 grues	307.000 —
25 cabestans	145.000 —
42 galets de renvoi ou poulies folles	8.500 —
Fondation des grues ou machines	73.700 —
Bâtiment pour machine fixe.	47.000 —
Conduites de retour d'eau	34.800 —
Frais généraux	35.100 —
Total égal.	874.600 fr.

INSTALLATION HYDRAULIQUE DE LA GARE DE LA CHAPELLE, A PARIS

La compagnie du Nord a installé, pour sa gare à marchandises de La Chapelle, à Paris, des cabestans hydrauliques auxquels l'eau est fournie par des accumulateurs. Nous donnerons de cette installation la description sommaire publiée par M. l'Ingénieur Peltier dans la *Revue générale des chemins de fer* :

« Un bâtiment unique, dit *Bâtiment de la Machinerie*, renferme les moteurs. Deux machines MM, planche 44, d'une force de 15 chevaux chacune, mettent en mouvement les deux pompes PP. Ces deux pompes envoient l'eau sous les accumulateurs Ac du poids de 35,000 kilogrammes chacun.

L'installation est telle que l'une des machines peut actionner celle des deux pompes que l'on voudra, de même que chacune des deux pompes est reliée avec les deux accumulateurs.

Des accumulateurs l'eau, à une pression de 50 atmosphères, passe dans une conduite en fonte, appelée *conduite de pression*, de $0^m,062$ de diamètre. Cette conduite distribue l'eau aux cabestans que nous décrirons à la fin du présent chapitre. Après utilisation l'eau est ramenée, par une conduite de retour de $0^m,10$ de diamètre, au réservoir R, situé dans le bâtiment de la machinerie, où elle est reprise à nouveau pour l'alimentation des pompes.

Les figures 1, 2, 3, de la planche 44, indiquent l'installation générale du bâtiment de la machinerie, les figures 4, 5, 6, donnent le détail de l'installation des pompes et l'amorce des conduites d'eau. »

Précautions et mesures à prendre en temps de gelée. — Pendant la période des neiges et des gelées, les manœuvres de wagons au moyen de plaques tournantes sont assez difficiles. Les plaques gèlent et ne fonctionnent plus que difficilement, les chevaux glissent et ne peuvent plus travailler. On remédie en partie à ces difficultés par l'emploi du sel répandu sur le sol.

Quand les cabestans remplacent les chevaux, l'inconvénient commun de la gelée pour les plaques subsiste toujours et on a, en outre, à combattre la gelée de l'eau dans les conduites et dans les cabestans qui peut paralyser les engins comme la glace, sur le sol, paralyse les chevaux.

L'inconvénient de la gelée dans les plaques a été supprimé ou au moins très diminué, au moyen de petits réchauds, brûlant des briquettes ordinaires, placés sur le plateau mobile des plaques et tournant avec ce plateau. On met un ou deux réchauds suivant l'intensité de la gelée.

Pour empêcher l'eau de geler dans les conduites d'eau des cabestans, ces conduites ont été installées à une profondeur de $0^m,80$ au-dessous du sol. La gelée, dans les cabestans eux-mêmes, a été évitée, à l'imitation de ce qui a été fait à Anvers, par l'installation, dans chacune des citernes, d'un bec de gaz qui peut maintenir une température suffisamment élevée pour que l'eau ne se congèle pas.

Grâce à l'emploi de ces moyens, les cabestans hydrauliques ont convenablement fonctionné pendant la mauvaise saison.

C'est un résultat fort important, puisque c'est en hiver que le trafic atteint son maximum d'intensité, et qui constitue une supériorité réelle sur les manœuvres par chevaux. Il faut ajouter que les manœuvres faites avec les cabestans sont beaucoup plus rapides, et donnent, par conséquent, une utilisation plus grande des installations de voies, de quais, etc.

INSTALLATION HYDRAULIQUE DE LA GARE SAINT-LAZARE, A PARIS

La compagnie de l'Ouest a établi une machinerie hydraulique très complète pour l'exploitation de sa nouvelle gare des messageries à Paris. M. l'Ingénieur Bouissou a procédé à l'étude de cette installation, sous la direction de M. l'Ingénieur en chef Clerc, et en a rendu compte dans une notice insérée à la *Revue générale des chemins de fer*, notice où nous avons puisé les renseignements qui vont suivre.

La nouvelle gare des messageries est à deux étages, le rez-de-chaussée est au niveau des voies de la gare principale et le premier étage est au niveau de la rue de Saint-Pétersbourg, c'est par cette rue que les marchandises sont amenées ou enlevées.

Le rez-de-chaussée, d'une superficie de 5,000 mètres, comporte 13 voies qui s'aiguillent sur les voies principales de la ligne, et qui sont desservies par deux chariots roulants, l'un pour wagon, l'autre pour machines.

Le passage des wagons d'un étage à l'autre se fait par deux ascenseurs ou monte-wagons.

La manutention des wagons, à l'un comme à l'autre étage, se fait par 15 cabestans avec poulies de renvoi en nombre suffisant.

Le transport vertical des petits colis a lieu par deux monte-charges à plateau de 500 kilogrammes de puissance.

L'étage supérieur comporte, en outre, quatre grues de chargement à pivot tournant de 1,500 kilogrammes de force et une grue à double pouvoir de 3,000 et 5,000 kilogrammes.

Tous ces appareils sont actionnés par l'eau comprimée à 50 atmosphères; ils sont reliés avec un accumulateur placé au rez-de-chaussée.

Cet accumulateur communique lui-même avec deux autres accumulateurs établis, à la gare des Batignolles, dans le bâtiment de la machinerie qui comprend, en outre, les machines à vapeur et les pompes.

Les conduites d'amenée et de retour d'eau sont établies en tranchée hors du tunnel et, sous le tunnel, dans un aqueduc construit dans l'entre-voie.

Les appareils ont été calculés en vue de 200 wagons à manutentionner par journée de 24 heures, en supposant toutefois que, pendant deux ou trois périodes de la journée, on pourra avoir 40 wagons à manœuvrer en une heure.

Machines à vapeur. — Les machines à vapeur sont du type Compound, à haute pression et à longue détente sans condensation.

Tous les appareils, fonctionnant au maximum, consomment en une heure 50.096 litres d'eau comprimée, soit $13^{lit},915$ à la seconde.

Avec une pression de 50 kilogrammes par centimètre carré, chaque litre d'eau comprimée représente un travail de 500 kilogrammètres.

Afin de tenir compte des pertes de charge dans les conduites, on a porté ce travail à 525 kilogrammètres.

Tous les appareils peuvent donc consommer un travail utile de 7.305 kilogrammètres à la seconde, ou d'environ 100 chevaux-vapeur.

C'est ce travail qu'on est exposé à fournir deux ou trois heures par jour.

Mais le travail moyen réparti sur les vingt-quatre heures de la journée est beaucoup moindre, il ne correspond qu'à une consommation de 9.954 litres d'eau comprimée par heure, soit $2^{lit},765$ par seconde, ce qui représente 1.451 kilogrammètres ou 20 chevaux-vapeur en chiffre rond.

Pour parer à toutes les éventualités, en réduisant au minimum les dépenses de construction et d'exploitation, on a établi deux machines, pouvant faire chacune au maximum 50 chevaux, et susceptibles de marcher ensemble ou séparément, de manière à donner à chaque instant le travail nécessaire à la demande d'un régulateur.

Les cylindres des machines ont : le grand $0^m,59$ et le petit $0^m,345$ de diamètre, la course des pistons est $0^m,60$, l'admission est de $\frac{1}{2}$ dans les deux cylindres, les machines font 50 tours à la minute et la pression absolue de la vapeur aux tiroirs est de 8 kilogrammes par centimètre carré.

Chaudières. — La vapeur est fournie par deux chaudières tubulaires, timbrées à 9 kilogrammes, ayant chacune 86 mètres carrés de surface de chauffe, et capables de fournir $8^{kg},5$ de vapeur par mètre carré et par heure.

La quantité de charbon brûlé par mètre cube d'eau refoulée s'élève à $3^{kg},55$.

Pompes. — Les pompes sont commandées directement et établies horizontalement dans le prolongement des tiges des pistons à vapeur, elles ont donc $0^m,60$ de course et donnent 50 coups utiles par minute, car elles sont à simple effet. Chaque machine à vapeur actionne quatre corps de pompe opposés deux à deux, de sorte que le travail des machines est rendu aussi régulier que possible.

Chaque machine à vapeur doit pouvoir envoyer aux accumulateurs $7^{lit},21$ d'eau par seconde, ou $432^{lit},60$ par minute; le volume engendré par une course du piston d'une pompe est donc

$$\frac{432,60}{50 \times 4} \text{ ou } 2^{lit},163$$

pour une course de $0^m,60$, il en résulte un diamètre de $0^m,07$ en nombre rond.

Accumulateurs. — Ces appareils se composent, comme le montre la figure 72, d'un cylindre A B en fonte, posé verticalement sur le sol par l'intermédiaire d'une plaque de fondation, et d'un piston ou plongeur C D, portant à sa partie supérieure une caisse de charge E F en tôle, à section annulaire, destinée à recevoir un poids correspondant à la pression que l'on désire obtenir.

Une forte traverse en bois T limite la course du plongeur. Une tubulure, venue de fonte avec la plaque de fondation, sert à mettre le cylindre A B en communication avec le tuyautage des pompes.

Deux de ces réservoirs ou accumulateurs sont placés près des pompes et un troisième le plus près possible des monte-wagons.

Les accumulateurs placés près des pompes sont destinés à régler l'allure des machines motrices; l'accumulateur établi près des appareils a surtout pour but de fournir à chaque manœuvre des monte-wagons l'eau nécessaire, sans augmenter le débit de la conduite venant des machines.

Chacun de ces appareils se compose d'un cylindre vertical AB et d'un piston ou plongeur cylindrique CD ayant $0^m,43$ de diamètre et $5^m,20$ de course.

Le piston porte à sa partie supérieure une caisse de charge EF, en tôle, à section annulaire, destinée à recevoir un poids suffisant pour faire équilibre à la pression normale de l'eau.

La surface du piston étant égale à

$$3,14 \times 0,215^2 = 1452^{c}/_{m}^{2},$$

son poids total, y compris le poids de la caisse de charge et du lest renfermé dans cette caisse, s'élève à

$1.452^{c}/_{m}^{2} \times 52^{k\text{g}},5$, ce qui donne . .	$76.230^{k\text{g}}$
Le poids du piston proprement dit, de la traverse intermédiaire et de la caisse de charge, étant de. . . .	14.500
Il reste pour le poids du lest .	$61.630^{k\text{g}}$

qui est formé au moyen de matières pondéreuses, telles que ballast, pierres ou fontes en gueuse.

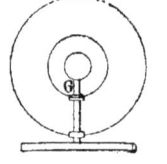

Fig. 72.

Cylindre. — Le diamètre intérieur du cylindre, dans la partie non alésée, est de $0^m,43$, et, pour ne pas faire travailler la fonte à plus de 2 kilogrammes par millimètre carré, son épaisseur est déterminée par la formule de Lamé :

$$e = \frac{0,45}{2}\left(\sqrt{\frac{2+0,52}{2-0,52}} - 1\right) = 0^m,06763,$$

qui a été portée à $0^m,070$.

Plongeur. — Nous donnons au piston plongeur, qui a un diamètre extérieur de $0^m,43$, une épaisseur de $0^m,03$, et, pour déterminer le travail par millimètre carré auquel est soumis le métal, nous remarquons que cette pièce est soumise à deux actions :

La charge qui agit dans le sens des génératrices, et l'eau sous pression qui détermine un effort normal aux génératrices.

La section du métal étant de

$$0,03 \times 1.25664 = 0^{m2},0376992,$$

APPAREILS HYDRAULIQUES

et la charge de 76.230 kilogrammes, le métal travaille sous cette charge à raison de

$$\frac{76.230}{37.699} = 2 \text{ kilog. par millimètre carré.}$$

D'autre part, la pression de l'eau étant de $52^{kg},05$ par centimètre carré, la formule de Lamé, pour des cylindres soumis à des pressions extérieures, nous donne :

$$\left(1 + \frac{e}{r}\right)^2 = \frac{R}{R + 2p'},$$

dans laquelle

$e = 0^m,030,$ $r = 0^m,215$
$p' = 52^{kgs},5$ $R = 4^{kgs},567$ par $^m/_{m^2}.$

Le métal du piston a donc, en résumé, à supporter un effort total égal à la résultante des deux actions que nous venons de calculer, soit :

$$\sqrt{2^2 + 4,567^2} = 4^{kgs},98,$$

qui est sensiblement inférieur à l'effort de compression que l'on peut admettre pour des pièces en fonte de cette nature.

Les dimensions principales des accumulateurs sont, par suite, les suivantes :

Diamètre du piston ou plongeur.	$0^m,430$
Section.	$0^{m2},1452$
Épaisseur.	$0^m,030$
Diamètre du cylindre	$0^m,450$
Épaisseur.	$0^m,070$
Course du plongeur.	$5^m,200$
Diamètre intérieur de la caisse de charge	$0^m,950$
— extérieur —	$3^m,000$
Pression intérieure par centimètre carré.	$52^{kgs},500$
Charge totale sur le plongeur	$76.230^{kgs},000$
Capacité utile de l'accumulateur.	$750^{lit},00$

Conduites. — Il y a deux conduites formant pour l'eau un cycle fermé : une conduite pour l'eau sous pression et une conduite de retour qui ramène au réservoir d'aspiration des pompes l'eau utilisée par les appareils de levage et de manutention.

C'est la même eau qui sert indéfiniment, sauf un léger appoint destiné à réparer les pertes inévitables qui se produisent aux joints de la canalisation et des appareils.

Les deux conduites ont 1.250 mètres de long et $0^m,16$ de diamètre. Avec une vitesse moyenne de 1 mètre à la seconde, elles débiteraient vingt litres ; mais leur débit maximum, les deux machines fonctionnant ensemble à pleine charge, n'étant que de 15 litres, l'eau ne prendra dans leur section qu'une vitesse moyenne de $0^m,75$ à la seconde.

A cette vitesse, les formules de Darcy, dont il convient de majorer les coefficients comme nous l'avons indiqué, indiquent une perte de charge de $0^m,008$ par mètre courant de conduite.

Pour une longueur de 1.250 mètres la perte de charge totale est donc de 10 mètres.

Cette perte est à doubler afin de tenir compte du mouvement de l'eau dans la conduite de retour.

Les branchements des divers appareils sont de faible longueur et d'un diamètre relatif assez grand pour n'engendrer que de faibles pertes de pression.

Toutefois, le bout de conduite qui alimente les monte-wagons et qui part de l'accumulateur placé près des appareils doit fournir, pendant le mouvement des monte-wagons, 69 litres à la seconde, débit exigeant une vitesse de $3^m,45$ pour passer dans une conduite de $0^m,16$ de diamètre et absorbant une charge de $0^m,12$ par mètre courant.

Cette conduite ayant 130 mètres de longueur absorberait une charge totale de $19^m,60$.

Aussi a-t-on porté son diamètre à $0^m,20$; la vitesse moyenne est ainsi réduite à $2^m,20$, la perte de charge à $0^m,0345$ par mètre courant, et à $4^m,485$ en tout.

La perte totale de charge maxima, pour le circuit complet que l'eau parcourt, est donc de $24^m,485$.

On l'a comptée de 25 mètres puisque l'on a prévu sur les pistons des pompes la pression d'une colonne d'eau de 525 mètres de hauteur.

Les conduites sont munies de soupapes d'arrêt, de soupapes d'isolement et de compensateurs de dilatation placés à des distances convenables, compensateurs qui s'obtiennent en ménageant à deux bouts voisins de la conduite la possibilité de télescoper l'un dans l'autre.

CLASSIFICATION DES ENGINS MUS PAR L'EAU SOUS PRESSION

Les engins mus par l'eau sous pression se divisent en trois grands groupes :

1° *Appareils à action directe*, dans lesquels le fardeau à déplacer est soulevé directement par un piston plongeur dont la course est égale au déplacement maximum à produire ; le type de ces appareils est la presse hydraulique.

2° *Appareils funiculaires*, dans lesquels l'effort est transmis au fardeau par des chaînes, avec ou sans poulies pour changement de direction ; ces chaînes sont généralement mouflées, de sorte que la course du piston plongeur est seulement une fraction du déplacement que l'appareil peut imprimer au fardeau. Contrairement à ce qui se passe dans les grues à treuil, l'effort moteur n'est pas amplifié, mais réduit dans une certaine proportion et le déplacement du fardeau se trouve amplifié dans cette même proportion si on le compare à celui du piston moteur; cette partie du mécanisme des grues hydrauliques joue donc un rôle inverse de celui que joue le mécanisme similaire dans les grues ordinaires.

3° *Appareils rotatifs continus*, dans lesquels l'eau comprimée agit sur une turbine ou sur un ou plusieurs cylindres, généralement oscillants, qui actionnent un arbre de treuil ou de cabestan.

Tous les engins hydrauliques peuvent être *à simple ou à double pouvoir*.

Ils sont à simple pouvoir lorsqu'ils sont destinés à l'élévation d'une charge toujours sensiblement la même; mais si on vient à leur demander de soulever un fardeau beaucoup moindre, la dépense d'eau et de travail reste semblable ainsi que la vitesse ascensionnelle, d'où un rendement fort défectueux. On comprend donc que ces appareils conviennent seulement pour un travail régulier et continu, dont les conditions ne changent jamais.

Les appareils à double pouvoir sont disposés pour fonctionner en vue de deux charges-types, par exemple 3.000 et 1.500 kilog.; ils se prêtent à un travail plus varié et sont plus économiques que les précédents.

On construit aussi quelques appareils à *triple pouvoir*.

Les engins que nous allons décrire ne supposent point nécessairement la présence d'un accumulateur; l'eau comprimée peut, dans certains cas, leur être fournie par la distribution d'eau d'une ville, ou même par une pompe de compression manœuvrée à bras; ce dernier système ne peut convenir qu'à des appareils à très faible consommation, comme les vérins et les riveuses hydrauliques.

1° APPAREILS A ACTION DIRECTE

Parmi ces appareils on trouve :

Les vérins hydrauliques;
Certains ascenseurs à action directe;
Les élévateurs pour wagons et bateaux;
Les appareils pour manœuvre des vannes d'écluses;
Les appareils de levage des ponts tournants;
Les marteaux hydrauliques et outils analogues.

Vérin hydraulique. — Par une assimilation plus pratique que théorique, on a donné le nom de vérin hydraulique à des appareils qui sont, en réalité, de petites presses hydrauliques et qui ne ressemblent au vérin proprement dit que par leurs applications. Mieux vaut les appeler *leviers hydrauliques* ou *crics hydrauliques*.

La figure 73 représente un de ces appareils construit en France par M. Paris pour des puissances de 3 à 100 tonnes; il se compose d'un piston cylindrique fixe A et d'un corps cylindrique mobile qui coiffe le piston;

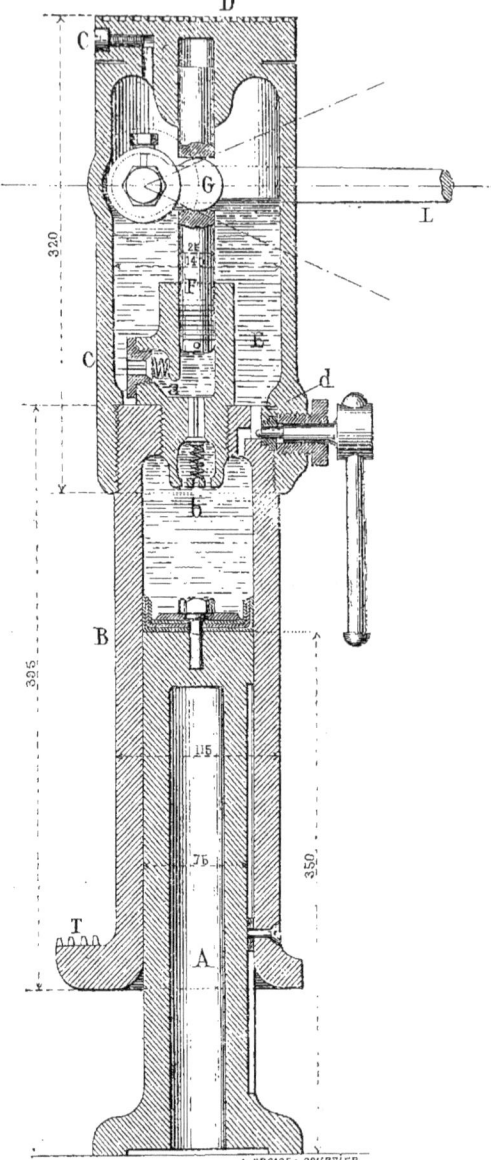

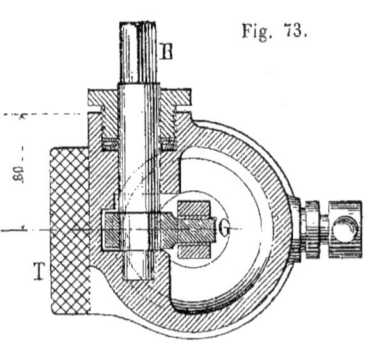

Fig. 73.

ce corps est en deux parties B et C, vissées l'une sur l'autre, et la partie supérieure est recouverte d'un bouchon D également vissé; des garnitures en cuir assurent l'étanchéité de ces assemblages.

Le fardeau est soulevé soit par la tête striée du bouchon D, soit par le talon T également strié.

L'intérieur du cylindre C forme réservoir d'eau et l'intérieur du cylindre B, qui coiffe directement le piston fixe A dont la tête est munie de cuirs emboutis, forme chambre d'eau comprimée. Le petit corps de pompe E servant à comprimer l'eau est vissé sur le cylindre B; dans ce corps de pompe se meut le piston F dont le jeu fait passer l'eau du réservoir C dans la chambre B; ce jeu s'établit par les soupapes à ressort a et b s'ouvrant la première de gauche à droite et la seconde de haut en bas, et il est déterminé par le levier G, dont la tête arrondie se meut dans une mortaise de la tige du petit piston; ce levier est solidaire de l'arbre H qui reçoit son mouvement oscillatoire du grand levier L mû par un ouvrier.

Pendant le fonctionnement, le petit orifice c reste ouvert pour laisser l'air extérieur pénétrer dans le réservoir; cet orifice, muni du reste d'un obturateur à vis, permet de renouveler de temps en temps la provision d'eau.

Quand le vérin est au sommet de sa course et qu'on veut le ramener au point de départ, il faut pouvoir faire passer l'eau de la chambre B dans le réservoir C, ce qui se fait par l'orifice d dans lequel se meut un obturateur cylindrique solidaire d'une vis à manette manœuvrée de l'extérieur.

On se sert en général d'eau contenant une dissolution de carbonate de soude pour empêcher l'oxydation.

La hauteur totale de l'appareil varie de $0^m,58$ à $0^m,71$ pour les puissances de 4 à 100 tonnes.

La course est de $0^m,25$.

La manœuvre se fait avec un seul homme à l'aide d'un levier de $0^m,70$ à 1 mètre de long.

Pour des puissances de :

4   10   20   40   50   et 60 tonnes,

le poids de l'appareil est de :

25   40   60   95   120   et 160 kilogrammes,

et le prix est de :

130   205   320   520   565   640 francs.

Pour 1,000 francs on peut avoir un vérin de 200 tonnes de puissance, pesant 230 kilogrammes et ayant une course de $0^m,15$.

Il est facile de calculer la puissance d'un de ces appareils : supposons qu'un ouvrier exerce un effort de 20 kilogrammes sur le grand levier qui a 1 mètre de long, le petit levier G de $0^m,04$ de portée amplifie vingt-cinq fois l'effort et produit sur le petit piston F une pression de 500 kilogrammes.

Quant à l'effort de soulèvement exercé sur la tête du cylindre A, effort qui représente précisément la puissance élévatoire du vérin, il est amplifié dans le rapport du carré du diamètre de la chambre B au carré du diamètre du piston F; il est donc amplifié neuf fois avec l'appareil que représente la figure et il en résulte pour cet appareil une puissance théorique de 4.500 kilogrammes.

Le levier hydraulique, bien qu'il commence à se propager en France, est beaucoup plus en faveur chez les Anglais que chez nous et on lui donne les formes les plus variées; il sert au levage des wagons, des locomotives, des charpentes et des navires.

La figure 74 représente un de ces leviers hydrauliques avec chariot à vis permettant un déplacement latéral de la charge. Cet appareil, dont

186   PROCÉDÉS ET MATÉRIAUX DE CONSTRUCTION

la puissance de soulèvement varie de 3 à 60 tonnes, la course de 0,15 à 0,25, coûte avec son chariot 125 à 530 francs.

La figure 75 représente, à l'échelle $\frac{1}{4}$, un cric hydraulique de construction autrichienne, dont voici la description empruntée à la *Revue générale des machines-outils :*

« Cet appareil est destiné surtout à soulever des roues hydrauliques et autres objets lourds d'un accès difficile ; son embase très large lui donne la stabilité nécessaire. La partie inférieure du bâti, de forme cylindrique, contient plusieurs chambres à eau W, qui sont séparées entre elles par des nervures rayonnantes et que l'on fait communiquer

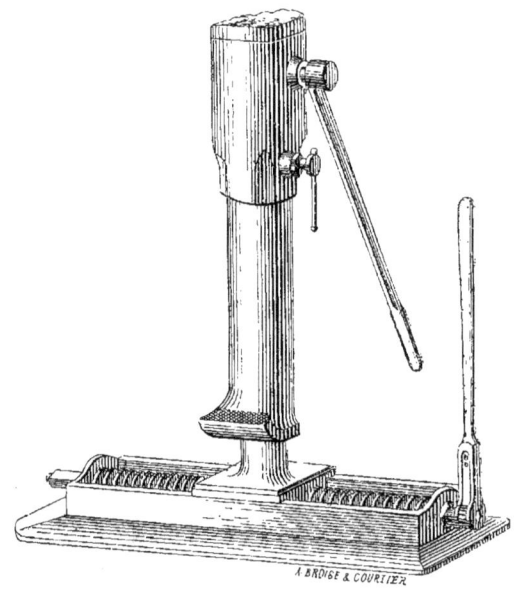

Fig. 74.

au moyen d'ouvertures a pratiquées dans ces nervures. Ces chambres forment le réservoir de la pompe P et on les remplit par une ouverture supérieure que l'on ferme au moyen d'une vis. De plus, elles sont percées à la base de quatre ouvertures s, fermées aussi par des vis, et qui ont été ménagées dans le modèle pour permettre l'enlèvement du noyau après la fonte. L'espace qui se trouve au-dessous du piston A peut être mis en communication avec le réservoir de la pompe et évacué, de sorte que le piston descend par l'action de son propre poids. Ce piston est évidé, avec un diamètre extérieur de 70 millimètres et une épaisseur de 14 ; le cylindre qui l'enveloppe a 78 millimètres de diamètre intérieur, de sorte que la surface annulaire libre autour du piston a une surface

APPAREILS HYDRAULIQUES 187

de 9,3 centimètres carrés. La construction de la pompe n'offre rien de particulier : deux clapets, l'un à axe horizontal, l'autre à axe vertical, livrent passage à l'eau aspirée ou refoulée. Le piston de la pompe a 18 millimètres de diamètre et sa garniture est très simple ; il est relié par

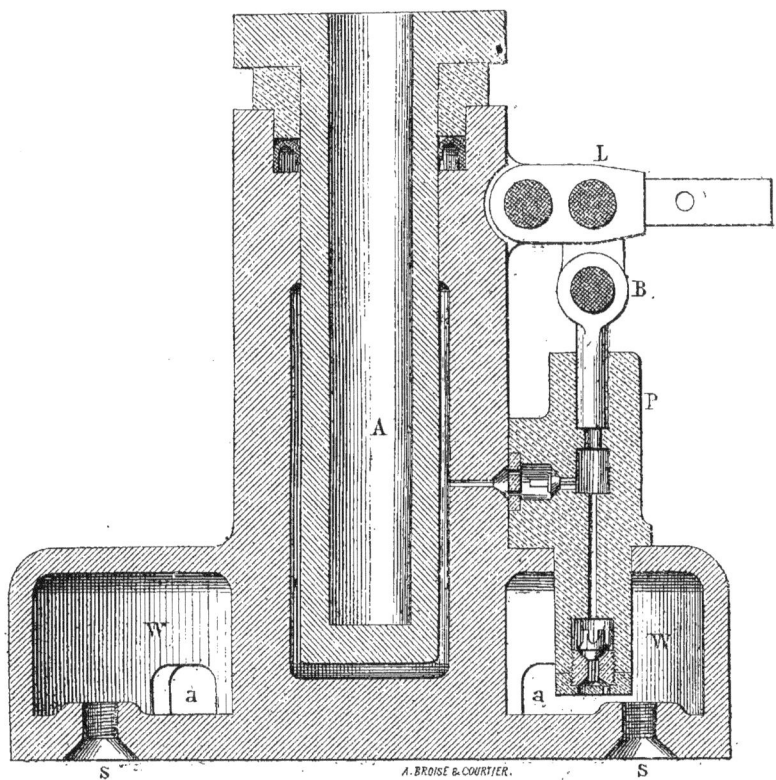

Fig. 75.

une courte bielle avec le levier L que l'on met en mouvement au moyen d'une barre en fer, donnant un bras de levier total de 0^m,50. Le point d'articulation du levier se trouve sur le corps même du bâti. »

Cet appareil est, comme on le voit, simple, léger et robuste.

Emploi des vérins hydrauliques pour soulever le tablier du viaduc du val Saint-Léger. — Il y avait à soulever le tablier métallique de quelques centimètres afin de pouvoir enlever les galets de roulement placés sous les quatre poutres.

Le poids total à soulever pour les quatre poutres était de 384,000 kilogrammes ; M. l'ingénieur Geoffroy installa à cet effet huit vérins hydrauliques d'une force nominale de 100 tonnes chacun, ayant 0^m,25 de diamètre, 0^m,35 de hauteur et 0^m,15 de course.

« Il semble qu'on disposait là d'un excédent de force ; mais il faut remarquer tout d'abord qu'aussitôt qu'on relève l'un des points d'appui d'une poutre, la réaction de cet appui cesse d'être égale à la réaction calculée et devient plus grande. A priori on aurait pu croire qu'un relèvement minime de 1 ou 2 centimètres eût été sans grande influence ; l'expérience a prouvé le contraire et on a dû toujours, pour soulever le tablier, agir non seulement avec 8 vérins sur une pile, mais encore avec 8 autres sur la pile voisine afin de diminuer la réaction du tablier sur la première. — En second lieu il est prudent de ne faire supporter aux vérins hydrauliques que la moitié au plus de l'effort que comporte leur force nominale ; car les engins de cette nature sont rarement construits avec une solidité suffisante et se brisent fréquemment ».

On soulevait donc le tablier de 2 à 3 centimètres avec les huit vérins, et on enlevait les galets de roulement ayant servi au lançage ; quelques millimètres de soulèvement eussent suffi si les semelles en chêne supportant les galets, comprimées par le poids du tablier, n'avaient pas eu tendance à reprendre, par le jeu de l'élasticité, leur épaisseur primitive.

On substituait aux galets sous chaque poutre des pièces de chêne bien dressées, de $0^m,85$ de longueur, et de $0^m,30$ sur $0^m,20$ d'équarrissage ; le tablier reposait sur ces calages par l'intermédiaire de deux bouts de rails placés transversalement aux poutres. Afin de répartir d'une manière uniforme les pressions sur les pierres et d'éviter toute rupture de celles-ci, on avait eu le soin de répandre à leur surface un lit de sable tamisé de $0^m,01$ d'épaisseur sur lequel portaient les calages.

Les calages en place, 8 hommes, un à chaque vérin, ouvraient simultanément les robinets de décharge et le tablier venait reprendre son niveau primitif.

Malgré l'ensemble des manœuvres, il arrivait que des hommes tournaient irrégulièrement des robinets, de là des inégalités de pression qui ont amené la rupture de quelques vérins neufs.

On éviterait ces accidents si on obtenait l'égalité de pression pour l'eau comprimée sous tous les vérins. Il faudrait pour cela les réunir par un même tube en cuivre et ne leur donner qu'un robinet de décharge.

Le plus souvent cette complication est évitée et l'on se contente de surveiller attentivement, de cadencer la manœuvre, et d'employer des appareils d'une puissance nominale bien supérieure à l'effort qu'on leur demande.

D'ailleurs, il faut toujours se mettre à l'abri d'un accident possible, en plaçant à côté des vérins des calages de sûreté, maintenus constamment à quelques millimètres au-dessous du fardeau ; l'emploi de ces calages entraîne quelque complication et une certaine perte de temps, mais donne une grande sécurité.

Crochet hydraulique pour traction. — Le levier hydraulique que nous venons de décrire fonctionne comme un cric ou un vérin pour le levage des fardeaux. MM. Tangyes, de Birmingham, ont construit des crochets de traction avec mécanisme analogue.

Ces crochets servent à relever les troncs d'arbres dans les forêts et sont fréquemment employés à bord des navires pour le levage des couvercles, des pistons, des cylindres à vapeur, etc.

La figure 76 donne une vue d'ensemble de l'un de ces appareils simples et la figure 1, planche XLVI, en est une coupe à grande échelle, empruntée à la *Revue générale des machines-outils* :

Les deux anneaux extrêmes, destinés à s'éloigner ou à se rapprocher d'une quantité égale à la course du piston B, sont fixés : l'un sur le réservoir D qui renferme la petite pompe de compression, l'autre sur le cylindre A, à l'intérieur duquel se meut le piston B ; la figure suppose que ce piston est à fond de course et que les deux crochets sont à leur minimum d'écartement. Le piston B est monté sur la tige cylindrique C, qui traverse par une garniture de cuir embouti le couvercle du cylindre A et qui est vissé sur le réservoir D. A l'intérieur de cette tige creuse C est une autre tige cylindrique creuse en fer G, qui constitue le tuyau d'émission de la petite pompe de refoulement et qui, à l'extrémité opposée à cette pompe, communique par les conduits n avec la cavité annulaire de gauche du cylindre A. La cavité annulaire comprise entre la tige B et la tige C communique d'un bout, par le conduit l, avec le réservoir D et de l'autre bout, par le conduit s, avec la partie du cylindre A située à droite du piston B.

Le mouvement d'oscillation du levier extérieur L se transmet par la petite bielle interne K, au piston de la petite pompe ; quand ce piston va de droite à gauche, la soupape E s'ouvre et l'eau du réservoir D pénètre par le conduit u dans le petit corps de pompe ; lorsque le piston revient de gauche à droite, l'eau est comprimée et chassée par la soupape m dans la tige creuse G, dans les conduits n et dans la cavité cylindrique annulaire A ; la pression de l'eau s'exerce alors sur le fond F de cette cavité annulaire et sur la face de gauche du piston B ; ces deux surfaces tendent à s'éloigner et par conséquent les deux crochets se rapprochent ; comme la partie du cylindre A située à droite du piston B communique librement par les conduits s et I avec le réservoir D, l'appareil est constamment rempli de la même eau ; il faut seulement remplacer de temps en temps les pertes, ce qui se fait par un petit orifice à vis que l'on voit près du crochet de droite.

Fig. 76.

La manœuvre précédente est celle qui correspond à la traction ; quand il s'agit de laisser tomber le fardeau, c'est-à-dire de laisser les deux crochets s'éloigner l'un de l'autre, on agit sur la clef H d'une petite soupape à vis qui, en s'ouvrant, fait communiquer la tige creuse G, et par conséquent la cavité A avec le réservoir D ; l'action de l'eau comprimée cesse alors et les deux crochets, sollicités par le fardeau, s'éloignent l'un de l'autre. On peut, du reste, régler le mouvement en agissant sur la clef H.

Ce crochet hydraulique fonctionne verticalement ou horizontalement avec un seul homme. Pour lever, il suffit de serrer la clef H de la soupape et de monter le levier de manœuvre sur le carré de l'axe moteur de la petite pompe ; pour descendre il suffit de desserrer la clef H. Dans la marche verticale, la partie qui porte le réservoir doit être en bas.

Les crochets de ce genre, pour une course de $0^m,61$, pour une force variant de 2 à 10 tonnes, ont un poids compris entre 28 et 80 kilogrammes et coûtent 225 à 455 francs. Les prix augmentent de 75 à 100 francs par 30 centimètres de course en plus.

L'usage de ces engins est appelé à se développer de plus en plus.

Ascenseurs à action directe. — Le type de ces ascenseurs est l'ingénieux appareil construit pour la première fois en 1867 par M. Edoux. Il se compose d'un piston plongeur, dont la course verticale est précisément égale à l'ascension maxima qu'on veut obtenir et qui porte sur sa tête la cabine destinée à recevoir les personnes ou les marchandises. Le poids mort de l'appareil est équilibré directement par un contrepoids.

Ascenseur Edoux. — Ce système est certainement celui qui présente les garanties les plus sérieuses de régularité et de sécurité ; cependant il ne s'est point développé autant qu'on était fondé à le croire. Cela tient principalement à quelques accidents graves survenus dans des ascenseurs de construction et de manœuvre défectueuses. Cependant, il serait bien à désirer qu'on ne construisît plus à l'avenir, au moins dans les villes, un seul édifice dépourvu d'ascenseurs.

Voici, d'après une publication récente de M. Edoux, la description de son appareil et des perfectionnements qu'il y a apportés :

« Notre ascenseur consiste en un cylindre étanche, engagé dans un puits ou forage vertical et dans lequel est logé un piston plongeur, qui peut monter ou descendre, suivant qu'on y introduit ou qu'on en chasse l'eau motrice par le jeu d'un organe spécial que nous avons appelé le *distributeur*.

La *cabine* destinée aux voyageurs est fixée sur la tête du piston, et se meut avec lui entre deux ou quatre files de *guidages* verticaux, de forme variable suivant les emplacements.

Mais il est facile de se rendre compte que, la cabine et le piston représentant un poids mort supérieur, le plus souvent et de beaucoup, à la charge utile à élever, ce poids, s'il devait être soulevé par la puissance motrice, en absorberait la majeure partie en pure perte, et occasionnerait, par suite, une dépense d'eau exagérée. Il y a donc nécessité absolue de contrebalancer ce poids mort, de manière à ne demander à la force motrice que le travail réellement utile. D'un autre côté, on remarquera que le piston varie de poids, suivant qu'il plonge dans l'eau ou qu'il en émerge ; d'où il résulte que l'équilibrage doit se composer de deux parties : l'une fixe, l'autre variable et telle qu'elle compense exactement, et à toutes les phases de son mouvement, les variations de poids résultant du plus ou moins d'immersion du piston dans le liquide.

Les principes que nous venons d'exposer sont absolus ; et, aujourd'hui plus que jamais, nous tenons à les respecter, en maintenant comme le seul qui soit simple, exact et économique, l'équilibrage *direct*,

APPAREILS HYDRAULIQUES

figuré par le croquis ci-contre (*fig. 77*), au moyen d'un contrepoids C, compensant la partie invariable du poids mort, et d'une chaîne (ou d'un câble) B, B' qui, par son déplacement dans les deux sens par rapport à l'axe d'une poulie de transmission P, fait constamment et rigoureusement équilibre à la variation de poids que nous avons indiquée.

Supposons l'ascenseur à mi-course, comme le figure le croquis ci-contre : les deux brins de chaîne B B' se contre-balançant, il est clair que, pour qu'il y ait équilibre, le contrepoids C, devra représenter exactement le poids de la cabine augmenté de celui du piston à moitié immergé.

Si le piston monte d'une certaine quantité, un mètre par exemple, son poids s'augmente de la quantité p, égale au poids du volume d'eau qui a pris sa place dans le cylindre. D'un autre côté, le brin de chaîne B' est devenu de 2 mètres plus long que le brin B, et, par conséquent, pour que l'équilibre soit maintenu, il faut que le poids de ces deux mètres de chaîne équivaille au poids p, c'est-à-dire que chaque mètre de chaîne pèse $1/2$ de p.

A quelque point de la course que l'on suppose le piston, soit au-dessus, soit au-dessous de la position médiane, la permanence de l'équilibre dynamique sera donc assurée par ces deux conditions : 1° un contrepoids fixe égal au poids de la cabine et du piston à moitié immergé ; 2° une chaîne de transmission ayant un poids par mètre égal à moitié de celui du volume d'eau correspondant au déplacement du piston pour la même longueur.

Reste seulement à résoudre la question de la position à assigner, dans l'ensemble de l'installation, aux organes constituant cet équilibrage ; et si, jusqu'à ces derniers temps, nous les avons placés à la partie supérieure des appareils, comme l'indique la figure 77, c'est qu'une considération de sécurité nous en faisait un devoir absolu.

En effet, en procédant ainsi, nous ne soumettions les pistons qu'à des efforts combinés et relativement faibles de compression et de traction, les seuls qu'il fût possible de leur faire supporter sans danger, en raison de la nature et de la qualité des matières fournies jusqu'alors par l'industrie métallurgique.

Ce n'est pas que nous n'ayons été les premiers à constater les embarras ou les difficultés d'installation de ces transmissions supérieures dans certains cas particuliers, et, notamment, pour des

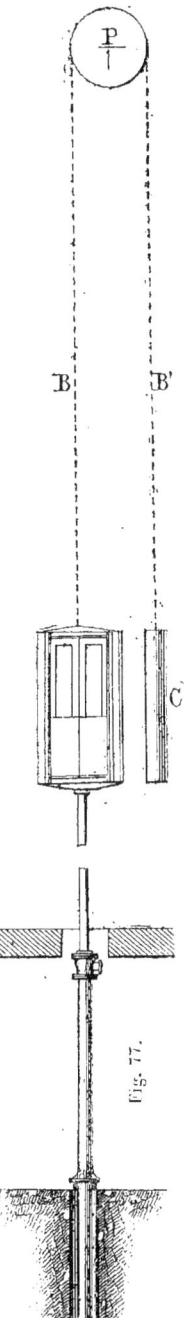

Fig. 77.

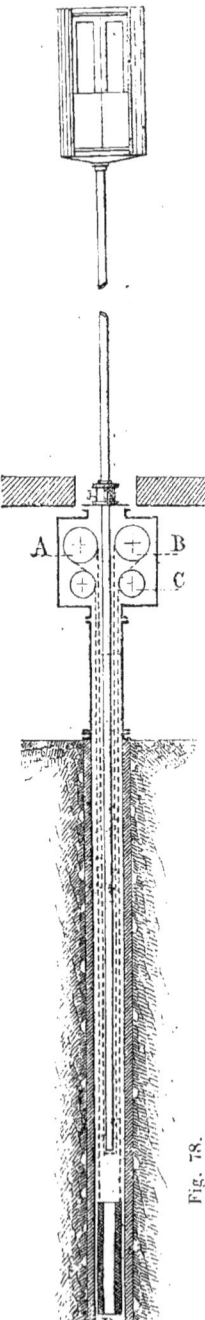

Fig. 78.

ascenseurs placés dans des enceintes visibles et ornées, telles que des halls ou des jours d'escaliers. Aussi, depuis longtemps avions-nous conçu un dispositif d'*équilibrage inférieur*, exempt, par conséquent, de ces inconvénients; mais nous en avons différé l'application jusqu'à ce que nous eussions acquis, par expérience, la certitude de pouvoir constituer nos pistons suivant des formes et avec des matières capables de résister aux efforts de compression, sans aucun risque de rupture ni même de flambage.

Les tubes d'acier, que l'industrie métallurgique peut nous offrir aujourd'hui, remplissent parfaitement cette condition, et nous donnent la sécurité la plus complète pour des hauteurs de pistons supérieures même à 150 fois le diamètre, ce que ne pouvait faire ni la meilleure fonte, ni le fer, ni le laiton. Nous n'hésitons donc plus à employer la disposition nouvelle, qui concentre tous les organes de transmission dans un caisson métallique A, figure 78, placé en sous-sol et monté sur le cylindre même de l'ascenseur (*). Ce caisson, constamment plein d'eau, renferme les poulies de transmission B, et celles de renvoi C. Une chaîne passant sous le pied du piston va s'enrouler de part et d'autre sur les poulies B et C, et porte, suspendu à ses extrémités, le contrepoids annulaire D, qui voyage dans toute la hauteur du cylindre, et au travers duquel passe le piston dans une partie de sa course.

Rien n'est changé dans les principes de notre mode d'équilibrage primitif, dont nous ne faisons que déplacer les organes; et, par conséquent, tout en conservant les mêmes avantages de la précision de l'équilibre dynamique et de l'utilisation la plus complète possible de la force motrice,

---

(*) Il peut se présenter des cas où le rapport entre la hauteur et le diamètre du piston excèderait la limite de sécurité; serait, par exemple, celui de l'ascenseur que nous avons établi en 1878, et qui fonctionne depuis cette époque, dans la tour du Trocadéro, avec une course de 65 mètres; pour y répondre, nous avons conçu une disposition spéciale du piston, au moyen de laquelle nous pouvons augmenter son diamètre, comme il convient pour la sécurité, sans que la consommation d'eau en soit affectée. Nous nous bornons à le mentionner pour mémoire, les circonstances qui en peuvent motiver l'application étant tout à fait exceptionnelles, et ne se présentant guère dans les ascenseurs des maisons d'habitation, dont nous nous occupons spécialement ici.

nous dégageons de tout embarras les parties supérieures des appareils, sans occuper en dessous une surface plus considérable que celle qui leur est affectée dans les étages.

Son extrême simplicité distingue essentiellement notre nouveau dispositif de diverses combinaisons essayées récemment dans le même but, qui, comportant des organes spéciaux de dimensions et de poids énormes, encombrent dans les sous-sols des espaces considérables en surface et en hauteur, et dont les complications absorbent en pure perte une notable partie de la force motrice, sans arriver à cette exactitude d'équilibrage que nous réalisons. Il n'est donc pas étonnant que les résultats de ces tentatives se soient traduits, comme nous l'avions prévu, tantôt par un insuccès complet, tantôt par une consommation d'eau tout à fait exagérée, toujours par des mécomptes et des préjudices graves aussi bien pour les constructeurs que pour les propriétaires.

Dans notre disposition nouvelle, les axes des poulies, toujours lubréfiés par l'eau, ne courent aucun risque de grippement; la chaîne, constamment noyée, subit moins d'oxydation qu'exposée à l'air libre; et la rupture en est moins que jamais à redouter, puisque la nécessité de tenir compte de l'influence du milieu dans lequel elle se meut, entraîne une augmentation de son poids par mètre, et, par conséquent de sa résistance pour supporter une charge effective que l'immersion n'accroît pas. Mais, en admettant même que, par impossible, cet accident de rupture vînt à se produire, il ne saurait en aucune façon compromettre la sécurité des personnes, ni même occasionner de dégâts matériels, puisque la chaîne et le contrepoids se rassemblant au fond du cylindre, le piston se trouverait dans le cas de celui d'un appareil non équilibré, et aurait toujours son mouvement subordonné à l'action régulatrice de la valve.

Remarquons, en outre, qu'avec l'application de notre appareil de sécurité, dont la description a été récemment publiée, l'eau dans laquelle se meuvent les divers organes de transmission, sera toujours tenue dans un état d'onctuosité très favorable à leur fonctionnement et à leur conservation, puisqu'elle reste toujours la même, sauf une rénovation très faible à chaque voyage, incapable de modifier sensiblement cet état, mais suffisante néanmoins pour l'empêcher de jamais se corrompre.

Distributeur. — Le mouvement de l'ascenseur est commandé par le *distributeur.* — Cet appareil est un petit corps de pompe à piston mobile, placé sur le côté du grand cylindre à l'intérieur duquel se meut le plongeur. L'eau sous pression arrive par la tubulure A, l'eau expulsée gagne l'égout par la tubulure B, et la tubulure C communique avec le cylindre du plongeur. Dans la position intermédiaire du piston P, position qui est précisément celle de la figure, l'admission et l'émission sont fermées, l'ascenseur est immobile; si, en agissant sur le levier L, on soulève le piston P, la communication avec l'égout est établie et l'ascenseur descend; si, au contraire, on baisse le piston P, la communication avec l'eau sous pression est établie et l'ascenseur monte. L'effort à exercer pour manœuvrer le piston P est, du reste, réduit au frottement des garnitures; la manœuvre se fait en agissant sur l'extrémité du levier L par un câble qui traverse la cabine de l'ascenseur et qui règne sur toute la hauteur d'ascension. On trouve aussi dans les cabines des boutons, en nombre égal à celui des étages à desservir, que l'on pousse et qui, par leur action sur le câble de manœuvre, déterminent l'arrêt à tel ou tel étage.

La pression motrice de l'eau au centre de la ville de Paris n'est guère

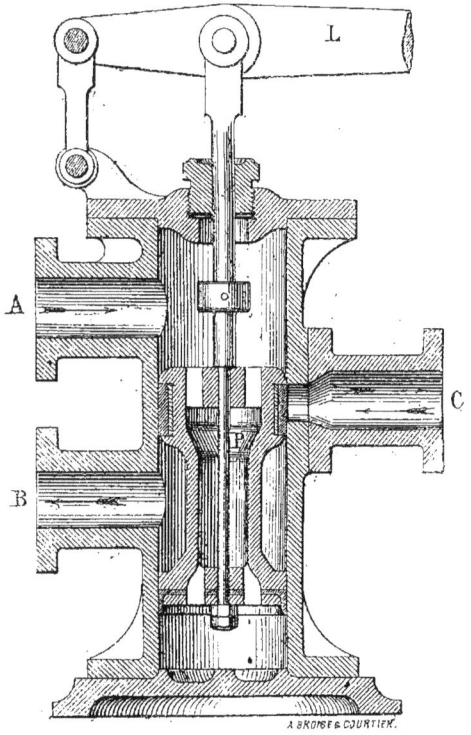

Fig. 79.

supérieure à 30 mètres; la vitesse de l'ascenseur est de $0^m,20$ à $0^m,30$ à la montée et $0^m,50$ à $0^m,60$ à la descente.

Les frais d'établissement d'un ascenseur sont nécessairement variables suivant les circonstances; on peut admettre le prix maximum de 1,000 francs par mètre de course pour les hauteurs et les puissances moyennes, c'est-à-dire pour les courses de 10 à 20 mètres et les charges de quatre à six personnes. Dans les circonstances ordinaires, on peut descendre au prix de 500 francs le mètre.

Valve de réglage automatique de la vitesse de marche. — Le tuyau d'amenée de l'eau sous pression porte, entre le distributeur et le cylindre de l'ascenseur, une boîte cylindrique que l'eau traverse et qui renferme une vanne en forme de secteur cylindrique, mobile autour de l'axe horizontal de la boîte ; elle est convenablement équilibrée sur cet axe par un contrepoids extérieur; si la vitesse d'écoulement de l'eau vient à augmenter, la vanne ferme progressivement le tuyau et réduit le débit ; elle peut même rétrécir l'orifice jusqu'à ne donner passage qu'à un mince filet d'eau.

Appareil de sécurité contre les effets de l'air. — Quand, après un chômage prolongé ou après des réparations, on remet brusquement un ascenseur en marche, le tuyau d'amenée est plein d'air, la rentrée subite de l'eau donne sur cet air un coup de bélier qui peut projeter brusquement le piston plongeur et l'ascenseur.

Pour empêcher le retour de ces accidents, M. Edoux interposa sur la conduite entre le distributeur et la valve de réglage un réservoir métallique formé d'un cylindre vertical ; le tuyau d'amenée est donc interrompu par ce réservoir, au sommet duquel débouche le bout du tuyau qui va vers la distribution d'eau comprimée, tandis que le bout de tuyau qui va vers l'ascenseur débouche au fond de ce même réservoir après être descendu verticalement à l'intérieur.

La capacité de ce réservoir est supérieure à celle du cylindre de l'ascenseur. Lors donc que l'on met l'appareil en fonctionnement brusque, la conduite d'amenée étant remplie d'air, cet air vient s'accumuler dans la partie haute du réservoir et chasse l'eau située sous lui ; cette eau est refoulée dans le cylindre de l'ascenseur avec une vitesse toujours réglée par la vanne de réglage. Il n'y a point à redouter une projection d'air sous l'ascenseur. L'air introduit dans le réservoir s'échappe librement à la descente suivante et le tuyau d'amenée se trouve de nouveau amorcé.

Ascenseurs du tunnel sous la Mersey. — Le tunnel sous la Mersey a été construit pour le chemin de fer qui réunit Liverpool et Birkenhead. Il comporte quatre gares, dont deux souterraines desservies par des ascenseurs : à James street, les voies sont à $27^m,90$ au-dessous de la salle des billets, située au niveau du sol.

Les figures 1 et 2 de la planche XLV, empruntée à la *Revue générale des chemins de fer*, donnent la disposition générale de cette station et de ses ascenseurs.

La chambre des machines, située à $8^m,30$ au-dessous de la salle des pas perdus inférieure, renferme les chaudières, les machines et les pompes qui envoient l'eau dans le réservoir A, situé au sommet de la tour de la station. Cette eau est chauffée par la vapeur d'échappement des machines.

Les ascenseurs sont à piston plongeur à action directe ; ils reçoivent de l'eau du réservoir A une poussée de 6.800 kilogrammes et sont calculés pour recevoir 100 voyageurs au poids moyen de 68 kilogrammes.

On eût pu obtenir la même force ascensionnelle avec de l'eau comprimée à 50 kilogrammes par centimètre carré (c'est-à-dire élevée fictivement à 500 mètres), agissant sur un piston plein de 0ᵐ,15 de diamètre ; mais une tige aussi mince aurait nécessairement flambé à la moindre excentration de la charge. Aussi a-t-on préféré une pression très réduite agissant sur un cylindre creux de grand diamètre.

« Ce piston tubulaire en acier doux, de 0ᵐ,458 de diamètre et de 0ᵐ,013 d'épaisseur assure toute sécurité ; il est composé de tronçons de 3ᵐ,50 assemblés au moyen de bagues intérieures.

Son coefficient de sûreté est 30 comme colonne chargée verticalement

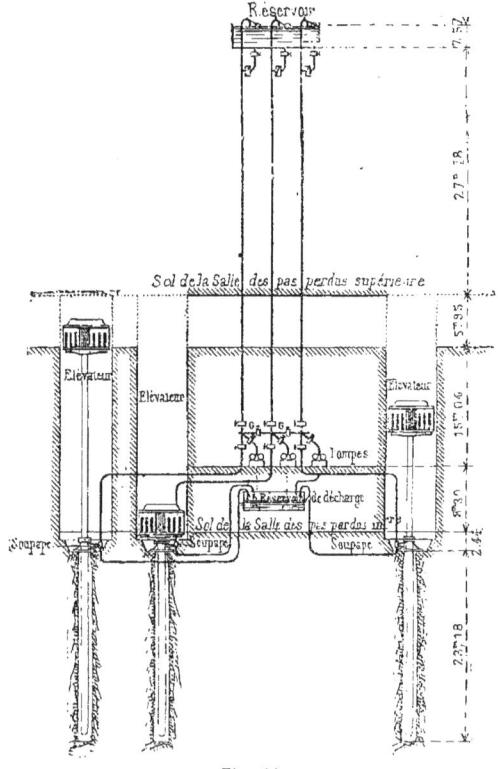

Fig. 80.

suivant son axe et 6,6 environ sous l'effort transversal dans le cas de la charge concentrée d'un seul côté à 1ᵐ,5 du centre.

Le cylindre ou tube du plongeur est en fonte ; il a 0ᵐ,333 de diamètre intérieur et 0ᵐ,029 d'épaisseur ; il est formé de bouts de 3ᵐ,66 de longueur avec assemblages à brides boulonnées.

A sa partie supérieure il est alésé à 0ᵐ,458 de diamètre et garni d'un cuir embouti qui forme le joint du piston.

L'extrémité inférieure du piston est terminée par une calotte sphérique en fonte rattachée au support de la cage à l'aide d'une tringle B de 0^m,037, placée dans l'axe (*fig. 6, Pl. XLV*).

Le guidage se fait sur quatre rails verticaux en forme de V, reliés aux parois du puits de l'ascenseur.

L'ascenseur a été essayé sous une charge de 8.618 kilogrammes répartie intentionnellement d'une façon anormale sur le côté de la cage. Le résultat a été des plus satisfaisants.

Les solives de la cage d'ascenseur sont en pitch-pin qui, après expériences, a été reconnu comme doué d'une résistance transversale supérieure à celle du teck ou du chêne ». (*Revue générale des chemins de fer.*)

Élévateurs pour wagons. — Ces appareils sont destinés à faire passer les wagons de chemins de fer, vides ou chargés, d'une voie à une autre voie sise à un étage supérieur; ils rendent les plus grands services.

1° *Élévateurs des docks de Marseille.* — Les wagons doivent être élevés à 6 mètres de hauteur.

L'appareil est analogue à l'ascenseur que nous venons de décrire. Sous la voie du rez-de-chaussée on a creusé un puits qui a reçu un cylindre creux en fonte dans lequel se meut un plongeur de 0^m,25 de diamètre, 0^m,0491 de section transversale et 6 mètres de course; la tête du plongeur porte deux traverses horizontales rectangulaires, recouvertes d'une charpente en fer et d'un plancher en bois avec voie ferrée pour recevoir les wagons.

Aux extrémités des traverses on a ménagé des échancrures qui embrassent des guides formés de montants en bois garnis de bandes de fer plat.

La charge à soulever s'établit comme il suit :

Poids mort	Wagon vide.	4.500 kilog.
	Plateau de charge.	2.500 —
	Plongeur	1.500 —
Poids utile	Chargement du wagon. . . .	10.000 —
Frottement	du plongeur dans le presse-étoupes et des glissières contre les guides.	252 —
	Total	18.752 kilog.

Pour donner cet effort, il suffit d'une pression de 39 kilogrammes par centimètre carré de la section transversale des plongeurs. Nous savons que les accumulateurs sont réglés à 52 atmosphères; il y a donc une marge suffisante pour le fonctionnement.

Le système de distribution est très simple et d'un fonctionnement analogue à celui du distributeur de l'ascenseur Edoux. Il consiste en une triple soupape : *soupape d'introduction* pour élever la charge, *soupape d'évacuation* pour faire descendre le plateau, et *soupape de choc* qui permet d'arrêter instantanément l'appareil en un point quelconque de la course en évitant les coups de bélier. Les trois soupapes sont

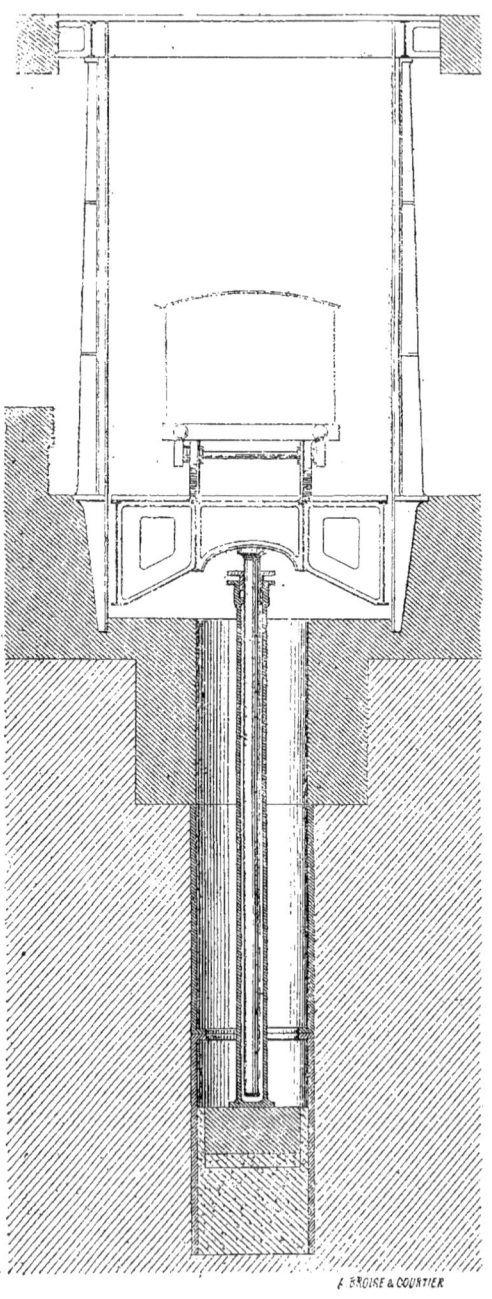

Fig. 81.

manœuvrées par des cames montées sur un seul arbre actionné par un levier unique décrivant un angle de 18 degrés au-dessus comme au-dessous de l'horizontale ; quand le levier est horizontal, il n'y a ni admission ni émission d'eau, l'appareil reste au repos; quand il est à 18 degrés au-dessus de l'horizon, l'admission est ouverte et le plateau monte; quand il est à 18 degrés au-dessous de l'horizon, l'émission est ouverte et le plateau descend.

Le levier est manœuvré du sol même des étages à l'aide d'une chaîne mue à la main et parfaitement équilibrée.

La *soupape de choc*, avons-nous dit, est destinée à parer aux coups de bélier lors d'un arrêt brusque pendant la descente; son ressort est tel qu'elle s'ouvre lorsque la pression de l'eau confinée sous le plongeur dépasse 52 atmosphères; une partie de cette eau confinée passe alors dans le réseau général de distribution et la pression sous le plongeur ne dépasse jamais 52 atmosphères.

Un *levier de sûreté* est monté sur l'arbre de manœuvre des soupapes et fonctionne de manière à fermer l'admission lorsque le plateau arrive en haut de sa course et à fermer l'évacuation lorsque le plateau arrive en bas. Il importe, en effet, de prévoir la négligence ou l'inattention du mécanicien et de parer au choc qui briserait l'appareil et projetterait le plongeur si, lorsqu'il se trouve au sommet de sa course, l'eau comprimée continuait à agir sur lui. Le levier de sûreté est manœuvré automatiquement par des chaînes fixées au plateau de l'ascenseur.

Au sortir de la boîte des soupapes, le *tuyau d'évacuation* est recourbé en siphon vertical, en forme d'U renversé, dont le sommet est au-dessus du point le plus élevé du cylindre enveloppant le plongeur; cette disposition a le même but que le réservoir de sûreté que nous avons indiqué dans l'appareil Edoux; elle s'oppose à ce que, pendant l'évacuation, l'air extérieur rentre dans le cylindre du plongeur; la présence de cet air déterminerait ultérieurement sur l'ascenseur des mouvements brusques et des chocs dangereux.

L'appareil précédent est à *simple pouvoir*; il dépense le même travail et le même volume d'eau comprimée pour élever un wagon vide ou un wagon plein, c'est-à-dire pour élever 15 tonnes ou 4 tonnes et demie. Aussi, a-t-on construit des élévateurs à *double pouvoir*, pouvant élever à volonté 5 tonnes ou 15 tonnes; à cet effet, le plongeur se termine en bas par un piston ordinaire qui glisse à l'intérieur du cylindre-enveloppe; au-dessus de ce piston ordinaire de section S est la tige du plongeur de section $\frac{1}{3}$ S, de sorte que l'espace libre autour d'elle est égal à $\frac{2}{3}$ S. Si S est calculée pour un fardeau de 15 tonnes, la force ascensionnelle de l'appareil sera bien de 15 tonnes, lorsque l'espace annulaire autour du plongeur communiquera avec le tuyau d'évacuation, c'est-à-dire avec l'atmosphère, mais elle sera réduite à 5 tonnes lorsque l'espace annulaire susdit communiquera avec le réseau d'eau comprimée. Un jeu convenable de soupapes permet de réaliser l'une ou l'autre combinaison.

La boîte de distribution comprend cinq soupapes :

A, la soupape d'introduction;
B, la soupape d'évacuation;
C, la soupape de communication;
D, la soupape de décharge;
E, la soupape de choc.

Nous connaissons le fonctionnement des trois soupapes A, B, E.

La soupape C a pour rôle de mettre l'eau comprimée de la distribution en communication avec la capacité annulaire entourant le plongeur; cette communication persiste tant que l'ascenseur monte et le piston moteur, tout en consommant en apparence le même volume d'eau que s'il était à simple pouvoir, ne consomme en réalité que le tiers de ce volume, parce qu'il refoule dans le réseau de distribution, par la soupape de communication, les $\frac{2}{3}$ du volume engendré par son déplacement.

La soupape D a pour but de mettre le dessus du piston en communication constante avec le tuyau de décharge, lorsque l'on veut revenir au fonctionnement à simple pouvoir.

D'ordinaire, *on a soin d'équilibrer le poids mort des élévateurs*, afin de ne point dépenser à chaque opération un travail inutile; c'est une complication de construction et un supplément de dépense première;

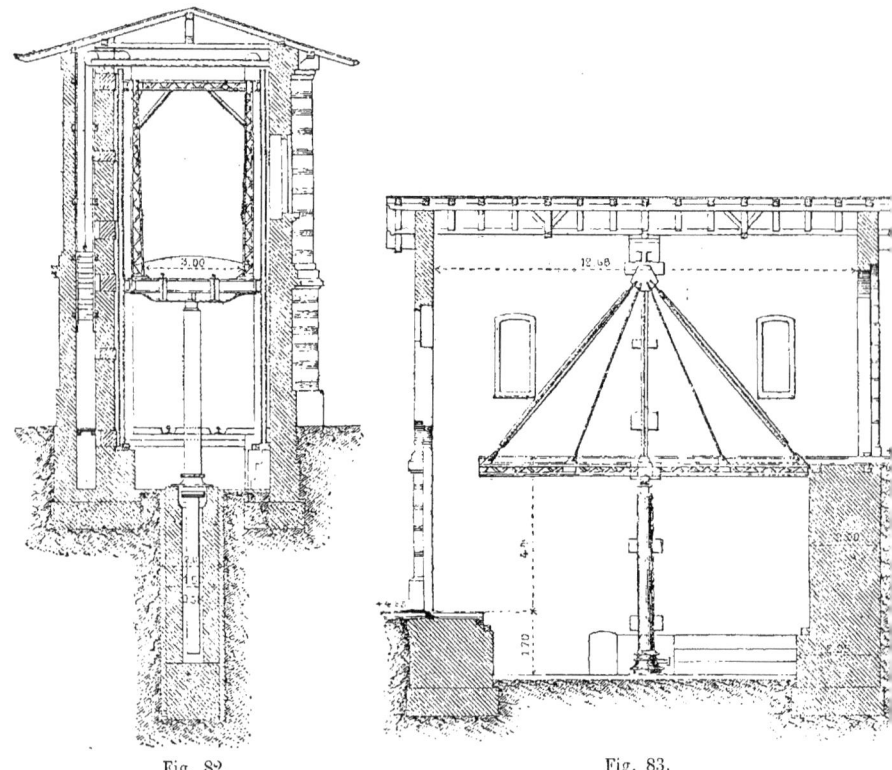

Fig. 82.   Fig. 83.

mais cette dépense est rapidement compensée par l'économie d'exploitation, surtout lorsque l'eau comprimée est obtenue par des machines à vapeur et non par une chute naturelle.

2° *Élévateurs de la gare de Berlin*. — A la nouvelle station du chemin de fer d'Anhalt à Berlin, on se sert d'élévateurs hydrauliques pour faire monter ou descendre les wagons d'une hauteur de 4 mètres.

« L'élévateur se compose d'une plate-forme munie de rails et supportée par un piston en fer de 0^m,40 de diamètre, mobile à l'intérieur d'un cylindre hydraulique en fonte, encastré dans le sol au moyen d'un solide dé de maçonnerie de 2 mètres de diamètre.

« Le cadre de la plate-forme est composé de quatre supports métalliques rattachés à la partie supérieure par des tirants qui reportent la pression au centre dans l'axe du piston. L'appareil est guidé par des sabots glissant dans des rainures verticales, formées de simples rails qui sont solidement assujettis à la maçonnerie du bâtiment. Le poids de la plate-forme est d'ailleurs équilibré par de puissants contrepoids suspendus par l'intermédiaire de poulies à l'intérieur d'un puits en maçonnerie, ménagé latéralement à la chambre élévatoire. Pour caler le wagon sur la plate-forme on fait usage de quatre sabots équilibrés par des contrepoids qui les forcent à s'appuyer exactement sur le rail. Le débrayage de ces sabots se fait automatiquement quand l'élévateur est arrivé au bout de sa course, par suite de la butée d'un taquet contre un obstacle fixé au mur.

« Quand l'ascenseur est descendu, sa plate-forme repose sur des charpentes en bois qui la supportent au centre et aux extrémités. Le wagon est mécaniquement entraîné sur la plate-forme de l'ascenseur ou tiré de cette plate-forme par la force hydraulique. A cet effet, on a disposé sur le plancher de la chambre de l'ascenseur des cylindres horizontaux dont les pistons font mouvoir des câbles de traction au moyen de palans renversés, composés de six poulies folles d'un diamètre de $0^m,20$; la course des pistons étant de $4^m,80$, le chemin que l'on peut ainsi faire parcourir au wagon est de $52^m,80$.

« L'accumulateur de cette force hydraulique donne une pression de 25 atmosphères; son piston pèse près de 37 tonnes; la charge qu'il soulève utilement à l'ascenseur, en tenant compte des pertes de charge et des frottements, est encore de 22,5 tonnes.

La quantité d'eau dépensée pour chaque manœuvre est de 528 litres; il faut quatre minutes pour charger, enlever, décharger et faire descendre l'appareil. On élève journellement 30 à 40 wagons en moyenne et 80 pendant les périodes les plus chargées ». (*Revue générale des Chemins de fer.*)

3° *Élévateurs de la gare Saint-Lazare à Paris.* — Les monte-wagons de la gare Saint-Lazare à Paris, établis d'après l'étude faite par M. l'ingénieur Bouissou, sont représentés dans leurs dispositions générales, par les vignettes ci-jointes et par les figures 3 à 7, planche XLVI. Un plateau AB, de 8 mètres sur $3^m,20$, reçoit les wagons à faire passer d'un étage à l'autre; ce plateau est solidement relié à un triple piston C, mobile dans trois cylindres en fonte; un distributeur permet de mettre un ou plusieurs des trois cylindres en communication avec la conduite d'eau comprimée ou avec la conduite de décharge.

La course des pistons est de $9^m,60$.

L'appareil doit pouvoir faire, au maximum, 80 opérations à l'heure, 40 montées et 40 descentes, ce qui donne 45 secondes pour chaque opération. La vitesse du plateau a été fixée à 1 mètre par seconde; 35 secondes restent donc disponibles pour la manœuvre au départ et à l'arrivée, c'est-à-dire pour pousser le wagon sur le plateau et pour l'en retirer.

Avec wagon chargé, le poids total à soulever s'établit comme suit :

Poids mort du wagon.	5.000 kilog.
Chargement	10.000 —
Plateau et piston moteur	10.200 —
Total.	25.200 kilog.

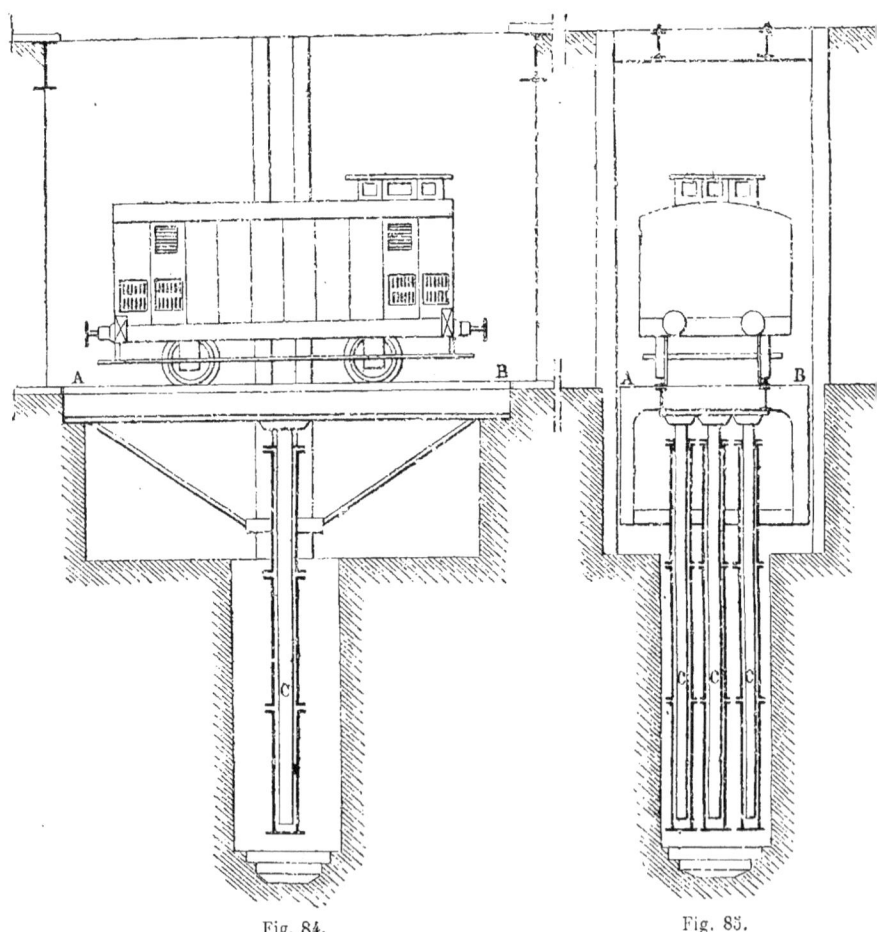

Fig. 84.   Fig. 85.

Il est prudent de ne compter que sur un rendement de 70 p. 100, c'est-à-dire de calculer la surface du piston en vue d'une charge théorique de $25.200 \times \frac{10}{7}$ ou de 36.000 kilogrammes.

La pression de l'eau comprimée étant de 50 kilogrammes par centimètre carré, il faut donner au piston une surface de 720 centimètres carrés. Il en résulterait pour un piston unique un diamètre de $0^m,24$ et il absorberait à chaque montée 694 litres d'eau.

Telle serait la consommation si l'appareil était à *simple pouvoir* et elle demeurerait la même pour un wagon vide que pour un wagon chargé. L'adoption du piston triple a permis d'obtenir un appareil *à triple pouvoir* et de proportionner la consommation d'eau comprimée à l'effort à développer.

Chaque piston simple C a donc reçu une section de 240 centimètres carrés, et 1 diamètre de $0^m,175$; il consomme à la montée 230 litres d'eau.

Un piston suffit pour monter le plateau vide; deux pistons suffisent pour monter en outre un wagon vide ou peu chargé, et l'on a recours aux trois pistons lorsque le chargement du wagon dépasse 4 à 5 tonnes.

Dans ce dernier cas, on consomme 690 litres comprimée, dans le second cas 460 litres, et dans le premier cas 230 litres seulement.

On a même la possibilité de faire refouler, pendant la descente, l'eau confinée sous le piston du milieu et de restituer ainsi au réseau de distribution une partie de la force qu'il a donnée.

En somme, la dépense d'eau comprimée doit être comptée en moyenne à raison de 460 litres par montée; elle est nulle pour la descente; la dépense s'élèvera donc, pendant les heures de fonctionnement ininterrompu, au plus à 18.400 litres.

Par journée de travail, on compte au maximum 200 ascensions, d'où une consommation de 3.833 litres à l'heure, si on la répartit sur vingt-quatre heures; les machines et les pompes sont supposées, en effet, pouvoir fonctionner sans interruption.

On remarquera que le rendement de l'appareil en travail utile est faible, puisqu'il y a 15,200 kilogrammes de poids mort pour 10,000 kilogrammes, et souvent beaucoup moins, de charge utile. Si on équilibrait le poids mort et même une grande partie du poids du wagon vide, à l'aide d'un système de contrepoids analogue à celui que nous avons signalé dans l'ascenseur Edoux ou dans le monte-wagons de Berlin, l'effort à exercer, et la consommation d'eau comprimée, seraient réduits dans une proportion considérable. La Compagnie de l'Ouest a jugé sans doute que, vu l'espace restreint dont elle disposait, les dispositions à adopter rendraient l'exploitation du monte-wagons plus onéreuse, moins commode et moins rapide.

Basculeurs à wagons. — Des monte-wagons que nous venons de décrire il faut rapprocher les basculeurs, qui sont installés notamment à la gare d'Amsterdam et qui ont pour but de soulever les wagons d'un côté seulement, en les faisant tourner autour de leur essieu d'avant, lorsqu'ils sont arrivés à l'extrémité d'une estacade; le chargement se vide ainsi très facilement dans un véhicule quelconque ou dans un bateau.

La coupe longitudinale du système, suivant l'axe de la voie ferrée, montre la plate-forme A, qui bascule autour de l'axe O ; elle est soulevée

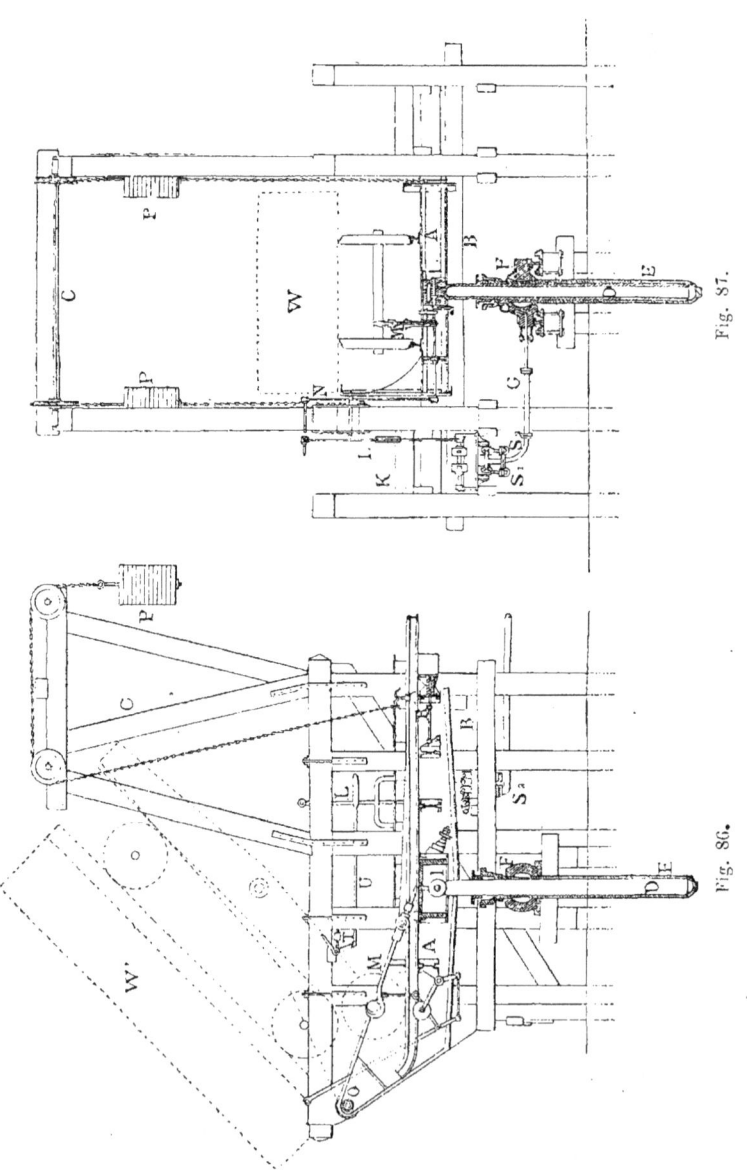

par le plongeur D dont la tête est articulée en I sous la plate-forme. Le point I décrivant un arc de cercle, le piston D et son cylindre E ne peuvent le suivre que s'ils sont eux-mêmes oscillants; ils passent à cet effet dans une articulation sphérique F, au milieu de laquelle aboutit la conduite d'eau comprimée fournie par un accumulateur à 53 atmosphères.

Un levier L agit sur la boîte de distribution et est manœuvré par un ouvrier, monté sur une plate-forme fixe en dehors des charpentes C qui encadrent de chaque côté de la voie la plate-forme mobile.

Ces charpentes reçoivent, du reste, les chaînes et contrepoids P qui équilibrent le poids mort de la plate-forme.

L'équilibrage des poids morts paraît beaucoup plus répandu à l'étranger qu'en France.

Un taquet T, que porte la plate-forme, règle automatiquement son inclinaison; quand elle est arrivée au sommet de sa course, le taquet agit sur le levier L et ferme l'admission de l'eau comprimée.

Presses de soulèvement des ponts mobiles. — L'usage des presses hydrauliques était tout indiqué pour le soulèvement des volées des grands ponts mobiles que l'on rencontre dans nos principaux ports.

La première application paraît en avoir été faite au pont de la Penfeld, à Brest; les volées mobiles reposent sur des couronnes de galets et tournent comme des plaques tournantes; l'effort nécessaire à la rotation est donné par des engrenages qu'actionne un cabestan.

On a voulu se donner le moyen d'isoler et de décharger les couronnes de galets en soulevant le tablier à quelques centimètres au-dessus d'elles, ce qui permettra de les réparer et de les régler facilement.

A cet effet, on a réservé au sommet de chaque pile, sous les poutres de rive, l'emplacement de quatre presses hydrauliques, capables chacune d'un effort de 200 tonnes. L'eau est foulée simultanément dans ces quatre presses par un seul et même jeu de pompes qui se placent au centre de la tour formant pile; ces pompes se manœuvrent à bras comme les pompes à incendie et trois ou quatre hommes suffisent pour soulever la volée de quelques centimètres au-dessus de ses galets.

A. Presses du pont de l'écluse de Penhouet à Saint-Nazaire. — Les anciens ponts tournants causent à la navigation une grande gêne parce qu'ils interrompent le halage, puisque leurs volées viennent se placer sur les bajoyers parallèlement au chenal. Aussi, les Anglais les ont-ils remplacés par des ponts roulants qui se retirent en arrière des bajoyers perpendiculairement au chenal que suivent les navires.

Le système, imaginé par sir Armstrong, consiste à soulever le pont par deux presses hydrauliques, une sous chaque poutre de rive; la culasse étant, par un contrepoids, rendue plus lourde que la volée, celle-ci se relève par un mouvement de bascule jusqu'à ce qu'elle rencontre un bec en fer qui la retient et qui, le mouvement ascensionnel continuant, force la culasse à s'élever à son tour, jusqu'à ce que le tablier devienne horizontal et que la culasse soit sortie de son encuvement et déborde la chaussée située en arrière ; à ce moment, des appareils funiculaires de traction interviennent et tirent le tablier en arrière, la volée se dégage du bec qui l'avait arrêtée et roule en arrière sur des galets à axe fixe.

Les mouvements sont, comme on le voit assez compliqués ; le tablier est soumis à des efforts variables et doit être très robuste ; les deux presses hydrauliques n'ont pas toujours une marche bien parallèle et le tablier est exposé à subir des efforts de déversement.

A Saint-Nazaire, à l'écluse du bassin de Penhouet, M. l'ingénieur en chef Kerviler a considérablement perfectionné ce système et nous donnerons, d'après lui, la description générale du pont qu'il a construit et qui est revenu à 10,000 francs par mètre d'ouverture de la passe, machinerie, mais non maçonneries comprises :

« Le pont qui franchit en une seule travée la grande écluse de 25 mètres a 43 mètres de longueur, dont 28 pour la volée et 15 pour la culasse ; il pèse en tout, avec les additions qu'il a fallu lui faire pour assurer la rigidité en arrière, 300,000 kilogrammes, dont 80,000 kilogrammes de contrepoids en fonte à l'extrémité de la culasse. Sa section transversale présente exactement 8 mètres de largeur en dehors des deux poutres de rive. Celles-ci ont $3^m,60$ de hauteur et sont réunies à la partie inférieure par des pièces de pont transversales de $0^m,65$ de hauteur qui portent deux voies de chemin de fer, posées en passage à niveau entre des platelages qui permettent la circulation des voitures et laissent un trottoir pour piétons de $0^m,75$ de chaque côté.

Lorsque le pont est fermé, il repose librement : du côté de la volée sur une feuillure de $0^m,60$, taillée dans le bajoyer de l'écluse et simplement munie de deux joues métalliques aux extrémités, laissant un jeu d'un centimètre ; du côté de la culasse sur la sole en maçonnerie d'un encuvement général ménagé latéralement à l'écluse.

Voici maintenant le dispositif d'une manœuvre :

Il faut d'abord lever le pont verticalement de toute la hauteur des pièces de pont sous les rails, soit de $0^m,95$, pour que la semelle inférieure des poutres de rive puisse glisser sur la chaussée en arrière. A cet effet, un piston hydraulique vertical de $0^m,90$ de diamètre et de 1 mètre de hauteur est disposé dans une cuve pratiquée dans le bajoyer de l'écluse.

Ce piston porte sur sa tête une forte pièce de fonte évasée (T), sur laquelle est fixé un chevêtre métallique (C) de 8 mètres de long sur 2 mètres de largeur, portant à chacun de ses quatre angles un galet vertical (G), de $0^m,60$ de diamètre, dont l'axe horizontal est perpendiculaire à l'axe du pont. Lorsque le piston se lève sous l'action de l'eau comprimée venant des accumulateurs, le pont est levé en équilibre sur les génératrices supérieures de ces quatre galets qui forment un rectangle suffisant pour enfermer la verticale passant par le centre de gravité de toute la passerelle.

Le pont est levé sur ces quatre galets un peu plus haut que le niveau des galets de la chaussée d'arrière. A ce moment, quatre supports manœuvrés ensemble (V) par des leviers coudés et une vis sans fin (K) viennent se placer sous le chevêtre aux quatre coins : on redescend le pont de quelques centimètres; le chevêtre repose alors sur ces quatre appuis, la presse est déchargée et les galets du chevêtre s'alignent avec ceux de la chaussée.

Un treuil hydraulique Brotherood (B) fait alors mouvoir, par une transmission d'arbres à angles droits et à manchons (M), un pignon placé au centre du chevêtre et sur lequel passe une chaîne-galle (P) dont les deux extrémités sont fixées sous les traverses du pont. Le mouvement de ce pignon détermine aussitôt la translation du pont en arrière et le guidage est obtenu par deux petites cornières placées sous la semelle en acier des poutres de rive de manière à embrasser les galets

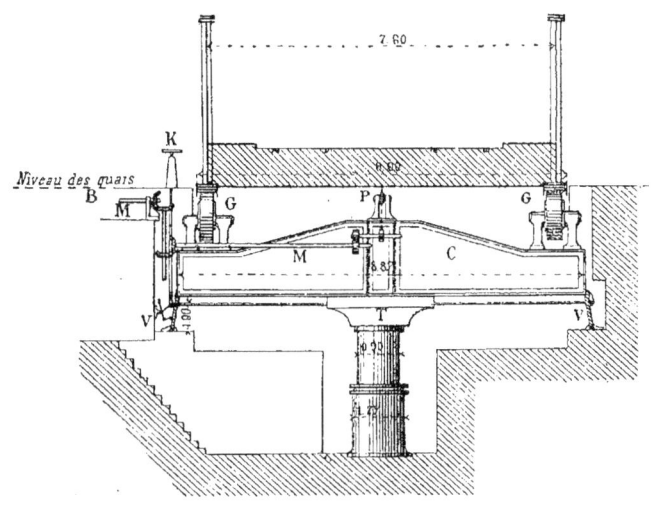

Fig. 88.

avec un très faible jeu. On n'a jamais constaté de grippement et le mouvement s'exécute avec une douceur remarquable.

Toute cette manœuvre s'exécute en quatre minutes, et la consommation moyenne est de 1,500 litres d'eau comprimée à 50 atmosphères.

Au retour, les mouvements sont inverses. La chaîne-galle ramène le pont à fermer l'écluse; on le lève de quelques centimètres pour décaler les quatre appuis du chevêtre, puis on ouvre le robinet d'évacuation de la presse; le pont descend lentement, la volée entre dans la feuillure du bajoyer opposé à celui de la presse et tout est fini en moins de quatre minutes.

Pour être sûr que le piston ne se lève pas trop haut à la levée, une valve est disposée dans le tuyau d'introduction de l'eau comprimée; elle le ferme automatiquement dès que la hauteur exigée est obtenue. De même, au retour, quand la chaîne-galle ramène le pont sur l'écluse, un arrêt fixé sur la poutre de rive ferme automatiquement la soupape d'introduction de l'eau dans le treuil Brotherood et le pont s'arrête exactement sur le chevêtre, de manière à descendre, à un millimètre près, dans les feuillures des bajoyers.

Le grand avantage de tous ces mécanismes consiste dans leur simplicité, dans leur accès facile sur tous les points, dans leur douceur de mouvement et dans leur obéissance au moindre commandement.

B. Appareils des ponts roulants du bassin à flot de Saint-Malo.

— Les bassins de Saint-Malo comportent deux ponts roulants identiques, dont la manœuvre générale est analogue à celle du pont de Saint-Nazaire, que nous venons de décrire.

Ces ponts, construits sous la direction de M. l'ingénieur Robert, ont $38^m,80$ de longueur, dont $22^m,80$ de volée et 16 mètres de culasse; largeur, 8 mètres; poids, 181.500 kilogrammes, dont 35.500 formant contrepoids pour la culasse.

Pour dégager la passe, les manœuvres à exécuter sont les suivantes :
Soulever le pont, suivant la verticale, au-dessus de l'encuvement;
Glisser sous les poutres des galets de roulement;
Redescendre le pont pour le faire reposer sur ces galets et dégager les appareils de soulèvement;
Imprimer au pont un mouvement rectiligne de recul.

Le mécanisme qui réalise ces mouvements comprend :

1° Une presse hydraulique verticale, logée dans une fosse en maçonnerie, à l'aplomb du centre de gravité du tablier;

2° Un chevêtre en fer qui couronne le piston de la presse et qui est garni de sommiers en fonte placés à l'aplomb des poutres de rive du tablier; ce chevêtre est solidaire du piston de la presse et oscille verticalement avec lui, guidé verticalement aux deux bouts par des glissières en fonte coulissant dans deux pièces en fonte fixées à la cuve en maçonnerie;

3° Quatre galets doubles, mobiles dans le sens transversal du pont, et destinés à être amenés sous les poutres lorsque le pont doit être reculé, puis retirés lorsqu'il est revenu en place et repose sur les maçonneries;

4° Deux galets semblables, fixes, placés dans le prolongement des poutres en arrière de la culasse qu'ils soutiennent quand le pont est retiré;

5° Deux appareils de translation fixés au chevêtre et destinés à produire le mouvement de va-et-vient du tablier;

6° Quatre heurtoirs placés dans l'alignement des poutres et destinés à limiter les positions extrêmes du pont.

Le mécanisme comprend, en outre, un récupérateur, que nous décrirons plus loin, et qui a pour mission d'emmagasiner et de restituer à la distribution d'eau comprimée le travail produit par la descente du tablier.

La presse de soulèvement, les galets mobiles et les appareils de translation sont mus par de l'eau comprimée à 60 atmosphères, fournie par un accumulateur qui alimente les autres engins du port. Les appareils de distribution et le récupérateur sont logés dans un pavillon voisin qui renferme, en outre, une pompe de compression à bras destinée à fournir l'eau comprimée en cas de chômage de l'accumulateur.

Il faut trois minutes pour ouvrir ou pour fermer la passe et un seul homme y suffit.

Le cylindre de la presse de soulèvement est formé de deux tronçons cylindriques en fonte de $0^m,014$ d'épaisseur; le tronçon inférieur a un diamètre intérieur de $1^m,06$ et le tronçon supérieur un diamètre intérieur de $1^m,02$; il présente un renflement intérieur de $0^m,02$ formant butée pour empêcher le plongeur de sortir du cylindre.

Quant au plongeur, c'est aussi un cylindre creux en fonte de $2^m,20$ de hauteur totale, ayant 1 mètre de diamètre à la partie supérieure sur $1^m,525$ de haut et $1^m,04$ à la partie inférieure, ce qui donne un renflement de $0^m,02$ correspondant à celui du cylindre; la butée des deux renflements limite la course du plongeur. C'est la partie supérieure de celui-ci qui seule traverse le presse-étoupe.

La tête du plongeur s'encastre librement sous le chevêtre.

Un tuyau partant du bas du cylindre de la presse le fait communiquer avec le récupérateur. Sur ce tuyau est une boîte de sûreté renfermant une soupape pressée sur ses deux faces par l'eau comprimée; la section inférieure de la boîte est plus grande que la section supérieure, de sorte que la soupape reste levée et ne gêne pas la circulation de l'eau tant que la pression reste la même des deux côtés; mais si, par un accident, la pression venait à être détruite dans la conduite de distribution, la soupape se fermerait, l'eau confinée sous le plongeur n'aurait plus d'écoulement et le choc du tablier retombant instantanément serait évité.

La section du plongeur a été calculée pour assurer la stabilité du tablier, mais elle est trop grande pour la force de soulèvement à fournir par l'eau comprimée à 60 atmosphères; une pression de 35 atmosphères suffirait, le récupérateur est chargé de fournir au plongeur cette pression réduite et cet ingénieux appareil permet de réaliser une grande économie d'eau comprimée et par suite de travail moteur.

Récupérateur. — Le récupérateur, inventé par Barret, constitue avec la presse A de soulèvement du pont une sorte de balance hydrostatique dont les deux plateaux communiquent par le tuyau T (*fig.* 89).

Le récupérateur comprend un piston p mobile dans un cylindre vertical B; ce piston est à la base d'une tige cylindrique D surmontée d'une caisse de chargement C. Par le tuyau o l'espace annulaire compris entre la tige D et le cylindre B peut être mis en communication, soit avec l'eau comprimée à 60 atmosphères, soit avec les conduites de retour où l'eau ne conserve plus, en sus de la pression atmosphérique, que le léger excès de pression nécessaire à son mouvement dans les tuyaux.

Lorsqu'il s'agit de soulever le pont, c'est-à-dire de porter l'eau de la presse A à une pression de 35 atmosphères, on amène l'eau comprimée à 60 atmosphères dans l'espace annulaire situé au-dessus du piston p; la pression transmise à l'anneau de ce piston, ajoutée au poids du récupérateur et de sa caisse C, donnent un total qui, réparti sur la section inférieure du piston p, correspond précisément à la pression de 35 atmosphères; la surface annulaire comprise entre le cylindre B et la tige D est calculée à cet effet.

S'agit-il de laisser redescendre le pont, on met l'espace annulaire du récupérateur en communication avec la conduite de décharge; le piston A descend lentement en refoulant l'eau de son cylindre qui s'échappe par une ouverture assez faible pour que la vitesse soit nécessairement limitée et, comme ce piston possède une charge un peu supérieure à celle du récupérateur, celui-ci remonte vers le sommet de sa course et se prépare à fournir, pour un nouveau soulèvement, le travail qu'il vient d'emmagasiner et dont l'eau comprimée n'aura plus qu'à donner l'appoint.

La figure 89 est théorique; dans la réalité, on a renversé l'appareil afin de lui donner plus de stabilité et d'en rendre la visite plus facile; le piston p et sa tige D sont devenus fixes, et c'est le cylindre-enveloppe B qu'on a rendu mobile et qui porte la caisse de chargement. Le dispositif adopté est représenté par les figures 90 et 91 et voici la description qui en est donnée dans le *Portefeuille de l'École des ponts et chaussées :*

« La tige du piston est formée par un cylindre creux en fonte A, de $0^m,48$ de diamètre, qui repose sur la fondation au moyen d'un patin

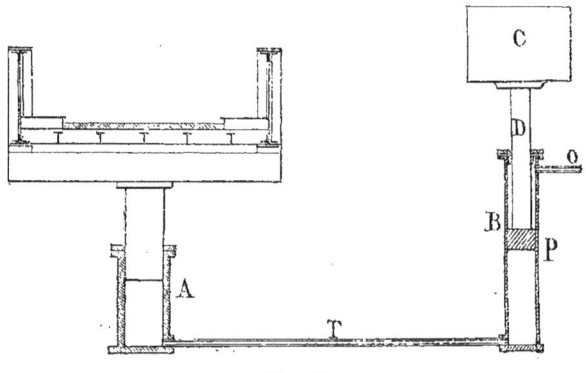

Fig. 89.

circulaire de $1^m,40$ de diamètre, renforcé par des nervures; la tige est munie dans le haut de bagues en fer formant un piston de $0^m,54$ de diamètre, garni de deux cuirs emboutis; le tout est maintenu en place par une plaque de fonte boulonnée.

« L'intérieur de la tige établit par le tuyau a la communication entre la presse de soulèvement et le cylindre mobile du récupérateur; ce dernier a $0^m,54$ de diamètre intérieur et $0^m,08$ d'épaisseur; il est muni dans le bas d'un renflement et d'un presse-étoupes pour le passage de la tige. Pour amener dans l'espace annulaire C, ménagé entre celle-ci et le cylindre, l'eau des accumulateurs, on a fait venir de fonte, à l'intérieur de la tige elle-même, un renflement dont la cavité cylindrique B forme le prolongement du tuyau b et débouche dans l'espace annulaire par un trou percé latéralement au-dessous du piston.

APPAREILS HYDRAULIQUES

« Le bas du cylindre porte extérieurement deux autres renflements

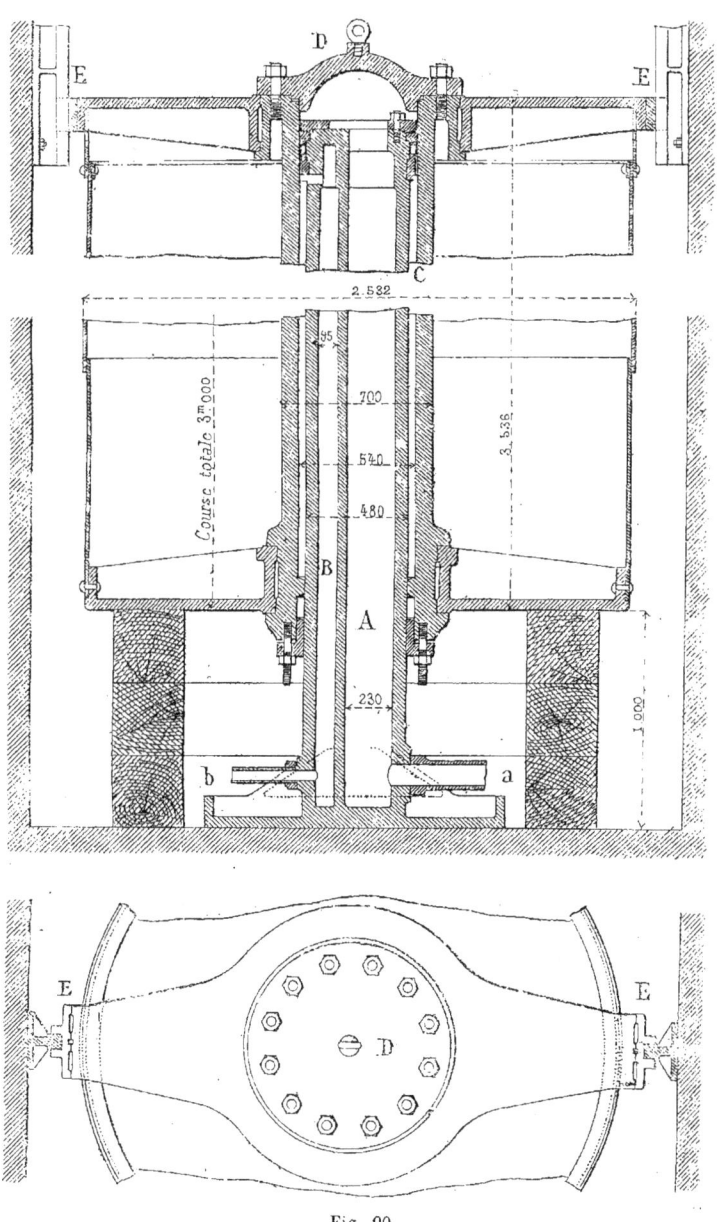

Fig. 90.

qui forment une gorge circulaire dans laquelle est logé le plateau de fonte servant de fond à la caisse de charge. Ce plateau est en deux pièces assemblées avec des boulons.

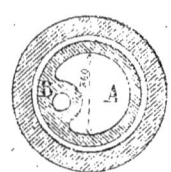

Fig. 91.

« La caisse est formée par un cylindre en tôle de 8 millimètres d'épaisseur; elle a $2^m,352$ de diamètre et $3^m,25$ de hauteur. Elle est maintenue dans le haut par un support en fonte dont les deux bras sont munis à leurs extrémités de glissières E E; celles-ci coulissent dans deux guides en fonte de $3^m,45$ de longueur, scellés dans la maçonnerie.

« Trois châssis en chêne superposés forment, au pied de la tige, un appui de 1 mètre de hauteur, sur lequel la caisse de charge repose quand elle est au bas de sa course. »

Multiplicateur de pression. — C'est encore à M. Barret que l'on doit le multiplicateur de pression qui, avec un fonctionnement inverse, ressemble au récupérateur que nous venons de décrire.

Supposez un réseau d'eau comprimée à 50 atmosphères par exemple ; il peut se faire que pour le fonctionnement de certains appareils il soit nécessaire d'obtenir des pressions de 200 atmosphères; on y parviendra facilement par le multiplicateur; il se compose de deux pistons solidaires, P et Q, montés sur le même axe, dans le prolongement l'un de l'autre, et mobiles chacun dans un cylindre en fonte ; l'écartement des deux cylindres A et B opposés l'un à l'autre est maintenu par des tirants en fer T. La section du piston P est équivalente à quatre fois celle

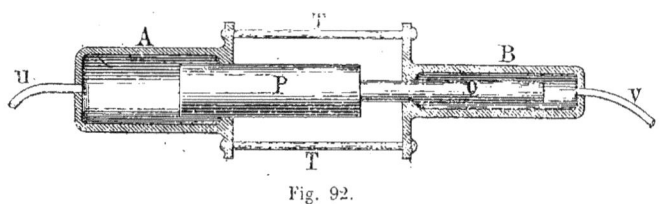

Fig. 92.

du piston Q ; l'eau comprimée à 50 atmosphères arrive par le tuyau u dans le cylindre A et chasse le piston P, dont la poussée totale est transmise au piston Q; la pression par unité de surface de ce dernier est donc quatre fois plus grande, c'est-à-dire égale à 200 atmosphères, et elle se transmet par le tuyau v sous le piston d'un engin quelconque.

Le multiplicateur n'est donc autre chose que la presse hydraulique ordinaire, fonctionnant avec de l'eau déjà comprimée.

Le fonctionnement en est plus compliqué dans la pratique qu'il ne l'est en théorie et, pour en donner une idée, nous décrirons l'application qui en a été faite par M. Barret lui-même aux ponts tournants des bassins de radoub de Marseille, application qu'il a décrite dans un mémoire publié en 1875 dans les *Annales des ponts et chaussées*.

C. Appareil de soulèvement du pont tournant des bassins de radoub de Marseille.

— Ce pont tournant, établi pour voie ferrée et pour voie charretière, a 14 mètres de large et 62 mètres de longueur de tablier, il comporte trois fermes longitudinales A supportées par un grand chevêtre dont l'axe est à l'aplomb du centre de gravité du tablier, centre qui se trouve à 23^m,60 de l'extrémité de la culasse.

Sous le chevêtre B (*fig.* 1 à 5, Pl. XLVII), est placée la presse hydraulique destinée à soulever le pont et à lui servir de pivot pendant sa rotation.

Il y a sous la culasse trois galets, l'un Y' pour la ferme intermédiaire se meut sur un rail circulaire de 19^m,50 de rayon, les deux autres Y et Y'', pour les fermes de rive, décrivent un arc de 20^m,59 de rayon.

La culasse des fermes est seule calée à l'aide de coins.

Une couronne en fonte de 14 mètres de diamètre est fixée sous le tablier pour recevoir les chaînes des appareils de rotation.

« Les appareils de manœuvre mus par l'eau sous pression sont les suivants :

« 1° La presse centrale, destinée à soulever le pont et à former le point de rotation;

« 2° Le cylindre de manœuvre des coins de calage de la culasse;

« 3° Les deux appareils agissant sur la chaîne de rotation ;

« 4° Un appareil de compression destiné à fournir à la presse centrale l'eau à 270 atmosphères nécessaire pour soulever le pont;

« 5° Enfin, les soupapes et tiroirs de distribution pour la manœuvre des appareils ci-dessus. Tous ces engins sont alimentés par l'eau sous pression que fournit la machinerie centrale des docks placée à 1,400 mètres du pont.

« *Manœuvre du pont*. — Pour mettre le pont en mouvement, il faut :
« 1° Décaler l'extrémité de la culasse pour la dégager de ces appuis et faire reposer les roues sur les rails;
« 2° Soulever le pont au moyen de la presse, jusqu'à ce que les appuis de l'extrémité de la volée soient complètement dégagés, et lui faire effectuer des mouvements de rotation au moyen des appareils hydrauliques qui agissent sur la couronne en fonte placée sous le tablier. Un seul homme suffit pour exécuter ces manœuvres, quelle que soit la violence du vent, et le temps employé pour l'ouverture ou la fermeture du pont ne dépasse pas trois minutes.

« *Stabilité transversale du tablier*. — Lorsque le pont est soulevé ou lorsqu'il est en mouvement, sa stabilité dans le sens transversal se trouve assurée par les conditions générales qui déterminent la position d'un plan, c'est-à-dire par une droite et par un point, savoir la ligne transversale suivant laquelle s'appuient les roues de la culasse et la tête du plongeur de la presse.

« Il faut remarquer que la presque totalité du poids agit sur la tête du plongeur, c'est-à-dire sur le point, tandis que la droite, autrement dit les roues, ne porte que 15 tonnes. Mais le point que nous considérons a 1^m,20 de longueur sur 0^m,63 de largeur, ce qui donne une surface 0^{mq},7560, et pour déplacer le centre de gravité du pont de 0^m,30 dans le sens transversal, c'est-à-dire d'une quantité égale au rayon du plongeur de la presse, il faudrait porter sur la ferme extrême qui se trouve dans cette direction une charge de 31 tonnes environ.

« Les corps très lourds se tiennent en équilibre sur de petites surfaces d'appui. Un vaisseau de premier rang de 14 mètres de largeur, de 11 mètres de hauteur et de 3,300 tonnes de poids, reste debout sur sa quille qui n'a que 0,45 de largeur, sans le secours d'épontilles. En 1793, lorsque les Anglais furent forcés d'évacuer le port de Toulon, tous les efforts de l'équipage d'une flottille, tirant sur des amarres fixées sur les sabords supérieurs, ne purent parvenir à renverser un vaisseau en construction sur sa cale, dont les épontilles avaient été préalablement enlevées ; il suffisait, cependant, de déplacer le centre de gravité du vaisseau de 0^m,22 dans le sens latéral.

« *Presse hydraulique.* — La presse hydraulique est en fer forgé et présente, par conséquent, au point de vue de la résistance, la même sécurité que les grandes fermes (Pl. XLVII, *fig.* 1, 2 et 3).

« Elle se compose d'une partie cylindrique de 0^m,890 de hauteur, de 0^m,902 de diamètre extérieur et 0^m,580 de diamètre intérieur, terminée à sa base par un bourrelet intérieur dans lequel on loge un fond mobile, également en fer forgé, de 0^m,14 d'épaisseur et de 0^m,480 de diamètre.

« Cette disposition a pour but d'en rendre l'exécution possible, car si le fond et les parois verticales étaient d'une même pièce, le travail de forge deviendrait excessivement difficile et la presse présenterait beaucoup moins de solidité.

« La surface annulaire du bourrelet *a* (*fig.* 16, Pl. XLVIII) doit être telle, qu'en multipliant par la pression de l'eau cette même surface, on obtienne une force supérieure au frottement de la garniture contre le plongeur, car sans cela, ce dernier, lors de son ascension, entraînerait avec lui le corps de la presse ; le fond mobile seul resterait en place.

« Le mode de construction que nous venons d'indiquer offre l'avantage de ne faire travailler presque exclusivement le métal du cylindre que dans le sens perpendiculaire aux génératrices, attendu que l'effort qu'il a à supporter dans la direction de ces dernières n'est égal qu'au frottement de la garniture de Bramah contre le plongeur, ce qui est insignifiant.

« *Garnitures de la presse.* — Le rôle que joue la presse hydraulique dans le mécanisme exige que les garnitures dont elle est munie soient durables et parfaitement étanches, afin que le pont se maintienne invariablement, pendant toute la durée de la rotation, à la hauteur à laquelle il a été élevé.

« L'étanchéité de la presse s'obtient au moyen de deux garnitures de Bramah placées, l'une sur le joint du fond mobile et l'autre à la partie supérieure pour former le joint du plongeur.

« Cette dernière est dans des conditions différentes de celles des presses ordinaires, car, dans le cas qui nous occupe, le plongeur a un mouvement ascensionnel et un mouvement de rotation; aussi, la garniture a-t-elle dû être confectionnée avec un soin tout particulier.

« Supposons que nous ayons une garniture ordinaire de Bramah (Pl. XLVIII, *fig.* 15) en cuir embouti, dont la lèvre *a* soit appliquée contre le plongeur et la lèvre *b* contre le corps de la presse. Si la hauteur des lèvres est de 0,04, leur développement de $1^m,95$, la pression de l'eau de 240 kilogrammes par centimètre carré, et enfin le rapport du frottement à la pression du cuir sur la fonte de 0,25, la force qui appliquera les lèvres *a* et *b* sur le plongeur et sur le corps de la presse sera de 46,800 kilogrammes; il en résultera que le plongeur, dans son mouvement de rotation, entraînera la lèvre *a* avec lui, tandis que la lèvre *b* restera appliquée contre la presse, car la section de cuir *c* ne présente pas assez de solidité pour résister à cet effort.

« Pour empêcher que le cuir ne se déchire, il a suffi de remplir l'espace compris entre les lèvres *a* et *b* par une bande en caoutchouc *k*. Le caoutchouc est poussé naturellement par l'eau sous pression au fond du fer-à-cheval formé par le cuir de la garniture, et de cette façon, si la lèvre *a* tend toujours à être entraînée par le plongeur, elle est retenue, en même temps, sur le caoutchouc avec plus d'énergie, attendu que le rapport du frottement du cuir sur le caoutchouc est plus grand que celui du cuir sur la fonte.

« *Chaise en fonte.* — Le corps de la presse est logé dans une chaise en fonte, où il est maintenu par des clavettes en fer (*fig.* 2 et 3, pl. XLVII).

« Cette chaise porte un appendice avec cric pour faire sortir la presse en dehors de l'aplomb du chevêtre B en cas de réparation.

« La base de la chaise est rectangulaire et a $1^m,83$ de côté sur $0^m,20$ d'épaisseur.

« La partie cylindrique a $0^m,840$ de hauteur et une épaisseur de $0^m,14$. Des nervures de 8 centimètres la relient à la base.

« Cette chaise devant servir à la fois de support et d'encastrement à la presse, nous lui avons donné des dimensions capables de la faire résister aux réactions qui pourraient se produire sur ce point, si le tablier, à la fin de sa rotation, venait à se heurter trop vivement sur ses appuis de butée.

« *Plongeur de la presse.* — Le plongeur de la presse est en fonte de seconde fusion; la partie inférieure, qui a $0^m,58$ de diamètre, s'ajuste à frottement doux dans le corps de la presse; la partie supérieure, de forme prismatique, de $1^m,20$ de longueur et 0,630 de largeur, s'emmanche dans le sommier en fonte fixé au-dessous du chevêtre du pont.

« Lorsque le plongeur est au bas de sa course, il reste, entre la face supérieure du plongeur et le dessous du sommier, un jeu de 1 centimètre pour permettre l'enlèvement de la presse.

« *Forme que doit affecter la partie supérieure de la tête du plongeur.* — Pour assurer le bon fonctionnement de la presse et éviter les avaries, il faut que la direction de la charge reposant sur le plongeur passe par l'axe de ce dernier, afin de ne pas avoir les décompositions de forces qui pourraient résulter s'il en était autrement.

« *Appareil de sûreté de la presse hydraulique.* — Nous avons dit plus haut que les joints de la presse étaient parfaitement étanches et qu'on pouvait soulever le pont à une certaine hauteur et l'y maintenir pendant plusieurs heures. Mais il pourrait arriver qu'à un moment donné il se produisît une rupture dans les tuyaux de conduite d'eau sous pression, rupture occasionnée soit par l'usure ou la gelée, soit par un défaut de confection ou vice de matière. Dans ces cas, le pont tomberait sur ses appuis, et le choc résultant de cette chute serait d'une puissance vive (mv^2) d'autant plus élevée, que la vitesse de descente serait plus rapide.

« Nous ferons observer seulement que le mouvement du pont à la descente est uniforme au lieu d'être accéléré, comme dans la chute des graves, attendu qu'il ne peut se produire qu'au fur et à mesure de l'écoulement de l'eau contenue dans la presse, lequel est régulier, puisqu'il se produit sous l'action de la charge constante qui agit sur le piston.

« Pour empêcher la chute du plongeur de la presse, en cas de rupture d'un tuyau, nous avons muni la presse d'un appareil automoteur qui ferme l'échappement de l'eau dès que la rupture a lieu. Ce petit appareil (Pl. XLVIII, *fig.* 13 et 14), se compose tout simplement d'une boîte en bronze, munie d'une soupape actionnée à sa partie supérieure et à sa partie inférieure par l'eau venant de la presse. Sur cette dernière agit également l'eau motrice.

« La section annulaire de la partie supérieure sur laquelle agit l'eau de la presse n'est que de $0^{mq},00032987$ et la section de la partie inférieure de $0^{mq},00038012$; d'où il résulte que la soupape reste toujours ouverte, tant que l'eau contenue dans les tuyaux et la presse est actionnée par le poids du pont; la soupape de sûreté reste également ouverte lorsqu'on fait échapper l'eau contenue dans la presse, afin de faire descendre le pont, car cette eau s'évacue sous la pression correspondant à la charge du pont.

« Mais si l'un des tuyaux se brise, soit pendant qu'on élève le pont, soit pendant qu'on l'abaisse, la pression de l'eau dans le tuyau disparaît subitement, et la soupape, qui est actionnée à sa partie supérieure par une charge plus grande que celle qui agit à sa partie inférieure, se ferme instantanément et le pont reste à la place qu'il occupait avant la rupture.

« *Appareil de compression.* — L'eau motrice qui met en mouvement tous les appareils de manutention des docks de Marseille, tels que grues de quai, élévateurs, moulins, etc., ne travaille qu'à une pression normale de 52 atmosphères, et si nous avions voulu l'employer directement pour soulever le pont, il aurait fallu donner à la presse hydraulique un diamètre de 1ᵐ,50, soit une section de 17.500 centimètres carrés.

« L'industrie métallurgique n'ayant jamais construit de presse d'un aussi grand diamètre, nous n'avons pas cru devoir en tenter l'essai (*) ; nous avons étudié un appareil nous permettant de transformer la pression de 52 atmosphères en une pression de 270.

« Cet appareil se compose de deux cylindres A et B, en fonte, de diamètres différents, placés horizontalement dans le prolongement l'un de l'autre et reliés entre eux par des tirants en fer (Pl. XLVIII, *fig*. 1, 2, 3 et 4).

« Les deux plongeurs ne forment qu'une seule pièce et sont animés d'un mouvement rectiligne horizontal. La partie de cette pièce qui plonge dans le petit cylindre est en fer forgé.

« Les sections des plongeurs sont en raison inverse des pressions auxquelles travaillent les cylindres.

« Le grand plongeur a 0ᵐ,420 de diamètre, le petit 0ᵐ,145 ; la course est de 0ᵐ,500.

« L'appareil comporte une boîte pour la distribution de l'eau au grand cylindre et une boîte à soupape sur le tuyautage, reliant le petit cylindre à la presse du pont.

« Le petit cylindre B est constamment en communication avec l'eau sous pression, tant que la pression de l'eau contenue à son intérieur ne dépasse pas la charge normale, attendu que ce cylindre est mis en communication par le tuyau t avec le tuyautage général T.

« Lorsqu'on ouvre la soupape d'introduction I, l'eau sous pression à 52 atmosphères se rend au cylindre A, agit sur le plongeur P et le met en mouvement, vu que la section transversale de ce dernier est plus grande que celle du plongeur Q.

« Dès que le mouvement se produit, la pression augmente dans le cylindre B et la soupape O se ferme ; par contre la soupape O' s'ouvre dès que la pression devient égale à celle produite par la charge à soulever.

« Pour faire revenir le plongeur P au bas de sa course, on ouvre la soupape d'évacuation E, l'eau du cylindre s'échappe, et la pression dans le cylindre B s'équilibre avec celle du tuyautage ; la soupape O' se ferme, la soupape O s'ouvre, et le plongeur est refoulé dans le cylindre A. Le cylindre B se remplit en même temps d'eau à 52 atmosphères et se trouve disposé pour une nouvelle opération.

« La figure 3 donne le détail de cette boîte à soupape. Le tuyau t'' et le clapet O'' correspondent à une batterie de pompes mues à bras et destinée à fonctionner lorsque l'eau sous pression des docks fait défaut.

« Lorsque après avoir élevé le pont on veut le faire descendre, on manœuvre la soupape d'évacuation à l'aide du levier, et l'eau contenue dans la presse retourne au tuyautage de l'eau à 52 atmosphères.

(*) Aujourd'hui, fixés par l'expérience, nous n'hésiterions pas à exécuter des corps de presse de ce diamètre. On obtiendrait ainsi un surcroît de stabilité et l'on n'aurait pas besoin d'installer un appareil spécial pour transformer la pression.

« Le tuyautage reliant l'appareil de compression à la presse est en fer; il a 42 millimètres de diamètre extérieur, 24 millimètres de diamètre intérieur, soit 9 millimètres d'épaisseur de métal. Les brides des joints sont en fonte.

« *Tiroirs de distribution de l'appareil de calage et des cylindres de rotation*. — La distribution de l'eau sous pression au cylindre de manœuvre des coins et aux appareils de rotation s'effectue à l'aide d'un tiroir manœuvré par une vis.

« Pour l'appareil de manœuvre des coins, l'eau sous pression est mise en communication avec le dessous ou avec le dessus du piston, suivant que l'on veut caler ou décaler la culasse.

« Pour les appareils de rotation, l'eau sous pression est mise en communication avec le cylindre de droite pour ouvrir la passe et avec le cylindre de gauche pour remettre le pont en place, le second cylindre étant, dans les deux cas, en communication avec le tuyautage d'évacuation.

« Ces tiroirs sont analogues à ceux des machines à vapeur; seulement, eu égard à la pression à laquelle ils fonctionnent, ils sont équilibrés par un piston compensateur. Leur disposition est indiquée par les figures 5 et 9, planche XLVIII.

« La distribution est réglée de manière que l'admission et l'échappement commencent exactement avec la course du piston et se termine avec elle.

« C'est du reste de cette manière que sont disposés généralement les tiroirs des appareils mus par l'eau sous pression.

« Mais la première fois que nous avons voulu manœuvrer le pont, nous avons remarqué que son mouvement de rotation était irrégulier, et qu'il se produisait dans sa marche des accélérations et des ralentissements sans que le conducteur touchât au tiroir.

« Ce fait qui, au premier abord, nous parut anormal, était cependant très naturel. Pour l'expliquer il suffit de remarquer que le pont en mouvement se trouve placé dans les mêmes conditions qu'un volant horizontal actionné par une force très supérieure aux résistances passives qui s'opposent au mouvement, ce qui donne lieu à l'accélération. Dans cette marche rapide les appareils de rotation étant conjugués, le pont entraînait le plongeur du cylindre-moteur avec une vitesse assez grande pour que l'eau sous pression venant du tiroir ne pût arriver en quantité suffisante pour remplir le vide que le plongeur laissait derrière lui; la force motrice cessant par le fait de ce manque d'eau, le pont ralentissait alors son mouvement jusqu'à l'instant où le plein du cylindre étant rétabli, une nouvelle impulsion lui était communiquée, et ainsi de suite.

« En conséquence, on ne pouvait ni activer le mouvement du pont pendant le ralentissement, ni l'arrêter au moment de sa marche accélérée. Dans le premier cas, il fallait attendre quelques secondes pour donner au cylindre-moteur le temps de se remplir, tandis que dans l'autre cas le mouvement continuait encore après la fermeture du tiroir.

« La coquille de ce dernier se soulevait et donnait passage à l'eau en évacuation contenue dans le cylindre. En effet, cette eau qui était élevée à une très grande pression par suite de la puissance vive emmagasinée dans le pont, agissait au-dessous du tiroir ; or, celui-ci étant équilibré par le compensateur, l'effort de bas en haut devenait alors supérieur à la charge exercée par l'eau sous pression au-dessus de la coquille, qui se soulevait et, comme nous l'avons dit, laissait échapper l'eau d'évacuation.

« Le pont ne s'arrêtait que lorsque sa puissance vive était entièrement dépensée.

« Pour remédier à ces divers inconvénients, nous avons d'abord diminué de moitié la section du piston compensateur à l'aide d'une bague L (*fig.* 12), afin d'empêcher la coquille du tiroir de se soulever (*); ce qui nous a permis d'arrêter ou d'accélérer la marche du pont en un point quelconque de sa course.

« Nous avons ensuite réduit les orifices du tiroir et rapporté sur les faces intérieures de la coquille deux bandes MM (*fig.* 7) formant recouvrement à l'évacuation.

« Le tiroir, après sa fermeture, n'étant plus susceptible de se soulever par l'effet de l'inertie acquise par le pont pendant son mouvement accéléré, les bandes de recouvrement M de la coquille, dont le but est de maintenir dans le cylindre en évacuation une contre-pression de quelques atmosphères, faisant fonction de modérateur, ont donné au pont un mouvement très régulier.

« On comprend en effet que si, pour une ouverture donnée du tiroir, le cylindre en évacuation ne peut laisser échapper l'eau que sous une pression déterminée, l'écoulement devient uniforme et, par suite, la marche du pont régulière.

« Les orifices de distribution du tiroir, qui affectaient primitivement la forme $abcde$ (*fig.* 8), ont été réduits suivant $aa'b'c'd'e'$.

« Après ces modifications, les appareils et le pont ont parfaitement fonctionné, et l'on a pu procéder aux essais de réception.

« L'appareil de calage, qui ne fonctionne pas dans les mêmes conditions que le pont, n'a exigé aucune modification du tiroir.

« *Index.* — Le conducteur du pont est, comme nous l'avons dit, prévenu par les index, lorsque la culasse est calée ou décalée et lorsque le pont arrive à l'extrémité de sa course de rotation.

« L'index de l'appareil de coinçage de la culasse se compose tout simplement d'un contre-poids placé dans la chambre des appareils, mû par le plongeur qui actionne les coins.

« Les deux extrémités de la course de ce contre-poids indiquent, l'un le calage et l'autre le décalage.

« Quant aux index indiquant l'arrivée du pont (*fig.* 10, Pl. XLVIII) à

(*) Les tiroirs des appareils hydrauliques destinés simplement à élever ou à descendre des charges, ne peuvent pas comporter de pistons compensateurs, car la coquille du tiroir (*fig.* 6) se soulèverait toujours à la descente de la charge, attendu que celle-ci exercerait sur l'eau, par l'intermédiaire du plongeur, une pression agissant au-dessous de cette coquille.

l'extrémité de sa course, ils se composent d'une tige en fer de 30 millimètres de diamètre actionnée par un ressort à boudin et portant à son extrémité un curseur glissant sur une règle graduée.

« La course du curseur est de $0^m,250$.

D'après ce qui précède, on voit que, pour la rotation, les appareils du pont sont manœuvrés de la même manière que les machines locomotives ou les machines des bateaux à vapeur; l'accélération ou le ralentissement s'obtiennent en ouvrant plus ou moins les orifices d'introduction de l'eau dans les cylindres; l'arrêt, en les fermant tout à fait ou en renversant la marche dans le cas où le tablier arriverait à la fin de sa course avec une trop grande vitesse.

« Ce qui distingue les machines à vapeur des machines à eau sous pression, c'est que, dans les premières, la vapeur contenue dans le cylindre ayant la propriété de se détendre, produit un certain travail après la fermeture des orifices d'introduction, tandis que, dans les secondes, le travail cesse complètement dès que les orifices sont fermés, attendu que l'eau étant presque incompressible ne peut se détendre et donner lieu, par suite, à un travail appréciable.

« C'est ce qui permet de faire fonctionner les machines et appareils mus par l'eau avec une très grande précision. D'un autre côté, les machines hydrauliques ne donnent en général qu'une utilisation très faible; ce qui provient, en grande partie, de cette même incompressibilité et du rôle que joue l'inertie de la masse incomparablement plus grande, sous le même volume, que celle de la vapeur. Avec cette dernière on peut négliger l'inertie de la masse et admettre de très grandes vitesses d'écoulement sans qu'il en résulte des pertes sensiblement appréciables. Pour l'eau, au contraire, l'inertie et surtout le travail du frottement dans les tuyaux peuvent, dans certains cas, être presque aussi élevés que le travail moteur. »

Nous terminerons ce long extrait de l'intéressant mémoire de M. Barret, par une légende des dessins qui permettra de les mieux saisir.

Légende des figures 1 à 3, Pl. XLVII.

A A' A". Fermes.
B. Chevêtre.
C. Sommier du chevêtre.
D. Plongeur de la presse.
E. Cylindre de la presse, en fer forgé.
F. Fond mobile de la presse.
G. Chaise en fonte.
H. Clavettes.
I. Galets de butée avec support.
K. Cric pour sortir la presse.
L. Appareil de sûreté.
b. Appareil de compression.
c. Distributeur de cet appareil.
d. Boîte à soupape.
e. Tiroir de l'appareil de calage.
f f' f". Coins de calage de la culasse.
g. Appareil hydraulique pour la manœuvre des coins.
h. Tiroir de distribution pour cet appareil.
k. Pompes mues à bras.
m m'. Manivelles.
n. Distributeur pour ces pompes.
p. Tuyau d'arrivée de l'eau sous pression.
q. Tuyau d'évacuation.
r. Tuyautage de la presse centrale.
s. Tuyautage de l'appareil de rotation.
t. Tuyautage de l'appareil de calage.
V V'. Cylindres de rotation.
X. Poulie pour les conjuguer.
Y Y' Y". Galets.
Z. Couronne à gorge.

APPAREILS HYDRAULIQUES

Figures 13 *et* 14, *Pl. XLVIII.*

A. Soupape de sûreté.
B. Tuyau d'arrivée de l'eau sous pression.
C. Corps de presse.
D. Passage de l'eau communiquant à la presse.
E. Passage de l'eau communiquant avec le dessus de la soupape de sûreté.
F. Robinet de purge.

Figures 1 *à* 4, *Pl. XLVIII.*

A. Cylindre moteur à 52 atmosphères.
B. Cylindre de compression à 270.
P. Plongeur du cylindre A.
Q. Plongeur du cylindre B.
C. Boîte de distribution.
I. Orifice d'introduction.
E. Orifice d'évacuation.
T. Tuyautage d'eau sous pression.
t. tuyau allant à la boîte à soupapes du cylindre de compression.
D. Boîte à soupapes.
O. Soupape séparant le tuyau t du cylindre B, et s'ouvrant à 52 atmosphères.
O'. Soupape du tuyau de la presse, s'ouvrant à 270 atmosphères.
O''. Soupape pour l'emploi des pompes à bras.
K. Clapet d'arrêt.

Figures 9 *à* 9 *et* 12, *Pl. XLVIII.*

A. Tiroir.
B. Plaque à orifices du tiroir.
C. Piston compensateur.
D. Bielle du piston compensateur.
E. Tige de manœuvre du tiroir.
F. Arrivée de l'eau sous pression.
G. Introduction au cylindre de droite.
H. Introduction au cylindre de gauche.
K. Évacuation.
LL'. Soupapes à choc.

Appareil hydraulique à action directe pour manœuvre de vannes. — La figure 93 représente un appareil simple à action directe destiné à la manœuvre des portes tournantes des aqueducs d'amont de l'écluse du bassin de Freycinet, à Boulogne.

Le mouvement de la tige verticale t, qui actionne directement les vantaux, est produit, à volonté, par un moteur hydraulique ou par un moteur à bras.

Le moteur hydraulique consiste en un cylindre à double effet A dont le piston agit directement sur la traverse horizontale d'un cadre rigide F attelé par sa traverse inférieure à la tige verticale de la vanne.

En cas d'accident à l'appareil hydraulique, la vanne est levée, à bras, au moyen d'un cabestan C dont la tête est en contre-bas du sol.

Ce cabestan est placé sur l'axe vertical d'une vis en fer qui, en tournant, fait monter un écrou de bronze guidé, sans rotation possible, dans une glissière verticale en fonte. Cet écrou porte un talon, en forme de douille, à travers lequel la tige du piston moteur passe avant de s'engager dans la traverse supérieure B du cadre auquel est attelée la tige de la vanne. En montant, l'écrou entraîne cette traverse et par suite la vanne elle-même.

On rend l'écrou solidaire ou indépendant de la tige du piston par la manœuvre d'une clavette.

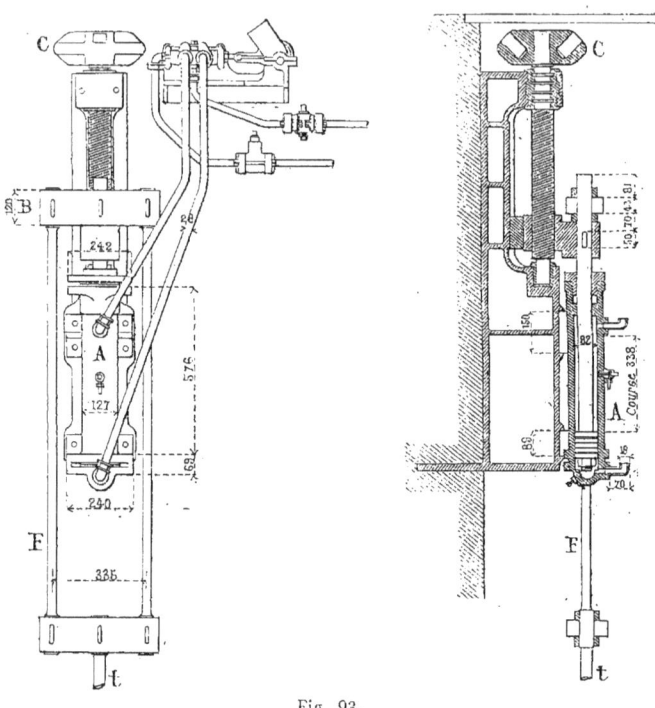

Fig. 93.

Chacun des moteurs hydrauliques a coûté 1,000 francs, et chaque cabestan 650 francs.

Appareils de soulèvement du pont de la rue de Crimée, *sur le bassin de la Villette, à Paris. Emploi de l'eau sous faible pression fournie par les conduites de la ville.* — La différence essentielle entre ces appareils et ceux que nous venons de décrire est que ceux-ci fonctionnaient sous l'effort d'une eau comprimée à plus de 50 atmosphères et fournie par des accumulateurs avec ou sans multiplicateur; au contraire, le pont de la rue de Crimée est mû par l'eau provenant du réseau ordinaire de distribution de la ville de Paris.

La pression de cette eau étant relativement faible, on a dû tout d'abord équilibrer le pont mobile à l'aide de contrepoids afin de n'avoir à vaincre que les frottements de tous genres.

Les travaux ont été exécutés par M. l'ingénieur Le Chatelier, qui en a rendu compte dans un mémoire d'où nous avons tiré les renseignements ci-après, ainsi que les figures 1 à 3 de la planche XLIX.

Le pont pèse 80 tonnes ; il est équilibré par quatre contrepoids d'angle

APPAREILS HYDRAULIQUES

mobiles au-dessous du plan d'eau dans des puits en maçonnerie étanche ; les chaînes, les poulies d'équilibre et les colonnes en fonte qui les supportent sont les seules parties apparentes.

L'effort à exercer comprend les frottements des organes, l'excès en plus ou en moins du poids des chaînes équilibrées pour la position moyenne du tablier, les erreurs d'équilibrage qu'il est facile de réduire à peu de chose, les variations du poids du tablier qui change avec son état de siccité et de propreté.

Le tout a été évalué à 5,000 kilogrammes et cette évaluation a été justifiée par l'expérience.

« Les organes moteurs sont deux cylindres placés sous le pont de part et d'autre de la passe ; ils sont alimentés facultativement par l'eau de source qui a toujours la pression nécessaire ou par l'eau de rivière qui ne la possède pas régulièrement, mais a une valeur moindre.

« Ces cylindres sont fixés aux maçonneries des culées, et leurs pistons sont assemblés à demeure au tablier ; le synchronisme nécessaire du mouvement des pistons est assuré de la manière suivante :

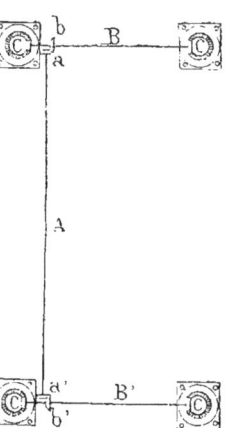

Fig. 94.

« Le tablier porte un arbre longitudinal A qui commande par des couples d'engrenages coniques a, b et a' b', deux arbres transversaux B, B', logés également dans le tablier, mais transversalement et à ses deux extrémités.

« Aux extrémités des arbres B et B', sont calées dans un plan de pose uniforme des roues d'engrenage cylindrique C. Ces quatre roues engrènent dans des crémaillères solidaires des colonnes qui portent les poulies d'équilibre.

« Bien que la solidité de ce mécanisme soit telle qu'on puisse manœuvrer le pont en l'actionnant d'un côté seulement, avec un seul des cylindres, il a paru prudent de réduire au maximum les différences de pression entre l'un et l'autre cylindre. Il fallait, pour cela, réaliser entre les dessous et entre les dessus des pistons une intercommunication permanente, indispensable d'ailleurs pour la simplification des opérations du pontonnier. Un égout traversant la passe du pont, il était possible de l'utiliser au prix d'un long circuit, mais les auteurs du projet ont préféré une disposition plus générale qui est très élégante.

« Le tablier du pont loge deux conduites de $0^m,10$ qui pénètrent dans les tiges des pistons et viennent déboucher, l'une en dessus des pistons, l'autre en dessous (Pl. XLIX, *fig*. 3.).

« Il s'ensuit que les tiges des pistons ont une section notable ; on en a profité pour réaliser une disposition très heureuse au profit de la simplification de la robinetterie.

« On a donné à la face inférieure du piston une section double de l'espace annulaire qui constitue la partie utile de la face supérieure ; l'ascension résulte de la mise en décharge de la face inférieure, l'autre restant en charge. La face supérieure est en communication permanente avec la canalisation, et la robinetterie n'a pour rôle que de mettre la face inférieure en communication, soit avec la canalisation, soit avec la décharge; elle se réduit donc à un robinet à trois voies, dont la coupe est donnée.

« Pour en finir avec la description du mécanisme, nous ajouterons qu'en vue de faciliter certaines manœuvres d'entretien et pour compenser un jeu inévitable, on a suspendu les presses par deux tourillons qui leur permettent d'osciller dans le plan axial du pont; on a articulé leurs pistons sur le pont, et donné aux raccords des conduites avec les cylindres et pistons une certaine flexibilité qui résulte de leur forme courbe très accentuée et de la matière employée (cuivre rouge).

« Le mécanisme permettrait donc au parallélogramme constitué par le tablier et les pistons de se déformer en tournant autour des tourillons de cylindres. Il en est empêché par un guidage. »

La disposition du piston creux, séparé par une cloison en deux cavités distinctes débouchant l'une au-dessus, l'autre au-dessous du piston, est analogue à celle qui a été adoptée au pont roulant des bassins de Saint-Malo, et que nous avons décrite précédemment; cette disposition, fort ingénieuse, est susceptible, comme on le voit, de nombreuses applications.

Le diamètre du piston est de $0^m,510$ et sa section de $0^{m2},26$; mais, comme l'eau sous pression agit également dans le vide annulaire au-dessus du piston, vide dont la section est précisément égale à la moitié de celle du piston, la section utile au soulèvement est seulement de $0^m,13$; l'effort maximum à demander à un piston étant de 2.500 kilogrammes, il faudra pour le produire que la pression de l'eau motrice soit d'environ 20.000 kilogrammes par mètre carré, ce qui représente une chute disponible d'environ 20 mètres.

La course du pont est de $4^m,60$; la montée ou la descente dure 50 à 80 secondes, suivant la pression de l'eau; un enfant de quinze ans suffit à la manœuvre.

Compresseur à flotteur. — M. l'ingénieur Le Chatelier a appliqué à la manœuvre du pont tournant d'Aubervilliers, sur le canal Saint-Denis, un compresseur spécial qui utilise la chute de l'eau courante et qui emmagasine dans une presse hydraulique le travail que cette chute représente; la pression de l'eau confinée dans la presse peut théoriquement être portée à telle valeur que l'on veut.

Une cuve étanche renferme un flotteur en tôle de 4 mètres de diamètre porté sur la tête du plongeur d'une presse hydraulique de $0^m,40$ de diamètre; le flotteur est lesté de manière à flotter avec un enfoncement de $1^m,90$.

La cuve peut être mise en communication soit avec le bief d'amont, soit avec le bief d'aval d'une écluse, de sorte qu'elle se remplit et se vide alternativement sur une certaine hauteur. Si elle est pleine jusqu'au niveau du bief d'amont, c'est-à-dire sur une hauteur de $2^m,90$, le flotteur ne presse pas sur son piston et le maintient soulevé, de sorte que l'intérieur de la presse hydraulique, mis en communication par une vanne avec le bief d'amont, se remplit librement ; la communication est fermée lorsque la presse est remplie, et l'eau de la cuve commence alors à s'écouler dans le bief d'aval, qui est à $2^m,30$ au-dessous du bief d'amont. Quand ce niveau est atteint, le flotteur pèse de tout son poids sur le piston ; puisqu'il flotte avec $1^m,90$ d'enfoncement, il pèse environ 24,000 kilogrammes et exerce, par conséquent, sur le plongeur, de $0^m,40$ de diamètre, une pression d'environ 20 atmosphères.

L'eau ainsi comprimée peut servir à actionner un appareil quelconque, et la pression se maintient pendant que le flotteur descend de $0^m,40$, ce qui correspond à un débit de 50 litres d'eau comprimée à

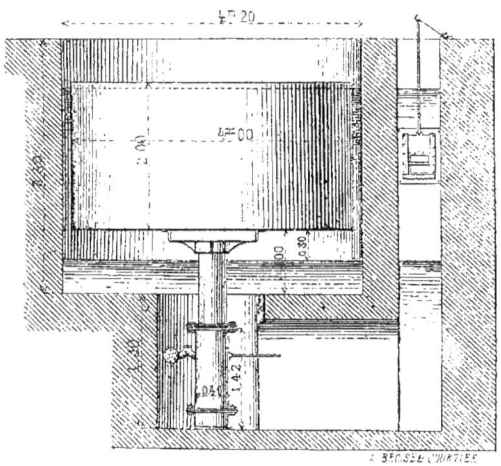

Fig. 95.

20 atmosphères, c'est-à-dire à un travail d'environ 10,000 kilogrammètres.

Quand le flotteur a descendu de $0^m,40$, il pénètre à nouveau dans l'eau et donne une pression décroissante ; il s'arrête après une course d'un mètre lorsqu'il est au fond de la cuve et fournit alors dans la presse une pression qui est encore de 13 atmosphères ; il donne donc un nouveau débit de 75 litres à une pression moyenne de 16,5 atmosphères, c'est-à-dire un travail de 12,375 kilogrammètres.

Cet appareil a suffi pour faire mouvoir le pont tournant d'Aubervilliers.

On remarquera qu'au fond c'est une nouvelle application du principe du multiplicateur.

Ascenseurs pour bateaux. — On a construit des ascenseurs pour bateaux analogues aux monte-wagons, mais de dimensions beaucoup plus considérables, cela va sans dire. Ces ascenseurs suppriment plusieurs écluses étagées et développent la capacité de fréquentation d'une voie navigable.

Le type le plus connu est l'ascenseur d'Anderton, construit en 1875 ; c'est un sas en tôle ayant à peu près les dimensions d'une écluse ; les bateaux y entrent par des portes d'écluse et y restent flottants. Le sas est supporté par le piston plongeur d'une presse hydraulique, et suit les oscillations de ce plongeur ; il est du reste guidé dans son mouvement vertical.

Cette question du guidage est la plus délicate qui se présente dans un appareil de ce genre, car tout mouvement de dévers peut entraîner la rupture du plongeur et déterminer un accident grave comme celui qui est arrivé précisément à Anderton.

Le plongeur d'Anderton a $0^m,80$ de diamètre ; ce diamètre a longtemps été considéré comme un maximum pour une pièce d'aussi grande longueur. Cependant on a forgé exceptionnellement, à grands frais et sans être absolument certain du succès, des pistons de $1^m,50$ et de 2 mètres de diamètre.

Il est préférable pour les grandes charges de fractionner l'effort entre plusieurs presses, mais il faut alors trouver une combinaison pour assurer le synchronisme des mouvements.

Nous ne voulons pas entrer dans la description de ces ascenseurs gigantesques, de ces engins exceptionnels qui ne rentrent point dans le cadre de notre étude.

Nous rappellerons seulement qu'un de ces ascenseurs a été établi, à titre d'essai, sur nos canaux du nord, à l'écluse des Fontinettes.

Il y aurait avantage, sans doute, à imiter pour ces ascenseurs de canaux le système adopté par Clark pour le levage et la mise à sec des grands navires ; les presses hydrauliques sont placées de chaque côté du sas et le soulèvent en agissant sous ses bords supérieurs, sans qu'il soit besoin d'établir une liaison fixe entre les presses et le sas ; le réglage est beaucoup plus facile, les presses et leurs cylindres demeurent apparents sans qu'il soit besoin de creuser, pour les loger, des puits profonds et coûteux.

L'élévateur de Clark, construit aux docks Victoria, à Londres, pour soulever et mettre à sec des navires de 2,300 tonnes, compte 32 plongeurs de $7^m,60$ de course et de $0^m,25$ de diamètre, actionnés par de l'eau comprimée à 300 atmosphères et recevant un effort total de soulèvement de 4,700 tonnes, ce qui suppose un rendement utile d'environ 50 p. 100.

2° APPAREILS FUNICULAIRES

Les appareils funiculaires se classent en trois sections :

A. Ceux qui servent à élever verticalement les fardeaux et qu'on emploie particulièrement dans les magasins et parfois dans les gares de chemins de fer.

B. Ceux qui servent à élever les fardeaux en les déplaçant : ce sont les grues pivotantes dont l'usage est général pour le service des usines métallurgiques, des quais des grands ports et des grandes gares à marchandises.

C. Enfin, ceux qui servent à transmettre une traction dans une direction quelconque; tels sont les appareils qui servent à la manœuvre des portes d'écluses et des ponts tournants ou roulants, à la traction des navires sur les plans inclinés ou cales, au lançage des tabliers métalliques, etc.

A. ÉLÉVATEURS

Sir Armstrong a été le propagateur des élévateurs et grues hydrauliques dont il établit les premiers modèles à Newcastle et à Liverpool et qu'il perfectionna plus tard lorsqu'il eut inventé l'accumulateur.

Treuil hydraulique pour magasin. — Les figures 96 et 97 représentent un treuil hydraulique pour magasin, de création déjà ancienne puisqu'il remonte à 1850.

Il est disposé pour fonctionner avec de l'eau à basse pression, c'est-à-dire avec de l'eau provenant du réseau de distribution d'une ville.

Un tonneau P est enlevé par une chaîne qui vient passer sur deux poulies fixes situées au sommet du magasin; la chaîne descend ensuite vers une poulie mobile que l'on voit entre le troisième et le quatrième plancher, remonte sur la poulie fixe du quatrième plancher et redescend

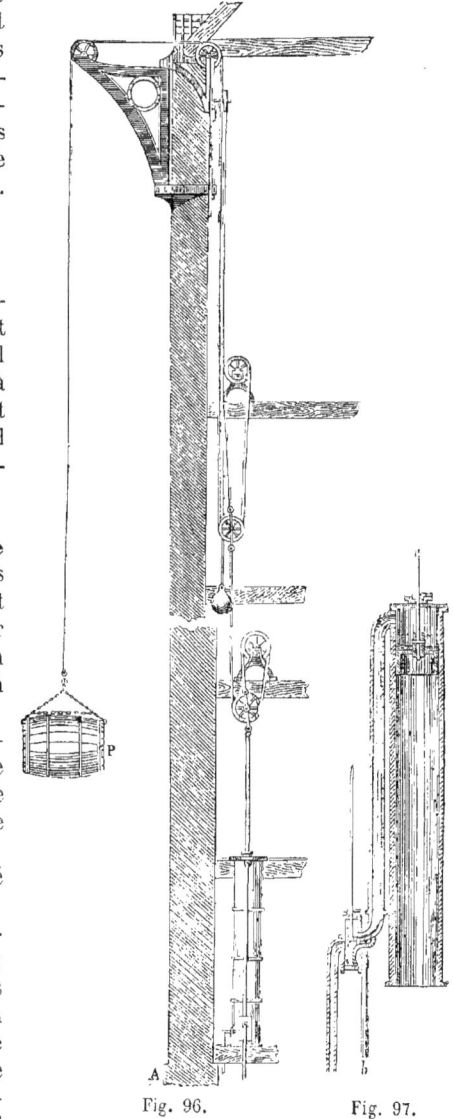

Fig. 96. Fig. 97.

pour s'attacher à la chape de la poulie mobile, à sa partie supérieure. De la partie inférieure de cette chape part une autre chaîne qui vient contourner la poulie qui termine la tige du piston, remonte sur la poulie fixe du deuxième étage et en redescend pour se terminer à la chape de la poulie du piston. On voit que tout cela, en somme, constitue une moufle, dont il est facile de faire le calcul par les procédés que nous avons indiqués ; mais la moufle est en sens inverse de ce que l'on voit d'ordinaire, car elle est disposée de telle sorte que le fardeau P à soulever marche beaucoup plus vite que la puissance, c'est-à-dire que le piston. Ceci était nécessaire si l'on voulait rendre l'appareil pratique et pouvoir, avec une faible amplitude d'oscillation du piston, soulever des fardeaux à des hauteurs considérables.

Il y a trois cylindres moteurs accolés ; lorsque le poids P ne dépasse pas une certaine limite, on ne se sert que du cylindre du milieu, et les tiges des deux autres pistons glissent à frottement doux dans la monture de la poulie inférieure.

Les cylindres sont ouverts à la partie inférieure.

C'est un tiroir qui règle la marche du piston, comme on le voit, sur la coupe à plus grande échelle ; le tuyau de l'eau comprimée est en (a) et le tuyau d'émission en (b). Le piston étant au bout de sa course, le tiroir a la position qu'indique la figure : la partie supérieure du cylindre communique avec (a), la pression s'exerce de haut en bas, le piston descend et soulève le fardeau.

Si l'on veut laisser remonter le piston, on agit sur le levier du tiroir pour renverser les communications ; le corps du cylindre communique avec le tuyau d'émission, et le piston remontera s'il peut vaincre le poids de la colonne d'eau qui le surmonte ; pour cela, la tige est reliée à une chaîne qui va passer sur une poulie fixe, située à la partie haute de l'édifice, et se termine par un contrepoids suffisant pour soulever le piston.

Le piston s'élève donc ; on peut l'arrêter instantanément en agissant sur le levier du tiroir et en empêchant l'émission de l'eau confinée dans le corps de pompe.

Lorsqu'on veut faire descendre le fardeau P, on manœuvre le levier du tiroir de manière à ouvrir très peu l'orifice d'émission ; l'eau s'échappe lentement ; le piston remonte de même, et le fardeau descend lentement.

Élévateur de 1,500 kilogrammes de puissance pour magasins. — Les figures 2 et 3, planche XLVI, représentent un élévateur de 1,500 kilogrammes de puissance qui fonctionne aux docks de Marseille.

Le cylindre moteur A est renversé et son piston plongeur B descend la tête en bas ; c'est cette tête qui sert de chape aux quatre poulies mobiles C, tandis que les trois poulies fixes C' sont posées sur le fond du cylindre A. La moufle est donc à huit brins, de sorte que l'ascension du fardeau peut égaler huit fois la course du piston. Dans l'espèce, l'ascension maxima est de 24 mètres et s'effectue en 16 secondes à la vitesse moyenne de $1^m,50$.

La chaîne de levée m, fixée par une extrémité au cylindre A, passe sur les six poulies de la moufle, puis s'élève le long de la façade du magasin; elle est reçue au sommet par deux poulies à axe horizontal qui la renvoient verticalement dans l'axe du plateau mobile P qui reçoit les charges à élever ou à descendre et qui se meut dans un couloir vertical où il est guidé par deux longrines verticales en sapin, garnies de bandes de fer.

Le plateau qui pèse 500 à 600 kilogrammes, est équilibré par un contrepoids Q, mobile le long de la façade entre deux glissières verticales; ce contrepoids est relié au plateau par une chaîne spéciale avec poulies de renvoi qui l'écartent de la chaîne motrice m.

La manœuvre est commandée par une chaîne n sur laquelle on peut agir à un étage quelconque; cette chaîne verticale monte au sommet des magasins, puis est renvoyée par deux poulies le long de la façade au pied de laquelle elle passe sur la poulie mobile o pour remonter ensuite s'accrocher à un crochet scellé dans la maçonnerie. Les mouvements de la poulie o sont transmis au levier l dont l'arbre horizontal, muni de cames, commande les leviers x et y des soupapes de distribution; ces soupapes, par le tuyau z, mettent l'intérieur du cylindre A en communication avec la conduite d'eau comprimée ou avec la conduite d'évacuation, suivant que l'on veut faire monter ou descendre le fardeau P.

Le mouvement peut, du reste, être arrêté presque instantanément en un point quelconque.

La course du plongeur est de 3^m20, son diamètre $0^m,254$ et sa section $0^m,0507$; la course théorique totale du plateau est donc de $25^m,60$. Le diamètre de la chaîne de levée est de $0^m,018$; cet appareil peut fonctionner sous une pression de quelques atmosphères.

Parachute. — Si la chaîne de levée venait à se rompre, le plateau et

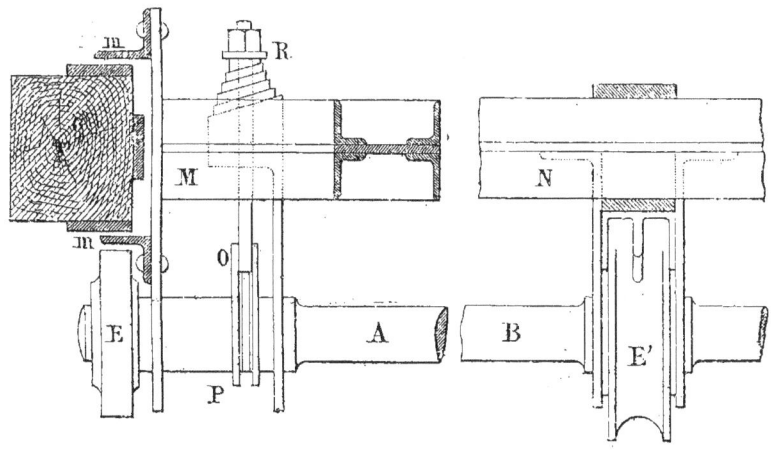

Fig. 98.

son chargement seraient précipités au bas du magasin. Aussi est-il nécessaire de doter l'élévateur d'un appareil de sûreté, ou parachute, qui est surtout indispensable lorsque l'engin de levage doit servir d'ascenseur pour les personnes.

La figure 98 représente le parachute Armstrong ; c'est une vue en plan du plateau de l'ascenseur, vue prise d'en haut, en supposant enlevé le plancher en chêne qui recouvre l'ossature en fer du plateau. M N est la traverse médiane du plateau, fer composé à double T ; à chaque extrémité de cette traverse, dans son prolongement, se trouvent les guides G en bois de sapin garni de bandes de fer ; le guidage est complété par deux cornières m fixées au plateau.

A côté de la traverse, au niveau du milieu de sa hauteur, est un arbre horizontal AB terminé par deux excentriques E ; un ressort R agissant par une chaîne O sur la poulie P tend à appliquer l'excentrique E sur la cornière m et par conséquent la cornière m sur le guide G ; le frottement développé au contact est assez fort pour arrêter la descente du plateau.

Mais il ne faut pas que ce frottement agisse sans cesse ; aussi a-t-on placé au milieu de l'arbre AB, un autre excentrique E', inverse de ceux des extrémités, autour duquel s'enroule un bout de chaîne qui va s'attacher à la chaîne de levage et qui est sans cesse tendu par elle.

La chaîne de levage vient-elle à se rompre, la tension n'existe plus, les ressorts R ne sont plus équilibrés et les excentriques E viennent presser les cornières m contre les guides G ; le mouvement de descente, qui commençait à naître, est aussitôt arrêté.

Rendement de cet élévateur. — M. Barret a procédé à des expériences nombreuses sur cet élévateur d'une tonne et demie.

La perte d'eau dans le tuyautage et les espaces morts a toujours été d'un centième de la dépense totale.

Le fardeau élevé étant constamment de 1,500 kilogrammes, le rapport du travail utile produit sur ce fardeau au travail emmagasiné par l'eau sous pression que l'élévateur a dépensée, ce rapport a été de 0,44.

Le rapport du travail utile produit sur le fardeau au travail développé sur les pistons de la machine à vapeur, a été de 0,33 ; c'est le rendement réel du système.

Les diagrammes des pressions successives dans le cylindre de l'élévateur, relevés à l'indicateur de Watt, montrent qu'à l'origine du mouvement, au départ, il faut produire un excès de pression très notable, afin de vaincre l'inertie des pièces mobiles et tous les frottements ; le mouvement s'entretient ensuite avec une pression beaucoup moindre.

De même, à la fin de l'ascension, lorsque le mécanicien ferme brusquement l'admission de l'eau comprimée, la force vive des masses en mouvement est absorbée par une compression de l'eau confinée dans le cylindre, et le diagramme accuse, en effet, un relèvement notable de la pression.

Les variations d'équilibrage, dues à la présence des chaînes, se traduisent également par des variations de pression assez sensibles.

APPAREILS HYDRAULIQUES

Dans l'élévateur que nous venons de décrire, la charge au départ est, en fait, beaucoup plus forte qu'à l'arrivée au sommet, parce qu'alors le poids de toutes les chaînes s'ajoute au contrepoids; la chaîne de levage pèse 7 kilogrammes le mètre, et la chaîne de contrepoids 4 kilogrammes; aussi donnent-elles, lorsque le plateau arrive au sommet de sa course, une augmentation de contrepoids de 393 kilogrammes.

Autre type d'élévateur pour magasins. — La figure 99 représente une disposition un peu différente d'élévateur, qui peut être également adoptée pour ascenseur à personnes, et qui fonctionne avec de l'eau à basse pression.

Le cylindre moteur A est logé dans le sous-sol; la tige du piston porte la poulie mobile P, mouflée avec la poulie fixe P'; la pression de l'eau s'exerce sur le piston de haut en bas, et il en est de même pour la traction transmise à la chaîne m; cette traction est appliquée au contrepoids Q, qui est creux et porte dans sa cavité une poulie sur laquelle passe la chaîne n qui soulève le plateau R; une extrémité u de cette chaîne est fixe.

La course du piston moteur se trouve quadruplée par le système des poulies.

On voit en x la corde de manœuvre qui agit sur le volant du distributeur S, distributeur semblable à celui de l'ascenseur Edoux, que nous avons précédemment décrit.

L'eau comprimée est donc admise au-dessus du piston, et,

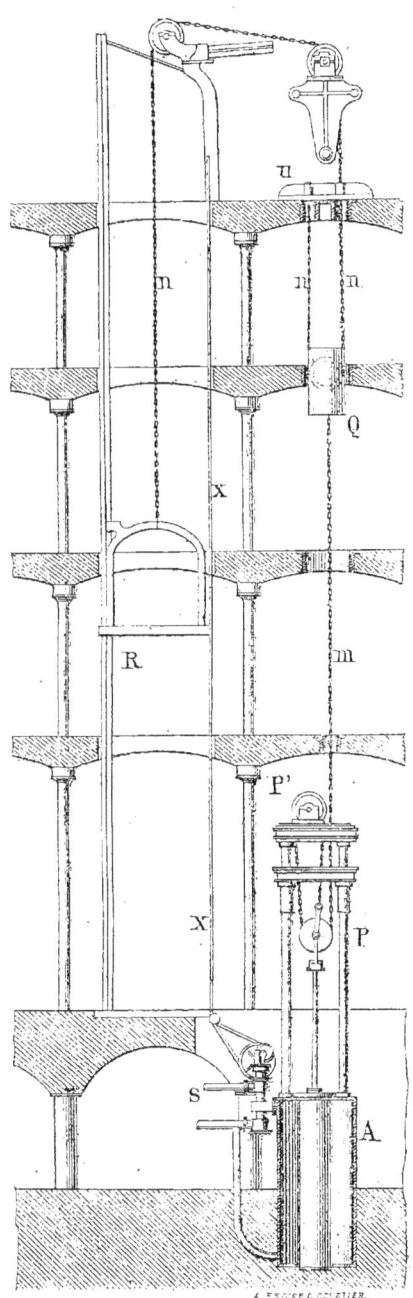

Fig. 99.

lorsqu'on veut laisser descendre le fardeau, il suffit de mettre la partie supérieure du cylindre moteur en communication avec le tuyau de décharge.

En modérant plus ou moins l'émission, on est maître de réduire la vitesse de descente autant qu'on le veut.

Ces appareils sont, nous le répétons, d'une absolue docilité.

Monte-charges de 500 kilogrammes *de la gare Saint-Lazare, à Paris.* — Pour le service des messageries de la nouvelle gare Saint-Lazare, à Paris, la Compagnie de l'Ouest a installé, outre le monte-wagons dont nous avons parlé, des grues hydrauliques dont nous parlerons tout à l'heure, et des monte-charges de 500 kilogrammes de puissance. Voici la description générale de ces derniers appareils, empruntée à la Notice insérée par les ingénieurs de la Compagnie dans la *Revue générale des chemins de fer*.

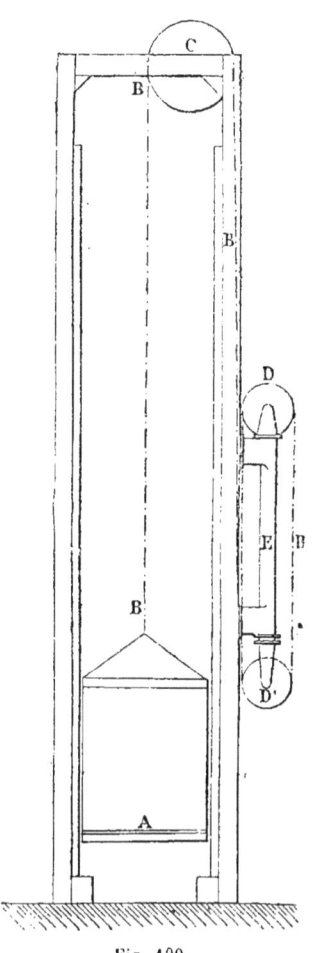

Fig. 100.

« Le plateau carré A, de $1^m,50$ de côté, est attaché, à sa partie supérieure, à l'extrémité d'une chaîne B,B qui, après avoir passé sur une poulie de renvoi C et sur les poulies doubles de moufle D, D', est attachée sur le support des poulies D relié avec le piston du cylindre hydraulique E; le support des poulies D' est fixé sur le fond de ce cylindre.

« Une boîte de distribution, dont la glissière est manœuvrée au moyen d'un levier à main, sert à mettre le cylindre en communication, soit avec la conduite d'eau sous pression, soit avec la conduite d'échappement ou de retour d'eau.

« La pression de l'eau, en agissant sur le piston du cylindre E, produit l'écartement des poulies D et D' et, par suite, l'ascension du plateau du monte-charges. Ces poulies se rapprochent, au contraire, par suite de l'action du poids du plateau dès que cette pression cesse.

« Le système de mouflage étant à 4 brins, la course du piston est égale au quart de la course du plateau, soit :

$$\frac{8^m,60}{4} = 2^m,15$$

« Le diamètre du piston sera déterminé de la manière suivante :

Charge utile à lever	500 kilog.
Poids du plateau et de ses accessoires	700 —
Charge totale.	1.200 kilog.

« Ce qui donne pour la charge sur le piston :

1.200 kilogrammes $\times$ 4 =	4.800 kilog.
dont il y a lieu de déduire le poids propre du piston plongeur et des poulies mobiles, ce poids agissant en sens inverse de celui du plateau, soit	460 —
Reste pour l'effet utile à produire	4.340 kilog.

et, pour l'effort sur le piston en comptant sur un rendement de 65 p. 100 :

$$\frac{4.340 \text{ kilog.}}{0{,}65} = 6.680 \text{ kilog.}$$

« Les accumulateurs donnant une pression de 50 kilogrammes par centimètre carré, la section du piston sera égale à

$$\frac{6.680 \text{ kilog.}}{50} = 133 \text{ c/m}^2, 6.$$

« Cette surface correspond à un diamètre de 131 millimètres, qui sera porté à 135 millimètres.

« Dans ces conditions, la dépense d'eau par opération sera de $3{,}14 \times 0{,}0675^2 \times 2{,}15 = 30$ litres environ.

« En tenant compte du nombre maximum d'opérations à effectuer avec les deux monte-charges à établir, qui peut être estimé à 300, la dépense par jour, en eau sous pression, sera de

$$30 \text{ litres} \times 300 = 9.000 \text{ litres,}$$

ce qui représentera une dépense moyenne, par heure, de

$$\frac{9{,}000}{24} = 375 \text{ litres.}$$

et pour la dépense maxima par heure

$$375 \times 6 = 2.250 \text{ litres.}$$

B. GRUES HYDRAULIQUES

Dans les grues hydrauliques, que l'on établit le plus souvent à double pouvoir, il y a deux manœuvres et par conséquent deux mécanismes à considérer : le mécanisme de levage et le mécanisme d'orientation ; ce dernier a pour fonction d'imprimer à la grue un mouvement de rotation autour de son pivot.

Grues hydrauliques Armstrong. — Les figures 101 et 102 représentent une des premières grues établies par sir Armstrong vers 1850 ; il leur donnait le nom de grues hydrostatiques, parce qu'il les considérait comme basées uniquement sur les principes de la statique des liquides.

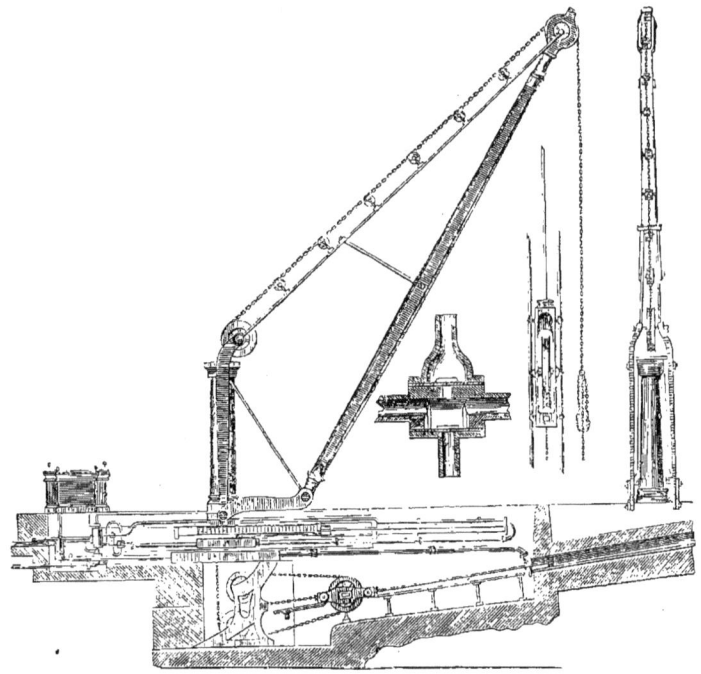

Fig. 101.

Deux mouvements sont à produire : l'ascension du fardeau et le mouvement de rotation de la grue sur un pivot.

La chaîne qui soutient le fardeau vient passer sur la poulie fixe du sommet de la grue, descend guidée par des rouleaux, traverse l'arbre en fonte de l'appareil, descend sur la poulie inférieure située à l'aplomb de cet arbre, vient passer sur la poulie mobile qui termine la tige du piston, revient sur une seconde poulie fixe, située au-dessous de la première, et de là retourne à la poulie mobile, à la chape de laquelle elle se termine. La grosse poulie mobile qui termine la tige du piston est supportée par quatre galets latéraux qui roulent sur deux rails ; le piston se meut dans un cylindre à simple effet, comme celui du treuil précédent, et la manœuvre du tiroir en est identique.

APPAREILS HYDRAULIQUES

Pour produire la rotation de la grue sur son pivot, une machine à double effet est nécessaire pour que la rotation puisse se faire dans un sens ou dans l'autre. On a donc un cylindre à double effet, pour lequel la tige du piston porte une crémaillère agissant sur une roue dentée horizontale, montée sur l'axe du pivot.

Un tiroir spécial permet d'agir sur ce piston.

La distribution se fait au moyen de deux tiroirs (a) et (b) analogues à ceux des machines à vapeur.

L'eau comprimée arrive par le tuyau C; elle pénètre par le tiroir (b) dans le tuyau H, qui la mène sous le piston d'ascension des fardeaux; l'eau qui s'échappe de ce cylindre à simple effet revient par le tube H et le tiroir (b) pour gagner le tuyau d'émission D.

L'eau comprimée arrive de même, par un branchement du tuyau C, sur le tiroir (a); les deux tubes de droite F et G communiquent, l'un avec un bout, l'autre avec l'autre bout du cylindre à double effet; l'eau comprimée arrive d'un côté et, de l'autre, elle s'échappe et passe dans le tube d'émission E.

Chaque tiroir est mû par une manivelle qui parcourt un cadran; sur le cadran des fardeaux sont écrits les mots : Monter. Arrêter. Descendre; sur le cadran de la rotation : Droite. Arrêt. Gauche. La manœuvre est donc aussi facile que possible.

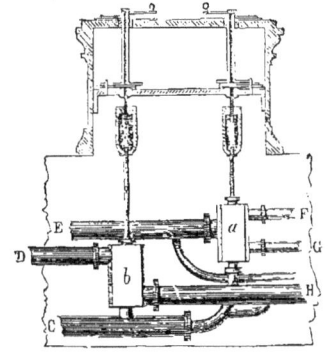
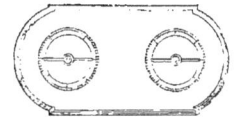

Fig. 102.

Du coude de la conduite C et de la partie droite de la conduite E, on voit partir deux petits tuyaux qui ne sont point désignés par des lettres; ils ont pour but de prévenir les coups de bélier dans le mouvement de rotation. Si l'on arrête brusquement l'eau, la machine continue à tourner un peu en vertu de la vitesse acquise, mais le piston et sa crémaillère restent immobiles, et il en résulte un choc violent susceptible de briser l'appareil.

Les tuyaux F et G portent chacun une soupape spéciale fortement chargée; suivant que le coup de bélier produit une aspiration ou une compression, l'une ou l'autre de ces soupapes vient à s'ouvrir, et laisse entrer un peu d'eau. Le choc est ainsi évité.

Grue d'une tonne de puissance. — Les figures 1 à 3 de la planche LI, représentent en plan, ainsi qu'en élévation de face et de côté, une grue de quai d'une tonne de puissance, établie aux docks de Marseille.

Cette grue, construite entièrement en métal, est simple et robuste; une charpente en fer, composée de deux grandes poutres verticales reliées au pivot de la grue, et solidement encastrées dans la maçonnerie du quai, assure la fixité de l'appareil. Cette charpente est surmontée d'une toiture abritant une cabine où se tient l'homme chargé de la manœuvre ; cet homme domine ainsi tout le champ de son opération.

Il a sous la main deux leviers agissant sur les distributeurs de l'appareil de levage et de l'appareil de rotation.

Le cylindre de levage A, dont B est le piston, actionne la chaîne de levage m, mouflée à six brins, qui, après avoir passé sur les trois poulies de renvoi RST, se termine par un crochet à contrepoids ; le contrepoids est calculé de manière à maintenir la chaîne tendue lors de la descente ; le mouvement de descente du plongeur B se produit sous la seule action de son poids.

On voit en C les deux cylindres d'orientation, qui sont renversés par rapport au cylindre A et qui, par les chaînes n, actionnent la poulie P à double gorge ; l'un des cylindres produit la rotation dans un sens et l'autre en sens opposé ; la chaîne de l'un se déroule pendant que la chaîne de l'autre s'enroule sur la poulie P. Le mécanisme de distribution est tel que, si l'un des cylindres est mis en communication avec l'eau comprimée, l'autre est nécessairement en décharge, et son piston se trouve rappelé vers le haut par le mouvement de descente du piston opposé.

Avec la grue que nous venons de décrire, la vitesse ascensionnelle de la charge est de $1^m,30$, la vitesse de rotation $1^m,50$; le diamètre de la chaîne de levée est de 14 millimètres et celui de la chaîne de rotation de 16 millimètres ; le diamètre du cylindre moteur $0^m,191$, et celui du plongeur $0^m,159$; la course du piston $2^m,108$, et celle du crochet de levage $12^m,64$.

La course du piston d'orientation est de $0^m,701$, son diamètre $0^m,089$.

La soupape d'introduction a une section de $0^{m^2},000283$, celle d'évacuation a une section de $0^{m^2},000616$, et celle de choc $0^{m^2},000491$.

Les diamètres des poulies varient de $0^m,40$ à $0^m,60$.

Dispositif adopté pour les appareils à double pouvoir. — Le dispositif adopté pour les appareils que l'on veut doter du double pouvoir, est celui que nous avons précédemment exposé ; il consiste à se ménager la possibilité de faire agir l'eau comprimée sur les deux faces du piston simultanément, l'une de ces faces ayant une section inférieure à celle de l'autre.

Dans le cylindre A se meut le piston P, qui est actuellement au bas de sa course ; la tige B de ce piston est de moindre diamètre que lui ; l'eau comprimée peut, si la distribution est faite dans le sens voulu, agir au-dessus comme au-dessous du piston ; mais la face supérieure de ce dernier est réduite, comme surface utile pour la pression, à la partie annulaire entourant la tige B. La poussée, que le piston subit de bas en haut, est donc seulement la différence des pressions appliquées sur ses deux faces.

Soit une grue calculée pour élever 15 tonnes, l'eau comprimée agissant uniquement sous son piston P ; on veut la transformer en grue à

APPAREILS HYDRAULIQUES 237

double pouvoir et lui permettre, par exemple, de lever des fardeaux de 8 tonnes en ne consommant que la quantité d'eau nécessaire à cet effet; on donnera à la tige creuse B un diamètre tel que sa section soit les $\frac{7}{15}$ de la section totale du piston P, et, lorsque l'eau comprimée

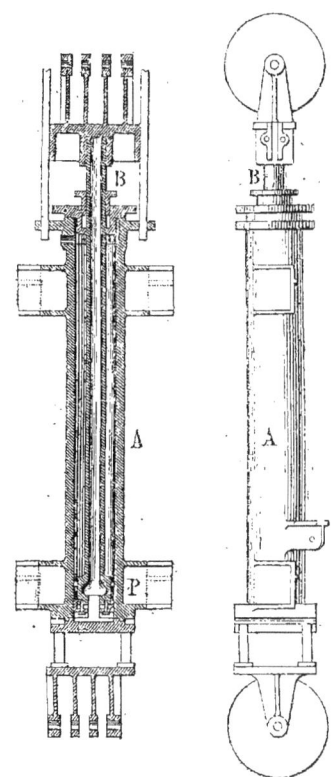

Fig. 103.

agira simultanément sur les deux faces de celui-ci, la puissance de la grue se trouvera réduite à 8 tonnes.

L'eau comprimée admise dans la cavité annulaire qui entoure la tige creuse B est restituée au réseau de distribution.

Grue de 3 à 15 tonnes de puissance. — La figure 2, planche LI, représente un type de grue hydraulique qui peut être construit avec une puissance variable.

Le pivot vertical de rotation est logé dans une colonne en fonte A et fait corps avec elle; cette colonne est comprise entre deux joues en fer B, qui forment en bas une sorte de fourche destinée à recevoir la flèche en bois C de l'appareil.

La colonne A est creuse et traversée par la chaîne de levage m; le mécanisme moteur est logé dans le sol sous un plancher mobile; D est le cylindre moteur, légèrement incliné; l'eau comprimée étant admise par le bas du cylindre, la tige t du piston est poussée vers la droite, entraînant les poulies mobiles Q, formant moufle avec les poulies P; la moufle est d'ordinaire à quatre ou à six brins, de sorte que la course du crochet de levage est égale à quatre ou six fois la course du piston moteur.

Quand le piston est arrivé à l'extrémité de sa course, l'action de l'eau comprimée cesse à sa gauche, et il faut qu'il revienne à sa position initiale pour que le crochet de levage aille saisir un nouveau fardeau. C'est pour faciliter ce mouvement que l'on a donné au cylindre D une position inclinée; l'inclinaison est suffisante pour que la composante du poids du mécanisme mobile, suivant la direction de la tige t, puisse vaincre les frottements du piston, du presse-étoupes et des galets qui guident le mouvement de la tige t et des poulies Q.

Il est des cas toutefois où l'eau n'est pas expulsée à l'air libre et doit être renvoyée à un réservoir qui alimente à nouveau les pompes de compression; elle exerce alors une contre-pression parfois assez élevée qu'il faut vaincre pour produire le mouvement de retour de la tige t. On est conduit alors, soit à placer un contrepoids convenable sur la chaîne de levage près du crochet, soit à installer un petit appareil de traction par l'eau comprimée, appareil à action directe qui agit sur la tige t pour la ramener de droite à gauche. On peut, dans ce cas, supprimer l'inclinaison du cylindre D et le poser horizontal.

Passons à l'appareil de rotation : il est beaucoup plus simple que le double mécanisme de la grue précédente ; il ne comprend qu'un cylindre E avec piston à double effet dont la tige se prolonge par une crémaillère horizontale F, qui engrène avec une couronne dentée montée à la base de la colonne A ; la crémaillère est convenablement guidée par des glissières qui s'opposent à tout flambage et la maintiennent en prise avec la couronne dentée.

On voit en X la boîte qui renferme les leviers de distribution.

Grues du nouveau service des messageries de la gare Saint-Lazare, à Paris.

En outre des appareils que nous avons déjà cités, MM. Clerc et Buissou ont établi, pour le nouveau service des messageries de la gare Saint-Lazare, à Paris, des grues à pivot de 1,500 et 5,000 kilogrammes.

Ces dernières peuvent fonctionner à volonté pour des fardeaux de 3,000 et de 5,000 kilogrammes; elles ne diffèrent des grues à 1,500 kilogrammes que par les dimensions des éléments et par ce seul point que leurs cylindres moteurs sont parcourus, non par un piston plongeur à diamètre constant, mais par un piston à tige du système à double pouvoir.

A est le pivot vertical, B la flèche, C le tirant, D la chaîne de levage, terminée par un crochet H à contrepoids I.

Cette chaîne descend dans l'axe du pivot creux, passe sur une poulie de renvoi et vient s'enrouler sur les poulies GG' qui constituent une moufle à quatre brins; les poulies G' sont mobiles avec la tête du piston, et les poulies G sont fixées sur le fond du cylindre. Le mouvement de descente du crochet H est déterminé par le contrepoids I, calculé pour vaincre les frottements du mécanisme et la contre-pression de l'eau qui, par une conduite de retour de plusieurs centaines de mètres de longueur, s'en va de nouveau alimenter les pompes de compression et recommencer le même circuit.

L'orientation est obtenue par une poulie à gorge hélicoïdale J, calée

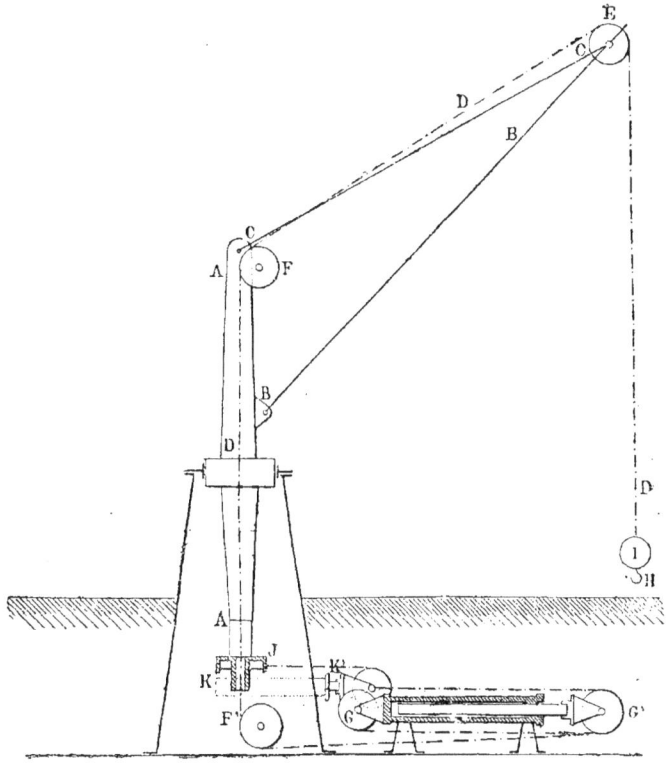

Fig. 104.

à la base du pivot; sur cette poulie s'enroule une chaîne dont les extrémités sont fixées chacune à une extrémité K ou K' d'un piston à deux têtes, mobile dans un cylindre à double effet; suivant que l'eau comprimée agit sur l'une ou sur l'autre face de ce piston, la rotation du pivot se produit dans un sens ou dans l'autre.

Deux leviers à main suffisent pour manœuvrer l'appareil et pour produire le levage et l'orientation, ensemble ou séparément.

Calcul de la grue de 1,500 *kilogrammes*. — 1° *Levage*. — Le poids à lever est de 1,700 kilogrammes, dont 1,500 de charge utile et 200 de charge morte pour le crochet et le contrepoids.

Élévation maxima, 6 mètres; avec mouflage à quatre brins, il en résulte une amplitude de $1^m,50$ pour la course du piston, et un effort utile de $1,700 \times 4$, ou de 6,800 kilogrammes à produire sur le piston.

Admettant un rendement de 65 p. 100, c'est-à-dire une perte de 35 p. 100 entre le travail moteur de l'eau comprimée agissant sur le piston et le travail utile, la pression de l'eau fournie par l'accumulateur étant de 50 kilogrammes par centimètre carré, la surface du piston doit être de $0^m,0209$, soit un diamètre de $0^m,17$.

La consommation d'eau est de 34 litres par opération pour fardeau élevé à 6 mètres.

2° *Orientation*. — L'appareil d'orientation doit vaincre les frottements, imprimer à l'appareil une vitesse de rotation assez rapide et être assez puissant pour s'arrêter presque instantanément en un point quelconque.

On a donné au plongeur un diamètre de $0^m,08$ et une course de $0^m,95$ correspondant à une révolution complète de la grue, ce qui absorbe $4^{lit},75$ d'eau et $9^{lit},50$ par opération, si l'on compte le retour à vide.

La consommation totale d'eau comprimée sera donc de $43^{lit},50$ par opération.

On fera au plus quatre cents opérations par jour, qui consommeront 17,400 litres d'eau, soit un débit moyen de 725 litres à l'heure.

Mais, à certains moments, il pourra être fait peut-être jusqu'à cent opérations à l'heure, d'où résultera une consommation accidentelle de 4,350 litres pendant cette heure exceptionnelle, consommation à laquelle les accumulateurs devront être capables de faire face.

Calcul de la grue de 5,000 kilogrammes. — 1° *Levage :*

```
Charge utile..........................  5.000 kilog.
Poids mort : contrepoids, crochet, accessoires ........   350  —
                                                        ─────────
        Charge totale...............  5.350 kilog.
```

Course maxima du fardeau : 6 mètres.

```
Avec une moufle à 4 brins, la course du piston moteur sera. .   1^m,50
    —          —          son effet utile..........   21.400 kilog.
```

Avec un rendement de 70 p. 100 (le rendement est toujours meilleur avec les appareils à grande puissance) et une eau comprimée à 50 kilogrammes par centimètre carré, il en résulte pour le piston une section de $0^{m^2},0612$ et un diamètre de $0^m,28$.

La dépense d'eau sera de 91^{lit},80 par levage et tombera à 61^{lit},80 si on fonctionne avec la puissance de 3,000 kilogrammes.

2° *Orientation*. — Le plongeur du cylindre d'orientation a 0^m,11 de diamètre et 1^m,25 de course, correspondant à une rotation complète.

D'où une consommation de 11^{lit},56, ou 24 litres en chiffre rond par opération pour tenir compte du retour.

La dépense d'eau totale, pour une charge de 5,000 kilogrammes, sera donc de 115^{lit},80 par opération ; il y aura au plus quatre-vingts opérations par jour et vingt dans l'heure la plus chargée. D'où une consommation totale maxima de 9,264 litres par jour, correspondant à un débit moyen de 386 litres par heure ; mais on sera exposé à voir le débit s'élever exceptionnellement pendant une heure à 3,616 litres.

Grues hydrauliques pour fonderies et aciéries. — Les perfectionnements apportés à la fabrication des fontes et surtout à celle des aciers Bessemer, n'étaient possibles qu'avec le concours d'appareils de levage puissants et rapides, toujours prêts à fonctionner instantanément.

Les grues hydrauliques se trouvaient naturellement indiquées et ont, en effet, rendu les plus grands services.

Ces grues sont, généralement, courtes et trapues ; vu le poids des fardeaux à soulever, et les dimensions de chaînes qui en résultent, il fallait éviter l'enroulement de ces chaînes et les faire aussi courtes que possible. On a été amené à rendre la volée mobile verticalement ; elle est montée sur un piston-plongeur vertical contenu dans un cylindre qui se confond d'ordinaire avec la colonne même de la grue ou qui est accolé à cette colonne.

Parfois il y a plusieurs pistons juxtaposés ; l'un d'eux est destiné à équilibrer constamment le poids mort de la volée mobile ; les autres n'ont qu'à produire l'effet utile de levage.

Le mouvement d'orientation peut être demandé, comme dans les grues ordinaires, à un système hydraulique ; mais le plus souvent on se contente de le produire à bras d'hommes, par traction sur un câble.

Les figures 1 à 4, planche L, représentent, d'après la *Revue des machines-outils*, une grue de fonderie de 4 à 8 tonnes, construite par M. Wellmann. Quand ces grues ne sont pas encastrées par le haut, dans un plancher ou dans une charpente, comme elles le sont par le bas dans le sol, on est conduit à donner à leur colonne de support des dimensions considérables, afin de résister à l'action d'une lourde charge agissant avec un porte-à-faux de plusieurs mètres. Aussi, la grue, dont nous nous occupons en ce moment, est-elle comprise entre deux joues verticales H, en fer double T, qui sont reliées en bas à un cylindre mobile sur un pivot inférieur et en haut à un bout D de colonne-pivot.

La volée horizontale E, qui porte le chariot de soulèvement et le tirant double F qui la soutient, sont articulés sur la tige verticale I du piston moteur et les galets G à axe horizontal, mobiles sur les joues H, servent de guides pendant l'ascension et la descente et reportent sur la colonne verticale le moment de renversement provenant de la volée et du fardeau qu'elle soulève.

On remarquera, sur la coupe verticale de l'appareil, qu'il existe deux pistons plongeurs emboîtés et susceptibles de prendre un *mouvement télescopique* l'un par rapport à l'autre. L'eau comprimée agit librement sous le plongeur intérieur comme sous celui qui l'enveloppe; dans l'idée du constructeur, si le poids à soulever est inférieur à 4 tonnes, le piston interne se lève seul et glisse dans l'autre, qui reste en place. Si, au contraire, le fardeau dépasse 4 tonnes, le petit plongeur est impuissant à le soulever et c'est le grand qui se met en marche, entraînant le petit, qu'il entoure comme une coupe.

En réalité, c'est uniquement le poids du grand plongeur qui l'empêche de suivre le petit lorsque ce dernier se met seul en marche, et ce poids ne doit pas être toujours suffisant pour vaincre les frottements, qui tendent à entraîner à la fois les deux plongeurs ajustés l'un dans l'autre par leur collet supérieur.

Le système est donc ingénieux, mais nous ne savons s'il fonctionne avec certitude.

Grue hydraulique mobile. — Les grues hydrauliques sont surtout destinées à fonctionner à poste fixe, puisqu'elles sont alimentées par un réseau de distribution fixe lui-même. Il est cependant assez facile de les monter sur un truc et de les rendre mobiles sur une voie ferrée, comme on le fait pour les grues ordinaires ou pour les grues à vapeur, qui portent elles-mêmes leur moteur.

Nous empruntons aux *Annales des Travaux publics* la description d'une grue hydraulique transportable (*fig.* 8, Pl. L) :

« Elle est mobile sur une voie de largeur normale parcourant le chantier des travaux; l'extrémité de la volée décrit un cercle de 7^m,80 de rayon. La grue peut élever à 7^m,50 des fardeaux d'une tonne. L'eau sous pression est amenée de l'accumulateur par des tuyaux placés entre les rails. De place en place se trouvent des branchements auxquels on relie directement la grue. En sortant de la conduite principale, l'eau sous pression se rend à la grue par un tuyau flexible, monte jusqu'aux soupapes par l'axe de la colonne et fait mouvoir les cylindres. La rotation de l'appareil est obtenue d'une manière très simple. La colonne est réunie au wagonnet qui porte la grue, mais les cylindres, les soupapes et l'ouvrier qui dirigent les manœuvres tournent avec la volée et constituent le contrepoids de la charge soulevée.

L'eau d'échappement des cylindres peut être dirigée dans un bac situé à l'arrière de la grue, dans le cas où l'on a besoin d'un contrepoids additionnel; de ce bac elle se rend dans une capacité annulaire ménagée autour de la colonne, de sorte que, dans toutes les positions que peut occuper l'appareil, l'eau se déverse avec une égale facilité dans le tuyau de retour. Il ne faut que trois minutes pour relier la grue à la conduite d'amenée; il suffit de desserrer deux boulons et de manœuvrer une vanne de distribution. »

Importance capitale de la surveillance des chaînes de levage. — Dans tous les appareils de levage, et particulièrement dans les grues tournantes, parce que le fardeau ne s'y trouve pas guidé dans un couloir spécial, le principal et, pour ainsi dire, le seul danger à redouter, c'est *la rupture des chaînes*.

Il est bien rare, en effet, qu'en cas de rupture un ou plusieurs ouvriers ne se trouvent pas écrasés par le fardeau qui tombe.

C'est donc un devoir étroit pour les ingénieurs et surveillants de chantiers de surveiller attentivement et constamment l'état des chaînes et d'en exiger le remplacement dès qu'elles n'offrent plus une absolue sécurité.

M. Barret conseille de *changer toute chaîne qui a effectué* 2,000 *à* 3,000 *manœuvres à pleine charge*. En général, ce conseil, peut-être trop rigoureux si on le généralise, n'est pas suivi et bien souvent on prolonge l'usage d'une chaîne plus que de raison.

On ne saurait cependant se tenir trop en garde contre les imprudences et les négligences en pareille matière.

Renseignements sur le poids des grues hydrauliques, le nombre et le prix de revient de leurs opérations. — 1° *Poids* :

```
Une grue de quai d'une tonne pèse..............   4.900 kilog.
Un élévateur d'une tonne et demie pour magasin........   4.900 —
Une grue de trois tonnes, à double pouvoir..........   6.800 —
```

2° *Nombre des opérations*. — Une grue de quai peut faire trente-cinq à cinquante opérations à l'heure, suivant que la matière se prête plus ou moins à un chargement rapide des bennes.

Le nombre des grues à installer sur un quai se déduit donc facilement de la connaissance du tonnage journalier maximum.

3° *Prix de revient*. — En comptant à 5 p. 100 l'intérêt du capital de premier établissement et à 4 p. 100 l'amortissement, chaque tonne manutentionnée est grevée de 0 fr. 16 à 0 fr. 18 par l'installation hydraulique.

Les frais de manutention, compris intérêt et amortissement du capital de construction, frais de conduite et de manœuvre des appareils, s'élèvent à environ 0 fr. 50 par tonne.

4° *Redevances payées dans les ports pour l'usage des grues*. — A titre de renseignements, nous reproduirons les taxes perçues par la chambre de commerce de Boulogne pour l'usage de l'outillage hydraulique qu'elle a été autorisée à exploiter.

		PRIX DE LOCATION à la demi-journée.	PRIX DE LOCATION à l'heure.
		fr	fr.
Grue de 40 tonnes.	Puissance de 40 tonnes.	100 »	35 »
	Puissance de 20 tonnes.	95 »	32 »
Grue de 10 tonnes.	Puissance de 10 tonnes.	50 »	20 »
	Puissance de 5 tonnes.	40 »	15 »
Grue roulante de 1000 à 1500 kilogrammes. .		20 »	» »
Grue roulante de 500 kilogrammes au plus. . .		10 »	» »
Cabestan de 125 kilogrammes.		15 »	» »

C. Appareils de traction

Les appareils de traction sont usités toutes les fois qu'il s'agit de produire sûrement, rapidement et sans secousse une manœuvre exigeant une traction considérable dans une direction quelconque.

Nous connaissons déjà ces appareils, qui ne diffèrent pas en principe soit des appareils de levage soit des appareils de rotation que nous avons vus dans les grues.

Appareils pour la rotation du pont tournant des bassins de radoub de Marseille. — Les appareils hydrauliques funiculaires, au nombre de deux, destinés à effectuer le mouvement de rotation du pont, sont, dit M. Barret, fixés horizontalement sur des massifs en maçonnerie de pierre de taille et disposés comme l'indiquent les figures 4 et 5, planche XLVII. (Voir aussi la légende que nous avons donnée précédemment).

Chaque appareil comprend un cylindre en fonte dans lequel se meut un plongeur de $0^m,30$ de diamètre et de $2^m,80$ de course, actionné par l'eau sous la pression de 52 atmosphères.

Le fond de chaque cylindre porte une poulie de $0^m,60$ de diamètre; les têtes des plongeurs en reçoivent deux.

Une chaîne de 22 millimètres s'enroule sur les poulies des deux appareils et sur la couronne à gorge ZZ du pont. Chacune des extrémités de cette chaîne est fixée à l'un des cylindres des appareils. Ceux-ci sont conjugués par une chaîne reliant les têtes de leurs plongeurs et passant sur une poulie de renvoi X placée horizontalement dans le plan des axes des cylindres.

En temps calme, la pression à laquelle s'élève l'eau dans les cylindres de rotation est de 27 à 28 atmosphères au départ et de 8 à 9 pendant le mouvement. par de forts coups de mistral, cette pression a varié entre 40 et 45 atmosphères au départ et 30 à 35 pendant le mouvement.

Appareil des portes d'écluse du bassin à flot de Bordeaux. — Cet appareil, qui a été établi en 1880, est la première application en France de l'eau comprimée à la manœuvre des portes d'écluse. Le système pratiqué à l'étranger a reçu un perfectionnement important en ce sens que les deux ventaux d'une porte sont actionnés par un appareil unique; la manœuvre y gagne en rapidité et en précision, et l'économie réalisée s'est élevée a 6,500 francs par porte.

Ces engins ont été étudiés et installés par M. l'ingénieur Boutan, qui en a donné la description suivante :

« L'appareil de manœuvre d'une porte comprend divers organes, que l'on peut classer ainsi :

« 1° *L'appareil moteur;*
« 2° *Les organes de transmission;*
« 3° *Le régulateur.*

« *Appareil moteur.* — L'appareil est du type généralement adopté pour les appareils hydrauliques. Il comprend (*fig.* 4, 5 et 6, pl. XLIX), deux fourreaux cylindriques en fonte, de mêmes dimensions, placés horizontalement dans le prolongement l'un de l'autre, les ouvertures se faisant face, et munis chacun d'un plongeur qui y pénètre en traversant un presse-étoupes.

« Les fourreaux sont scellés dans la maçonnerie et leur culasse est formée d'une plaque de métal boulonnée sur l'enveloppe cylindrique. Les têtes des plongeurs et des culasses des fourreaux portent chacune deux poulies en fonte de $0^m,70$ de diamètre, disposées sur le même axe.

« Deux chaînes, fixées par une de leurs extrémités à chacun des fourreaux, passent successivement sur les quatre poulies d'un même appareil, de manière à former deux moufles distinctes, et tout mouvement de l'une des moufles est transmis à l'autre par l'intermédiaire d'un cadre qui relie les axes des poulies portées par les plongeurs. Les poulies mobiles sont guidées par deux cours de glissières, en fonte, scellés contre les maçonneries. Il suit de là que si, sous l'action de l'eau comprimée, l'un des plongeurs sort de son fourreau d'une certaine longueur L, l'autre plongeur pénètre dans le sien de la même quantité; en même temps, le bout libre de la chaîne de la première moufle se raccourcit d'une longueur 4L, tandis que le bout libre de la chaîne de l'autre moufle se déroule sur la même longueur. L'un des plongeurs commande l'ouverture, et l'autre la fermeture des portes.

« La distribution de l'eau comprimée s'effectue d'ailleurs à l'aide d'appareils à soupape du système Armstrong.

« *Organes de transmission.* — Les organes de transmission sont formés de chaînes et de poulies.

« Le circuit total des chaînes se divise en trois brins distincts (*fig.* 4, pl. L).

Le premier brin, fixé à l'un des fourreaux de l'appareil de manœuvre, s'enroule autour de la moufle correspondante et actionne le vantail V.

« *Le second brin* est disposé symétriquement au premier autour du second fourreau et de sa moufle et actionne le vantail V'.

« *Le troisième brin*, destiné à rendre les mouvements des deux vantaux solidaires l'un de l'autre, est fixé au vantail V', au droit du point d'attache du second brin ; il passe dans un couloir ménagé à l'intérieur des maçonneries, longe la partie supérieure du bajoyer opposé à l'appareil de manœuvre, et redescend au niveau du radier pour se terminer à la face aval de l'autre vantail, au droit du point d'attache du premier brin.

« On voit que chacun des brins premier et second est alternativement actif ou passif, suivant qu'on ouvre la porte ou qu'on la ferme, et que le troisième brin n'a d'autres fonctions que de transmettre le mouvement de l'un à l'autre vantail.

« Dans les explications qui vont suivre, nous continuerons à désigner ces brins de chaîne par les mêmes qualifications, premier, second et troisième.

« Des poulies de renvoi, de même diamètre que celui des poulies mouflées, sont disposées à chaque changement de direction dans les différents couloirs traversés par les chaînes.

« *Régulateur*. — Le régulateur R du mouvement consiste en un contrepoids suspendu à la partie horizontale de la chaîne, dans le circuit parcouru par le troisième brin.

« L'appareil (*fig.* 7) est logé dans une chambre de section rectangulaire ménagée à l'intérieur du bajoyer de rive. Deux poulies, fixées aux parois de cette chambre, reçoivent le troisième brin, qui, au lieu de passer directement de l'une à l'autre, supporte en son milieu une troisième poulie mobile à laquelle est suspendu le contrepoids.

« Celui-ci est formé de deux plateaux en fonte maintenus par quatre montants en fer. Les plateaux, munis de galets, roulent sur des rails scellés verticalement dans la maçonnerie et destinés à leur servir de guides ; ils sont chargés de gueuses de fonte dont le poids doit être convenablement déterminé.

« Quand le contrepoids est descendu au point le plus bas de sa course, il repose sur un support en fonte dont la hauteur peut être réglée au moyen d'un vérin.

« Grâce à cette disposition, le mécanisme de l'appareil réalise deux conditions importantes :

« 1° Lorsque le contrepoids, pendant le mouvement, est détaché de son appui, la longueur horizontale développée entre les deux extrémités du troisième brin augmente ou diminue du double de la variation de hauteur du contrepoids, sans que la tension soit modifiée ;

« 2° Lorsque le contrepoids vient au bas de sa course, et par conséquent repose sur un appui, le troisième brin cesse d'agir et sa tension devient nulle. »

Pour que le mouvement des deux vantaux solidaires soit régulier, il faut réaliser les conditions suivantes :

1° Le point d'attache des chaînes sur chaque vantail doit coïncider autant que possible avec le point d'application de la résistance ;

2° La longueur du circuit des chaînes doit être, en raison du mouvement circulaire, décrit par les points d'attache autour des tourillons, susceptible d'une certaine élasticité, tout en maintenant la tension du circuit à peu près constante;

3° La position en plan des points d'attache et des poulies doit être telle que les deux vantaux arrivent simultanément en contact soit avec le busc; soit avec le bajoyer de leur enclave respective.

Comme le fait remarquer M. Boutan, l'appareil moteur à deux cylindres à simple effet conjugués pourrait être remplacé par un seul cylindre à double effet avec piston ordinaire; mais avec l'appareil à simple effet, les réparations sont plus faciles et surtout les fuites dans les presses-étoupes des plongeurs se manifestent immédiatement aux yeux, tandis que les fuites qui se produisent dans un cylindre, d'une face à l'autre du piston, ne sont pas apparentes.

Appareil des portes en éventail du bassin de Freycinet, à Boulogne. — Cet appareil, projeté par M. l'ingénieur Guillain, diffère du précédent en ce sens qu'il ne comprend qu'un cylindre à eau comprimée actionnant un treuil à deux tambours indépendants montés sur le même axe; suivant qu'on embraye avec un treuil ou avec l'autre, on ouvre ou on ferme les portes.

Le cylindre est à simple effet et le mouvement de la tête du plongeur, amplifié par une moufle renversée, est transmis au treuil par une poulie de renvoi et par une poulie à empreintes calée sur l'arbre du treuil; la chaîne, après avoir entouré sur une demi-circonférence la poulie à empreintes, va passer sur une seconde poulie de renvoi et descend dans un puits où elle se termine par un contrepoids. Ce contrepoids a pour fonctions : 1° de tendre la chaîne sur la poulie à empreintes; 2° de faire revenir en arrière le plongeur du cylindre jusqu'à son point de départ, quand le mouvement d'ouverture ou de fermeture est terminé et que la soupape de vidange de l'eau comprimée est ouverte.

Les deux tambours du treuil tournent librement sur leur arbre commun; ils sont séparés par un manchon d'embrayage dont la position détermine l'entraînement du tambour qui doit agir; le second reste libre, ce qui lui permet de tourner en sens inverse pour laisser dérouler sa chaîne à mesure que la porte se déplace.

Les quatre moteurs hydrauliques pour la manœuvre des treuils des quatre portes en éventail ont coûté 11,400 francs, et ces treuils eux-mêmes ont coûté 3,000 francs.

Appareils de translation du pont roulant de Saint-Malo. — « Ces appareils se composent de deux presses hydrauliques dont les cylindres en fonte ont 55 millimètres d'épaisseur.

« Chaque cylindre est fermé par un couvercle boulonné avec lequel est venue de fonte une chape portant quatre poulies.

« Le plongeur a $0^m,38$ de diamètre et $2^m,45$ de course; il est formé par un cylindre en fonte de $0^m,035$ d'épaisseur; la tête est mobile et maintenue avec des boulons; elle porte, comme le couvercle, une chape garnie de trois poulies; sa course est guidée par deux barres en fer forgé de 90 millimètres de hauteur sur 78 d'épaisseur.

« Les chaînes de traction sont en fer rond de 25 millimètres de diamètre; elles sont mouflées sur les poulies et chacune d'elles est renvoyée dans la direction de l'axe du pont. L'une des extrémités des chaînes est fixée à la presse correspondante au moyen d'un tendeur; l'autre extrémité est attachée sous une des pièces de pont. »

Appareils de translation pour chariot roulant. — La figure 105 représente l'appareil hydraulique de translation d'un chariot roulant pour locomotives, installé par les ingénieurs de la Cie de l'Ouest à la nouvelle gare Saint-Lazare, à Paris; cette figure est empruntée à la notice publiée par la *Revue générale des chemins de fer*.

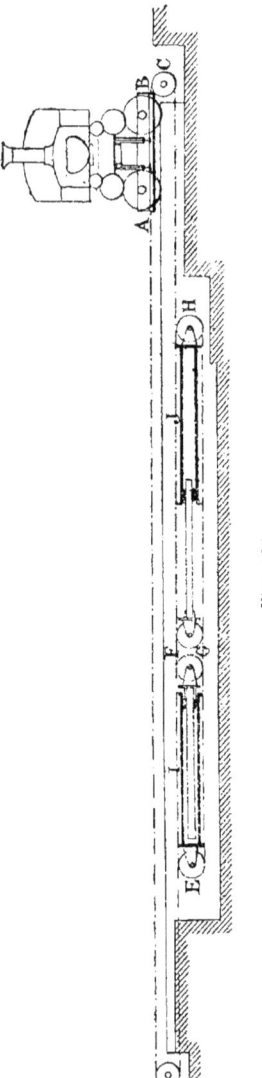

Fig. 105.

Le chariot roulant est une plate-forme portant une voie et montée sur quatre roues de 0^m,65 de diamètre, dont les fusées d'essieux ont 0^m,12 de diamètre :

Le poids du chariot est de	7.300 kilog.
Celui d'une locomotive qu'il reçoit. . .	45.000 —
D'où une charge totale de	52.300 kilog.

On peut, en adoptant le coefficient de frottement 0,12, évaluer le frottement maximum sur les fusées au démarrage à 6,276 kilogrammes, donnant à la circonférence des roues un effort de :

$6276 \times \dfrac{0,12}{0,65}$ ou de	1.160 kilog.
Ajoutant la résistance au roulement, soit 2 kilogrammes par tonne, ou	105 —
on trouve pour la valeur totale de la traction à exercer	1.265 kilog.

Sur un flanc du chariot, en A, est fixée une chaîne qui gagne la poulie D et revient, sous le sol, s'enrouler sur les poulies mouflées E et F du cylindre à eau comprimée I; sous l'autre flanc du chariot, en B, est fixée une chaîne semblable à la première qui, après avoir passé sur la poulie C, revient également sous le sol s'enrouler sur les poulies mouflées H et G du cylindre J.

Les têtes des plongeurs des deux cylindres se regardent; un des plongeurs est à l'origine de sa course quand l'autre est à la fin, car leurs mouvements sont rendus solidaires par le chariot roulant. Un des cylindres communique avec l'eau comprimée tandis que l'autre communique avec la conduite de retour d'eau, de sorte que celui des deux qui est moteur entraîne à la fois le chariot roulant et l'autre plongeur qu'il ramène à fond de course.

Les deux cylindres réunis forment un appareil à double effet à la manœuvre duquel un levier de distribution suffit.

Les moufles sont à six brins; la course du chariot étant de 28 mètres, celle des plongeurs devra être de $4^m,667$, et chaque plongeur devra exercer une traction effective de 1.265×6 ou de 7,590 kilogrammes.

Admettant un rendement de 60 p. 100, et une pression de 50 kilogrammes par centimètre carré pour l'eau comprimée, on trouve pour la section du plongeur $0^m,0253$, et pour son diamètre $0^m,18$.

La consommation d'eau pour une opération est de 120 litres; il faut compter quarante opérations par jour qui, avec le retour à vide, consommeront 9,600 litres d'eau.

Le maximum des manœuvres pourra s'élever à dix par heure, exigeant un débit de 2,400 litres, alors que le débit moyen n'est que de 400 litres par heure pour vingt-quatre heures. Il conviendra donc d'avoir toujours une réserve de 2,000 litres d'eau comprimée pour parer à toutes les éventualités.

La Cie de l'Ouest a également établi un chariot roulant pour wagons, identique au précédent, sauf réduction des dimensions. Dans le calcul on n'a compté que sur un rendement de 50 p. 100, parce que le rendement est toujours moindre avec des appareils à faible puissance.

3° APPAREILS ROTATIFS CONTINUS

On conçoit sans peine que l'on puisse user de l'eau sous pression, comme on fait de la vapeur, pour actionner un piston oscillant dans un cylindre; avec un tiroir convenablement disposé, on fait arriver l'eau comprimée alternativement à droite et à gauche du piston, la face opposée communiquant avec un tuyau de décharge, c'est-à-dire avec de l'eau à la pression ordinaire. Le mouvement oscillatoire du piston est transformé en mouvement de rotation continue par un système de bielle et manivelle.

Il y a nécessairement des pertes de charge assez considérables dans tout système agissant par un mouvement alternatif de l'eau, car la force vive du liquide en mouvement ne peut être instantanément annulée lorsque le piston arrive à l'extrémité de sa course; cette force vive s'absorbe en chocs et en contre-pression.

Un bon rendement de ces appareils n'est pas davantage compatible avec une grande vitesse, car il y a tant d'étranglements et de changements de direction dans le courant liquide que les pertes de force vive et les chocs croissent rapidement en intensité avec la vitesse.

Il faut donc combiner les soupapes d'admission et d'émission de telle sorte que, pour un faible déplacement, elles ouvrent à l'eau un passage d'une section aussi grande que possible.

Il convient aussi de n'adopter que des pistons à simple effet, car on peut leur donner la forme de plongeurs et on s'assure facilement, à tout instant, de l'étanchéité des presse-étoupes, visibles à l'extérieur; avec les pistons à double effet, on ne peut vérifier l'étanchéité au pourtour du piston à l'intérieur du cylindre et les fuites, s'il y en a, ne sont accusées qu'à la longue par le mauvais fonctionnement de l'appareil.

L'obligation de n'employer que des pistons à simple effet a conduit au type de la machine à trois cylindres conjugués, dont les manivelles sont calées sur le même arbre à 120 degrés l'une de l'autre.

La régularité de marche de ce type est très satisfaisante.

D'ordinaire on fait les cylindres oscillant sur un axe horizontal qui passe par leur centre de gravité et c'est le plongeur lui-même qui forme bielle pour actionner la manivelle. La machine affecte ainsi une forme simple et condensée très favorable à la réduction des frottements.

Machines à trois cylindres des docks de Marseille.

— C'est d'après ces principes qu'a été construite, par sir Armstrong, la machine que représente la figure 4 planche LI, et qui a été installée aux docks de Marseille.

C'est une machine de huit chevaux; sur une plaque de fondation en fonte, munie de six paliers, sont montés trois cylindres oscillants à simple effet A; chaque plongeur, de $0^m,061$ de diamètre et de $0^m,285$ de course, est attelé directement sur une manivelle de l'arbre de couche et les trois manivelles sont calées à 120 degrés l'une de l'autre. L'introduction et l'émission de l'eau se font par les tourillons d'oscillation, à l'aide des tuyaux t et des tiroirs u.

Le mouvement des tiroirs est donné par un bouton excentrique monté sur le tourillon opposé à celui dans lequel débouche le tuyau t.

B est la conduite amenant l'eau comprimée à 52 atmosphères; C est la conduite de décharge.

Les orifices d'introduction et d'évacuation de l'eau dans le tiroir ont une surface de $0^{m2},000198$; la course du tiroir est de $0^m,018$ et sa vitesse $0^m,027$.

La surface du tiroir pressée par l'eau est de $0^{m2},0055$.

Cette machine de huit chevaux fait 45 tours à la minute et la vitesse des plongeurs est de $0^m,44$; elle possède une marche très douce sans chocs ni secousses.

Tiroirs à piston compensateur. — Les tiroirs supportent une pression énorme, pouvant s'élever à 53 kilogrammes par centimètre carré, soit en tout à 53×55 ou 2,915 kilogrammes. Sous une telle pression, il s'usent très vite par le frottement considérable qu'ils mettent

APPAREILS HYDRAULIQUES

en jeu. Souvent, on était forcé de les remplacer après quelques jours de service.

Pour parer à ce grave inconvénient, sir Armstrong a adapté sur les tiroirs le piston compensateur, représenté par la figure 5 planche XLVIII.

Le piston C, mobile dans un cylindre placé verticalement au-dessus du tiroir, est relié par la bielle D au tiroir A; l'eau comprimée, qui remplit la chambre autour du tiroir, agit sous le piston dont la face supérieure est en communication avec l'atmosphère; la pression, exercée par le tiroir sur sa glace, est compensée et réduite, dans la mesure que l'on veut, par la pression exercée sous le piston; on laisse cependant à la pression sur le tiroir un excès suffisant pour qu'il reste toujours appliqué sur sa glace sans tendance au soulèvement.

La bielle D doit avoir en longueur quatre ou cinq fois la course du tiroir, afin d'éviter sur celui-ci des efforts obliques qui lui donneraient un mouvement irrégulier.

Ces compensateurs ont donné d'excellents résultats et ont supprimé l'usure rapide observée sur les premiers tiroirs.

Rendement des machines à rotation continue. — D'après les considérations générales développées plus haut, les pertes de force vive doivent être moindres avec les machines à rotation continue qu'avec les appareils funiculaires; les organes sont moins nombreux, les transmissions plus simples et plus directes, les renversements de marche moins importants.

Les appareils à rotation continue doivent donc donner un travail plus élevé.

En effet, la machine précédente, aux docks de Marseille, a donné un travail sur l'arbre de couche égal à la fraction 0,45 du travail développé sur les pistons de la machine à vapeur motrice qui alimente le réseau d'eau comprimée.

Bien que le travail originel subisse une perte de 55 p. 100, l'utilisation est encore de 12 p. 100 supérieure à celle qu'on obtient avec les appareils funiculaires; on se rappelle, en effet, que le rendement de ceux-ci est limité à 33 p. 100.

En revanche ils sont plus simples et moins coûteux que les appareils à rotation continue et n'exigent point l'intermédiaire d'un arbre de couche.

2° Moteur Schmidt à cylindre oscillant. — La machine représentée en coupe et élévation par la figure 5, planche LI, est encore plus simple que la précédente, car le tiroir est supprimé et c'est le jeu même d'oscillation du cylindre qui le remplace.

Le cylindre porte à sa partie inférieure, un renflement cylindrique convexe à génératrices horizontales, oscillant dans un cylindre égal mais concave, ménagé dans le bâti de la machine; les orifices m et n communiquent avec le tuyau de décharge B et l'orifice central u avec le tuyau A de l'eau sous pression.

L'appareil se trouvant dans la position que représente la figure 5, l'eau comprimée arrive par la lumière v à gauche du piston qu'elle pousse vers la droite, tandis que l'eau confinée à la droite du piston s'en va par la tubulure t dans la conduite de décharge.

Pendant l'oscillation symétrique, la tubulure t recevra l'eau sous pression tandis que la partie du cylindre située à gauche du piston communiquera avec la décharge par la tubulure v et la lumière m.

L'inconvénient de ce système est dans le rétrécissement progressif des lumières d'admission et d'émission, qui ne fonctionnent à pleine section qu'au milieu de la course du piston ; avec un tiroir ordinaire on peut ménager une assez longue période de pleine admission.

Les tourillons du cylindre oscillant sont portés chacun par un levier ; les deux leviers sont fixés au bâti par un bout et réuni à l'autre bout par une entretoise en fer que traverse en son milieu une tige en fer avec vis à double écrou et à rondelle en caoutchouc ; cette tige sert à régler la pression entre les deux surfaces cylindriques frottantes.

Le réglage est assez délicat et demande beaucoup d'attention, car il varie avec la pression de l'eau consommée ; si la vis est trop serrée, le frottement entre les surfaces frottantes est considérable et le rendement de la machine est défectueux ; si la vis n'est pas assez serrée, le joint n'est plus étanche et on perd beaucoup d'eau, ce qui conduit encore à un mauvais rendement.

3° **Moteur Mégy**. — Le moteur Mégy, construit par MM. Sautter et Lemonnier, est mieux combiné et se prête à l'adoption de grandes vitesses pouvant s'élever jusqu'à 300 tours à la minute. Ce moteur est à double effet et l'on a pris toutes les précautions pour assurer l'étanchéité autour du piston ; il est représenté par les figures 1, 2 et 3 planche LII.

Le moteur se compose d'un bâti en fonte portant les tourillons du cylindre et les paliers de l'arbre coudé, d'un cylindre oscillant B venu de fonte avec des conduits d'admission et d'évacuation K et L ; d'une tige-bielle E reliée à un piston étanche formé de deux parties ; d'un tiroir cylindrique M calé sur l'arbre horizontal dont l'axe se trouve au centre de la courbure convexe du tiroir et d'un mouvement spécial de distribution. Ce dernier comprend : l'arbre G reçu dans deux douilles en bronze dans lesquelles il peut tourner librement ; le levier H à tige cylindrique calé sur l'extrémité de ce dernier, l'équerre rigide S J dont la branche verticale J est fixée sur le bâti au moyen de deux boulons, tandis que la partie horizontale comporte à sa jonction avec le levier H une articulation à rotule clairement représentée dans les coupes de détail. Les orifices a et a' servent alternativement à l'admission et à l'émission, et b communique avec le tuyau L d'évacuation ; ces orifices s'ouvrent sur toute la longueur de la glace cylindrique du tiroir. Sous le cylindre B et sur le côté on voit le galet d'appui e qui roule sur une bande circulaire d'acier fixée au bâti.

L'eau sous pression arrive dans le conduit K, remplit la boîte du tiroir M et s'introduit dans le cylindre par un des orifices a ou a' ; la figure 2 suppose que l'introduction se fait par a, le piston est poussé vers la droite et l'émission de l'eau qu'il refoule se fait par a'; pendant que l'arbre coudé tourne d'une demi-circonférence, le piston parcourt la longueur du cylindre, celui-ci oscille sur ses tourillons, tous ses points décrivent un arc de cercle autour de o comme centre ; le point G de la tige du tiroir décrit notamment l'arc GG'.

D'un autre côté, l'extrémité de cette tige est reliée au levier H et celui-ci, par sa jonction spéciale avec la branche S, est forcé de passer constamment par un point invariable i; cette combinaison cinématique impose au tiroir un déplacement qui coexiste avec la première oscillation et c'est le mouvement relatif en résultant qui produit la distribution.

Dans le système Mégy, la fermeture et l'ouverture des orifices d'admission et d'échappement sont presque instantanées, d'où absence de chocs et possibilité de grande vitesse ; le tiroir cylindrique fonctionne à faible frottement ; les sections des orifices a et a' sont supérieures au quart de la section du piston et les étranglements n'absorbent par conséquent qu'une faible proportion de force vive.

Aussi le rendement qui peut atteindre 90 p. 100 à petite vitesse, est de 75 p. 100 avec une vitesse de 100 tours et reste encore de 30 p. 100 pour 300 tours à la minute.

Ces moteurs hydrauliques sont en usage pour la commande de monte-charges et d'ascenseurs, notamment aux Magasins généraux de Bercy ; ils fonctionnent sous toutes les chutes pourvu qu'elles dépassent 10 à 15 mètres ; ils peuvent donc s'adapter à la plupart des distributions d'eau ; convenablement modifiés, ils fonctionnent aussi avec l'eau d'un réseau à haute pression alimenté par accumulateurs.

On peut les construire à changement de marche ; il suffit pour cela d'un tiroir équilibré et d'un robinet à trois voies permettant de faire arriver l'eau à volonté par la tubulure K ou par la tubulure L.

Le moteur Mégy est réversible ; actionné par une machine à vapeur, il devient pompe aspirante et foulante et a rendu des services en cette qualité, se prêtant mieux qu'une pompe rotative à toutes les variations de vitesse ; l'absence de soupapes lui rend les eaux troubles non redoutables.

Les figures 4 et 5, planche LII représentent l'installation d'un monte-charges avec moteur hydraulique système Mégy : b est la benne qui reçoit les marchandises et qui est guidée par la charpente en fer g ; t treuil à frein automatique avec poulie pour courroie ; p contrepoids d'équilibre de la benne ; m moteur hydraulique oscillant qui actionne le treuil au moyen d'une courroie ; l levier de manœuvre du robinet r. Ce robinet permet de faire monter ou d'arrêter instantanément la benne ; la descente se fait au frein avec régulateur automatique de vitesse, en agissant à la main sur le volant de desserrage du treuil ; quand on abandonne le volant, l'arrêt a lieu sans choc.

Aux Magasins généraux de Bercy, MM. Sautter et Lemonnier ont installé sept monte-sacs avec moteur Mégy. La manœuvre se commande d'un étage quelconque au moyen d'une pesée sur une corde ; il y a deux pinces ou crochets de levage, l'une monte pendant que l'autre descend et le sens de la marche dépend du sens de la traction exercée sur la corde de manœuvre.

Il n'y a consommation d'eau que pendant la montée ; à la descente des fardeaux, le moteur ne tourne pas.

Les appareils montent un sac de farine de 160 kilogrammes à la vitesse de $0^m,50$ à la seconde, et leur rendement est égal à la fraction 0,60 du travail emmagasiné par l'eau comprimée.

Celle-ci est montée par des pompes dans des réservoirs placés au sommet de l'édifice ; elle agit sur les moteurs qui sont placés à $19^m,45$ plus bas. Avec le rendement 0,60 un mètre cube d'eau élève donc une tonne de marchandises à $11^m,67$ et ce mètre cube d'eau revient à 0 fr. 02.

Il est vrai que dans les distributions publiques l'eau est vendue beaucoup plus cher et que le prix s'en élève souvent à 0 fr. 20 ou 0 fr. 25 ; le prix de l'opération monte en conséquence et le moteur hydraulique peut cesser de devenir avantageux.

4° Moteur et cabestan hydraulique Brotherood. — Le moteur Brotherood (*fig.* 7, Pl. LII), est un appareil formé de trois cylindres conjugués à simple effet, remarquable par la simplicité robuste de ses organes qui sont condensés et ramassés de manière à n'occuper dans leur ensemble qu'un très faible volume. Les pistons ressemblent à des mortiers creux ; dans le creux est logée la tête sphérique de la bielle ; les trois bielles, calées théoriquement à 120 degrés l'une de l'autre, agissent sur la même manivelle et se commandent alternativement ; la distribution se fait par la rotation même de l'appareil, comme on le voit sur la coupe.

C'est surtout la simplicité et la robustesse des organes qui, nous le répétons, distingue cet appareil, qui convient bien à l'eau sous haute pression. Il est dépourvu de boîtes à étoupes et, comme les cylindres ne sont pas oscillants, l'usure est moindre et le réglage plus facile.

Tout le mécanisme étant absolument clos, l'appareil peut travailler sous l'eau.

Il est d'un emploi assez général dans les gares anglaises pour le halage des wagons, la manœuvre des plaques tournantes et des chariots transbordeurs ; une borne de cabestan est alors montée sur l'arbre du moteur ; cet arbre est vertical, le moteur est placé horizontalement sous une plaque de fonte et n'est pas apparent ; la manœuvre est commandée, suivant le sens de la marche, par deux boutons ou pédales faisant saillie sur la plaque de fonte et actionnant les leviers de distribution.

Ce cabestan, de la force d'une tonne (*fig.* 6, Pl. LII), a été installé à la gare de la Chapelle, à Paris. On peut lui reprocher les pertes d'eau parfois considérables qu'entraîne la forme cylindrique du tiroir.

Des cabestans que nous venons de décrire, il faut rapprocher ceux que construit la maison Armstrong ; ils sont seulement à deux cylindres oscillants avec piston plongeur ; le mécanisme moteur est logé et fixé sous une plaque de fonte qui est portée par deux tourillons et qui peut tourner autour de l'axe horizontal de ces tourillons ; il est donc facile de faire basculer tout l'appareil, d'en visiter tous les organes et de le réparer en un instant. Il va sans dire que les tuyaux d'amenée et de décharge de l'eau passent à emboîtement dans les tourillons de la plaque.

5° Cabestans de la nouvelle gare Saint-Lazare. — Ces cabestans hydrauliques, pouvant exercer une traction de 400 kilogrammes, sont représentés par les figures 5 à 7, planche L.

Ils sont à trois cylindres indépendants agissant sur le même arbre vertical et munis chacun de son tiroir.

L'eau comprimée arrive par la conduite A et B est la conduite de retour ; la circulation de l'eau se fait dans la couronne F qui relie les tiroirs de distribution E. Les cylindres sont désignés par les chiffres 1, 2, 3. La disposition d'un tiroir E apparaît nettement sur la coupe verticale ; c'est un tiroir ordinaire à piston compensateur qui fonctionne d'une manière très satisfaisante ; les trois tiroirs sont calés sur le même excentrique.

Il va sans dire que les trois pistons moteurs agissent en plan à 120 degrés l'un de l'autre.

La boîte en fonte de l'appareil est boulonnée sur les poutres du plancher de la gare ou enfoncée dans le sol. L'appareil entier est monté sur une plaque de fonte et cette plaque peut basculer autour de deux tourillons, de sorte que l'on peut facilement visiter et réparer le mécanisme. Pendant la traction, la plaque bute contre le cadre en fonte de la boîte et est maintenue par deux verrous V qui se manœuvrent par un carré à clef.

Tous les joints sont simples et étanches ; le graissage s'effectue par des ouvertures ménagées dans la plaque et fermées en temps ordinaire avec des tampons.

La mise en marche, c'est-à-dire l'admission de l'eau, est obtenue par une pédale P agissant sur un levier inférieur.

Le cabestan, monté sur l'arbre moteur vertical D, est à deux vitesses ; la poupée a un diamètre de $0^m,40$ en haut, $0^m,60$ en bas, ce qui porte le diamètre d'enroulement du câble à $0^m,42$ ou à $0^m,62$; la vitesse de traction est de 1 mètre et l'effort de 400 kilogrammes pour le petit diamètre, la vitesse est de $1^m,50$ et l'effort de 266 kilogrammes pour le grand diamètre.

Si l'on se sert du petit diamètre, le travail utile à produire est de 400 kilogrammètres par seconde, et le rendement de l'appareil étant de 50 p. 100, il faut produire sur les pistons un travail de 800 kilogrammètres.

Avec une pression de 50 kilogrammes par centimètre carré, il en résulte une consommation de $1^{lit},60$ par seconde et de $0^{lit},533$ par cylindre.

La vitesse d'un mètre à la seconde, avec un diamètre d'enroulement de $0^m.42$, exige 45,49 tours à la minute.

Chaque cylindrée devra donc consommer $0^{lit},703$ d'eau comprimée.

Le piston ayant 0^m 095 de diamètre, il faudra, pour obtenir cette consommation, lui donner 0^m,10 de course.

A certaines heures de la journée, on pourra avoir à manœuvrer 40 wagons isolés à l'heure, parcourant chacun 300 mètres, soit en tout 12,000 mètres; les cabestans devront donc faire 9,099 tours et dépenser 19^{m3},300 d'eau comprimée.

Dans la journée de 24 heures, on manœuvre au plus 200 wagons, et la consommation moyenne correspondante est de 4^{m3},035 à l'heure.

La traction de 400 kilogrammes est celle qui est nécessaire, en temps ordinaire, pour la mise en marche, sur palier, de 4 wagons moyennement chargés.

6° Cabestans hydrauliques de la gare de la Chapelle, à Paris. — M. Sartiaux, chef de l'exploitation des chemins de fer du Nord, a étudié avec grand soin la question de la manutention mécanique des wagons dans les gares; il a montré que le système à adopter devait être, au point de vue économique, en rapport avec l'intensité du trafic à desservir.

Suivant que le trafic s'élève à 50, 50 à 150, 150 à 300, 300 à 500, ou à plus de 500 wagons par jour, il convient de recourir à des hommes, à des chevaux, à un cabestan à vapeur, à un chariot transbordeur à vapeur, ou à des cabestans hydrauliques.

A la gare de La Chapelle, on a substitué à l'ancienne traction par chevaux un système de 8 cabestans hydrauliques et 30 poupées folles desservant 37 voies reliées par deux voies transversales.

Cette installation a permis une grande rapidité dans les manœuvres.

« Avec un cabestan hydraulique, dit M. l'ingénieur Peltier, on peut toujours démarrer un wagon chargé, même quand ce wagon est placé dans une position désavantageuse, comme, par exemple, lorsque les roues se trouvent arrêtées sur des joints. Avec un cheval on ne pourra pas démarrer, il faudra en appeler un second, se servir de pinces, de leviers, etc., d'où perte de temps.

« Les chevaux ne marchent qu'au pas de charrue, c'est-à-dire très lentement, tandis qu'on travaille facilement à la vitesse du pas accéléré avec les cabestans.

« La manœuvre avec un cheval dure deux fois et demie plus de temps que la manœuvre au cabestan hydraulique. La manœuvre d'un wagon pris à 50 mètres, amené sur une plaque tournante, tourné et conduit à 50 mètres, a duré cinquante secondes avec un cabestan, tandis qu'elle exigeait cent vingt-huit secondes avec un cheval. »

Avec les chevaux, pour un mouvement moyen de 1,013 wagons par jour, la dépense était de 405 fr. 20 par jour, soit 0 fr. 40 par wagon; avec les cabestans, elle est tombée à 316 fr. 40, c'est-à-dire à 0 fr. 31 par wagon, en comptant à 12 p. 100 l'intérêt et l'amortissement du capital de 164,500 fr. dépensé pour l'installation hydraulique.

Les cabestans pourraient arriver à manœuvrer 2,580 wagons par journée de vingt heures, et la dépense par wagon tomberait alors à

0 fr. 12, car la dépense totale pour les cabestans est, dans une certaine mesure, indépendante du nombre des wagons tournés.

L'installation d'un cabestan hydraulique doit être comptée à environ 12,000 francs, pourvu que le même réseau desserve simultanément huit ou dix cabestans.

7° Petits moteurs hydrauliques pour treuils de portes d'écluse. — Ce sont généralement les appareils funiculaires que l'on emploie pour ouvrir et fermer les portes d'écluse. Cependant, pour la manœuvre des portes de l'écluse du bassin de Freycinet, à Boulogne, on a eu recours à un moteur comprenant deux cylindres oscillants à double effet actionnant deux manivelles à angle droit calées sur un même arbre.

Cet arbre est relié à celui du treuil de manœuvre par un engrenage conique.

On conçoit sans peine que l'on peut demander à ces petits moteurs hydrauliques, si commodes par leur simplicité et par leur faible volume, la puissance nécessaire à une opération quelconque de levage ou de traction. L'usage de ces appareils ne peut donc que se propager de plus en plus, et cette propagation est éminemment désirable.

CHAPITRE IV

DÉPLACEMENTS D'ÉDIFICES

Les anciens auteurs, qui ont traité de l'art du charpentier, citent comme merveilleux le déplacement d'un clocher opéré en 1776, par un maçon piémontais, qui s'était servi simplement de poutres et de rouleaux.

Les opérations de ce genre n'offrent plus aujourd'hui aucune difficulté, à cause de la puissance des appareils dont on dispose; nous avons vu qu'avec des presses hydrauliques on soulevait, en quelques minutes pour ainsi dire, à plusieurs mètres de hauteur, des navires qui jaugent plusieurs milliers de tonnes.

Nous ne voulons parler ici que des opérations relatives au déplacement d'édifices beaucoup moins pesants, tels que des maisons, des voûtes, des tabliers de pont, des locomotives, etc.

Deux genres de déplacements sont à considérer : l'exhaussement ou déplacement vertical, la translation ou déplacement horizontal; parfois les deux sont combinés.

En réalité, l'étude des déplacements est celle que nous poursuivons dans tout le corps du présent volume; mais nous n'avons guère visé jusqu'ici que le déplacement des matériaux élémentaires destinés à des constructions neuves; il nous reste à dire quelques mots des procédés adoptés pour déplacer d'une seule masse des édifices ou des parties d'édifices existants; nous terminerons par des observations sommaires sur l'étaiement des édifices que l'on répare ou que l'on déplace.

1° MOUVEMENTS DE TRANSLATION

Déplacement d'un hôtel à Boston. — En 1880, à Boston, on a déplacé parallèlement à lui-même, de $4^m,22$, un grand hôtel situé à l'angle de deux rues et bâti en maçonnerie ordinaire et en briques.

Une façade avait 29 mètres et l'autre 21 mètres de développement et l'une d'elles était portée par huit colonnes en granite; la hauteur totale de l'édifice était de 29 mètres et il pesait 5,000 tonnes, y compris le mobilier qui resta en place pendant le mouvement.

« Des expériences préalables, faites avec le plus grand soin, sur des modèles réduits, avaient démontré qu'en étrésillonnant solidement et en reliant entre elles les parties inférieures du bâtiment on n'aurait aucun mouvement à craindre pour le haut. »

On a commencé par construire des fondations solides en briques et pierres pour porter les rails et les rouleaux sur lesquels devait reposer le bâtiment.

Le mouvement de progression était obtenu par la poussée de 56 vérins, de $0^m,051$ de diamètre et de $0^m,0126$ de pas, mus à la main et agissant sur la partie basse de la façade.

L'opération a exigé deux mois et demi de préparatifs; le déplacement a pris quatre jours, dont quatorze heures de travail effectif.

La plus grande vitesse de translation a été de $0^m,05$ en quatre minutes.

Le travail dans son entier a exigé 4,350 journées d'ouvriers et a coûté 150,000 francs.

Déplacement d'un navire submergé au port de Saint-Nazaire.

En 1869 un navire anglais, chargé de 900 tonnes de charbon, sombrait dans le chenal de Saint-Nazaire. Ne pouvant le renflouer sur place, M. l'ingénieur Chatoney résolut de le traîner sur le fond de vase dure du chenal jusqu'en un point assez élevé pour que le pont fût découvert à mer basse, ce qui rendait alors le renflouement assez facile par voie d'épuisement.

Le long de la jetée sud et en saillie sur le chenal, on établit un ouvrage en charpente très solide portant les appareils de traction et les appareils de cordage rendus nécessaires par les positions relatives du navire et des massifs d'ancrage.

Quatorze chaînes en fer, de $0^m,042$ de diamètre, furent fixées au navire, surtout au moyen de nœuds coulants enveloppant toute la coque. La traction se faisait au moyen de vis de $0^m,10$ de diamètre, aux écrous desquelles étaient fixées d'un côté les chaînes de traction et de l'autre côté les chaînes de retenue.

Chaque vis était mue par dix ou douze hommes exerçant leurs efforts à l'extrémité d'un levier de $3^m,50$, oscillant autour de la verticale, et agissant au moyen de linguets à crochets sur une roue dentée fixée à la vis; c'est le mécanisme élémentaire appelé levier de Lagaroust.

« Chaque vis menait deux chaînes, disposition vicieuse. Avant d'arriver au navire, les quatorze chaînes passaient sur un flotteur cylindrique de 5 mètres de diamètre et de 14 mètres de longueur, qui permettait de régler leur tension avec une exactitude suffisante pour que chacune d'elles supportât à peu près le même effort. On obtenait ce résultat quand la nappe des chaînes était bien régulière; l'œil indiquait celles que l'on devait raidir. »

C'est, en effet, une difficulté sérieuse, dans les appareils où la traction s'exerce par plusieurs chaînes ou câbles, de répartir également l'effort entre les divers éléments, et cependant cette répartition est indispensable afin d'éviter la rupture des éléments qui se trouveraient surchargés. On est arrivé à l'obtenir dans les câbles en fils de fer, notamment dans ceux des ponts suspendus.

Malgré les précautions prises à Saint-Nazaire, les ruptures de chaînes ont été assez fréquentes, mais n'ont pas causé d'accident. Cependant il faut toujours redouter des accidents lorsqu'un élément de traction vient à se rompre, par suite de la réaction et du coup de fouet qui surviennent, par exemple, dans un câble bandé comme un ressort.

Avec ces quatorze chaînes, le navire fut remonté sur la vase formant rampe au $\frac{1}{7}$ et l'avancement fut de $0^m,20$ à $0^m,40$ par jour. Quand la pente s'annula et que le sillon fut bien amorcé, la progression s'éleva à 8 et 10 mètres par jour.

L'effort moyen exercé sur chaque chaîne était de 30 tonnes, soit un effort total de 420 tonnes, agissant sur une masse de 1,350 tonnes. La pente de $\frac{1}{7}$ donnait une composante de 193 tonnes; restait donc pour le frottement 227 tonnes, ce qui donne pour le coefficient du frottement sur la vase la valeur 0,17.

L'opération a été très coûteuse; la dépense s'est élevée à 310,000 francs, dont 40,000 francs pour le renflouement proprement dit.

Déplacement d'une tour en maçonnerie. — En 1884, les ingénieurs anglais eurent à déplacer une tour de phare à l'entrée du détroit de la Tay. L'opération a été décrite en ces termes à la *Chronique des Annales des ponts et chaussées :*

« Cette tour est construite en maçonnerie de briques; elle a $5^m,10$ de diamètre à la base et son poids atteint 440 tonnes. Les fondations consistaient en quatre assises de pierres ayant chacune $3^m,60$ d'épaisseur, reposant sur le sable.

« Le 5 mai 1884, on commença à entailler les maçonneries au-dessus des fondations, afin de pouvoir y placer les charpentes de glissement Ces pièces sont au nombre de sept. Six de ces poutres de glissement avaient des surfaces planes; elles étaient munies de rebords en bois, afin d'empêcher les mouvements latéraux. La poutre placée au centre se composait de deux pièces posées l'une sur l'autre et entaillées en forme de V, afin de s'emboîter exactement.

« Le sol sur lequel la tour devait se mouvoir, se compose de sable fin; à $0^m,90$ au-dessous de la surface on trouve de l'eau.

« Les poutres de glissement furent posées sur d'autres poutres transversales de $6^m,60$ de longueur et de $0^m,225$ sur $0^m,412$ de section; elles étaient écartées de $0^m,225$ de façon à pouvoir placer des câbles au-dessous.

« Dans les parties où le terrain se tassait, il fallait établir un cuvelage formé d'un grillage composé de poutres longitudinales et transversales.

« La maçonnerie de la tour, placée au-dessus des poutres de glissement, fut entourée de quatre ou cinq rangées de madriers en chêne soigneusement assemblés à leurs extrémités à l'aide de vis ; entre la maçonnerie et cette sorte de revêtement en bois, on enfonçait des cales afin d'obtenir un serrage énergique.

« A l'intérieur de la tour, on construisit, au même niveau que le revêtement extérieur, un cercle en fer très épais. Cette couronne était maintenue fortement appliquée contre les parois intérieures à l'aide de huit étançons, rayonnant du centre à la circonférence. Toutes ces précautions étaient nécessaires pour éviter une rupture dans la maçonnerie.

« Le 14 mai, les poutres de glissement étaient posées sous la tour. Aux extrémités de ces poutres, on enfonça six pilotis, et entre les abouts des poutres et lesdits pilotis, on intercala une poutre qui servait à exercer une pression sur celles-ci et, par suite, à obtenir leur déplacement longitudinal.

« On employa pour cela six vérins à main, manœuvrés chacun par deux hommes. La mise en marche se fit sans difficulté, et on n'eut plus besoin d'employer pour continuer le mouvement, que trois vérins manœuvrés chacun par un seul ouvrier.

« Il fallut très peu de temps pour opérer le déplacement de la tour, déplacement qui est de 3 mètres. On avait graissé les surfaces de glissement avec un mélange de suif, de savon noir et de plombagine.

« La vitesse moyenne du mouvement a été de $0^m,025$ par minute.

« On ne put empêcher le sable de se mêler à la matière lubrifiante, ce qui augmente le frottement.

« Lorsque la tour fut déplacée, on démolit les assises de pierres sur lesquelles elle reposait primitivement et on les replaça au-dessous de l'emplacement nouveau occupé par ladite tour. Cette tour se trouve actuellement à $0^m,175$ au-dessus du niveau qu'elle occupait précédemment, aussi la surface glissante avait-elle dû être établie en rampe. »

Halage du tablier du viaduc d'Argenteuil. — Le tablier métallique du viaduc d'Argenteuil, pesant en tout 800 tonnes, pour une longueur de 198 mètres, a été construit sur la rive, au niveau et dans l'alignement de sa position définitive, puis il a été halé mécaniquement jusqu'à l'emplacement voulu au dessus des piles et des culées.

Ce procédé simple de montage a reçu depuis de nombreuses applications. En voici la description :

Des galets fixes en fonte ont été disposés de distance en distance sur le terre-plein d'accès du pont, ainsi que sur la culée et sur les piles. C'est sur eux que viennent reposer les semelles inférieures des deux poutres du tablier, et ils sont munis de rainures pour le passage des rivets. Le halage s'opère au moyen de quatre palans, dont une poulie est fixée sur le tablier, une autre sur la culée, et dont les garants sont manœuvrés par quatre treuils placés sur le terre-plein en arrière du tablier. Pour diminuer la flexion produite par le porte à faux, un échafaudage portant quatre haubans est monté sur le tablier au droit de l'emplacement de la dernière pile, et un avant-bec en charpente, de 11 mètres de saillie, est établi à l'extrémité du tablier.

Pour franchir les redans résultant des couvertures ou couvre-joints fixés sur le dessous de la semelle inférieure de la poutre, on se servait de coins en fer taillés en biseau, de 36 centimètres de longueur, dont le gros bout avait l'épaisseur de la couverture à franchir. Quand un redan se présentait pour passer sur un galet, on plaçait un de ces coins sous la semelle de la poutre, entre les deux files de rivets centrales, la pointe en avant et le gros bout appuyé contre le redan. Alors la poutre, tout en avançant, s'élevait de l'épaisseur du coin, égale à celle de la couverture ou du couvre-joint. Quand il s'agissait de redescendre, on faisait l'opération inverse en présentant le coin la pointe en arrière.

Le halage du tablier a été fait en trois fois. L'espace dont on disposait n'étant pas assez long pour monter le tablier tout entier, on a dû monter d'abord un peu plus des deux premières travées; on les a halées, puis on a monté à la suite la presque totalité des deux travées suivantes, et l'on a recommencé le halage; enfin on a procédé de même pour la dernière travée. L'opération a été commencée le 20 septembre 1862, et le tablier entièrement terminé est arrivé en place le 21 décembre suivant.

La vitesse du tablier pendant sa marche régulière était de 8^m,40 par heure.

En tenant compte du temps perdu pour ramener en arrière les palans quand ils étaient arrivés près des moufles fixes, cette vitesse n'était plus que de 1^m,77 par heure.

Au commencement de l'opération, quand le tablier n'était pas complet, quatre hommes ont suffi à la manœuvre des treuils, soit un homme par treuil; plus tard, il en fallut seize, nombre maximum, soit un homme par 25,000 kilogrammes de tablier.

Il résulte des calculs faits à l'occasion de cette opération :

Que le plus grand effort horizontal qu'il y a eu lieu d'appliquer au tablier complet pour le faire avancer était de 42,000 kilogrammes, soit 5 p. 100 du poids de la masse entière.

On avait redouté les efforts de renversement transmis aux piles pendant le mouvement de translation du tablier; ces piles sont tubulaires et formées chacune de deux colonnes en fonte.

L'effort de renversement exercé sur la tête d'une colonne a varié de 1885 à 9.720 kilogrammes; il était insuffisant pour déranger cette colonne, même en ne tenant pas compte de son encastrement dans le sol.

Halage du tablier du pont du Douro. — Le grand pont en arc sur le Douro, construit par M. Eiffel, est surmonté d'un tablier métallique formé de deux poutres droites, hautes de 3^m,50 et espacées de 3^m,10 d'axe en axe.

Ce tablier est en neuf travées, pesant en tout 430 tonnes.

Le lançage s'est opéré en faisant rouler le tablier sur des appareils à galets et à bascule représentés par les figures 1 et 2, planche LIII.

Un appareil se compose de trois châssis en fer, savoir :

1° Un châssis inférieur, qui repose sur une plate-forme fixe et oscille autour d'un axe principal ;

2° Deux châssis secondaires, qui s'appuient sur le châssis inférieur par l'intermédiaire d'axes en fer autour desquels ils peuvent eux-mêmes pivoter. Ces derniers châssis sont munis chacun de deux galets, et, grâce à la mobilité du système, les quatre galets portent à la fois, quelles que soient les flexions éprouvées par la poutre. Cette circonstance a le double avantage d'atténuer la fatigue du pont et de faciliter le passage des couvre-joints.

Le mouvement est donné aux galets par des roues à rochets montées sur leurs axes et actionnées à l'aide de leviers par des hommes placés sur le tablier. Tous les leviers agissent simultanément, et, si l'effort est convenablement réglé, le pont s'avance sans tendre à déverser ses piles.

Les appareils à quatre galets ne sont employés qu'aux points où la poutre exerce les pressions les plus énergiques; sur celles des piles où la pression est moindre, on se contente d'un appareil simplifié à deux galets; lorsque le lançage est achevé, on soulève légèrement le tablier à l'aide de vérins hydrauliques pour enlever les chariots et les remplacer par des appuis définitifs.

Le système de leviers et de rochets n'est autre que le levier de Lagarousse; on amplifie facilement trente ou quarante fois l'effort exercé par plusieurs hommes tirant sur un câble attaché au sommet du levier, et l'on parvient ainsi à obtenir sur chaque galet un effort de plusieurs milliers de kilogrammes qui arrive à vaincre la résistance au roulement de la masse superposée.

Halage du tablier du viaduc du val Saint-Léger (planche LIII). — Ce tablier est formé de quatre poutres de $5^m,60$ de hauteur et de 258 mètres de long; les poutres de rive sont espacées de $5^m,08$ d'axe en axe, et les poutres centrales de $2^m,06$; les quatre poutres avec leur contreventement pèsent environ 4,300 kilogrammes par mètre courant.

Le montage du tablier fut effectué sur une plate-forme de 100 mètres de longueur, arasée au niveau définitif; les pièces élémentaires étaient mises en place à l'aide d'un treuil de 5,000 kilogrammes porté par une grue de $10^m,50$ de hauteur, roulant sur deux rails espacés de 8 mètres.

La charpente métallique était, au fur et à mesure du montage, placée sur des calages en chêne; mais ceux-ci s'enfonçaient dans le sol détrempé, et il fallut les établir sur des plate-formes en charpente composées de gros bois bien entretoisés et reposant sur une forme en sable.

« On avait, suivant l'usage, dit M. l'ingénieur Geoffroy, fixé à l'avant du tablier un avant-bec destiné à soulager le porte-à-faux pendant le lançage. Cet avant-bec avait 7 mètres d'avancée. Lorsque l'on eut monté une longueur de 63 mètres de tablier, c'est-à-dire un peu plus que la première travée de rive, on la fit avancer sur la culée de Versailles, qu'on dépassa même d'une douzaine de mètres, de façon à rendre libre une partie de la plate-forme de montage, assez grande pour pouvoir monter à nouveau le complément de la deuxième travée. Il ne faut pas, en effet, perdre de vue que la plate-forme de montage n'avait que 100 mètres de longueur, et qu'il n'était pas possible, comme on le fait quelquefois, de construire en une seule fois tout le tablier pour le rouler ensuite.

« *Galets de roulement.* — On se servit de vérins hydrauliques de 100 tonnes pour enlever les calages en bois qui portaient le tablier et les remplacer par les galets de roulement. Ceux-ci étaient en fonte ; ils avaient $0^m,30$ de diamètre et $0^m,07$ de largeur à la jante, et reposaient, par l'intermédiaire de tourillons en fer de $0^m,115$ de diamètre, sur un coussinet en fonte dont la base mesurait $0^m,75$ sur $0^m,75$. La hauteur totale de ces appareils était de $0^m,75$. Grâce à la grandeur des galets, le mouvement de translation du tablier s'est effectué d'une manière très régulière et sans secousse.

« Sur la plate-forme de montage on avait disposé, tous les 15 mètres environ, une file de quatre galets pour soutenir le tablier. Cet espacement avait été déterminé de façon à ce que la charge transmise au remblai par le tablier n'excédât pas la résistance du sol, et que lors des arrêts dans le lançage chaque file de galets pût se trouver au-dessous d'une des parties fortes de l'âme des grandes poutres, soit au droit des montants verticaux, soit au droit des points d'attache des barres du treillis aux semelles. Chaque file de galets comprenait, cela va sans dire, un galet placé sous chacune des poutres du tablier. Sur l'avant-corps de la culée on n'avait établi également qu'une file de galets, ce qui était suffisant pour le premier lançage. En se rendant compte des réactions pendant le lançage sur les piles, on reconnut pratiquement que deux files de quatre galets sur chacune d'elles auraient été insuffisantes et qu'on devrait en mettre trois par poutre. On disposa alors trois galets d'une même poutre sur un bâti métallique pouvant pivoter sur un genou en fer forgé.

« De cette façon, le point d'appui constitué par cet ensemble pouvait prendre toutes les positions que prenait le tablier par suite des flexions ou des relèvements qui se produisaient dans les différentes phases du lançage.

« Ces appareils à genouillère, primitivement projetés en fonte, furent exécutés en fer, afin d'utiliser des tronçons de poutrelles que le constructeur avait en magasin. C'est ce qui explique la forme qui leur a été donnée et qui est indiquée (pl. LIII, *fig.* 6 et 4).

« *Semelles ou chemins de roulement.* — Les semelles des poutres ne roulaient pas directement sur les jantes des galets, mais par l'intermédiaire de chemins de roulement formés de feuilles de tôle superposées, qui avaient pour effet d'éviter le corroyage des semelles sous l'action des galets et de compenser les différences d'épaisseur de ces semelles. Ces chemins de roulement avaient $0^m,17$ de largeur et étaient fixés de distance en distance aux semelles au moyen de brides en fer maintenues par des écrous, brides que l'on déplaçait à la main quand elles étaient sur le point d'arriver sur un galet. Ces chemins de roulement ont eu le grand mérite de protéger les semelles des poutres, mais ils ont causé quelques embarras. Au bout d'un certain temps, les feuilles de tôle qui les composaient se laminaient, s'allongeaient, et on était obligé de les recouper; de plus, ils représentaient une dépense assez sensible qu'il est d'usage d'éviter.

« *Treuils et appareils de lançage.* — Le mouvement de translation était donné au tablier par quatre treuils, dont deux très forts, placés contre la paroi verticale antérieure de l'avant corps de la culée, et deux autres plus petits placés contre l'arrière-culée. Les deux gros treuils, ainsi que les moufles sur lesquelles ils agissaient, étaient placés sous les voies. Les deux petits treuils et leurs moufles étaient placés sous l'entrevoie. Ceux-ci ont suffi à eux seuls, pour le premier lançage, alors que la longueur de la partie montée du tablier métallique n'était que de 63 mètres. Un câble de $0^m,055$ de diamètre, enroulé sur chacun des treuils, passait sur une paire de moufles dont l'une, correspondant à un montant, était fixée à la partie inférieure du tablier et à 18 mètres en arrière, revenait ensuite passer sur une autre moufle fixée à la culée près du treuil, et retournait enfin s'attacher au tablier un peu en arrière de la première moufle. Chaque moufle comportait quatre poulies de $0^m,35$ de diamètre. Il y avait à chaque gros treuil cinq hommes, et à chacun des petits quatre. En sorte que dix-huit hommes ont suffi pour opérer l'avancement du tablier. Quand les deux moufles étaient à peu près arrivées en contact, on les écartait à nouveau après avoir enlevé les câbles.

« Les moufles sur la culée étaient fixées sur des montants en bois, placés verticalement sur le parement antérieur de la culée, et contre lesquels s'appuyaient les treuils de lançage. Les joues de ces moufles étaient armées de cornières, lesquelles étaient fixées par des boulons contre les montants en bois dont on vient de parler. Quant aux moufles mobiles, elles étaient fixées aux poutrelles jumelées provisoires placées entre les poutres.

« Les dispositions adoptées pour le lançage sont reproduites planche LIII, figures 3 et 5. »

Observations sur le déplacement par rouleaux et galets. — Les appareils que nous venons de décrire sont presque tous basés sur la faible valeur de la résistance au roulement. Il convient donc de rappeler ici les notions générales du frottement de roulement.

La poussée tangentielle à exercer pour faire tourner d'un mouvement uniforme un rouleau de rayon r et de poids total P est donnée par la formule :

$$A.\frac{P}{r},$$

dans laquelle le coefficient numérique A est égal à

0,0018 pour chêne roulant sur chêne ;
0,0006 pour fonte — sur fonte ;
0,0019 pour chêne — sur cuir ;
0,004 à 0,009 (d'après Morin) pour métal roulant sur bois de sapin ; d'après Morin, le coefficient varierait avec la charge et avec la largeur de bande.

Considérons une pierre de taille de 2,000 kilogrammes roulant sur des rouleaux en sapin de $0^m,20$ de diamètre portés par un chemin en madriers, et prenons le cofficient 0,009, le plus élevé d'après Morin. Le frottement de roulement s'exerce deux fois : au contact du rouleau et de la pierre et au contact du rouleau et des madriers de support. La poussée totale à exercer pourra s'élever à 350 kilogrammes et sera facilement obtenue à l'aide d'un cric. Si le tout était disposé de manière qu'on pût adopter le coefficient réduit 0,0018, la poussée tomberait même à 72 kilogrammes.

Quand le déplacement s'opère sur des galets fixes, montés sur essieu, il y a vaincre, outre le frottement de roulement à la circonférence du galet, le frottement ordinaire à la fusée de l'essieu ; le frottement de roulement est assez faible et se calcule comme plus haut ; le frottement à l'essieu correspond à une poussée tangentielle égale à

$$f . P . \frac{r}{R},$$

formule dans laquelle f est le frottement ordinaire, qui est égal à 0,02, avec un bon graissage, r est le rayon de la fusée et R le rayon du galet.

En cumulant les deux frottements, on aura la poussée totale à exercer pour mettre en mouvement la masse portée sur les galets ; pour ne pas éprouver de mécompte en pareil cas, il convient de prévoir toutes les résistances au maximum.

2° MOUVEMENTS DE SOULÈVEMENT

Divers procédés peuvent être mis en usage pour soulever une grosse masse indivisible. Parfois on dispose d'une ou de plusieurs grues puissantes ou d'une batterie de treuils ; mais ce sont là des procédés exceptionnels, et généralement il faut recourir à des engins plus simples. Dans les cas ordinaires, ce sont les coins ou les vérins ; les leviers et presses hydrauliques permettent aujourd'hui d'exercer couramment des efforts autrefois inconnus et l'usage s'en multiplie sans cesse.

Au premier chapitre du présent volume, nous avons rappelé les propriétés dynamiques de la vis et nous n'avons pas à revenir ici sur ce sujet. La figure 106 montre une application de la vis au soulèvement d'une charpente dont la poutre horizontale A est un des supports ; deux vis en bois V, dont la tête est disposée de manière à recevoir une barre de cabestan, sont guidées par deux traverses, l'une fixe B, l'autre mobile C, formant double écrou ; en agissant en cadence sur les barres du cabestan, les vis tournent uniformément, la traverse C monte parallèle-

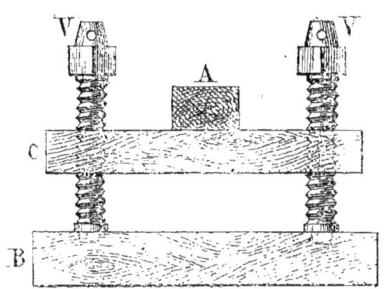

Fig. 106.

lement à elle-même et avec elle la poutre A et la charge qu'elle supporte.

Les vis en bois sont assez rares aujourd'hui ; elles ont été détrônées par les vérins en fer, que l'on peut se procurer partout à un prix modéré.

Le fonctionnement des coins comme appareil de levage est bien

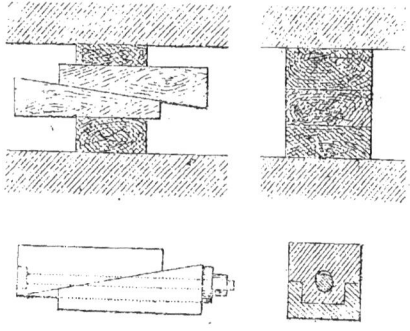

Fig. 107.

connu et se comprend à la seule inspection de la figure 107 ; quand l'inclinaison α du coin sur l'horizon est assez faible pour que dans la pratique on puisse considérer son cosinus comme égal à l'unité et son sinus comme égal à sa tangente, l'effort horizontal à exercer pour faire monter un fardeau sur le coin qui le supporte est sensiblement égal à

$$f.P + \alpha P;$$

Avec des bois durs bien polis et bien savonnés, f peut tomber à 0,05, et si l'inclinaison α est elle-même de 0,05, l'effort à exercer pour faire remonter le fardeau P sur le coin peut n'être que la dixième partie du poids de ce fardeau. La proportion est, comme on le voit, encore très considérable; aussi le coin est-il plutôt un appareil de descente qu'un appareil de levage; on s'en sert notamment pour la descente des cintres.

Les véritables appareils de levage, les seuls qui conviennent aux grosses masses sont : la vis, sous forme de vérin, et la presse hydraulique.

S'agit-il, par exemple, de soulever une toiture pour ajouter un étage à une maison, on installe deux vérins sous chaque travée de la charpente ; un ouvrier est à chaque vérin et le fait tourner d'un quart de tour à chaque coup de sifflet du contremaître. Quand la vis s'est dégagée sur toute sa hauteur de son écrou fixe, on empile à côté d'elle des bouts de poutres formant un support sur lequel on laisse descendre et reposer la charpente en faisant faire à la vis un petit mouvement en arrière ; le vérin est alors dégagé, ramené à fond de course et prêt à imprimer à la masse une ascension nouvelle en prenant son point d'appui sur un chantier en bois dont on augmente le nombre des assises au fur et à mesure que l'opération s'avance. Il importe que la verticalité des vérins soit constamment maintenue et que, pour éviter tout accident, on suive le mouvement ascensionnel à l'aide de coins placés sur chaque travée et destinés à recevoir la masse mobile si l'un des vérins venait à se rompre.

Avec un système de ce genre, il est facile de soulever une toiture de $0^m,40$ à l'heure.

Lorsqu'il s'agit de remonter le monument national, installé sur la montagne de la Croix, à Berlin, et masqué par des constructions nouvelles, on le souleva à l'aide de 12 presses hydrauliques, conjuguées par groupes de quatre et alimentées par trois pompes à deux hommes chacune ; six hommes suffisaient donc à la manœuvre et parvenaient à produire un effort de soulèvement de 200 tonnes.

Relèvement de ponts tournants sur le canal de la Marne au Rhin. — Lorsqu'on a augmenté le mouillage du canal de la Marne au Rhin, il a fallu exhausser les ponts anciens, notamment les ponts tournants en fonte de Champigneule et de Nancy, dont les tabliers pesaient 45 tonnes.

« On soulevait le tablier d'une seule pièce, dit M. l'ingénieur Picard, au moyen de 10 crics très puissants ou de vérins de charpentier à longue course prenant leur point d'appui sur la plate-forme et sur la culée opposée (*fig.* 1, Pl. LVII); au fur et à mesure de son relèvement, on interposait entre la partie inférieure des poutres et les maçonneries des cours de longrines et des traverses en bois; on suivait d'ailleurs le mouvement avec des calages auxiliaires et avec des coins et contre-coins, de manière à maintenir toujours le tablier en contact avec ses appuis et à l'empêcher de retomber et de se briser en cas d'accident aux appareils de levage. »

Le tablier, arrivé à la hauteur voulue, on intercalait sous les poutres maîtresses soit des longrines reposant par une face savonnée sur les longrines inférieures, soit des rouleaux ; on tirait le tablier à côté avec des treuils aidés de la poussée des crics, en ayant soin de soulever un peu l'avant pour faciliter le mouvement.

L'enlèvement durait un jour et demi ; on descellait le mécanisme fixe de roulement, on élevait une assise de pierre de la hauteur voulue, puis on replaçait le mécanisme et on ramenait le tablier ; les abords du pont avaient été en même temps relevés.

L'enlèvement et la remise en place du tablier coûtaient 600 francs.

Relèvement des poutres du pont Bineau. — Après la guerre de 1870, pour enlever de la Seine les débris du pont Bineau, on eut recours à une batterie de 12 treuils de 10,000 kilogrammes de puissance chacun. Cette batterie, solidement établie sur la rive, exerçait une traction inclinée sur des câbles à poulies mobiles, câbles portés par un chevalet des plus robustes placé sur la culée ; du chevalet, les câbles descendaient obliquement vers la rivière et allaient s'attacher à la partie du tablier à soulever et à ramener ; en interposant sur chaque câble une poulie mobile, on avait doublé l'effort de traction qui pouvait ainsi atteindre 240 tonnes.

Il y avait deux hommes à chaque treuil et la manœuvre se faisait au commandement et en cadence.

Relèvement de la voûte du pont de Frouard. — Pour laisser sous tous les ponts du canal de la Marne au Rhin une hauteur libre de $3^m,70$ au-dessus du plan d'eau, il a fallu en relever plusieurs, notamment le pont de Frouard, voûte en arc de cercle de 10 mètres d'ouverture et de $6^m,60$ de large, formée de voussoirs en pierres de taille et moellons piqués avec mortier de chaux hydraulique ; le relèvement était de $0^m,37$.

On mit la voûte sur cintre (Pl. LVII), et on allait la démolir pour la reconstruire lorsque M. l'ingénieur Picard, reconnaissant la solidité et la bonne liaison des maçonneries, résolut de couper la maçonnerie aux naissances et de relever la voûte d'une seule pièce, puis d'intercaler ensuite entre la voûte et chaque culée une pièce en bonne maçonnerie de ciment.

On s'opposa à la déformation des cintres en intercalant des feuilles de tôle dans les assemblages où l'on pouvait redouter la pénétration des pièces de bois ; sous chaque poteau on plaça des vérins entre deux cours de longrines et, à côté des vérins, des coins et contre-coins destinés à suivre le cintre dans son mouvement ascensionnel ; les fermes de tête du cintre étaient contre-butées par des contre-fiches, afin de n'être point exposées à un déversement extérieur ; des échelles graduées étaient clouées aux semelles fixes.

On fit alors une brèche aux naissances, en étayant les retombées de la voûte sur chaque culée ; le cintre reçut la voûte, s'aplatit de $0^m,04$ et la déformation détermina quelques fissures dans la maçonnerie.

Le poids à soulever était de 180 tonnes transmettant à la base des poteaux du cintre une pression de 28 kilogrammes par centimètre carré. Les vis des vérins, ayant un noyau de $0^m,021$ de diamètre, portaient 13 kilogrammes par millimètre carré et leur tête transmettait au bois une pression de 42 kilogrammes par centimètre carré, qui eût été trop forte pour le sapin ; aussi eût-on le soin d'interposer des plaques de tôle. Chaque vérin avait deux leviers d'un mètre et exigeait une traction de 55 kilogrammes.

Des crics, adaptés aux reins de la voûte, la suivaient dans son mouvement pour l'empêcher de se disloquer.

Quand les vérins avaient fourni une course de $0^m,025$, on les ramenait à fond de course, afin de maintenir à peu près constant le nombre des spires engagées.

Le relèvement fut d'environ $0^m,03$ à l'heure. Les fissures furent lavées à grande eau et remplies avec un coulis de bon mortier de portland.

On put décintrer au bout de huit jours. Si l'on avait adopté des cintres plus rigides, on eût évité la production des fissures et conservé la voûte monolithe.

Relèvement du bâtiment des voyageurs de la gare de Saint-Étienne.

La gare des voyageurs de Saint-Étienne est établie sur un sol mobile, au-dessus d'anciennes exploitations de houille mal remblayées. On se contenta longtemps d'un bâtiment provisoire en bois, et ce n'est qu'en 1884 qu'on entreprit le bâtiment définitif qui est composé de cadres en fer avec remplissage en briques et qui est très rigide ; les éléments des cadres sont des fers en U et en double T.

Le bâtiment est simplement posé sur des murs de fondation, qui présentent à leur partie supérieure des galeries de $1^m,30$ de large et de $1^m,80$ de haut. Dans ces galeries sont ménagées, pour recevoir des vérins, 130 niches espacées de 4 mètres.

L'édifice comprend une façade de $120^m,35$ de long et de 15 mètres de large, avec deux ailes en retour de $33^m,50$ sur 13 mètres ; la hauteur sous faîte est de $9^m,25$; il y a un pavillon central de $14^m,20$ de hauteur.

La superstructure repose sur les murs de fondation par des poutres en caisson de $0^m,30$ de hauteur, formées de tôles et de cornières.

La construction à peine terminée, on constata de nouveaux tassements variables, qui s'élevaient à $0^m,25$ pour la partie ouest et pour le pavillon central, et on jugea nécessaire de ramener l'édifice à son niveau primitif.

« Des vérins de 20 tonnes furent en conséquence placées dans toutes les niches. On ouvrit à l'extérieur une tranchée dans le sol pour dégager les cadres en fer, les galeries furent éclairées au gaz et on fixa aux solives du plancher, près de chaque niche, une règle indiquant la hauteur de relevage à obtenir au point considéré. Enfin, des morceaux de bois furent placés entre la tête des vérins et les semelles des poutres pour protéger celles-ci.

« Le relèvement fut commencé par l'aile ouest avec quatre brigades de cinq hommes.

« Une semaine fut employée à terminer le travail. Au fur et à mesure du relèvement, des cales étaient introduites entre les vérins et le cadre. L'espace laissé vide au-dessus des murs de fondation fut en dernier lieu rempli par de la maçonnerie de briques comprimées en scories et chaux hydraulique.

« Pendant l'exécution de cette opération de relèvement, le service de la gare n'a pas été interrompu un seul instant, et les lambris et plafonds du bâtiment n'ont pas présenté la moindre trace de dislocation. » (*Revue générale des chemins de fer.*)

Appareils de relevage et de translation en usage à la Cie du Nord. — M. l'ingénieur Mathias a construit, pour la Cie du Nord, des appareils perfectionnés qui permettent de relever et de remettre sur rails les locomotives déraillées, et cela rapidement et sans danger pour les ouvriers.

Ces appareils sont susceptibles de rendre de grands services dans les travaux publics, en dehors de l'exploitation des chemins de fer ; c'est pourquoi nous analyserons ici la notice descriptive insérée par M. Mathias dans la *Revue générale des chemins de fer* de 1878.

Auparavant, dans les opérations de relevage, on se servait du vérin ordinaire, dit *tête de mort*, et du vérin à chariot transversal, figures 1 et 2, Planche 54. La vis de ce dernier a 0^m,08 à 0^m,10 de diamètre et 0^m,02 de pas ; le mouvement est donné par un encliquetage et un rochet ; dans la douille de la fourche motrice on engage un levier que manœuvrent deux ou trois hommes, aidés s'il le faut par d'autres hommes tirant un câble accroché à l'extrémité du levier.

La vis horizontale est actionnée de même, et les deux mouvements combinés permettent de soulever une machine et de la déplacer horizontalement ou, comme on dit, de la riper.

Les supports et points d'appui des vérins sont fournis par de nombreux morceaux de bois appelés *ablots* qui répartissent les pressions sur le sol et que l'on peut empiler en les croisant de manière à former des plateformes plus ou moins élevées.

On relève donc la machine à la hauteur voulue, c'est-à-dire au-dessus des rails, à l'aide de plusieurs courses successives de vérins ; quand la hauteur est considérable, l'opération est difficile et longue, les bois font parfois défaut et l'on a peine à assurer la verticalité des vérins, condition cependant capitale pour la sécurité. La hauteur voulue étant atteinte, on procède au ripage en portant la machine sur des vérins dont on fait jouer seulement la vis horizontale, la vis verticale étant au bas de sa course afin de réduire au minimum le moment de renversement ; chaque course de la vis horizontale représente un avancement de 0^m,27 ; quand une course est achevée, on place d'autres vérins pour soulever légèrement la machine, on dégage les vérins de ripage puis on les replace après les avoir retournés, on laisse redescendre la machine jusque sur leur tête et on recommence une nouvelle course.

Le vérin à chariot horizontal est trop élevé et il est difficile de le mettre en prise ; on est obligé de creuser une niche sous la masse à soulever; la course de sa vis est trop faible, $0^m,15$ à $0^m,20$, et il en résulte un trop grand nombre de reprises; la manœuvre exige un grand approvisionnement de bois; la vis n'est pas suffisamment guidée, elle sort facilement de la verticale et se fausse ou se brise pour un léger dévers; la course de la vis horizontale est aussi trop courte.

Tous ces inconvénients rendent fort longue l'opération du relevage d'une machine déraillée et entraînent par incidence des dépenses énormes d'exploitation; les appareils perfectionnés de M. Mathias ont remédié à la situation et réduit de six heures à une heure la durée du relevage d'une machine déraillée dans les mêmes conditions.

Le principal de ces appareils est le vérin à manivelle, dont voici la description empruntée à M. Mathias :

« Une forte colonne en tôle de forme conique (Pl. LIV, *fig.* 3 à 9) est boulonnée sur un large pied en fonte malléable, portant une crapaudine et rivé lui-même sur une plaque en tôle. En haut, la colonne reçoit une tête formant boîte à engrenages avec couvercle (Pl. LIV, *fig.* 10 et 11) et munie d'un guide dont l'axe correspond à celui de la crapaudine du pied.

« Une vis de $0^m,080$ de diamètre et de $0,020$ de pas est ainsi maintenue solidement dans la crapaudine et le guide. Ce dernier est alésé au diamètre extérieur de la vis, de façon que celle-ci puisse être mise en place sans démontage de la tête; une bague en bronze, goupillée au guide, vient racheter le jeu laissé dans ce dernier. Au-dessus du guide est calée sur la vis une roue de 22 dents, engrenant avec un pignon de 6 dents, porté par un arbre vertical, muni en dessous d'une roue conique de 16 dents. Celle-ci est actionnée par un pignon conique de 7 dents, venu de fonte ou forgé avec l'arbre de la manivelle. Cet arbre reçoit une roue droite de 18 dents, attaquée par un pignon de 6 dents fondu ou forgé avec le second arbre à manivelle.

« On voit que la vis reste fixe et n'accomplit plus qu'un mouvement de rotation, mouvement relativement rapide ou lent, suivant que la manivelle est placée sur l'arbre supérieur ou inférieur. Dans la première position, utile pour les poids légers et pour la descente, la vis fait trois fois plus de tours dans le même temps que dans la deuxième position, où la force est transmise par trois couples d'engrenages au lieu de deux. Enfin, le carré ménagé en haut de la vis permet l'application d'une petite manivelle qui peut imprimer un mouvement très rapide à la vis.

« Un écrou en bronze (Pl. LIV, *fig.* 3, 4, 8 et 9), peut se mouvoir le long de la vis, et les deux pattes latérales dont il est muni sont destinées à supporter la charge. Pour empêcher cet écrou de tourner, on le réunit par un goujon à clavette (Pl. LIV, *fig.* 8 et 9, à une pièce plate en fer dont les extrémités sont guidées par les côtés intérieurs du bâti.

« A cet effet, il porte une nervure percée de 5 trous, et l'on peut faire varier sa position autour de la vis dans une limite de 45 degrés, en assemblant le guide par son goujon unique avec l'un quelconque des trous. Si donc on maintient toujours l'écrou dans la même position par rapport à la traverse de la machine, le bâti a tourné autour de la vis (Pl. LIV, *fig.* 9). On verra plus loin l'utilité de cette position.

« Le vérin a $1^m,15$ de hauteur totale ; l'écrou a une course de $0^m,74$, et lorsqu'il est en bas, la face supérieure des pattes est élevée de 0,21 au-dessus du plan inférieur de la base. Enfin, le poids total est de 150 kilogrammes, poids supérieur à celui d'un vérin ordinaire, mais que l'emploi de l'acier permettra de réduire. D'ailleurs, le maniement en est facile.

« En effet, un petit palan suspendu au-dessus de la porte du wagon de secours sert à descendre l'appareil, et deux hommes suffisent pour le porter, jusqu'à la machine déraillée, à l'aide d'un tinet dont les chaînes s'accrochent dans les ouvertures ménagées dans la colonne.

« Pour le porter à bras, les ouvriers placent une main dans l'un des trous pratiqués de chaque côté du pied et saisissent de l'autre le support des arbres de manivelle.

« Les poignées indiquées sur le dessin ont été supprimées.

« On a remarqué déjà quelques différences caractéristiques entre ce vérin à manivelle et le vérin ordinaire :

« 1° La vis est fixe et l'appareil présente une stabilité absolue ;

« 2° La course de $0^m,74$ suffit dans le plus grand nombre de cas pour élever les boudins au-dessus des rails, et elle remplace au moins quatre courses de vérin ordinaire ;

« 3° L'écrou, pour être mis en prise, n'a besoin que d'une faible hauteur libre entre le dessous de la traverse et le madrier sur lequel est placé le vérin. Cette hauteur varie de $0^m,35$ à $0^m,10$, suivant l'engin intermédiaire employé. »

Le cas de relevage le plus simple est celui où la machine est restée sur le ballast à côté de la voie. On introduit sous la traverse une poutre en fer, suffisamment robuste, terminée par deux fourches s'engageant chacune sur l'écrou mobile d'un vérin à manivelle installé sur des madriers. L'installation se fait en quelques minutes ; deux ou trois hommes à chaque manivelle lèvent aisément la machine de 3 à 4 centimètres par minute.

Quand la machine est très écartée de la voie et que les traverses sont très près du sol, on ne peut plus glisser la poutre de relevage ; alors on fixe par un boulon, à chaque extrémité de la traverse, un appendice appelé *nez*, qui s'engage sur l'écrou mobile du vérin, comme le faisait tout à l'heure la fourche de la poutre.

Tous ces appareils fonctionnent avec une telle sûreté et avec si peu de danger pour l'ouvrier que l'on n'hésite plus à procéder au relevage simultané de l'avant et de l'arrière d'une machine, ce qu'on n'eût jamais pu faire autrefois avec les vérins ordinaires.

Quand tous les boudins des roues sont élevés au-dessus du niveau des rails, on procède au ripage ; on se sert avantageusement, à cet effet, d'un *poulain* formé de deux rails entretoisés et sur lequel vient reposer une roue de la machine, comme le montre la figure 108. Le mouvement de translation est imprimé par le cric de ripage, dont la course est de $0^m,80$; sa boîte d'engrenage est très courte et munie de deux oreilles qui fournissent le point d'appui sur les buttoirs du poulain ; la figure 109 représente cet appareil à l'échelle d'un dixième.

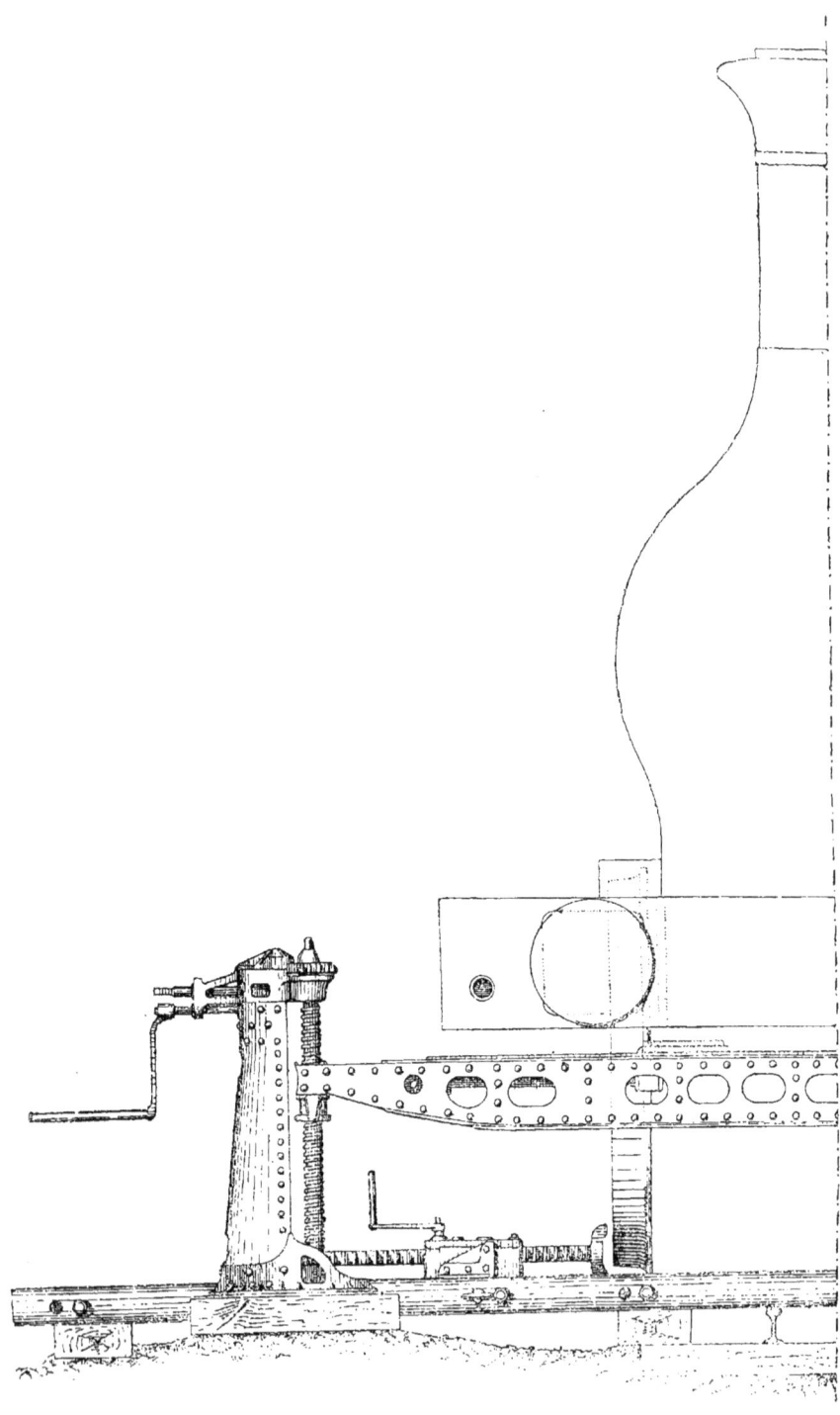

Fig. 108.

Deux hommes suffisent pour faire avancer rapidement une machine déraillée, lorsque les rails du poulain sont graissés et légèrement inclinés dans le sens du mouvement. Quand la crémaillère est tout à fait sortie d'un côté, on retourne le cric et on l'appuie de nouveau contre le buttoir.

La compagnie du Nord a construit également une poutre à fourches pour relevage, portant elle-même son appareil de ripage; cette poutre composée permet d'opérer rapidement lorsque la translation à obtenir ne dépasse pas $0^m,40$.

Ces appareils et ces procédés sont très intéressants; l'application peut en être généralisée en dehors de l'exploitation des chemins de fer; c'est pourquoi nous n'avons pas hésité à en donner la description avec quelques détails.

Érection de l'obélisque de la place de la Concorde, à Paris. — Les figures 1 et 2, planche LV, représentent les procédés compliqués mis en œuvre pour l'érection de l'obélisque de Louqsor sur

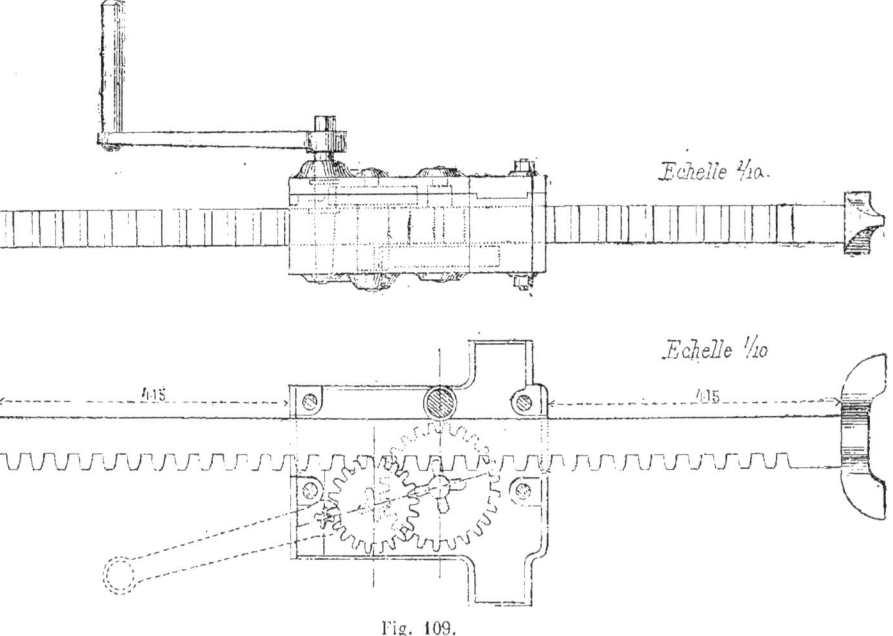

Fig. 109.

la place de la Concorde, à Paris. Elle avait été introduite dans le navire et on l'en tira par une section verticale ménagée dans la paroi de l'avant.

Le volume de ce monolithe est de 85 mètres et son poids 230 tonnes. Il a été amené au niveau supérieur destiné à le recevoir par glissement sur un plan incliné ou *ber* en charpente porté par de la maçonnerie; il était entouré d'un coffrage protecteur.

L'arête *c* de la base, étant amenée exactement à son emplacement futur, coïncide avec l'axe d'un cylindre de rotation entaillé sur un quart de sa section :

    c cylindre de rotation,
    d chevalet formé de dix mâts solidaires,
    e moise horizontale reliant ces dix mâts à leur sommet,
    f pièce horizontale assemblant les dix mâts à leur base,
    h chevalet retenant les cordages,
    i moises et pieux servant à fixer les moufles,
    j moufles supérieures attachées aux mâts du chevalet d,
    k moufles inférieures non mobiles,
    l cordages des palans à 7 brins,
    m câbles partant de la moise e et venant passer en cravates autour du monolithe,
    t dix cabestans recevant les câbles des dix palans l et pouvant recevoir chacun l'action de quarante-huit hommes, soit en tout de quatre cent quatre-vingts hommes,
    q chaînes de retenue, filées peu à peu.

L'effort maximum de traction à exercer sur la moise e s'est élevé à 104,000 kilogrammes.

On voit combien est complexe cet ensemble d'éléments simples. L'opération s'effectuerait aujourd'hui beaucoup plus simplement avec des leviers hydrauliques ; le monolithe amené au pied du socle serait d'abord levé horizontalement, puis on le ferait basculer peu à peu autour du cylindre c garnissant son arête ; les leviers hydrauliques prendraient leur appui sur un échafaudage encadrant l'obélisque à droite et gauche, et il en serait de même des câbles de retenue dont la nécessité n'apparaît qu'à la fin de l'opération.

Étaiement des bâtiments. — L'étaiement des bâtiments est nécessaire lorsqu'on veut les reprendre en sous-œuvre, y ouvrir de nouvelles baies ou lorsqu'ils menacent ruine.

Le principe de l'opération est de présenter normalement aux efforts qui peuvent se développer, des pièces de bois suffisamment résistantes. Il faut encore prévoir les déversements qui peuvent se produire et s'y opposer au moyen de contrefiches.

Les figures 3 et 4, planche LVI, représentent les principaux systèmes d'étais qu'on peut avoir à appliquer à un bâtiment ; elles donnent l'élévation et la coupe en travers d'un grand mur de face.

Le mur de face est étayé par le long étai ou arc-boutant A, engagé au sommet dans une entaille faite avec soin dans le mur et reposant par son pied sur une semelle M. Cette semelle doit être établie sur un sol résistant ; il faudra donc, dans certains cas, déblayer pour aller chercher ce sol résistant ; si l'on craint des tassements, on répartira la pression sur une étendue convenable en posant la semelle M sur un cadre ou grillage horizontal en charpente.

Pour exercer une pression suffisante, les étais doivent être peu inclinés et aussi rapprochés que possible de la verticale ; s'ils étaient trop inclinés, le pied glisserait sur la semelle et il faudrait, pour le maintenir, une pression considérable. A cet effet, l'inclinaison de l'arc-boutant sur l'horizon doit être supérieure à 68 degrés.

Pour roidir les étais, on peut les frapper au pied avec de grosses masses en fer, mais c'est un mode d'opérer dangereux, surtout lorsqu'il s'agit de bâtiments menaçant ruine, et il vaut mieux obtenir le mouvement de progression au moyen d'une pince en fer agissant comme levier ou d'un cric. Quand on a obtenu la roideur suffisante, on enfonce une cale entre l'étai et la semelle, et l'on arrête cette cale au moyen d'un crampon.

Il va sans dire qu'on ne doit pas chercher une roideur exagérée, parce qu'on courrait risque de renverser le mur. Quand ce mur est trop mauvais pour qu'il soit possible d'y ménager la cavité où se loge la tête de l'arc-boutant, on applique sur sa face intérieure et sur sa face extérieure des madriers qu'on réunit par des boulons traversant le mur ; l'étai vient s'assembler à embrèvement sur le madrier extérieur.

Outre le renversement du mur de face, si on redoute un mouvement latéral, il faut consolider l'arc-boutant principal A par des contre-étais D, assemblés et boulonnés à leur sommet sur l'étai principal et reposant par leur pied sur des semelles spéciales.

Généralement, l'arc-boutant A ne suffira pas, et on devra placer au-dessous de lui des arcs-boutants secondaires, tels que B.

La figure 3 représente les dispositions adoptées pour substituer à deux fenêtres du rez-de-chaussée et au trumeau intermédiaire une grande baie pour porte cochère ou pour boutique ; à cet effet, on a recours à des chevalements.

On commence par percer le mur de face à l'emplacement des solives (a) que l'on fait passer dans le mur ; on soutient ces solives en dehors et en dedans par les pièces inclinées b, assemblées à entailles par leur sommet dans les pièces (a) et reposant par le pied sur des couchis c ; le pied des pièces b est taillé à double biseau, afin qu'on puisse, avec des pinces ou des masses, le faire glisser facilement sur les couchis et produire une roideur suffisante.

La solive horizontale (a) est le corps du chevalet et les pièces inclinées b en sont les pieds ; ces pieds sont maintenus au moyen de cales clouées sur les couchis.

Les chevalements placés, on démolit la partie inférieure, on perce la baie, on place le poitrail f, on construit une bonne maçonnerie très résistante au-dessus de ce poitrail dans la partie démolie, puis on enlève les chevalets et on bouche les trous des pièces (a).

Il est bon de faire le remplissage avec de la maçonnerie de ciment et dans certains cas on devra établir un arc de décharge en pierre de taille ; cet arc sera même nécessaire, si on ne veut pas recourir à un poitrail en bois.

L'usage du poitrail en bois dans les murs de face, usage encore si répandu en France, devrait bien disparaître ; il est si facile aujourd'hui, grâce aux ciments, de construire des baies cintrées qu'on ne conçoit pas que l'on continue à associer, sur les surfaces exposées à la pluie, le bois et la maçonnerie.

Lorsqu'on exécute ainsi une reprise en sous-œuvre, il faut étrésillonner les fenêtres supérieures comme le montre la figure 3 ; entre deux poteaux verticaux, on serre des étrésillons d'une longueur supérieure à l'intervalle vide, on les pose successivement en commençant par le bas, leurs extrémités se contrebutent entre elles et l'extrémité du dernier est maintenue par une cale.

Lorsqu'il s'agit d'étayer un plancher trop chargé, on a recours à un système analogue à celui de la figure 2, planche LVI, $d, d,$ est une pièce horizontale ou couche haute, placée sous le plancher à soutenir, $b, b,$ est le couchis ou couche basse; entre les deux couches on serre des étais $a, a,$ qui prennent le nom de pointeau lorsqu'ils se rapprochent de la verticale. Les extrémités de ces étais sont toujours taillées en double biseau, afin de faciliter le serrage et afin d'empêcher le bois de s'éclater comme il le ferait s'il portait sur une arête.

CHAPITRE V

RESTAURATION DES ANCIENNES CONSTRUCTIONS

Certaines parties d'une construction, soumises à des efforts plus considérables, ou exposées à des influences physiques particulières, ou bien encore construites en matériaux tendres ou défectueux, se détériorent avant le reste; il est convenable, dans ce cas, de consolider ou de réparer ces parties mauvaises sans détruire la construction tout entière.

L'invention des ciments, qui atteignent une dureté souvent supérieure à celle de la pierre, a rendu relativement facile la restauration des anciens édifices.

Nous décrirons ici quelques procédés curieux de restauration, dont on pourra se servir dans des circonstances analogues.

Nous ferons remarquer tout d'abord que l'usage des ciments donne toute facilité pour la réparation des maçonneries en élévation; quand une pierre défectueuse est brisée ou rongée dans un mur, dans une voûte, on en enlève les débris, on nettoie et on lave l'excavation, puis on la bouche avec une pierre neuve convenablement taillée, posée à bain de mortier et entrant à frottement un peu dur. Si cette pierre tend à tomber, il faut la soutenir jusqu'à la prise du mortier ou la maintenir dans son alvéole au moyen de cales en bois, en pierre ou en fer; mais il est rare qu'on ait à recourir à cette précaution. Quand plusieurs pierres juxtaposées servent à fermer une même brèche, on taille les pierres extrêmes en queue d'aronde afin de rendre la maçonnerie nouvelle solidaire de l'ancienne.

La consolidation des massifs de maçonnerie rongés et dégarnis à l'intérieur est plus difficile, surtout quand ces massifs sont immergés; cependant on est parvenu à l'effectuer d'une manière très satisfaisante, grâce aux injections de ciment délayé à l'état de coulis.

Restauration du pont de Tours; injections de mortier. — L'application première de cet ingénieux système a été faite en 1835, au pont de Tours, par M. l'ingénieur en chef Beaudemoulin.

En janvier 1835, on avait remarqué un affaissement notable du pavé de la chaussée au-dessus de quelques arches. Des sondages exécutés le long des enceintes des piles montrèrent que ce n'était point à des affouillements extérieurs qu'il fallait attribuer le tassement; on reconnut qu'il était le résultat de l'enfoncement des piles, et que celles-ci devaient présenter des vides sous les plates-formes des caissons. M. Beaudemoulin eut l'idée de combler ces vides par des injections de mortier hydraulique.

La première opération à exécuter était le forage de la pile par des trous verticaux, qui servirent d'abord à reconnaître l'état des fondations, et ensuite à injecter le mortier.

La tige de la sonde employée au forage des maçonneries est en fer carré, et on ajoute un contrepoids pour augmenter la masse; la sonde est soulevée par un levier à tirandes; elle est suspendue à une corde qui s'enroule sur un treuil et qui s'allonge à volonté, et la suspension est disposée de manière à ce que la tige et, par suite, la mèche puissent tourner d'une petite quantité après chaque volée; cet appareil a donné de bons résultats; on peut avancer d'environ $0^m,30$ par jour.

Outre les forages verticaux exécutés dans le corps de la pile, on en exécuta d'autres latéralement, à travers les enrochements et la plate-forme en charpente qui recouvrait la tête des pilotis de fondation.

Ces forages latéraux avaient pour but: 1° de donner une issue à l'eau que venait remplacer le mortier qui descendait par les orifices centraux; 2° de servir, pour ainsi dire, de tuyaux d'aspiration au mortier qui, après avoir rempli le vide, refluait, remplissait les conduits et débordait à la surface des enrochements; 3° de servir à comprimer le mortier injecté lorsqu'à la fin de l'opération on bouchait tous les trous avec des pistons sur lesquels on exerçait une pression.

Pour injecter le mortier hydraulique un peu ferme, renfermant une partie de bonne chaux hydraulique et deux parties de sable, on faisait entrer à frottement dur, dans les trous du centre de la pile, des tubes en bois que terminait un entonnoir, et l'on forçait la pâte à descendre en appuyant dessus un piston de bois qui descendait dans les tuyaux.

Mais à peine avait-on employé un demi-mètre cube de mortier dans chaque trou, que les plus grands efforts de percussion n'arrivaient pas à faire descendre le piston, et les tuyaux en bois éclataient sous le choc du mouton. On reconnut, en débouchant les trous, que le mortier se décomposait sous le choc et se délayait en tombant dans le vide.

On résolut alors de substituer de la chaux pure au mortier. On l'employait aussitôt après l'extinction, à la consistance de bouillie claire et presque liquide. En outre, on remplaça le piston en bois, dont l'action était sans force au delà de 2 mètres, par un refouloir en fer creux, à clapet, qui agissait dans l'intérieur même de la plate-forme.

Ce refouloir était fixé à l'extrémité d'une barre de sonde pesant

180 kilogrammes et enfilant par son axe un mouton en bois ferré du poids de 150 kilogrammes. L'extrémité supérieure de cette barre était liée à un levier mis en mouvement, avec toute sa charge, par sept hommes, et donnant à chaque coup une chute de $0^m,30$ à $0^m,40$, de manière que le piston ne sortît pas de l'épaisseur de la plate-forme. Les clapets du piston s'ouvrent de haut en bas, de sorte que la chaux à l'état de bouillie peut le traverser sans difficulté pendant qu'on le soulève. On continue ainsi jusqu'à ce que le piston ne s'enfonce plus du tout et jusqu'à ce que la chaux reflue par une des ouvertures latérales, ce qui n'arrive pas toujours, parce que la chaux peut avoir le temps de faire prise au commencement de son ascension, et l'orifice se trouve bouché.

L'opération réussit bien, malgré toutes les objections qu'elle avait soulevées, et de nouveaux sondages montrèrent que la chaux injectée avait rempli jusqu'aux moindres vides qui se trouvaient sous la plate-forme, et qu'elle avait durci sous la pression centrale, entre le gravier et le bois dont elle avait pris l'empreinte.

« Ce qu'il faudrait trouver pour arriver à la perfection du système, dit M. Beaudemoulin, c'est une matière grasse ne se combinant pas avec l'eau, fluide à froid, adhérant bien à la pierre même mouillée, susceptible de peu de retrait, et de nature à ne se solidifier qu'après être restée molle pendant plusieurs jours.

« Cette dernière propriété, qu'a la chaux, est très importante pour une injection à grand volume, en ce qu'elle permet de couler, comme d'un seul jet, par un petit nombre de tuyaux, et de faire agir la compression sur toute la masse.

« Les ciments de Pouilly et de Vassy se dissolvent moins facilement dans l'eau que la chaux, et sont très bons dans les injections qu'on peut achever en une heure ou deux. On s'en est servi pour injecter les voussoirs rompus et les vides qui se trouvaient dans les reins d'une autre arche du pont de Tours. Mais ces matières prennent trop vite pour être utilisées dans les injections de grand volume, qui exigent quelquefois huit à dix jours de travail.

« Une précaution capitale à observer est de combiner les tuyaux de dégorgement avec ceux d'injection ; sans cela l'eau et les matières avariées résistent au refoulement ; le remplissage n'est alors ni exact, ni de bonne qualité.

« Une autre règle, c'est que la pesanteur est l'agent le plus puissant et le plus rapide des injections : elle agit sur la masse entière, tandis que le refoulement par percussion, qui est infiniment plus long, n'introduit que par faibles portions des matières inégalement solidifiées dans les tuyaux, et se désagrégeant quand elles débouchent dans les vides.

« Il est donc très important de donner aux tuyaux d'injection la plus grande hauteur possible. On introduit ainsi avec une grande promptitude toutes les matières que les vides peuvent contenir. Elles sont alors dans un état de mollesse qui permet à la percussion d'agir sur toute la masse. »

L'opération est aujourd'hui bien facilitée par les ciments à prise lente ou ciments portland. On en fait des coulis, en ayant soin de ne pas les mélanger de sable, car celui-ci se séparerait par suite de la différence des densités et on aurait un remplissage sans consistance. Le coulis de portland fait prise en quelques heures.

Injection sous une pression permanente. — Le défaut de la méthode suivie par M. Beaudemoulin, comme par ses prédécesseurs : M. Bérigny aux écluses de Dieppe en 1802, M. Brière de Mondétour à l'écluse de Royaumont-sur-l'Oise en 1832, M. Marie à l'écluse de Saint-Simon sur le canal de la Somme en 1820, c'est d'opérer l'injection au moyen du choc.

Les cavités qu'il s'agit de remplir sont généralement tortueuses, de forme irrégulière, et les pressions ne s'y transmettent pas bien loin lorsqu'il s'agit surtout, non pas d'un liquide, mais d'une bouillie plus ou moins claire. D'autre part, pour que le mortier pénètre, il faut que l'eau sorte, et elle doit le faire par des conduits de petite section ; comme elle n'est point compressible et que les conduits ne peuvent lui livrer passage instantanément, la force employée au choc est perdue et ne sert qu'à dégrader les parois de la cavité.

De là résulte la nécessité de substituer au choc une pression continue : on réussirait certainement si l'on plaçait sur un corps de pompe rempli de mortier, un piston qui s'enfoncerait lentement par le moyen d'une presse à vis. Un appareil de ce genre s'établirait, à notre avis, avec facilité et économie.

Vers 1840, M. l'ingénieur Colin eut à réparer une crevasse considérable qui s'était produite sur le parement d'amont du barrage qui limite le réservoir de Grosbois (canal de Bourgogne). La crevasse était apparente sur 22 mètres de hauteur, elle suivait les joints des moellons et formait une ligne brisée de 45 mètres de développement ; certains moellons s'étaient même fendus ; on en enleva les morceaux et on les remplaça par des moellons neufs posés au mortier de ciment ; puis on nettoya les joints ouverts, et on les remplit aussi profondément que possible avec du bon mortier hydraulique, en laissant de place en place de petits orifices destinés à recevoir les tuyaux d'injection ou à servir d'évent pour la sortie de l'air intérieur qu'il s'agissait de remplacer par du mortier.

On se servit d'abord d'une pompe dont le piston agissait par bonds successifs ; le résultat fut négatif, ce qui n'a rien d'étonnant, si l'on réfléchit qu'une fente mince et contournée ne peut guère se prêter à la transmission des pressions. C'est alors que l'on eut recours à une pompe spéciale dont la tige du piston était en forme de crémaillère et dont le balancier agissait sur cette crémaillère par un doigt ou cliquet ; à chaque coup de balancier, la tige du piston descendait donc d'un cran, et un second cliquet fixe l'empêchait de remonter par la sous-pression de la bouillie. — Celle-ci parvenait donc à pénétrer dans les crevasses d'une manière lente et sûre.

Le procédé réussit ; mais, nous le répétons, on se servirait plutôt aujourd'hui d'une presse à vis dont l'action serait beaucoup plus régulière. — Du reste, le ciment de Portland peut être employé à l'état de coulis assez liquide pour pénétrer de lui-même dans les cavités sous sa propre pression, pourvu que les tubes introducteurs aient deux ou trois mètres de hauteur.

A propos du travail que nous venons de citer, M. Colin émit les réflexions suivantes, qui nous semblent bonnes à rappeler ici :

« Les ouvrages hydrauliques sont exposés, de la part des eaux mortes ou courantes, à de fréquentes causes d'accident. Les édifices ordinaires, qui ne sont point soumis à l'action destructive des eaux, sont sujets, comme les édifices hydrauliques eux-mêmes, à d'autres perturbations : celles qui proviennent, soit des tremblements de terre, soit du tassement du sol qui les supporte, soit enfin du tassement ou du dérangement des parties de ces édifices, résultant d'un défaut de construction ou d'un équilibre mal calculé entre les forces conservatrices et les forces destructives de la stabilité.

« Ainsi, il n'est pas rare de rencontrer tel ou tel édifice dont une partie a subi un tassement par suite de la compression du sol qui le supporte ou du tassement de la matière qui le constitue, de la poussée d'une voûte, d'une charpente, ou par telle ou telle autre raison. Le résultat général de ces perturbations est une fracture ou lézarde, dont l'ouverture dépend de l'amplitude du mouvement qui s'est réalisé.

« On trouve fréquemment ces traces de perturbation dans les édifices de l'époque du moyen âge. Tous les vieux manoirs féodaux, toutes les anciennes murailles, les tours, les édifices civils ou militaires, sont sillonnés de lézardes plus ou moins apparentes, et qui ont concouru puissamment à leur destruction.

« Quand le tassement du sol s'est opéré sous le poids d'une construction neuve, le mouvement ne s'arrête pas nécessairement après l'achèvement. Souvent, et le plus souvent même, il continue jusqu'à ce qu'un nouvel équilibre soit rétabli ou que l'édifice s'écroule. Ces mouvements, d'ailleurs, ne se réalisent pas nécessairement aussitôt que la construction est achevée. Quelquefois, c'est pendant la construction, souvent immédiatement après l'achèvement, le plus souvent après un temps plus ou moins long.

« Les ruptures ou lézardes des massifs de maçonnerie contribuent donc à la destruction des édifices par les ébranlements dont elles sont les résultats, par la diminution d'adhérence des matériaux et de la solidité des parties de l'édifice dont elles sont aussi les conséquences. Ces lézardes une fois produites, doit-on les laisser subsister ? doit-on les fermer avec soin ? Je vais essayer de démontrer, en deux mots, la nécessité presque générale de les fermer.

« Supposons qu'il s'agisse d'un édifice hydraulique, d'un pont, d'une écluse, d'un mur de quai, etc.; une lézarde y est formée, j'admets qu'elle ait atteint son dernier période et son maximum d'amplitude. Cette lézarde donne lieu à des voies d'eau ou simplement à des suintements, ou bien elle n'offre ni l'une ni l'autre de ces circonstances. Si elle donne lieu à des voies d'eau ou à des suintements, il est incontestable que cet écoulement permanent ou périodique entraînera les mortiers, surtout s'ils ne sont pas hydrauliques, s'ils le sont légèrement, ou enfin si, étant ou devant être hydrauliques, la manipulation ou l'emploi en avait été vicieux. Le premier résultat de cet écoulement sera donc une augmentation du mal qui ira incessamment en s'aggravant. Le second résultat sera tout aussi fâcheux. Aux époques des gelées, les eaux de filtration, se cristallisant dans cette lézarde, tendront à l'agrandir par l'expansion de la glace, qui engendre une force à laquelle, comme on le sait, il est difficile de résister efficacement. Ainsi, dans le premier cas, destruction et entraînement des mortiers et dislocation simultanée des parois de la lézarde par l'action de la gelée, et dans le second cas, réalisation de cette dernière circonstance : telles sont les conséquences générales auxquelles on est irrésistiblement amené.

« Supposons qu'il s'agisse d'un édifice civil, public ou particulier ; l'existence d'une lézarde donnera rarement lieu à des voies d'eau proprement dites, dont les effets soient bien redoutables ; mais les eaux pluviales s'écoulent dans les lézardes, s'y congèlent, les plantes croissent dans ces fractures et causent un inconvénient analogue à celui de la gelée, quoique cependant moins énergique.

« Enfin, les lézardes et fractures détruisent la solidarité des parties de l'édifice en reportant sur quelques-unes de ces parties seulement les charges et pressions qui étaient primitivement destinées à agir contre l'ensemble de l'ouvrage ; sous ce dernier rapport, il serait encore nécessaire de les faire disparaître autrement qu'en masquant l'orifice par un replâtrage, comme cela se pratique habituellement.

« Si on a soin de bien nettoyer l'intérieur des lézardes par des injections préalables d'eau claire et de se servir, selon les cas, de mastics énergiques à l'état liquide, de coulis de ciments calcaires ou simplement de chaux hydrauliques, dans lesquels on pourrait au besoin, et si l'ouverture des lézardes le permettait, mélanger quelques sables fins, on restituera à l'édifice sa forme et sa destination primitive, et on rétablira l'adhérence entre les deux parois des fractures en reconstituant ainsi plus ou moins complètement la solidarité des diverses parties de l'ouvrage que des accidents auraient détruite.

« Toutefois, cette opération, comme on le comprend aisément, ne devra être pratiquée que lorsque la lézarde aura acquis un état définitivement normal et qu'il n'y aura plus à craindre d'accroissement dans son ouverture et ses dimensions. »

A l'injection de mortier, on a quelquefois substitué l'injection de terre glaise. M. l'ingénieur Plocq a employé ce système à l'écluse de l'arrière-port à Dunkerque, écluse dont la fondation du radier était criblée de vides considérables. On creusa le radier aux deux bouts, et les trous furent remplis par des massifs de béton formant des batardeaux étanches ; le sous-radier était donc transformé en une sorte de tube de section irrégulière, fermé aux deux bouts ; on pratiqua alors dans l'épaisseur du radier une série de trous de $0^m,12$ de diamètre, par lesquels on fit des injections de terre glaise, dont il entra au moins 200 mètres cubes. On alla même jusqu'à percer le long des bajoyers des trous d'injection inclinés à 45 degrés, parce que l'on craignait que les trous verticaux du radier ne fussent pas suffisants pour envoyer la matière jusqu'au-dessus de la partie la plus reculée des bajoyers. L'écluse ainsi réparée a parfaitement fonctionné sans aucune trace de filtrations.

Aux vieux ponts de Nantes, M. l'ingénieur Lechalas a rempli le vide de la maçonnerie sous les caissons foncés des piles en injectant par tubes de 4 mètres de hauteur un coulis composé de 42 litres d'eau pour 75 kilogrammes de portland et 25 de ciment Vassy.

Radier de l'écluse Notre Dame, au Havre; injection de coulis de ciment; reprise en sous-œuvre d'un bajoyer.

— La vieille écluse Notre-Dame, reconstruite au commencement du siècle, avait perdu peu à peu la chaux de ses mortiers : aussi le radier était-il traversé, vers 1880, par des sources nombreuses qui jaillissaient dans le sas et soulevaient les pierres. On chercha à boucher les vides de la maçonnerie par des injections de ciment de portland pur, gâché mou ; en employant un mélange de ciment et de sable, on risque de voir les deux matières se séparer par la différence des densités.

Le radier, en forme de voûte renversée, était formé de voussoirs reposant sur des assises de libages posés eux-mêmes sur un plancher en hêtre de $0^m,15$ d'épaisseur (Pl. LVII). Avec la barre à mine, on fora suivant les lignes de joints transversales du radier des trous espacés de $0^m,60$ à $0^m,70$; c'était aussi l'intervalle entre chaque ligne et les trous d'une ligne à l'autre étaient disposés en quinconce; ils avaient $0^m,08$ de diamètre.

Il fallait d'abord nettoyer les joints qui, par suite du chômage de l'écluse, s'étaient remplis de vase et conservaient des débris de mortiers ; à cet effet, on plaçait sur un trou le tuyau de refoulement d'une petite pompe aspirante et foulante et on voyait sortir par les trous voisins une eau d'abord vaseuse et sableuse qui finissait par s'éclaircir.

Dès qu'un trou était terminé, on scellait à son sommet avec du ciment à prise rapide un tube en zinc de $0^m,30$ de longueur, faisant saillie de $0^m,10$ sur le radier et on le fermait avec un tampon en bois de sapin.

C'est sur cette amorce que plus tard on venait placer le tube d'injection de 4 mètres de hauteur, terminé par un entonnoir de $0^m,30$ de diamètre ; le coulis de ciment était préparé sur place et employé immédiatement.

Le tube étant rempli, on le frappait latéralement à petits coups, on agitait à l'intérieur une tige de fer et on laissait le tassement et la pénétration se produire ; l'injection se faisait par une série de six trous à la fois. On n'opérait qu'en morte eau afin de réduire à $0^m,90$ la sous-pression de l'eau s'infiltrant dans le radier.

Chaque trou a absorbé en moyenne 60 kilogrammes de ciment ; le maximum a été de 400 kilogrammes.

Le coulis était fabriqué avec 1 litre d'eau de mer pour $1^{lit},4$ de ciment dont la densité était de 1,375 kilogrammes le mètre cube.

Il est entré 84 litres de ciment par mètre carré du radier, ce qui laisse supposer que la maçonnerie a été complètement reconstituée.

Le percement des trous à la barre à mine a coûté 10 francs le mètre courant ; chaque lavage de trou a coûté 2 francs et chaque tube d'injection avec son entonnoir 15 francs.

Après cette réparation du radier, qui est revenue à 120 francs le mètre carré, on a supprimé la retraite en maçonnerie que l'on voit au pied du bajoyer gauche ; la maçonnerie en était complètement disloquée. On la démolit par tranches de 2 à 3 mètres en étayant la partie correspondante du bajoyer à conserver, et on fit en sous-œuvre une bonne maçonnerie avec mortier de portland descendue jusqu'à la plate-forme de fondation en bois. Le parement du bajoyer fut raccordé avec l'ancien radier par une courbe formée de trois anneaux en briques de choix. Le mortier employé comprenait 700 kilogrammes de portland par mètre de sable, afin de tenir compte des délavages produits par les eaux qui, pendant l'opération, traversaient les bajoyers.

Le procédé des injections de ciment a été couronné de succès dans le travail que nous venons de décrire et qui a été exécuté par M. Renout, conducteur principal.

Injection de coulis de ciment dans une voûte de souterrain. — A Longwy, des voûtes de casemates laissaient passer l'eau et accusaient à la percussion des vides intérieurs ; il eût été très coûteux de les découvrir et on se décida à y introduire des coulis de ciment par l'intrados. Des ouvertures carrées de $0^m,12$ à $0^m,15$ de côté furent pratiquées en regard des vides reconnus ; de plus, on évida les joints des maçonneries.

Par ces ouvertures on injecta du mortier de ciment très fin et un peu clair, au moyen d'une grosse seringue terminée par un canal étroit. On parvint ainsi à introduire 2 à 8 seaux de mortier par chaque orifice, puis on boucha les cavités avec du béton et on refit les joints en mortier de ciment de Vassy.

Depuis lors, les souterrains sont demeurés bien secs.

Injections dans un radier d'écluse à Calais. — L'écluse du bassin à flot de Calais, établie vers 1840 sur un massif général de béton de chaux et pouzzolane du pays, était en 1864 traversée dans son radier par des infiltrations considérables; on y remarquait des sources et des bouillonnements qui allaient jusqu'à soulever les dalles du radier.

Évidemment, le mortier employé à l'origine s'était détérioré et avait en grande partie perdu de sa consistance ; les réparations locales, effectuées avec du portland à l'emplacement des sources, n'eurent pour effet que de déplacer le mal ; les eaux se frayèrent un passage ailleurs ; c'est ce qui arrive presque toujours en pareil cas. On fut forcé de reprendre le radier à l'abri de bâtardeaux et de substituer à tout le revêtement, et à une partie de la fondation, de la maçonnerie et du béton de portland exécutés à l'abri de bâtardeaux.

Les sources qu'on rencontrait dans la fouille, dit M. l'ingénieur Aron, furent renfermées dans des cheminées verticales en planches ou en maçonnerie de briques et étouffées, quand le béton environnant fut arrivé à un degré de dureté suffisant, au moyen de ciment à prise rapide. On employa aussi des tubes en zinc pour recevoir les sources.

Il ne faut pas oublier qu'on ne saurait *étouffer une source* en cherchant à l'aveugler avec du mortier ou avec du ciment même à prise rapide ; elle se fait vite un nouveau trou dans la masse ; il faut lui ménager une cheminée dans laquelle elle s'élève jusqu'à son niveau hydrostatique, on bétonne au pied de cette cheminée et c'est lorsque le béton est dur que l'on peut chercher à fermer l'orifice de la source avec du ciment coulé dans le tube. Dans certains cas on est même forcé de pomper dans le tube pour conserver le débit de la source et empêcher le délavage du béton posé au pied de la cheminée ; c'est ce qu'on dut faire pour plusieurs sources du radier de l'écluse de Calais.

Les parties profondes de ce radier reçurent des injections de portland qui pénétraient par des trous percés à la barre à mine et tubés avec des tubes en fonte de $0^m,90$ et $1^m,80$ de longueur ; quand ces tubes étaient entourés de béton frais, on pompait à l'intérieur pendant cinq à six jours jusqu'à la prise du béton environnant.

M. l'ingénieur Aron insiste sur ce point qu'il faut employer le ciment pur et non le mortier de sable et ciment.

Dans certains cas, après avoir recueilli une source dans un tube, autour duquel on établissait un massif de bon béton de portland, on s'est contenté, après la prise de ce béton, d'aveugler la source au pied du tube avec un tampon de bois ou de liège enfoncé avec pression. C'est l'opération qu'on a appelée *mise de la source en bouteilles;* elle n'est évidemment applicable qu'aux sources qui ont un orifice bien net, dans un massif de rochers ou de maçonnerie bien dure.

Reprise en sous-œuvre des piles du vieux pont de Malzeville sur la Meurthe. — Le pont de Malzeville sur la Meurthe, à Nancy, avait été construit en 1500 et ses piles reposaient sur des enrochements insuffisants ou sur des pilotis trop courts ; elles se trouvaient en certains points suspendues et, cependant, il fallait abaisser le radier qui se trouvait trop élevé pour le bon écoulement des eaux.

M. l'ingénieur Picard exécuta le rempiétement des piles de la manière suivante, planche LVII :

« Le massif de la pile n° 2, dit-il, reposait sur un grand nombre de pieux inégalement espacés ; le gravier qui remplissait primitivement les intervalles compris entre ces pilotis avait été affouillé et remplacé en partie par du sable fin, par de la vase et par des enrochements qu'on y avait coulés ; la maçonnerie était, sur beaucoup de points, complètement en l'air. Les avant et arrière-becs étaient à peu près sans fondation ; ils étaient protégés par un bourrelet de béton.

On a commencé par dégager la pile sur une largeur de $2^m,50$ à 3 mètres et une profondeur de 2 mètres, de manière à atteindre le gravier compact, en ayant soin de faire immédiatement ce déblai sur tout le pourtour de la pile, afin d'éviter les venues d'eau qui se seraient produites, sans cette précaution, en arrière des maçonneries de rempiétage. ».

La fouille était protégée par de petits bourrelets et on épuisait à l'intérieur avec une pompe rotative de $0^m,135$ de diamètre, mue par une locomobile de 6 chevaux.

La fouille de pourtour achevée, on a enlevé les alluvions amassées entre les pieux sous la pile, sur une profondeur de $1^m,10$ à $1^m,50$, en opérant par brèches de 1 mètre à $1^m,50$ de longueur au maximum, et en arrachant ou recepant les pieux qui n'avaient plus de résistance ou qui étaient trop rapprochés pour permettre l'exécution de la maçonnerie de rempiétage.

Aussitôt une brèche terminée, on la remplissait avec de la bonne maçonnerie à mortier de chaux hydraulique additionné de portland; les rangs inférieurs étaient en libages et les autres en moellons; les rangs supérieurs étaient fortement serrés contre la maçonnerie ancienne au moyen de coins en chêne chassés au refus.

L'ouverture et la fermeture de chaque brèche étaient terminées en un jour; on faisait en même temps l'amorce du nouveau radier sur 1 mètre de largeur.

La reprise en sous-œuvre terminée, on a recouvert d'un enduit en ciment de Vassy le massif nouveau dont les pierres offraient un parement irrégulier.

CHAPITRE VI

ORGANISATION DES CHANTIERS

CONSIDÉRATIONS GÉNÉRALES

Pour un travail quelconque, même de peu d'importance, l'organisation des chantiers est chose capitale; si elle est bien comprise, elle permet une exécution parfaite, rapide et économique.

Trop souvent, cette organisation est le résultat du hasard et se développe sans méthode au fur et à mesure que les approvisionnements arrivent et que la construction avance; de là des fausses manœuvres incessantes, des reprises coûteuses de matériaux, un désordre inextricable.

La disposition des chantiers doit donc être l'objet d'une étude approfondie avant tout commencement d'exécution.

Jamais les matériaux ne doivent être exposés à subir des déplacements inutiles, des retours en arrière, il ne faut point les descendre pour les remonter ensuite; ils doivent être approvisionnés dans l'ordre de l'emploi pour que chaque élément soit disponible en temps voulu et que les ateliers ne se causent entre eux ni gêne, ni retard.

Chantiers. — Les chantiers d'approvisionnement doivent être choisis en position telle que les matériaux en sortent pour être conduits au lieu d'emploi par le chemin le plus court et le plus facile, avec le moins d'effort possible. Lors donc que les chantiers peuvent être placés au niveau ou au-dessus de l'édifice à établir, il ne faut point manquer de saisir cette occasion favorable.

Les chantiers doivent être unis, secs, assainis s'il le faut par des fossés et des rigoles, découverts afin que l'œil du maître les embrasse d'un coup d'œil, à l'abri des inondations, afin que les matériaux qu'ils reçoivent ne soient pas détériorés ou entraînés, ni le travail interrompu.

Les matériaux de même espèce doivent être réunis dans le même espace, et il est indispensable que les chantiers élémentaires ne se commandent pas et ne s'obstruent pas l'un l'autre. On voit trop souvent des entrepreneurs négligents forcés de déplacer et de remanier à grands frais certains matériaux pour livrer passage à d'autres; avec un peu d'ordre et de réflexion, on évite ces coûteux incidents.

Avec un classement méthodique on peut réduire considérablement la superficie des chantiers, superficie d'autant plus étendue d'ordinaire que l'ordre est moins observé.

Cependant, il ne faut pas chercher à économiser l'espace outre mesure, car il peut en résulter une grande gêne pour le travail de préparation et la nécessité de quelques reprises.

Ainsi, autour de chaque bloc de pierre, on ménage l'espace nécessaire à la taille sur le chantier et même celui qu'il faut pour donner quartier au bloc si cette opération est nécessaire.

Les pièces de bois doivent passer directement du chantier d'approvisionnement au chantier de préparation, en avançant sur roules, sans qu'il soit besoin de les tourner.

Les bois et les fers ne doivent pas reposer directement sur le sol, mais être soutenus par des planchers ou des poutres, afin que l'air circule sur toutes les faces.

On peut même ajouter que les pierres et les moellons ne doivent point être posés directement sur la terre molle ou même déchargés dans la boue, car il faudra ensuite dépenser une certaine main-d'œuvre pour nettoyer les faces restées en contact avec le sol. Il sera bon de les recevoir sur un sol battu, recouvert d'une légère couche de sable ou d'éclats de pierres.

Ateliers et magasins. — Les ateliers et magasins doivent être clos et couverts, et les premiers situés à proximité des magasins similaires.

Une grande entreprise comporte des ateliers de forge, de serrurerie, de menuiserie, de charpente et de taille des pierres. Souvent il faut en outre un atelier pour les essais et épreuves des matériaux. Outre les magasins pour les fers et les bois, il en faut pour les chaux et les ciments, et nous avons dit, dans une autre partie de l'ouvrage, quelles précautions ils exigeaient.

Les ateliers pour la fabrication des mortiers et des bétons sont presque toujours établis à l'air libre; c'est un tort et nous ne saurions trop recommander de les abriter sous un hangar que l'on peut fermer seulement du côté des vents régnants; les mortiers ne se trouveront plus, de la sorte, délavés par la pluie ou desséchés par le soleil. Les magasins à chaux et ciment doivent être contigus aux ateliers de fabrication des mortiers.

Il va sans dire que les dimensions des magasins et ateliers doivent être fixées à l'avance, d'après l'importance des approvisionnements ou d'après le nombre des outils et des ouvriers à recevoir.

Les magasins exigent un ordre absolu, constamment maintenu ; tous les objets doivent y être classés par espèces, visibles du premier regard, faciles à atteindre et à remettre en place, sans qu'il soit nécessaire de déranger les voisins. Les outils doivent être toujours en bon état, prêts pour l'usage; des casiers et des caisses sont disposés pour recevoir les menus objets, clous, boulons, etc. Les câbles et les chaînes sont suspendus aux parois, à l'abri de l'humidité. Tous les objets, non en service pour le moment, sont réintégrés au magasin et y retrouvent leur place.

Le visiteur sort avec une impression pénible d'un chantier, sur lequel, par négligence ou par incurie, on trouve épars et abandonnés au hasard, des cordages, des brouettes, des outils, etc. Le manque de soin entraîne vite des dépenses considérables, bien supérieures à celles qu'exige la bonne tenue des magasins.

Dans une entreprise de quelque importance, chaque magasin doit avoir son inventaire, son livre d'entrées et de sorties; il faut, pour éviter le gaspillage, que les magasins soient fermés à clef et que le service en soit fait par un contremaître responsable, sous le contrôle fréquent de l'œil du maître.

Il n'est pas besoin d'ajouter que les moyens de transport doivent être aussi perfectionnés que possible ; l'économie et la rapidité sont à ce prix. Tout chantier peut aujourd'hui avoir sa voie ferrée portative, ses wagonnets et ses treuils ; il ne faut demander à la force musculaire de l'homme que l'indispensable.

Toutefois, on devra se préoccuper toujours de proportionner les moyens à l'importance du but à atteindre.

Maisons et bâtiments accessoires. — Beaucoup de grands travaux s'exécutent loin des lieux habités et les entrepreneurs doivent pourvoir à leur propre logement, parfois même au logement de leurs ouvriers ; cependant, celui-ci est fourni d'ordinaire par les cantiniers qui suivent les grands travaux et qui prélèvent trop souvent une part exagérée sur le salaire des ouvriers.

Bien qu'il faille éviter tout ce qui semblerait une entrave à la liberté de l'ouvrier, l'ingénieur et l'entrepreneur ont, à notre avis, le devoir de se préoccuper du bien-être matériel et moral des ouvriers sous leurs ordres; il importe qu'ils ne se désintéressent point de l'hygiène et de la nourriture de leur personnel, qu'ils lui donnent de sages conseils et le préservent, dans la mesure de leurs forces, de tout danger et de toute exploitation.

La maison et surtout les bureaux des ingénieurs et entrepreneurs doivent être placés à proximité des travaux, dominer tous les chantiers si c'est possible, afin que la surveillance ne soit pas un seul moment interrompue et que personne, ouvrier ou contremaître, ne se sente abandonné à lui-même, loin de l'œil du chef.

Les bâtiments accessoires sont habituellement destinés à disparaître quand le travail est achevé ; il faut donc les composer de matériaux légers et économiques, susceptibles de revente ; les constructions en briques et pans de bois, avec toitures en tuiles modernes ou en carton bitumé, sont naturellement indiquées.

Lorsque le travail doit durer plusieurs campagnes, il convient de redouter les constructions trop légères, qui n'iraient point jusqu'au bout sans grosses réparations.

Parfois, on a le réemploi des bâtiments à construire ; il est sage alors de les établir avec une ossature démontable, et on ne doit point reculer devant une certaine dépense pour obtenir des joints et des assemblages simples et solides.

Ces considérations générales suffiront, nous l'espérons, à guider le constructeur dans toutes les circonstances ; il ne nous reste plus qu'à les compléter par des exemples.

TRACÉ ET IMPLANTATION DES OUVRAGES

Avant de dresser le projet d'un ouvrage, on a dû se livrer à un relevé exact des lieux où on doit l'implanter. On possède donc le plan et le relief du terrain, et dans les dessins d'exécution, la position de l'ouvrage par rapport à ce plan et à ce relief est exactement déterminée au moyen de cotes se rapportant aux lignes principales de la construction ; les lignes secondaires sont déterminées non plus par rapport au terrain directement, mais par rapport aux lignes principales. Ainsi, l'axe d'un pont est déterminé par son inclinaison sur deux lignes fixes que l'on considère comme les rives théoriques du cours d'eau : l'axe une fois connu, on en déduit l'emplacement des piles, de la chaussée, des parapets ; le socle d'une maison est déterminé par la hauteur de son arête supérieure au-dessus d'un point fixe du sol, et ce socle une fois posé, on en déduit la position relative des divers étages ; la naissance et le sommet d'une voûte sont repérés par leur distance au-dessus de l'étiage d'un fleuve, etc.

L'opération qui consiste à rapporter du dessin sur le terrain des lignes principales déterminées comme nous venons de le voir, constitue ce qu'on appelle le tracé ou l'implantation de l'ouvrage.

Cette opération s'effectue, dans chaque cas, avec les instruments plus ou moins compliqués dont on se sert pour le nivellement et les levers de plans ; en architecture ordinaire, le niveau d'eau, l'équerre d'arpenteur et la chaîne ou le ruban d'acier suffisent en général ; dans les grands travaux, il faut avoir recours aux instruments à lunette, qui donnent plus de précision et permettent d'opérer sur de plus grandes longueurs.

Les axes et lignes principales étant déterminés, il faut les fixer d'une manière définitive qui permette à chaque instant de les retrouver ;

ainsi, pour l'axe d'un pont, on bat sur chaque rive, dans un plan sensiblement normal à l'axe, deux pieux que l'on réunit par des moises; entre les moises, on place une tige rigide en fer que l'on fixe solidement lorsqu'elle est bien verticale et bien dans l'axe (*fig.* 110). Lorsque l'axe à repérer est d'une grande longueur, on peut établir un massif solide de maçonnerie qui supporte une sorte de lunette méridienne à longue portée, laquelle tourne autour de tourillons horizontaux, et son axe optique parcourt un plan vertical dans lequel se trouve l'axe de l'ouvrage; un simple coup d'œil permet, à chaque instant, de reconnaître si l'on suit bien exactement la direction voulue.

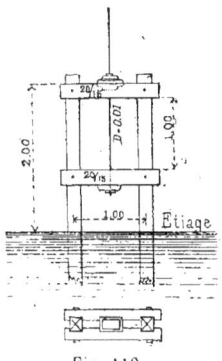

Fig. 110.

C'est ainsi qu'au mont Cenis on vérifiait l'axe du tunnel: à Bardonnèche, à la sortie du tunnel, était placée, sous un pavillon, une lunette méridienne, immuable de position et mobile dans le plan vertical qui contient l'axe du tunnel; la trace de ce plan sur la montagne était indiquée par une série de repères qui servaient à vérifier l'immobilité de la lunette. Au fond du souterrain, à quelques kilomètres de l'ouverture, on cessait le travail de temps en temps, afin de laisser la fumée se dissiper, puis on allumait à l'avancement une forte lumière (un fil de magnésium, par exemple), qui, placée dans l'axe optique de la lunette, donnait un point de l'axe du tunnel; on pouvait, de la sorte, rectifier la direction.

Dans les travaux ordinaires, c'est par de simples piquets en fer ou en bois que l'on indique les lignes de l'ouvrage.

Lorsqu'il faut tracer une ligne en rivière, par exemple l'axe d'une pile de pont, on la détermine en tendant, suivant l'axe longitudinal du pont, un fil de fer que des contrepoids empêchent de prendre une flèche trop forte (nous avons vu en mécanique que la flèche n'est jamais nulle, quelle que soit la tension), et sur ce fil on mesure les distances; que le pont soit droit ou biais, on peut tracer alors assez exactement l'axe de la pile; on le repère au moyen de deux balises en fer, fixées chacune au centre de trois pieux moisés; lorsqu'ensuite les échafaudages et ponts de service sont établis, on reprend la mesure des distances très exactement, avec des règles bien graduées, et on rectifie les positions.

Le directeur de travaux doit procéder lui-même à l'inspection des règles dont on se sert; il est bon d'établir, sur un grand chantier, une règle-étalon fixée, par exemple, dans un mur.

Lorsqu'on a souvent à chercher ou à vérifier une dimension constante, on ne se sert plus de règles graduées, mais de règles coupées d'avance à la longueur voulue et sur lesquelles on inscrit l'objet de leur destination.

Lorsqu'on a à mesurer des hauteurs verticales, on se sert de règles et de fil à plomb, ou bien de mires et de niveaux; il est indispensable d'établir un repère fixe, une borne, par exemple, par rapport auquel on connaît l'altitude de tous les points à déterminer. Pour les travaux de rivière, les échelles dont le zéro est à l'étiage sont aussi fort utiles, car c'est toujours par rapport à l'étiage que l'on repère les diverses lignes.

En terminant, nous dirons comment les maçons procèdent pour élever un mur, que le parement soit vertical ou qu'il présente un fruit. On établit d'abord les fondations; pour cela, on réunit par un cordeau les piquets qui en indiquent les limites, et on descend la fouille à l'aplomb de ces cordeaux; on exécute le massif de fondations, puis on dresse à l'extrémité de chaque mur et au milieu de son épaisseur une perche bien droite, que l'on rend verticale; à une certaine hauteur, on cloue sur cette perche une planchette horizontale, de sorte que l'ensemble forme une croix; sur chaque bras de la croix on prend, à partir de l'axe de la perche, une distance égale à la moitié du mur, et on en marque l'extrémité par un clou ou par une entaille. Si l'on réunit par des cordeaux les entailles correspondantes des deux croix élevées aux extrémités d'un mur, on a deux lignes horizontales qui sont situées dans le plan vertical du parement de ce mur, et par un fil à plomb on peut, à chaque instant, trouver une verticale de ce parement.

En réalité, on augmente l'épaisseur du mur de 1 centimètre de chaque côté, et l'aplomb des cordeaux se trouve passer à 1 centimètre en avant du parement; le maçon sait qu'il doit observer cette distance et il ne se trouve pas gêné dans son travail.

Chaque maçon qui commence un mur établit deux cordeaux à l'aplomb du cordeau fixe représentant le parement; le cordeau inférieur est à $0^m,25$ au-dessus des pieds du maçon et l'autre à $1^m,25$ plus haut; quand l'intervalle est rempli, on établit de nouveaux cordeaux en changeant l'échafaud.

Lorsque le mur a un fruit, on sait, pour chaque hauteur, à quelle distance du cordeau doit se trouver le parement.

Pour tous les murs en général, il est d'une bonne pratique d'observer un fruit de 2 à 3 millimètres par mètre; pour les maçonneries en plâtre, c'est une précaution indispensable quand on veut éviter le surplomb.

Le tracé d'un ouvrage ne doit jamais être confié qu'à un employé d'une exactitude scrupuleuse; on comprend sans peine combien d'inconvénients et de désagréments une erreur, dans une pareille opération, peut entraîner avec elle.

APPROVISIONNEMENTS

La juste mesure dans les approvisionnements est le côté fort délicat d'une grande entreprise; l'excès donne lieu à encombrement, à fausses manœuvres et à avance de fonds inutiles; l'insuffisance peut arrêter tout un chantier et causer des pertes considérables. Ainsi, le manque de chaux laisse tous les maçons inoccupés et, s'il se prolonge, il faut fermer le chantier.

Il importe donc d'assurer tous les approvisionnements en temps utile; c'est essentiel, surtout quand on a plusieurs entrepreneurs en présence chargés chacun d'une partie spéciale de l'ouvrage; si le maçon attend le charpentier, ou si l'entrepreneur de la partie métallique attend le maçon, on s'expose à payer des dommages-intérêts; c'est un inconvénient sérieux des entreprises fractionnées.

Pour assurer la marche régulière des travaux, pour éviter tout retard et tout chômage, il est donc nécessaire que l'entrepreneur ait toujours sur ses chantiers un certain approvisionnement de matériaux de toutes espèces, chaux, sable, pierre de taille et moellons, briques, bois, etc.; pour favoriser cette disposition et pour ne pas exiger des avances de fonds souvent considérables, on a pris l'habitude, dans les travaux publics (art. 44 des clauses et conditions générales), de délivrer aux entrepreneurs des acomptes sur le prix des matériaux approvisionnés jusqu'à concurrence des 4/5 de leur valeur.

C'est pendant que les matériaux sont approvisionnés qu'il faut les essayer et voir s'ils sont conformes aux prescriptions du devis. Lorsque l'on fait venir au jour le jour les quantités nécessaires, on risque de n'avoir point le temps d'examiner les matériaux; quelquefois, pour éviter un retard, on en acceptera de médiocres; avec des approvisionnements suffisants, on évite ces inconvénients.

MÉTRÉS, ATTACHEMENTS, SURVEILLANCE

Métrés. Attachements. — *Métrés.* — L'opération du métré consiste à prendre les dimensions ou les poids, et à calculer les surfaces et les volumes de tous les éléments d'un ouvrage.

Elle exige quelques connaissances géométriques, beaucoup d'exactitude, d'attention et d'honnêteté. Les métrés se font contradictoirement entre le surveillant ou directeur des travaux et l'entrepreneur.

L'article 38 du cahier des clauses et conditions générales dit que : « A défaut de stipulations spéciales dans le devis, les comptes sont établis d'après les quantités d'ouvrages réellement effectués, suivant les dimensions et les poids constatés par des métrés définitifs et des pesages faits en cours ou en fin d'exécution. L'entrepreneur ne peut, dans aucun cas, pour les métrés et pesages, invoquer en sa faveur les us et coutumes. »

C'est donc la quantité réellement mise en œuvre que le métré doit constater, à moins de stipulations contraires. Ainsi, le poids de tôles qui doivent être rivées est constaté quand les trous de rivures sont percés.

Pour les massifs de maçonnerie, le métré évalue les volumes; pour des enduits et des peintures, il évalue les surfaces; pour des rejointoiements, il évalue les longueurs, etc. Donnons, comme exemple, quelques clauses que nous trouvons dans les devis de grands travaux :

1. Les déblais sont évalués d'après les dimensions des fouilles constatées par les profils levés contradictoirement avec l'entrepreneur.

2. Les dragages sont mesurés dans des bateaux d'une capacité reconnue contradictoirement avec l'entrepreneur, en déduisant du cube ainsi obtenu un septième pour foisonnement.

3. La démolition des bois et maçonnerie sera évaluée au mètre cube sur mesure des pièces ou massifs avant l'enlèvement.

4. Le béton sera mesuré mis en place; à cet effet, la capacité des enceintes sera reconnue avant et après le coulage, contradictoirement avec l'entrepreneur.

5. Les bois seront payés au mètre cube, en négligeant les millimètres et prenant 0,01 pour 0,005 et au-dessus. La longueur des tenons s'ajoutera à la longueur des pièces.

6. Pour l'évaluation de la pierre de taille, on développera les parements droits, courbes ou moulurés.

7. Les fers et fontes seront évalués au poids.

On comprend, d'après ces quelques exemples, ce qu'il y a à faire dans chaque cas, et quelles sont les conditions de métré à introduire dans le devis.

Attachements. — « Dans la langue des ponts et chaussées, l'attachement est un acte journellement employé pour constater les travaux faits pour le compte de l'administration. On l'appelle ainsi probablement parce que son caractère essentiel est de lier deux intérêts réciproques, celui de l'entrepreneur qui a exécuté les travaux, et celui de l'Etat, qui dès lors en doit le prix. Quoi qu'il en soit, lorsque l'attachement a été régulièrement formulé par le conducteur d'un chantier, et ensuite reconnu exact par l'entrepreneur, il devient un acte synallagmatique, dont l'importance est facile à concevoir, puisqu'il fixe des droits respectifs. L'administration ne saurait donc mettre trop de soin à ce que ces sortes d'actes soient faits dans les meilleures conditions possibles de célérité, de précision, d'authenticité, d'exactitude et même d'uniformité.

« Il sera très utile, sans doute, d'exiger que les conducteurs dressent, dorénavant, ces actes avec la plus grande ponctualité; qu'ils les inscrivent, non plus sur des feuilles volantes, mais sur des carnets portatifs; que les faits inscrits sur ces carnets soient liés entre eux par l'enchaînement des dates; enfin, qu'on imprime un caractère obligatoire à la tenue de ces carnets, et un type uniforme à leur rédaction.

« Dès qu'une livraison a été reçue par un agent public, dès qu'une portion de travail, dont le prix se mesure sur une quantité, est accomplie pour le compte de l'Etat, il y a dépense faite; quand même le payement ne serait pas effectué, il y a créance ouverte à des tiers contre le Trésor.

« Une comptabilité administrative n'est fidèle qu'autant qu'elle constate tous les faits à mesure qu'ils se réalisent; elle n'est rassurante qu'autant qu'elle inscrit ces faits sur un registre authentique, et sans possibilité ultérieure d'y être changés; enfin, elle n'est irrécusable qu'autant que chacun des faits enregistrés dans ses descriptions quotidiennes peut être justifié par des pièces probantes. »

Ces quelques lignes, extraites du rapport du 10 août 1849, présenté par la commission de comptabilité des travaux publics, font bien comprendre toute l'importance du carnet d'attachements; c'est surtout grâce à lui que la comptabilité des ponts et chaussées est inattaquable au point de vue de l'exactitude et de l'honnêteté.

Mais, si l'invention du carnet d'attachements a rendu de grands services à l'administration des travaux publics, n'est-il point facile de l'appliquer aux travaux privés? Que de procès, que de difficultés n'éviterait-on pas si, dans toute entreprise, le propriétaire avait soin de constater chaque jour les fournitures et le travail faits, en les enregistrant contradictoirement avec l'entrepreneur!

Le cahier des clauses et conditions générales de 1866 s'exprime comme il suit sur la tenue des attachements :

« Les attachements sont pris au fur et à mesure de l'avancement des travaux, par l'agent chargé de leur surveillance, en présence de l'entrepreneur et contradictoirement avec lui; celui-ci doit les signer au moment de la présentation qui lui en est faite.

« Lorsque l'entrepreneur refuse de signer ces attachements, ou ne les signe qu'avec réserve, il lui est accordé un délai de dix jours, à dater de la présentation des pièces, pour formuler, par écrit, ses observations. Passé ce délai, les attachements sont censés acceptés par lui, comme s'ils étaient signés sans réserve. Dans ce cas, il est dressé procès-verbal de la présentation et des circonstances qui l'ont accompagnée. Ce procès-verbal est annexé aux pièces non acceptées.

« Les résultats des attachements inscrits sur les carnets ne sont portés en compte qu'autant qu'ils ont été admis par les ingénieurs. »

Surveillance. — La surveillance des travaux doit s'exercer de deux côtés : 1° par l'administration ou le propriétaire que représente un architecte; 2° par l'entrepreneur.

L'administration doit, en effet, veiller à ce que les travaux soient exécutés conformément au devis, et l'entrepreneur a besoin, lui aussi, d'exercer un contrôle incessant sur les ouvriers et sur les matières qu'ils mettent en œuvre.

La surveillance de l'administration s'exerce sous la haute direction de l'ingénieur qui a rédigé le projet et qui règle les dépenses, par des conducteurs et par des piqueurs ou agents secondaires.

L'ingénieur ou l'architecte doit faire sur les chantiers de fréquentes apparitions; il doit se rendre compte par lui-même de la qualité des matériaux et de la bonne ou mauvaise exécution. S'il ne le faisait pas, il pourrait arriver que la surveillance des conducteurs eux-mêmes se relâchât et que les travaux ne fussent point exécutés avec la perfection désirable.

Les conducteurs sont constamment sur le chantier; ils procèdent au tracé des ouvrages, font les métrés, tiennent les attachements et exercent sur toute la partie matérielle de l'entreprise un contrôle de tous les instants.

Ces fonctions exigent de l'exactitude, de l'activité, de la finesse et surtout une grande expérience pratique, qui trouve à chaque moment l'occasion de s'exercer.

Les piqueurs ou agents secondaires surveillent des travaux peu considérables et tiennent les attachements; souvent on les charge de la surveillance d'une portion d'un grand travail, d'un atelier de bétonage ou de charpente, etc.

L'entrepreneur exerce sa surveillance par une série parallèle d'employés : contremaîtres ou conducteurs de travaux, appareilleurs, chefs ouvriers. Les contremaîtres doivent avoir un pouvoir de l'entrepreneur pour signer valablement les attachements; ils font exécuter les ordres transmis par le conducteur, en se demandant d'abord si ces ordres sont conformes au devis. Les appareilleurs sont chargés du tracé des épures et des panneaux destinés à l'exécution des pièces de bois ou des pierres de taille; ils choisissent eux-mêmes la pierre sur les carrières et président à la pose. L'attribution des chefs ouvriers se comprend d'elle-même; ils sont en général chargés de recueillir et de faire rentrer au magasin tous les outils appartenant à l'entrepreneur.

Il importe que les fonctions de chacun soient bien définies, afin d'obtenir une responsabilité effective et sérieuse. Le rôle du chef consiste à tenir ses auxiliaires constamment en haleine, à leur faire comprendre nettement leurs obligations respectives et à s'assurer sans cesse qu'ils les accomplissent.

EXEMPLES D'INSTALLATION DE CHANTIERS

L'installation des chantiers dépend essentiellement des circonstances locales; en dehors des règles générales précédemment posées, il est impossible de rien préciser; autant de cas, autant de solutions. Nous nous contenterons donc de donner quelques exemples qui, joints à ceux que renferment déjà les chapitres précédents, suffiront à guider le lecteur.

Chantiers du pont-canal d'Agen. — La planche LIX donne, d'après Morandière, l'installation des chantiers du grand pont-canal d'Agen, ainsi que les dessins des grues roulantes employées à ce travail.

L'ouvrage est encadré par deux ponts de service semblables portant des rails; sur les gros rails se meut la grue mobile; les autres reçoivent les wagonnets.

De nombreuses voies ferrées B, parallèles et perpendiculaires à l'axe du pont mettent les divers chantiers en communication soit entre eux, soit avec les ponts de service.

Les manèges à mortier sont dans le voisinage immédiat des ponts de service, condition nécessaire.

Certains magasins, ainsi que la salle d'épures, peuvent sans inconvénient être plus éloignés de l'ouvrage.

Les chantiers à pierres sont très vastes et répartis sur les deux rives, à droite et à gauche de la construction, de sorte que l'approvisionnement des équipes de maçons se fasse toujours sans difficulté avec le moindre transport possible et sans croisements.

Chantiers du pont de Montauban, sur le Tarn. — Les figures 1 et 2, planche LVIII montrent l'organisation des chantiers du pont de Montauban, sur le Tarn. Comme au pont canal d'Agen, l'ouvrage est encadré entre deux ponts de service qui, circonstance avantageuse, s'appuient en partie sur les avant et arrière-becs des piles, celles-ci ayant été construites isolément sans pont de service. — C'est une solution souvent acceptable, car le cube des matériaux absorbés par la fondation des piles est généralement peu considérable, et il est facile de les apporter par eau sans compromettre la rapidité d'exécution.

Les rails centraux des ponts de service reçoivent les grues roulantes et les rails latéraux servent à la circulation des wagonnets.

On remarquera que les ateliers de fabrication du mortier sont concentrés sur la rive droite du Tarn, circonstance due à ce que la force motrice était fournie aux turbines H par un câble J qu'actionnait un ancien moulin K.

On comprend qu'avec une installation aussi complète il était possible d'imprimer au travail une grande rapidité.

Chantiers du pont de Lavaur. — La figure 2, planche XXXII, représente l'installation des chantiers du pont de Lavaur, construit par M. l'ingénieur Séjourné; nous avons donné précédemment les ponts de service et la grue roulante de cet ouvrage.

La plate-forme du pont de service est au-dessous du sol des chantiers de dépôt AA établis sur les abords de l'ouvrage. — Ces dépôts sont desservis par des voies B, réunies par des voies transversales et par des plaques tournantes C.

DD' sont les manèges à mortier; E le magasin à chaux et ciments; F le plan incliné et G l'atelier de forge.

Chantiers du viaduc du val Saint-Léger. — M. l'ingénieur Geoffroy a donné sur la figure 3, planche LVIII, l'installation générale des chantiers de construction du viaduc du val Saint-Léger. Les inscriptions portées sur cette figure et les indications de la légende rendent toute explication superflue.

Le lecteur remarquera seulement que les courbes de niveau du terrain sont gravées sur le plan et permettent de se rendre compte de l'altitude respective des diverses parties des chantiers, qui offraient l'avantage d'être directement desservis par plusieurs routes ou chemins sensiblement parallèles à la vallée.

LOGEMENT DES OUVRIERS

Il est désirable que les ouvriers soient logés à proximité immédiate des travaux. — Souvent ils trouvent un gîte dans les auberges et chez les habitants du voisinage, mais souvent aussi il faut construire des cantines pour les abriter.

La construction des cantines est laissée d'ordinaire à l'industrie privée, qui exploite les ouvriers autant qu'elle le peut; lorsque la concurrence ne peut s'établir, il en résulte des abus que la police locale ne cherche point toujours à réprimer, bien qu'elle nous semble suffisamment armée par la loi pour agir au nom de l'hygiène et de la sécurité publique.

Les ingénieurs et entrepreneurs de grands travaux auraient fréquemment avantage, au point de vue du bon recrutement de leur personnel et du bon ordre des chantiers, à construire eux-mêmes des cantines salubres et suffisamment vastes qu'ils loueraient à des exploitants avec un cahier des charges net et précis; on éviterait de la sorte une promiscuité et un entassement regrettable et on renfermerait l'exploitation des ouvriers par les cantiniers dans des limites acceptables.

« Les logements, formant dépendance des cantines, dit M. de Lagrené, sont habituellement placés sous les toits, au-dessus des salles de repas; la toiture, formée de tuiles ou de carton goudronné, laisse passage à l'air et aux variations extérieures de la température; chaque dortoir comprend de 5 à 12 lits, dont chacun est occupé par deux hommes; la capacité intérieure du dortoir varie de $0^m,60$ à $0^m,75$ par homme; le cube d'air est donc insuffisant, mais les interstices de la toiture atténuent un peu ce défaut. »

Ce sont là évidemment des conditions médiocres au point de vue de l'hygiène et de la réparation des forces. Mieux vaut une installation spéciale pour les dortoirs.

Baraques. — Dans l'armée, une baraque pour 12 hommes est établie sur $3^m,80$ de long et sur $4^m,60$ de large; une porte de $0,75$ est ouverte sur le pignon de façade et correspond à un couloir de $0^m,80$ de large; à droite et à gauche du couloir on trouve un lit de camp de $1^m,90$ de large. La hauteur aux pieds-droits, c'est-à-dire à la tête des lits, est de 1 mètre et la hauteur sous les arbalétriers au faîte, $3^m,30$. La largeur réservée à chaque homme sur le lit de camp est donc de $0^m,60$, et le cube intérieur par homme un peu supérieur à 3 mètres; la largeur de $0^m,60$ est insuffisante et il convient de la porter à $0^m,75$, c'est-à-dire de considérer la baraque précédente comme faite seulement pour 10 hommes.

La charpente se compose de 7 fermes, dont 2 pour les pignons; les arbalétriers sont formés par des perches de $0^m,08$ de diamètre, assemblées vers le haut par une entaille à mi-bois et reliées par une hart qui embrasse en même temps la ligne du faîte. Une traverse horizontale, à 2 mètres du sol, tient lieu d'entrait ; elle relie encore les arbalétriers et sert de support pour des planches. Les arbalétriers sont aussi arrêtés vers le bas par de forts piquets et s'assemblent avec eux au moyen d'une entaille à mi-bois et d'une hart.

La réunion des différentes pièces de bois de la baraque est consolidée partout avec de bonnes harts d'osier.

Le *clayonnage* des murs se fait avec deux saucissons de paille enduite de torchis que l'on entrelace autour des piquets de $0^m,10$ de diamètre qui supportent les fermes, et autour de piquets intermédiaires qui n'ont que $0^m,04$ de diamètre pour les murs et $0^m,06$ pour les pignons. Il faut trois hommes pour confectionner un saucisson de torchis.

Lorsque ce clayonnage est terminé, on l'enduit en dedans et en dehors d'une couche de terre glaise ou de terre ordinaire, mélangée avec de la paille hachée, de manière à porter à $0^m,10$ l'épaisseur des murs.

Le latis du toit est formé de 14 rangs de gaules, espacées de 0,30 d'axe en axe et fixées par des harts sur les arbalétriers.

Ce latis est fait pour recevoir une couverture en chaume; mais celle-ci est généralement abandonnée aujourd'hui ; on peut la remplacer par du carton bitumé.

La toiture déborde les deux pignons ; l'un d'eux reçoit la porte avec une fenêtre au-dessus, le pignon opposé reçoit une seconde fenêtre.

Afin de préserver le sol des baraques de l'humidité, on creuse à environ $0^m,30$ du pourtour de chacune d'elles une rigole de 0,15 de profondeur et de $0^m,25$ de largeur et on lui donne une pente convenable pour l'écoulement des eaux.

On a de plus le soin de choisir un emplacement incliné, abrité, si possible, des vents régnants et de la pluie, un sol sableux et ferme. Il convient aussi de s'établir à proximité d'un bon cours d'eau.

Les baraques militaires que nous venons de décrire, et dont le type se prête à toutes les modifications que l'on voudra, suivant la nature des matériaux disponibles, ne conviennent guère que dans un bon climat, pour une campagne d'été.

Lorsque le travail doit se poursuivre pendant plusieurs campagnes consécutives, il faut des installations plus complètes et plus solides.

Types de cantines. — Les figures 1 à 3, planche LX représentent un type de cantines en bois pour 50 ouvriers, avec quatre dispositions différentes en plan.

Lorsqu'il y a des équipes de jour et des équipes de nuit, il faut que les dortoirs soient éloignés des réfectoires, afin que le sommeil des ouvriers qui se reposent ne soit pas constamment troublé.

La charpente peut être établie en bois ronds assemblés par des clous ; les cloisons et parois sont en planches avec couvre-joints.

Le grenier doit uniquement jouer ce rôle et ne pas servir au logement d'ouvriers.

Il convient de compter pour la superficie 8 mètres carrés par homme, et une dépense de 30 à 40 francs par tête.

On pourra substituer aux parois en bois des parois en briques ou en carreaux de plâtre, et il conviendra alors de ménager des moyens de ventilation, vasistas et tuyaux d'aérage. De même, le mode de couverture pourra varier suivant les ressources du pays.

Le mobilier peut être grossier et formé de planches et de bois ronds.

Les lits sont faits de voliges, de lattes et de planches de 18 à 20 millimètres d'épaisseur (*fig.* 4 et 5); il faut environ 75 pointes de $0^m,05$ de longueur pour les assemblages. — Voici le détail de cet ouvrage :

$3^m,40$ linéaires de volige de peuplier, 4 montants en sapin tout sciés à 0 fr. 35 pièce, 2 lattes à 0 fr. 25 ; la main-d'œuvre et le déchet ne coûtent pas plus de 1 fr. 25. Le lit entier peut être établi pour 6 à 7 francs.

Les figures 6 à 7 représentent des tables et des bancs ; les dessins sont cotés et permettent l'exécution facile de ces meubles. La table a $0^m,75$ de large et chaque travée est portée par deux pieds ; les chevalets des bancs sont espacés d'un mètre.

La literie d'un lit comprend une paillasse, un matelas et un traversin en bourre, deux draps en toile et deux couvertures de laine. Ces couvertures sont indispensables et doivent être de bonne qualité.

Les couvertures et les vêtements de laine sont un facteur principal de l'hygiène.

Le logement dans les cantines, quelque défectueux qu'en soit l'installation matérielle, est généralement d'un prix trop élevé. Sur les chantiers des environs de Paris, il se règle tous les samedis et coûte d'ordinaire 6 francs par semaine ; le cantinier fait les lits chaque jour et nettoie la literie. Il fournit par dortoir une cruche, une cuvette et un torchon par semaine ; les ablutions des ouvriers laissent généralement à désirer et il convient de veiller à ce qu'ils aient constamment de l'eau en abondance à proximité de leur logement.

Importance des soins de propreté. — Il convient de faire comprendre aux ouvriers l'importance énorme qu'exerce, sur la conservation des forces et de la santé, la propreté du corps et des linges. Deux ablutions par jour sont nécessaires ; il faut se laver fréquemment les pieds à l'eau froide, après qu'ils sont refroidis ; si l'on doit se livrer à de longues marches, on peut affermir la peau par des onctions de suif mélangé à l'eau-de-vie ou à l'alcool camphré, et la transpiration exagérée est réduite par des onctions avec 5 grammes d'une pommade composée de 3 parties d'acide salicylique, 10 d'amidon et 87 de suif.

Importance du vêtement. — Le choix du vêtement a son importance pour la santé du travailleur. Il lui faut une coiffure et un vêtement légers en été, chauds en hiver ; liberté absolue doit être laissée aux mouvements, et trop d'ouvriers ont recours à des ceintures minces bien serrées à la taille.

Les étoffes de laine sont en tout temps les plus hygiéniques et le meilleur préservatif de bien des maladies.

NOURRITURE DES OUVRIERS

Alimentation normale. — L'alimentation normale est celle qui répare intégralement les pertes de l'organisme.

Elle doit être suffisante en qualité et en quantité, variée, bien préparée.

L'alimentation insuffisante en quantité ou en qualité entraîne perte de force, défaut de résistance aux intempéries, au froid et à la chaleur, et développe rapidement des maladies graves telles que le scorbut, le typhus, la dyssenterie, etc.

En 24 heures, l'homme bien portant, *s'il se livre à un travail modéré*, élimine de son organisme : 1° 20 grammes d'azote correspondant à 125 grammes de matières azotées sèches assimilables ou à 500 grammes de matières azotées fraîches ; 2° une quantité d'acide carbonique correspondant à 300 grammes de carbone ou bien à 472 grammes d'hydrures de carbone, ou de graisses, ou de matières non azotées sèches.

Si cet homme est exposé à une *fatigue continue*, les quantités précédentes sont dépassées et il faut lui restituer 28 à 30 grammes d'azote avec 490 grammes de carbone.

Telle est la dose dont doit se rapprocher l'alimentation des bons ouvriers de nos chantiers.

Accessoirement, l'eau et certains sels minéraux sont nécessaires à l'alimentation normale. Généralement les sels minéraux sont en assez grande abondance dans les boissons et les aliments solides ; les sels alcalins, les phosphastes, etc., sont fournis par les légumes et les fruits et surtout par les boissons fermentées. Le sel marin seul fait défaut et doit être fourni spécialement à la dose de 16 grammes par jour.

Les aliments se rangent donc en trois classes :

1° Aliments *azotés* ou *plastiques ;* le premier est la chair animale qui renferme l'albumine, la fibrine, la musculine, la caséine, la gélatine et la chondrine ; certains produits végétaux sont en même temps azotés et carbonés, telles sont la fibrine et l'albumine végétale, la glutine et la légumine. La valeur d'un élément azoté ne dépend pas de sa teneur totale en azote, mais seulement de la proportion d'azote assimilable par l'organisme ; ainsi la gélatine n'est pas assimilable et les tendons, qui la renferment en grande quantité, sont fort peu nutritifs. A richesse égale les matières azotées animales introduisent dans le sang deux fois plus d'azote que les matières azotées végétales.

2° Aliments *carbonés*, ou *combustibles*, ou *respiratoires ;* ce sont les végétaux, les matières grasses, beurre, huile, graisses ; viennent ensuite les matières amylacées, amidon, gomme et les sucres, mais les matières grasses sont beaucoup plus riches en carbone et possèdent beaucoup plus de valeur nutritive et calorifique.

3° Aliments *minéraux ;* le principal est l'eau, puis vient le sel marin ; il faut en outre des calcaires, des phosphates alcalins, des sels de magnésie et de fer.

Ces aliments ne peuvent se suppléer l'un l'autre ; ainsi l'insuffisance de carbone ne peut être couverte par un supplément d'azote; la proportion entre ces éléments ne peut changer et l'alimentation minima doit comprendre 124 grammes de matières azotées pour 472 grammes de matières non azotées sèches, soit un rapport constant de 1 à 3,80 entre les matières azotées et les matières non azotées.

En augmentant le second terme de la proportion, on accroît la résistance au froid, et en augmentant le premier terme on accroît la résistance à la fatigue.

Le terme 3,80 se divise en 3,21 d'hydrures de carbone et 0,59 de corps gras ; ces derniers sont indispensables.

Le lait, aliment complet, réalise précisément la proportion

$$1 : 3,21 : 0,59$$

pour ces trois éléments : matières azotées, hydrures de carbone et corps gras.

D'après ces principes, on peut établir comme suit diverses rations normales, en prenant le *gramme* comme unité de poids :

	RATION NORMALE DE			RATION CONTENANT	
	PAIN	VIANDE	GRAISSE	CARBONE	AZOTE
Travail modéré	829	239	60	280	20
Grand travail	1190	414	93	450	29

Ration militaire ordinaire.

Viande de bœuf. . .	300 gr. (240 gr. désossée) donnant :	7,20 d'azote et	26,40 de carbone.
Pain.	800 —	—	9,60	—	240,00	—
Beurre ou graisse. .	80 —	—	0,51	—	66,00	—
Haricots, lentilles, poisson, etc. . . .	200 —	—	7,80	—	86,00	—
			25,11		418,40	

ORGANISATION DES CHANTIERS

Les aliments azotés sont les véritables réparateurs de la fatigue ; ce sont donc eux, c'est-à-dire la viande, qui doivent dominer dans l'alimentation des ouvriers de nos chantiers ou du soldat en campagne; on pourrait à la rigueur la remplacer en partie par un supplément de pain ou par des matières féculentes, mais l'organisme doit alors digérer une quantité excessive de ces matières et se trouve alourdi.

Le tableau ci-après permet du reste d'apprécier la valeur nutritive des divers éléments et de déterminer dans quelle mesure ils peuvent être remplacés l'un par l'autre si l'on veut obtenir pour l'azote et le carbone un total constant.

Éléments nutritifs des divers aliments, pour 100 parties en poids.

DÉSIGNATION DES ALIMENTS	AZOTE	CARBONE	GRAISSE	EAU
Viande de boucherie sans os.	3,00	11,00	2,00	78,00
Bœuf rôti.	3,53	17,76	5,19	69,89
Raie, défalcation faite des déchets	3,85	12,25	0,47	75,49
Morue salée	5,02	16,00	0,38	47,02
Œufs.	2,60	13,50	7,00	80,00
Lait de vache.	0,66	8,00	3,70	86,50
Fromage de gruyère	5,00	31,00	24,00	40,00
Fromage de Brie.	2,93	35,00	25,73	45,25
Haricots	4,50	43,00	2,80	9,90
Lentilles.	3,92	43,00	2,60	11,50
Pois secs ordinaires	3,87	44,00	2,10	8,30
Farine blanche de Paris.	1,64	38,50	1,80	15,00
Farine de seigle.	1,75	41,00	2,25	15,00
Riz.	1,80	41,00	0,80	13,00
Pain blanc de Paris.	1,08	29,50	1,20	36,00
Pain de munition.	1,20	30,00	1,50	35,00
Châtaignes sèches	1,04	48,00	6,00	10,00
Lard	1,18	71,14	71,00	20,00
Huile d'olives	»	98,00	96,00	2,00
Beurre frais.	0,64	83,00	82,00	14,00
Pommes de terre	0,33	11,00	0,10	»

Il ne faut pas oublier que dans la viande de boucherie les os entrent pour 1/5 dans le poids total ; à un poids total de 125 grammes correspondent seulement 100 grammes de viande.

On remarquera aussi que le fromage sec, comme le gruyère, est un excellent aliment, supérieur à la viande à poids égal; les ouvriers en font une assez grande consommation et il est regrettable qu'il n'entre pas davantage dans l'alimentation des troupes.

Pour terminer ces notions, nous donnerons la composition de la ration de campagne du soldat français, ration qui peut servir de base à l'appréciation de celle d'un bon ouvrier de nos chantiers.

Ration de campagne du soldat français.

	POIDS	AZOTE	CARBONE
	GR.	GR.	GR.
Pain de repas et de soupe	1000	12 »	300 »
Viande fraîche	300	7,20	26,20
(Ou bœuf salé)	300	(moins)	(plus)
(Ou lard salé)	240	»	»
Légumes secs	60	2,60	28,60
(Ou riz)	30	0,30	12,30
Sel	16	»	»
Sucre	21	»	9 »
Café torréfié	16	0,20	2 »

A cela s'ajoute éventuellement : 0^{lit},25 de café,
Ou 0^{lit},0625 d'eau-de-vie,
Ou 0^{lit},50 de cidre ou bière.

Le riz seul n'a pas grande importance dans l'alimentation ; il faut l'associer à des éléments riches en azote ou en graisse.

La pomme de terre, peu nutritive par elle-même, s'associe bien à la viande ; elle est, avec les légumes verts, un préservatif du scorbut, probablement à cause des sels minéraux qu'elle contient.

Elle entre, pour une forte proportion, dans la grande ration du pied de paix du soldat allemand :

Grande ration du pied de paix du soldat allemand.

	POIDS	AZOTE	CARBONE	GRAISSE
	GR.	GR.	GR.	GR.
Pain	698	8,37	209,40	10,47
Viande	250	7,50	27,50	5,00
Riz	112	2,02	45,90	0,89
(Ou orge perlé)	244	»	»	»
(Ou légumes secs)	296	»	»	»
(Ou pommes de terre)	1500	»	»	»
Café brûlé	12	0,13	1,10	0,06
Sel	24	»	»	»
Totaux		18,02	283,90	16,42

Il ne faut pas perdre de vue que la graisse fournit une partie du carbone.

Préparation des aliments. — La quantité ne suffit pas toujours, il faut en outre que les aliments soient convenablement préparés et présentent une certaine variété.

La diversité et le mélange des aliments sont indispensables à la santé humaine.

Il faut rejeter avec soin tous les aliments avariés; ils sont parfois funestes : ainsi le pain moisi est infesté de parasites, la viande avariée est septique. Les viandes fraîches peuvent elles-mêmes être dangereuses, lorsqu'elles proviennent d'animaux malsains ; telles sont les viandes trichinées ou ladres, que l'on peut à la rigueur parvenir à rendre inoffensives à l'aide d'une cuisson prolongée.

En ce qui touche la bonne préparation des aliments, c'est une question capitale trop souvent négligée. Ainsi l'on abuse encore du bouillon et de la viande bouillie ; ni le bouillon ni la viande ne représentent la chair musculaire primitive, la musculine a perdu ses qualités et s'est presque entièrement transformée en gélatine.

Dans 1 kilogramme de bouillon, on ne trouve que 28 à 30 grammes de matières dissoutes, dont 12 seulement venant de la viande, le reste est fourni par le sel et les légumes; le bouillon, à cause de son arome et de sa saveur est un excitant, il sert de véhicule au pain. La soupe ne doit pas être le fond de la nourriture de l'homme de labeur.

La viande rôtie conserve presque tout son pouvoir nutritif; la température n'y dépasse guère 60 à 65 degrés à l'intérieur et 120 degrés à l'extérieur.

Les ragouts bien préparés utilisent convenablement la viande et peuvent presque constituer un aliment complet.

Quantité d'eau nécessaire à l'alimentation. — Le corps humain, par les diverses voies de sécrétion, perd $2^{kil},5$ d'eau en 24 heures. Cette eau provient en grande partie des aliments solides, car la viande fraîche en renferme 75 p. 100 de son poids, les légumes frais 90 p. 100 et le pain 40 p. 100; le supplément est fourni par la boisson.

En y comprenant ce qui est nécessaire à la préparation des aliments, on compte d'ordinaire sur une consommation de 5 litres d'eau par tête et par jour.

Il faut par cheval 40 litres dont 16 pour la boisson, 30 à 35 litres pour un bœuf, 3 à 4 litres pour un mouton.

L'eau consommée sur les chantiers doit réunir tous les caractères de la bonne eau potable, c'est-à-dire être limpide, aérée, pourvue de sels minéraux en quantité suffisante mais sans excès, délivrée de toute matière organique en suspension ou en dissolution.

L'eau doit être absorbée en petite quantité à la fois, si l'on ne veut s'exposer à la dyssenterie, ni chaude ni trop froide. Il est bien difficile d'obtenir en cette matière la prudence de l'ouvrier.

Quand un malaise se produit après ingestion d'eau froide, il convient de se livrer à un exercice violent et d'amener la transpiration.

En été il faut mettre à la disposition des ouvriers une eau corrigée par de l'alcool ou du vinaigre, et mieux encore par du café; on se sert de marc de café que l'on fait bouillir et qu'on épuise, puis on ajoute un peu d'alcool.

Le café est un peu nutritif, mais c'est surtout un excitant et un tonique du système nerveux ; mélangé au pain, il constitue un bon aliment et il n'est pas mauvais d'en porter la ration de 16 à 40 grammes.

Le vin est un excellent aliment qui renferme les sels minéraux sous la forme la plus assimilable et qui contient 10 p. 100 d'alcool. A l'homme qui subit une grande fatigue, il en faudrait 1 litre par jour ; mais on est presque toujours forcé de le remplacer par l'eau-de-vie qui, prise au moment des repas, favorise la digestion et donne une excitation avantageuse ; malheureusement elle est aujourd'hui mélangée de substances toxiques qui la rendent funeste à la santé.

Heures des repas. — Les repas doivent être pris à heures régulières ; il en faut trois par jour pour les ouvriers, ni trop rapprochés, ni trop éloignés les uns des autres. La digestion s'accomplit en 3 à 5 heures.

L'ouvrier ne doit jamais se rendre au travail le matin sans avoir pris un léger repas.

Repos et sommeil. — Quelque bonne que soit l'alimentation, l'hygiène exige en outre un repos suffisant.

Pour réparer les forces de l'homme, il lui faut 7 à 8 heures de repos absolu, de sommeil à l'abri d'excitation, d'émotion et de trouble, loin de la lumière et du bruit.

Cette dernière condition est rarement remplie sur les chantiers et dans les cantines, et c'est chose fort regrettable, car le moral et l'énergie de l'ouvrier en subissent une sérieuse atteinte.

Dépense à faire pour la nourriture d'un ouvrier. — Si l'on adopte pour l'alimentation de l'ouvrier la ration de campagne du soldat français, on peut établir comme il suit le prix de revient de la nourriture pour un jour dans les chantiers de la région de Paris :

Pain, 1 kilogramme.	0 fr. 35
Viande, 300 grammes.	0 51
Légumes ou riz, ou fromage.	0 20
Sucre.	0 04
Café.	0 10
1/2 litre de vin, ou eau-de-vie.	0 30
	1 fr. 50
Préparation des aliments.	0 50
Total.	2 fr. 00

Cela suppose que 10 à 15 ouvriers se sont réunis ensemble et ont acheté à frais communs le matériel nécessaire, matériel assez restreint du reste ; l'un d'eux ou la femme de l'un d'eux fait la cuisine. Il est très possible, dans ces conditions, d'obtenir pour 2 francs par jour une nourriture saine, variée et suffisante en quantité comme en qualité.

En supprimant le sucre et le café et en remplaçant le vin ou l'eau-de-vie par un litre de boisson à 0 fr. 15, en réduisant à 0 fr. 40 les frais généraux, on peut descendre à une dépense de 1 fr. 60 par jour ; bien des étrangers, des Italiens notamment, y arrivent et ne paraissent point s'en porter plus mal.

L'ouvrier français est habitué à plus de confortable ; mais, s'il le voulait et s'il comprenait vraiment ses intérêts, il arriverait par l'association à se nourrir parfaitement pour 2 francs par jour, sans laisser aux mains des cantiniers la presque totalité de son salaire comme il le fait à peu près partout.

M. de Lagrené donne, dans sa *Notice sur les ouvriers des chantiers de la navigation de la Seine*, les renseignements suivants sur la nourriture de ces ouvriers, renseignements qui nous montrent qu'en effet il n'y a guère place pour l'économie dans leur budget :

Les ouvriers de la localité prennent généralement leurs repas chez eux ; mais la plupart des ouvriers se nourrissent aux cantines du chantier ; quelques-uns cependant trouvent les prix des cantines trop élevés et préfèrent préparer eux-mêmes leurs aliments ; dans ce cas, il vivent deux par deux, préparent leur souper le soir en rentrant, et emportent les restes pour le déjeuner du lendemain.

La nourriture des cantines est à peu près la suivante :

1° Le matin, avant l'ouverture du chantier, une soupe ou plutôt un bouillon, dont le prix rentre dans celui du logement ; l'ouvrier trempe son pain lui-même dans le bouillon, il prend ensuite un verre d'eau-de-vie ou de vin ou même un demi-litre de cidre avec du pain et du fromage ; ce premier déjeuner coûte en moyenne 0 fr. 25.

Quelquefois ce menu est remplacé par un bol de café noir avec du pain.

2° A onze heures : bouillon dans lequel l'ouvrier trempe encore son pain, une portion de bœuf avec légumes comprenant environ 165 grammes de viande ; cette portion coûte avec le bouillon 0 fr. 50.

Elle est remplacée quelquefois par une côtelette de mouton ou de porc, une tranche de gigot avec des légumes, etc., mais le prix de la portion est toujours de 0 fr. 50.

Un fromage au prix de.	0 fr. 10
Un demi-litre de vin	0 40
Le café noir, avec eau-de-vie.	0 40
Le dîner ainsi composé coûte environ	1 fr. 40

mais il ne comprend pas le pain ; l'ouvrier achète habituellement un pain de 2 kilogrammes qui dure un jour et demi.

3° Le repas du soir est à peu près le même que celui de onze heures ; mais le bœuf est souvent remplacé par un ragoût de mouton, trois œufs ou un rôti quelconque.

Le repas du soir coûte en moyenne 1 fr. 20.

Au lieu de servir à la portion, quelques cantines nourrissent à prix fixe ; nous pouvons citer dans ce cas une cantine du chantier de la Garenne où prennent pension les tailleurs de pierre, mécaniciens et charpentiers à raison de 2 fr. 75

par jour, non compris le coucher, ni le premier repas du matin : pour ce prix ils ont :

A onze heures : une soupe, deux plats de viande, un plat de légumes, une bouteille de vin, une demi-tasse de café avec eau-de-vie et du pain à discrétion.

Le soir : une soupe, deux plats de viande, un plat de légumes, une bouteille de vin et du dessert avec pain à discrétion.

Sur le bief de Rouen, la cantine est tenue par le chef dragueur, à bord du bateau qui lui sert d'habitation ; les prix courants sont les suivants :

Le matin, un bol de café noir	0 fr. 30
A midi, un potage	0 15
— une portion de viande	0 40
— une salade	0 20
— un café	0 30
— un litre de boisson	0 15
Le soir, comme à midi.	
Pain à discrétion pour toute la journée	0 80

Les ouvriers qui fréquentent cette cantine dépensent moyennement par jour pour leur nourriture 2 fr. 25.

Les détails qui précèdent ne s'appliquent pas aux Italiens ou Tyroliens qui vivent par bandes et préparent eux-mêmes leurs aliments ; ils se réunissent au nombre de dix ou quinze, chargent l'un d'eux des acquisitions et des soins du ménage ; dans certains cas, c'est la femme d'un de ces ouvriers étrangers qui prépare leur nourriture et s'occupe du blanchissage et du raccommodage.

Leur nourriture se compose ordinairement de farine de maïs ou de blé cuite avec de la graisse, de pâtes d'Italie, de pain, de lait, de fromage, de pommes de terre et d'environ 300 grammes de viande par jour et par individu ; la boisson est de l'eau, rarement mélangée d'un peu de vin ; la dépense ne dépasse guère 1 fr. 50 par homme. Cette nourriture nous paraît insuffisante, aussi l'ouvrier italien est-il plus mou que l'ouvrier français, et peut-être les entrepreneurs auraient-ils avantage à payer un peu plus cher les heures de travail dans l'air comprimé, de manière à pouvoir y employer des Français.

Budget d'un ouvrier employé sur les chantiers. — Nous donnerons tout d'abord les renseignements recueillis par M. de Lagrené, inspecteur général des ponts et chaussées, relatifs aux ouvriers employés dans ces dernières années aux grands travaux de la Seine entre Paris et Rouen.

1° Budget de deux ménages comprenant : le père, ouvrier manœuvre, de bonne conduite et d'habitudes régulières, la mère et deux jeunes enfants :

DÉPENSE ANNUELLE

	1er MÉNAGE	2e MÉNAGE		1er MÉNAGE	2e MÉNAGE
	fr.	fr.		fr.	fr.
Pain	390	39	Report	1.321	1.184
Viande	312	380	Eau-de-vie	26	26
Légumes	104	255	Savon et potasse	39	62
Beurre	78	117	Éclairage	31	21
Fromage	47	94	Chaussures	78	130
Boisson	154	39	Fil et laine	16	10
Œufs	60	104	Vêtements	130	104
Lait	91	»	Combustible	156	130
Sel et poivre	15	104	Logement	117	130
Café	36	13	Tabac	36	39
Sucre	34	39			
A reporter	1.321	1.184	Total	1.950	1.836
			Moyenne	1.893	

RECETTE ANNUELLE

Travail du père : 3.200 heures à 0 fr. 40	1.280 fr.
Travail de la mère, en fabrique, 60 francs par mois	720
Recette totale	2.000 fr.

Mais, pour aller en fabrique, il faut confier les deux enfants à une garde qui prend 45 francs par mois, ce qui fait une dépense de 540 francs et réduit la recette annuelle à 1,460 francs, d'où un déficit annuel de 433 francs qui doit être couvert par la charité publique.

Dans ces conditions, il y aurait avantage à ce que la mère restât à la maison ; elle pourrait garder ses enfants, gagner 0 fr. 50 par jour avec son travail, cultiver un bout de jardin, etc. ; la situation serait meilleure.

En fait, les enfants ne sont pas gardés, ou bien sont envoyés à la crèche ou à l'asile, et c'est par ce moyen seulement que le budget est mis en équilibre. Du reste, il serait possible de réduire dans une proportion notable plusieurs éléments de la dépense.

2° Budget d'un compagnon terrassier vivant à la cantine :

Dépense de l'année	1.287 fr. »
Salaire de l'année : 2.950 heures à 0 fr. 45	1.327 50
Reliquat	40 fr. 50

3° Budget d'un compagnon maçon vivant à la cantine :

Dépense de l'année	1.411 fr. 35
Salaire de l'année : 2.984 heures à 0 fr. 65	1.939 60
Reliquat	528 fr. 25

4° Budget d'un charpentier marié, ayant un jeune enfant :

Dépense du ménage...................	2.121 fr. 60
Salaire du mari : 3.600 heures à 0 fr. 65	2.340 »
Reliquat	218 fr. 40

5° Budget d'un charron marié, ayant un jeune enfant :

Dépense annuelle.	{ Habitation .... 150 fr. Vêtements et chaussures. . 250 — Nourriture, blanchissage, entretien. .... 1.400 — Gardiennage de l'enfant. . 160 — }		1.960 fr. »
Recette	{ Salaire du mari ...... 1.800 fr. Travail de la femme.... 360 — }		2.160 fr. »
	Reliquat.........		200 fr. »

6° Budget d'un maçon italien travaillant à l'air comprimé :

Dépense de l'année.....................	900 fr. »
Salaire de l'année.....................	2,100 »
Reliquat.........	1.200 fr. »

Négligeant ce dernier budget, nous devons constater que tous les autres ne laissent pas une grande marge à l'épargne et manquent d'élasticité en cas de chômage ou de maladie.

Sans doute on ne peut demander à tous les ouvriers de vivre avec l'économie sévère de l'ouvrier italien, cité en dernier lieu, qui ne pense qu'à grossir son pécule pour retourner dans son pays ; mais un ouvrier sérieux, célibataire, pourrait vivre convenablement avec 1100 francs par an et faire au minimum 3,000 heures à 0 fr. 45, soit une recette de 1,350 francs par an et une épargne de 250 francs.

Il s'agit d'un simple manœuvre ; l'épargne d'un maçon célibataire pourrait facilement atteindre 500 francs par an, et celle d'un charpentier 700 ou 800 francs ; malheureusement, ces derniers ouvriers ne consentent point à vivre simplement comme le font les manœuvres.

Considérons un manœuvre, marié, avec deux enfants, il lui faut une grande vigilance pour aligner son budget, car la dépense minima doit être évaluée comme il suit :

Nourriture, 2 fr. 50 par jour....................	900 fr.
Blanchissage, épicerie	90 —
Logement......................	100 —
Vêtements et chaussures....................	200 —
Chauffage, éclairage	100 —
Dépenses diverses	100 —
Total............	1.490 fr.

Le mari peut faire 300 jours par an à 4 francs, soit 1,200 francs ; il faut donc que le déficit de 290 francs soit comblé par le travail de la femme, qui est censée cependant rester à la maison pour soigner tout le ménage, ou bien par la charité publique, ou par le produit d'un petit champ ou d'un jardin.

Les ouvriers de la campagne s'en tirent parce qu'ils possèdent souvent une maisonnette, un jardin, de la volaille, etc. ; ces petits profits cumulés tiennent une grosse place dans un ménage.

De cet aperçu nous devons conclure qu'un ouvrier ordinaire, destiné à rester simple manœuvre, quoiqu'il soit de conduite régulière, ne peut, qu'avec beaucoup de peine, s'il est marié et père de famille, réaliser une économie telle qu'il se mette par lui-même à l'abri des chômages et des maladies; à plus forte raison est-il incapable de se constituer une retraite pour ses vieux jours. La situation est toute différente pour l'ouvrier de métier à salaire élevé ; associé à une femme capable et laborieuse, il peut, s'il le veut, parvenir à se constituer une épargne.

La situation du célibataire est toute différente ; avec la bonne conduite et la persévérance, il peut toujours réaliser une épargne assez forte qui lui permettrait, au bout de quelques années, d'entrer en ménage avec toute sécurité pour l'avenir.

Si les choses se passaient ainsi, la situation morale et matérielle des ouvriers parviendrait vite à s'améliorer.

Comparaison du prix des ouvrages et du taux des salaires au siècle dernier et à l'époque actuelle. — Il nous a paru intéressant de comparer les prix des ouvrages et les salaires d'il y a cent ans avec ceux de l'époque actuelle.

Le pont de Neuilly, construit par Perronet, n'a été achevé que vers 1780, bien qu'inauguré par Louis XVI en 1775 ; Perronet nous a laissé l'indication des salaires payés aux ouvriers employés à ce travail et nous avons indiqué en regard les salaires de l'époque actuelle pour les environs de Paris :

	EN 1775	ÉPOQUE ACTUELLE
Appareilleur, chef de chantier, par mois.	100 livres.	180 à 350 francs.
Tailleur de pierre.	2 livres 5 sous par jour.	0 fr. 70 par heure.
Maçon.	1 livre 12 sous —	0 fr. 60 à 0 fr. 65 par heure.
Manœuvres et terrassiers.	1 livre 5 sous —	0 fr. 30 à 0 fr. 45 par heure.
Journée d'un cheval attelé.	3 livres 10 sous	7 à 9 francs.

Le salaire des ouvriers ordinaires a donc triplé depuis cent ans ; il est vrai que les prix des choses nécessaires à la vie ont augmenté parallèlement, mais l'augmentation s'est faite dans une proportion beaucoup moindre que celle des salaires, elle est même assez faible pour plusieurs éléments ; il en est résulté une amélioration très sensible du bien-être et des conditions d'existence plus relevées.

Pendant les douze années qu'a duré la construction du pont de Neuilly, le prix du pain, demi-blanc, de douze livres, à ce que nous apprend Perronet, a été en moyenne de 28 sous, soit 2 sous 1/3 la livre ; le même pain coûterait aujourd'hui 16 centimes. On voit que l'augmentation n'est pas grande.

Examinons maintenant le prix des ouvrages du pont de Neuilly : la pierre de taille brute, de Saillancourt, était rendue sur le chantier pour 28 sous le pied cube, ce qui correspond à 37 fr. 80 le mètre cube.

Le mètre cube de maçonnerie de grosse pierre de taille, ayant cinq pieds de queue moyenne, était payé 61 fr. 80, et le mètre cube de pierre de taille, de deux pieds six pouces de queue, 64 fr. 40.

La maçonnerie de moellons ordinaires, avec mortier de chaux et sable, était payée 10 fr. 60 en fondation et 11 fr. 30 au-dessus des fondations à cause des frais de levage.

Notons en passant que le pied cube de chaux était payé 0 fr. 80, ce qui met la chaux ordinaire à 22 francs le mètre cube.

Il n'y a pas besoin de faire subir à ces prix une grande majoration pour obtenir ceux d'aujourd'hui.

Nous produisons donc, en fait, à bien meilleur marché qu'autrefois, grâce au perfectionnement de notre outillage et de nos procédés, et, comme le disait M. Hersent à la Société des ingénieurs civils, en 1886, c'est à l'ingénieur moderne que revient l'honneur de ce progrès.

PREMIERS SOINS A DONNER EN CAS DE BLESSURES OU D'ACCIDENTS

Viciation des lieux habités. — Dans un espace hermétiquement clos, il faut 24 mètres cubes d'air à 16 degrés par heure pour réduire à 2 p. 1,000 la proportion d'acide carbonique exhalé par un homme, ainsi que pour évaporer les 31 grammes d'eau provenant de la transpiration pulmonaire et les 60 grammes provenant de la transpiration cutanée.

Mais en raison de l'insuffisance des clôtures et des courants d'air qui pénètrent toujours dans les dortoirs et les casernements, soit par les fissures, soit par les allées et venues, considérant en outre qu'on ne passe guère que 7 à 8 heures sur 24 dans un dortoir, on se contente généralement d'en fixer la capacité à 14 mètres cubes par homme.

C'est le taux admis pour les logements militaires ; il faudrait l'admettre aussi pour les dortoirs d'ouvriers, mais généralement on reste beaucoup au-dessous, ce qui est très regrettable. On allègue, il est vrai, que l'air extérieur pénètre à peu près librement dans les dortoirs de ce genre ; ce palliatif est lui-même un mal, quoique beaucoup moins grave que le manque d'air, mais le palliatif même peut venir à manquer, car les ouvriers s'empressent, lorsque règnent le froid et l'humidité, d'obstruer toutes les ouvertures.

Dans ces conditions, l'encombrement finira par amener le typhus, surtout si à l'encombrement se joignent de mauvaises conditions hygiéniques, une alimentation médiocre et un excès de fatigue.

Le typhus se développe avec une violence extrême; pour le détruire, il faut procéder à une évacuation et à une désinfection générales et brûler les effets et les résidus de tous genres.

Désinfection des bâtiments. — Il importe de désinfecter les bâtiments dans lesquels s'est produit un seul cas de maladie contagieuse et, sur les chantiers, il faut tenir sévèrement la main à cette pratique, car une simple négligence peut coûter la vie à plusieurs hommes.

C'est à tort que l'on donne le nom de désinfectant à des substances dont le rôle est seulement de masquer les odeurs, comme le camphre, le vinaigre, les huiles, le sucre brûlé, etc.

Pour désinfecter réellement, pour détruire les miasmes, il faut recourir : aux fumigations de soufre, de chlore, de brome, d'iode, de vapeurs nitreuses ; aux solutions d'acide phénique ; aux aspersions de permanganate de potasse, qui sont excellentes, ou de lessives alcalines, ou de mélanges phéniqués, ou d'acides chlorhydrique ou nitrique, ou de sulfate de fer, ou de chlorure de zinc.

Le charbon, la terre desséchée, le noir animal, une température élevée agissent également par effet mécanique ou physique.

On obtient des fumigations chlorées très efficaces avec la formule suivante : 200 grammes d'acide sulfurique, 125 grammes de chlorure de calcium, 100 grammes de bioxyde de manganèse et 200 grammes d'eau, pour une pièce de 110 mètres cubes ; la pièce doit rester close une heure au moins.

Les fumigations sulfureuses, dues à la combustion du soufre, sont suffisantes dans les cas ordinaires.

On lave les murs et planchers avec une solution phéniquée formée de 500 grammes d'acide phénique dans 500 litres d'eau ; cette même solution convient au lavage des latrines.

Le sulfate de fer et le chlorure de zinc, mélangés au charbon, servent à la désinfection des matières fécales et le chlorure de chaux à celle des urines.

La désinfection des vêtements s'obtient par des lessivages alcalins et par un étuvage prolongé à la température de 130 degrés au moins.

Affections et accidents divers. — Nous ne pouvons entrer dans le détail du traitement qui convient aux affections et accidents de tous genres qui peuvent se produire sur les chantiers ; pour remplir notre but, il suffira de les passer rapidement en revue par ordre alphabétique et d'indiquer les premiers soins à donner avant l'arrivée du médecin.

Lorsqu'une personne est blessée ou subitement indisposée, la première chose à faire est de l'isoler et de la placer sur un brancard ou sur un matelas dans un endroit bien aéré et à l'abri du froid et de l'humidité.

Apoplexie. — Relever la tête et le corps, éviter toute secousse, toute gêne de la respiration et de la circulation. Compresses d'eau froide vinaigrée ; vessie de glace sur la tête ; bains de pieds sinapisés ; purgatifs ; boissons rafraîchissantes. Sangsues à l'anus ou derrière les oreilles suivant l'âge et la force du malade.

Asphyxie, perte de connaissance, syncope. — Lorsqu'un blessé a perdu connaissance, il faut l'étendre sur le dos, la tête légèrement relevée, la face exposée au grand air. Desserrer immédiatement ses vêtements, principalement les parties qui exercent une certaine compression (la cravate, le col, la ceinture). S'assurer de la liberté de la bouche et des narines par l'exploration avec le doigt. Débarrasser immédiatement, s'il y a lieu, la bouche, les narines et les yeux des corps étrangers qui pourraient obstruer ces ouvertures. Laver la figure avec de l'eau froide simplement ou légèrement vinaigrée. Donner à respirer du vinaigre ; en frotter les tempes du malade ; ou de l'éther ; asperger la figure avec de l'eau froide, au besoin frictionner la région du cœur avec de l'eau-de-vie camphrée. Si la perte de connaissance est due à une hémorragie, on doit arrêter le sang le plus tôt possible.

S'il y a asphyxie (absence de respiration), il faut porter pendant quelques secondes et à plusieurs reprises, sous le nez du malade, un flacon d'éther, ou même d'ammoniaque, frictionner longtemps et fortement les membres avec de l'eau-de-vie camphrée et une flanelle chaude. Dans les cas d'asphyxie complète, introduire quelques gouttes d'ammoniaque dans les narines à l'aide d'une barbe de plume.

L'asphyxie est parfois produite par les gaz de la poudre dans les mines, ou par d'autres émanations gazeuses ; elle commence par une violente céphalalgie avec pression des tempes, bourdonnements, tendance au sommeil ; puis viennent les nausées et vomissements et l'arrêt de la circulation et de la respiration. Il faut au plus vite ramener les asphyxiés au grand air et procéder par affusions froides sur le corps, par aspersions sur la figure ; quand la respiration se rétablit, opérer sur tout le corps des frictions ammoniacales.

Voir au mot *coup de chaleur* pour la respiration artificielle.

Blessures et plaies. — Il faut avoir sous la main bandes, compresses et charpie.

Placer le blessé dans la position la plus commode et la moins douloureuse pour lui, d'ordinaire c'est le décubitus dorsal qui convient le mieux.

La blessure se traduit toujours par une soif assez vive. Il faut désaltérer le blessé, le ranimer par des boissons cordiales. Laver la plaie à l'eau froide pour la nettoyer des matières ou corps étrangers qui peuvent y séjourner et l'encroûter. Si la plaie a son siège à la tête ou à la poitrine, on y applique des compresses d'eau froide ; si elle existe à un des membres, on place celui-ci dans la position la plus convenable pour que la plaie ne soit pas béante ; on la maintient fermée, soit à l'aide de taffetas gommé, de bandelettes de sparadrap (toile d'Angleterre) ou de diachylon, ou bien on la recouvre avec une compresse trempée dans l'eau froide qu'on maintient avec une bande.

Si la plaie est compliquée d'un corps étranger, comme fragment de bois ou de fer, qui a pénétré dans les chairs, on en fait l'extraction si elle peut avoir lieu sans tiraillement ou sans écoulement de sang ; autrement on le laisse dans la plaie jusqu'à l'arrivée du médecin. Faire des irrigations d'eau froide. Mettre du cérat ou de la glycérine.

La blessure se traduit souvent par une hémorragie plus ou moins vive : elle peut être capillaire, veineuse ou artérielle. Dans les deux premiers cas, le sang est noir et s'échappe par nappes ou jets continus sans saccades ; on arrête l'écoulement en appliquant de l'amidon, de la charpie imbibée de perchlorure de fer que l'on maintient avec une bande ou un mouchoir serrés.

L'hémorragie artérielle, qui donne un jet saccadé de sang rutilant, est toujours grave ; on ne l'arrête que par la compression et par la flexion exagérée et continue du membre que l'on replie et que l'on attache ; ainsi on replie et on attache la jambe ou le bras et la compression au coude ou aux articulations arrête l'écoulement. On peut aussi se servir d'un garrot, formé d'un mouchoir que l'on serre au moyen d'un bâton que l'on fait tourner ; on applique entre le mouchoir et la plaie une plaque quelconque de bois et de cuir et il ne faut pas craindre d'exercer une compression trop forte. La compression du garrot doit s'exercer entre la plaie et le cœur, par exemple, au sommet de la cuisse ou du bras.

Brûlures — Une partie brûlée, à quelque degré, pour quelque cause que ce soit doit être recouverte, pendant une heure, de compresses trempées dans l'eau froide et de pulpe de pomme de terre, ensuite il faut la frictionner légèrement ou la recouvrir de coton cardé imbibé d'huile fraîche (d'amandes douces) et de chlorure de chaux et saupoudrée avec de la farine de froment.

Il y a trois degrés à observer dans les accidents de brûlures. Pour le 1er degré les soins ci dessus suffisent, en attendant le médecin. Toutefois si on se trouvait dans l'impossibilité d'obtenir dans un délai convenable les soins de la médecine, on pourrait continuer les soins comme il suit :

2e *Degré.* — Piquer les ampoules et en faire écouler l'eau ; y appliquer du cérat opiacé, saturné, sur du linge ou de la charpie Cataplasmes émolients. Liniment d'huile et de chlorure de chaux (comme pour le 1er degré).

3e *Degré.* — *Réfrigérants.* — Cataplasmes de fécule ; cérat saturné ; chlore et chlorure d'oxydes, après la chute des eschares, pansement au cérat.

Les soins à donner pour les deux derniers degrés ne doivent être abandonnés qu'à des personnes intelligentes et comprenant la nature et la valeur des remèdes employés.

Céphalalgie (*maux de tête*). — Rechercher la cause, repos absolu, obscurité, éviter le bruit, bains de pieds irritants, boissons aromatiques, thé, tilleul, camomille, feuilles d'oranger, etc. ; café, purgatifs, éthers, chloroforme, ammoniaque en frictions ; en répandre quelques gouttes sur les mains, les frotter et respirer ensuite. Glace sur le front ; chaleur aux extrémités inférieures ; sinapismes.

Chute, éboulement, coup de tampon. — Quand la tête, la poitrine, le ventre, les membres sont pris entre deux tampons ou sous un éboulement à la suite d'une chute, il peut en résulter *perte de connaissance, crachement de sang, fractures des côtes ou des membres, plaies*, etc. Le lecteur se reportera aux observations relatives à ces diverses circonstances.

Contusions. — Appliquer des compresses d'arnica, d'eau vulnéraire ou d'eau blanche avec alcool camphré, s'il n'y a pas de plaie.

Coupures. — Laver la plaie à l'eau froide pure, y mettre de l'arnica : comprimer, puis fermer avec du taffetas d'Angleterre.

Coup de soleil. — Affusions froides sur la tête, repos à l'ombre, un peu de boisson cordiale : vin ou eau-de-vie.

Coup de chaleur. — Porter le malade au frais et à l'ombre, loin des curieux, relâcher les vêtements, tenir la tête élevée, lotions d'eau froide, gorgées de boissons cordiales et toniques.

S'il y a *asphyxie*, établir la *respiration artificielle*. Une personne, placée à la tête du malade, saisit les bras vers le coude et les remonte à la tête pour produire l'inspiration ; ce pendant, maintenir la langue avec le doigt recouvert d'un linge mouillé, afin que la langue ne se retourne pas et ne vienne pas s'engager dans le gosier ; au bout de deux secondes, ramener les bras pendant qu'une autre personne, placée entre les jambes, presse sur le ventre au bas de la poitrine pour produire l'expiration

En même temps, on agite l'air autour du malade avec un éventail quelconque ; on frictionne la paume des mains et la plante des pieds, et de temps en temps les tempes, avec du vinaigre. Quand la connaissance revient, donner quelques cuillerées de liquide tonique ; mais ne pas faire boire avant que la déglutition soit devenue volontaire afin d'éviter l'introduction du liquide dans les poumons.

Crachement ou vomissement de sang. — Ce symptôme survient à la suite d'une blessure à la tête ou d'une contusion à la poitrine : dans ces deux cas, on applique des compresses d'eau froide au siège de la contusion et l'on fait boire quelques gorgées d'eau froide pure ou légèrement vinaigrée.

Diarrhée. — Provient d'un refroidissement, d'une ingestion d'eau froide ou malsaine, ou de l'usage d'aliments grossiers et indigestes. Se soigne surtout par la surveillance du vêtement et de la nourriture; ne pas quitter la ceinture de flanelle.

Dyssenterie. — C'est une affection caractéristique des pays chauds et humides; elle est due aux variations de la température, aux influences marécageuses, à l'usage de pain ou d'aliments avariés, d'eau sélétineuse ou chargée de matières organiques; l'encombrement, le coucher sur la terre humide la favorisent. Elle prend vite le caractère épidémique.

On la combat par une nourriture substantielle : vin et viande grillée à l'exclusion de l'eau et des fruits, par l'hygiène et la propreté absolue, par le déplacement des cantines qu'il faut soustraire à l'influence méphitique.

Empoisonnements. 1° *Poisons narcotico-âcres. Asphyxie par le gaz d'éclairage, la vapeur du charbon, les fours à chaud, l'air vicié.* — Exposer le malade au grand air, la tête relevée. Frictions sèches et aromatiques. Essuyer avec des linges chauds. Asperger fortement le malade avec de l'eau. Lavements vinaigrés froids. Insufflation d'air. Éviter les lits chauds, l'exposition au soleil. Ne rien faire boire avant d'avoir rappelé la respiration. Ne pas se décourager sur les résultats que l'on attend. Insister longtemps : on a vu des asphyxiés revenir au bout de 20 heures.

2° *Poisons septiques ou putréfiants. Abeilles, bourdons, guêpes.* — Enlever immédiatement l'aiguillon. Eau ammoniacale sur la plaie. Potion ammoniacale et éthérée.

Gaz des fosses d'aisances, des égouts (Voir ASPHYXIE). — Si le malade a avalé des matières, administrer des vomitifs. S'il a des convulsions, lui faire prendre des bains froids, le mettre dans un lit chaud, le frictionner sur le dos, lui appliquer des sinapismes aux pieds.

Morsures des animaux enragés. — Laver la plaie, la faire saigner; inciser si c'est possible; cautériser au fer rouge, bains de vapeur stimulants.

Venin de serpents. — Ligature entre la plaie et le cœur. Eau tiède; ammoniaque sur la plaie. A l'intérieur, potion ammoniacale et éthérée; potion cordiale (Vin sucré avec teinture de cannelle); potion tonique au quinquina.

Entorses et foulures. — Dans ces deux cas, on met le membre dans un seau d'eau froide pendant une heure environ, en renouvelant l'eau de temps à autre; on peut encore appliquer sur l'endroit malade des compresses d'eau froide, salée, vinaigrée ou additionnée d'environ un vingtième d'extrait de saturne. Il est important de prescrire le repos le plus absolu.

Fractures. Membres broyés ou arrachés. — Quand un os est cassé, s'il n'y a pas de plaie, on doit maintenir le membre dans l'immobilité la plus complète; opérer une irrigation d'eau froide.

Si la fracture est compliquée de plaie avec issue d'un ou plusieurs fragments, on lave la plaie avec soin avec de l'eau, on la dégage doucement des matières étrangères qui peuvent y adhérer, et on enlève avec précaution les esquilles si cela est possible. On tâche de faire rentrer les fragments au moyen de traction douces et régulières sur chaque extrémité du membre fracturé et en sens opposé, et, si l'on réussit, on maintient la fracture en place au moyen d'un bandage. En général, il ne faut pas trop insister sur ces manœuvres dont le résultat est souvent l'inflammation de la plaie. Lorsqu'il s'agit d'une fracture du bras on le met en écharpe, en l'appliquant contre la poitrine qui sert de point d'appui. Pour les membres inférieurs, quand un seul est fracturé, on l'attache solidement à la jambe saine, ou bien on applique à son côté externe une attelle ou planchette que l'on maintient à l'aide de bandes ou de mouchoirs. Si le membre est broyé, séparé complètement ou presque complètement du corps, l'accident le plus à redouter, c'est l'hémorragie qu'il faut de suite arrêter. Si le membre est complètement séparé du corps, on l'éloignera du blessé et hors de portée de sa vue; s'il tient encore, on le laissera attaché, quand même le lambeau serait de peu d'étendue. Enfin, causer au blessé le moins de mouvements possible; ne le déshabiller que si cela était urgent; éviter soigneusement de lui laisser prendre quelque aliment que ce soit, ni solide, ni liquide, proscrire toute boisson spiritueuse, le rassurer sur son état, et garder le calme et le sang-froid. En général, isoler le blessé sur un lit, sur un matelas ou sur une civière, de manière à ne pas lui intercepter l'air, mais à le préserver du froid, du chaud, de l'humidité, du bruit, etc.

Froid. — Afin d'éviter la gangrène, les membres gelés doivent revenir progressivement à la chaleur; donc, pas de feu vif; frictions énergiques avec la neige ou l'eau froide; boissons stimulantes chaudes : vin, thé, café, en commençant par l'infusion de thé ou de tilleul.

Frictionner avec de la flanelle sèche l'épigastre et la région du cœur; en cas d'asphyxie complète, insuffler de l'air bouche à bouche; titiller les narines; faire respirer de l'ammoniaque avec précaution.

Quand la respiration se rétablit, frictionner avec des linges d'abord froids, puis à température croissante. Quand la vie est revenue, quelques cuillerées de bouillon et de vin chaud.

On résiste à l'influence du froid modéré et humide par une bonne alimentation et un bon repos; la ceinture de flanelle est excellente pour l'hygiène.

Gale. — La gale est assez rare maintenant; elle ne résiste pas à des bains et fumigations sulfureux; les vêtements doivent être passés à l'étuve et aux vapeurs de soufre.

Hémorragie. (Voir ce qui a été dit pour les blessures). *Luxations des membres*. — Lorsque le membre est démis, on le place dans la position la plus commode pour le blessé, et on y applique des compresses d'eau froide sur les parties lésées. L'eau peut être quelquefois mélangée avec un peu d'alcool camphré et de sous-nitrate de plomb liquide (Extrait de saturne) ; mais à la condition expresse qu'il n'y ait pas de plaie.

Méphitisme du sol. — Les sols méphitiques engendrent les fièvres paludéennes ou intermittentes, la cachexie ; la fermentation des vases, de la végétation et des eaux stagnantes détermine un empoisonnement lent ou aigu.

Lorsque des travaux s'exécutent sur un sol méphitique, il est indispensable de loger les ouvriers sur des points élevés, à l'abri de l'humidité et des vents du marais, dût-on faire quelques kilomètres pour se rendre au travail.

Il faut éviter l'humidité et les vapeurs du matin et du soir, arriver après le lever et partir avant le coucher du soleil, habiller les ouvriers de laine, leur donner une nourriture substantielle et tonique : vin, café, eau-de-vie, leur interdire comme boisson l'eau marécageuse, et, au besoin, purifier l'air du campement par de grands feux constamment allumés. L'usage du tabac est favorable à la préservation.

A moins de circonstances exceptionnelles, on évite généralement les accidents graves de fièvre paludéenne en suivant le régime ci-après : « Prendre un peu de café au quinquina le matin à jeun, avant de traverser les marais.

Nourriture tonique, boire un mélange d'eau et de café non sucré ; usage modéré de vin pur ;

Emploi de la glace pour rafraîchir les boissons et détruire les principes de fermentation que peuvent contenir les eaux exposées au soleil et renfermant des détritus organiques plus ou moins abondants, comme celles des canaux d'irrigation.

A défaut de glace, il faut conserver les eaux de boisson dans des réservoirs intérieurs abrités de la chaleur et faire passer l'eau sur des filtres de charbon et de gravier ».

Les hommes qui s'exposent à dormir sur la terre nue, ou qui sont surpris ayant chaud par un orage, ne tardent pas à éprouver un accès de fièvre.

Le sulfate de quinine, à haute dose, triomphe d'ordinaire assez vite de ces accès.

Noyés. — Si l'on avait affaire à un noyé, il faudrait d'abord le déshabiller, l'étendre sur le côté droit pour faciliter l'écoulement des liquides par la bouche, en ayant soin de relever la tête plus que les pieds ; exercer ensuite quelques pressions régulières sur la poitrine et sur le ventre de manière à simuler les mouvements respiratoires, pendant qu'une autre personne frictionne les membres et excite au besoin les points les plus sensibles, tels que la luette, les fosses nasales, la plante des pieds. Ces moyens mécaniques réussissent le plus souvent, surtout s'il ne s'est pas écoulé un temps trop long entre la submersion et l'application des secours. S'ils échouaient, on aurait recours à l'insufflation de bouche à bouche, concurremment avec la respiration artificielle, et aux lavements de fumée de tabac.

Ophthalmie. — La chaleur excessive, la sécheresse de l'air pendant le jour, la fraîcheur et l'humidité de la nuit, la poussière permanente, la réverbération du sable engendrent des ophthalmies.

On les prévient et on les combat en se couvrant la figure pendant le sommeil, en se lavant fréquemment les yeux avec de l'eau tiède après chaque reprise de travail.

Cette affection est souvent contagieuse et il est bon d'isoler les malades qui en sont atteints.

Scorbut. — Le scorbut est rare aujourd'hui sur les chantiers. Il provient d'une alimentation défectueuse, du froid humide, de l'usage des salaisons et du manque de légumes.

On le combat par une nourrriture fraîche, par les végétaux et par les fruits acides, par les vêtements de laine.

Observations générales sur les premiers soins à donner aux blessés. — 1° Il importe de conserver le plus grand sang-froid auprès des blessés, se garder de toute précipitation dans les soins à donner et ne pas manifester par des paroles, par des gestes, l'impression fâcheuse que l'accident peut faire éprouver;

2° On ne doit jamais laver les plaies avec l'urine, l'eau salée ou tout autre substance, l'eau seule doit être employée;

3° Il faut éviter tout tiraillement dans le cas de blessures graves; on ne doit enlever les vêtements du blessé que lorsqu'il y a nécessité absolue;

4° Il ne faut jamais achever de détacher un lambeau de chair, quelque mince que soit la partie qui le retiendra au reste du corps;

En cas de foulure, entorse, luxation des membres inférieurs et sauf les cas spéciaux, définis plus haut, pour les fractures avec issues d'os, il faut éviter de faire marcher le blessé, se garder de toute traction, massage et autres attouchements sur le membre affecté;

6° Lorsqu'il y a hémorragie, il faut éviter de placer le blessé dans un lieu chaud, ne lui faire prendre aucune boisson chaude ni spiritueuse, comme vin, bière, eau-de-vie ou liqueurs : l'eau froide, simple ou légèrement sucrée, en petite quantité doit suffire en tous les cas;

7° Un blessé ne doit prendre aucun aliment avant l'arrivée du médecin.

OBSERVATIONS SUR LE SAUVETAGE

Le sauvetage des personnes surprises par un incendie ou par un éboulement, est une opération délicate pour la direction de laquelle il est impossible de formuler des règles générales et nous devons nous borner ici à quelques indications succinctes ayant trait principalement à la question des éboulements.

Feu sur les personnes. — Le sauveteur doit opérer rapidement et avec sang-froid. La première chose à faire est de jeter à terre la personne atteinte, car la flamme est alors moins dangereuse et gagne beaucoup moins vite le visage et les parties hautes du corps; elle se localise plus facilement et peut même s'éteindre si l'on roule la personne par terre, ce qu'on doit se hâter de faire. Il faut ensuite chercher à étouffer le feu avec des tapis, des couvertures ou des vêtements, en ayant soin de ne pas porter directement les mains sur les parties en combustion.

Sauvetage d'une personne qui se noie. — Sur beaucoup de chantiers, les ouvriers sont exposés à tomber à l'eau, et beaucoup d'entre eux ne savent point nager. L'ingénieur doit exiger qu'une barque soit toujours disponible et parée au voisinage immédiat du travail, et que l'on ait toujours sous la main quelques engins simples de sauvetage, tels que des lignes ou des bouées.

La ligne est une corde solide, de 1 ou de 2 centimètres de diamètre, garnie à chaque mètre d'un gros bouchon de liège, terminée à l'extrémité par un flotteur en bois ou en liège et enroulée sur un dévidoir; on tient de la main gauche le manche du dévidoir, et de la main droite, on lance le flotteur à la personne tombée dans l'eau.

La ligne Torrès a 5 à 7 mètres de long; elle se termine par une boule de liège et par un œil, et porte sur toute sa longueur une série de cabillots en bois; on la lance vers l'homme en danger, il la saisit et s'en entoure, de sorte qu'il peut se maintenir sur l'eau jusqu'à l'arrivée d'une barque.

On fait aussi des lignes servant à soutenir les personnes qui se jettent à l'eau pour en sauver d'autres; elles se terminent par deux boucles dans lesquelles on passe les bras et s'échappent d'un dévidoir, tenu par une autre personne sur le rivage.

Les bouées se composent de plusieurs rondelles annulaires de liège superposées et enveloppées de toile goudronnée; l'épaisseur est de $0^m,20$ à $0^m,30$, et le diamètre de $0^m,40$ à $0^m,60$. A la bouée sont attachés fréquemment des bouts de cordage avec flotteur qui permettent de la saisir.

Un sauvetage parfois difficile est celui des personnes qui, marchant sur la glace, la voient céder sous leurs pas et tombent dans l'ouverture ainsi formée; elles ont peine à se maintenir sur les bords auxquels elles se cramponnent, car, la partie inférieure du corps est toujours comme aspirée horizontalement sous la glace; il faut donc se hâter de les secourir, sans s'approcher trop près de l'ouverture, puisqu'on risquerait de déterminer une nouvelle brisure. Les lignes et les bouées peuvent être utilisées, lorsqu'on en a sous la main. Les longues échelles, ou plusieurs échelles raboutées, et posées à plat sur la glace, de manière à dépasser les bords du trou et même à traverser le trou tout entier, si c'est possible, constituent un engin efficace de sauvetage. A la rigueur, on peut les remplacer par des planches, des poutres, des pièces de bois quelconques, que l'on relie ensemble, si possible, de manière à constituer un long radeau ; les personnes qui le manœuvrent, se placent à l'extrémité opposée au trou, de manière à équilibrer le poids de la personne en danger.

Lorsque la personne à sauver a disparu sous la glace et qu'on peut l'apercevoir ou qu'on soupçonne la direction où elle se trouve, un homme s'approche de l'ouverture en se faisant accrocher par une ligne et en rampant sur une échelle posée à plat, si on en a une à sa disposition ; il est armé d'une perche à croc, et mieux d'une perche à plusieurs grappins, et à long manche, avec laquelle il peut tirer à lui la personne submergée.

Une de ces perches à grappins devrait toujours se trouver sur les chantiers de travaux hydrauliques.

Sauvetage de personnes asphyxiées dans des puits ou des fosses. — Nous n'avons pas à examiner les accidents épouvantables qui se produisent dans des mines par le dégagement du grisou et nous parlerons seulement des accidents ordinaires, qui se répètent malheureusement tous les jours, et qui frappent les ouvriers travaillant au fond des puits ou des fosses.

Il ne faut pas croire que c'est seulement dans les excavations anciennes, ou abandonnées depuis un temps plus ou moins long, que ces accidents se produisent ; ils peuvent fort bien se manifester aussi dans des excavations en cours de construction, lorsque l'on traverse des terrains imprégnés de matières organiques ou animales. L'attention de l'ingénieur doit donc être attirée sur le danger que peuvent présenter les fouilles dans les terrains de ce genre ; deux ouvriers employés au forage des puits de fondation du pont de Saint-Denis y ont perdu la vie.

Les puits ménagés dans les culées des ponts, ainsi que les puits d'amarrage des ponts suspendus, ne sont pas eux-mêmes dépourvus de tout danger et, dans certains cas, il convient de n'y point pénétrer sans quelques précautions.

Divers gaz méphitiques rendent une atmosphère irrespirable ou toxique. L'atmosphère simplement irrespirable est infiniment moins dangereuse ; elle ne renferme guère que de l'acide carbonique et de l'azote et l'on peut ramener à la vie les personnes qui y ont subi même une asphyxie prolongée.

Il n'en est pas de même des atmosphères toxiques, chargées d'oxyde de carbone, d'ammoniaque ou d'acide sulfhydrique ; une atmosphère, chargée d'un millième de cet acide, est mortelle à l'homme et c'est cette atmosphère qu'on est exposé à rencontrer dans les égouts et les fosses d'aisances ; elle est heureusement signalée par son odeur et, lorsque cette odeur se manifeste, on ne saurait montrer trop de prudence.

Lorsqu'un ouvrier vient de tomber asphyxié dans une fosse, le premier mouvement des personnes courageuses présentes est de descendre immédiatement à son secours ; en agissant ainsi, on marche presque toujours à une mort certaine, mais inutile, et le devoir de celui qui commande la manœuvre est d'arrêter toute tentative précipitée et d'exiger tout au moins que personne ne descende sans être solidement maintenu par une bricole ou par un cordage passé sous les aisselles et solidement fixé; au premier mouvement de défaillance on peut ainsi remonter le sauveteur.

Quand on a à pénétrer dans une cavité, le premier soin à prendre est de reconnaître la qualité de l'air qu'elle renferme; on y descend une lumière, en la faisant pénétrer jusqu'aux couches les plus basses, car c'est là que se cantonne l'acide carbonique dont la densité est une fois et demie celle de l'air. Quand la lumière a brûlé un quart d'heure d'une manière bien normale, sans agitation, sans variation d'éclat, il est bien probable qu'elle se trouve au milieu d'un air respirable; on peut même en être à peu près convaincu si l'odorat ne perçoit point d'odeur ammoniacale ou sulfhydrique.

Cependant, il est bon de descendre dans le puits ou dans la fosse, une botte de branchages attachés à une corde que l'on agite à plusieurs reprises pour mettre l'air en mouvement. S'il y a de l'eau au fond de la cavité, on suspend à la corde un poids quelconque, une barre de fer par exemple, avec laquelle on agite l'eau à plusieurs reprises, puis on recommence l'expérience de la lumière. Si elle réussit à nouveau, il ne peut y avoir grand danger à descendre.

Il importe d'agiter l'eau qui dort au fond de la cavité, car elle peut être chargée de gaz méphitiques qu'elle abandonne par le battage et qui viennent corrompre l'atmosphère.

Quelque favorable que soit le résultat de l'expérience, un chef de chantier prudent n'en exigera pas moins que le premier ouvrier qui descend soit maintenu par un cordage passé sous les aisselles, et mieux par un *bridage de puisatier*, formé de deux ceintures en cuir réunies ensemble et fixées l'une à la taille, l'autre sous les bras, c'est à celle-ci que s'attache le cordage de rappel.

Quand la lumière s'éteint ou brûle mal dans une cavité, ou quand l'odeur qui s'en dégage est caractéristique de l'ammoniaque ou de l'acide sulfhydrique, il n'y faut pénétrer qu'après l'avoir ventilée.

Un bon système de ventilation, d'un puits par exemple, consiste à en recouvrir l'édifice avec un couvercle en planche laissant à son pourtour quelques petits orifices pour l'accès de l'air à l'intérieur; au centre du couvercle passe un tuyau descendant jusqu'au fond du puits, ou jusqu'à une faible distance au-dessus du niveau de l'eau, le tuyau aboutit au sommet d'un cône renversé ou entonnoir supportant une grille sur laquelle on allume de la braise; la combustion détermine un appel d'air ascendant dans le tuyau et l'air confiné est remplacé par de l'air pur venant du dehors.

On peut encore insuffler de l'air par un tuyau jusqu'au fond de la cavité en se servant d'un gros soufflet, ou d'un tarare ou d'un ventilateur quelconque.

Au bout d'une ou de deux heures de ventilation par combustion, on recommence l'expérience de la chandelle; si elle n'est point favorable, c'est qu'un dégagement permanent de gaz méphitique existe dans la cavité et il faut le neutraliser.

Si c'était simplement un dégagement d'azote, il n'y aurait d'autre remède qu'une ventilation puissante.

S'il s'agit d'acide carbonique, on verse dans la cavité plusieurs arrosoirs de lait de chaux que l'on répartit sur toute la superficie et l'on agite ensuite l'eau fortement.

Pour détruire l'acide sulfhydrique, on lance avec des arrosoirs un lait de chlorure de chaux, 30 grammes de chlorure par litre d'eau, et on ne descend que lorsque l'odeur a disparu.

Pour l'ammoniaque, il faut recourir à l'arrosage avec une solution étendue d'acide sulfurique.

Enfin, il convient, dans les cas douteux, de maintenir une ventilation énergique pendant toute la durée du travail et d'exiger que les ouvriers soient constamment munis du bridage avec cordage maintenu à l'extérieur par un homme qui suit les mouvements de ses camarades.

Lorsqu'il s'agit de sauver un ouvrier tombé dans l'eau au fond d'un puits ou asphyxié dans une cavité, il est bon de disposer de quatre hommes ; l'un, armé du bridage ou simplement maintenu par un cordage que tient le n° 2, se laisse descendre lentement, en s'aidant à l'occasion du câble du puits ; cet homme est constamment surveillé par celui qui le soutient ; un ouvrier n° 3 fait descendre le cordage destiné à remonter l'ouvrier qu'il s'agit de sauver. Lorsque celui-ci est attaché au cordage, le n° 3 le soulève aidé par un homme de secours ; puis le n° 1 est remonté à son tour.

Il importe que, dans de pareilles circonstances, tout le monde observe une stricte discipline et obéisse instantanément au chef de manœuvre, sans observation ni discussion.

Les précautions que nous venons d'énumérer sont applicables lorsque l'on veut pénétrer dans des cavités quelconques, qui doivent toujours être suspectes lorsqu'elles ne sont pas soumises à une ventilation permanente. Lorsqu'il s'agit de pénétrer dans une fosse remplie de matière, on la désinfecte avec une solution de sulfate de fer ; le sulfate est dissous dans son poids d'eau et on emploie 1 à 2 litres de la solution par hectolitre de matière ; on fait subir à la masse un brassage énergique.

Sauvetage de personnes surprises par un éboulement. — Il n'est point, nous l'avons dit, de règle générale à donner pour les accidents de ce genre ; autant de cas, autant de solutions.

Ce qui importe avant tout, c'est de ne *jamais désespérer*, quelles que soient les circonstances de l'éboulement et la nature du terrain, quel que soit le temps écoulé depuis l'accident ; dans les terrains les plus mauvais, il se produit des arcboutements entre les masses mobiles et des vides subsistent capables de recevoir un ou plusieurs hommes.

Un puisatier a été retrouvé vivant trente jours après un éboulement ; un autre, enseveli à 25 mètres de profondeur, a été sauvé au bout de vingt jours. Souvent, les ouvriers ensevelis ont avec eux quelques provisions qui suffisent à prolonger leur existence; du reste, les fonctions vitales se ralentissent, et la dépense de l'organisme diminue. Ce qu'il y a de plûs à craindre est le défaut de renouvellement de l'air, qui engendre l'asphyxie; il arrive cependant que les fissures de la masse éboulée permettent une certaine circulation d'air.

Un éboulement s'étant produit, il ne faut point se mettre au travail avec emportement et au hasard : il importe que le chef de manœuvre règle et modère le zèle et les dévouements inexpérimentés, car un travail méthodique est seul profitable; il importe aussi qu'une seule personne commande et qu'elle obtienne des sauveteurs réunis une obéissance absolue.

Le chef cherchera en premier lieu à déterminer aussi exactement que possible le point où se trouvent les personnes ensevelies; il consultera pour cela les dessins, s'il en existe, relatifs au travail en cours ; à défaut de dessins, il interrogera d'une manière précise les ouvriers qui l'entourent, il se rendra compte des profondeurs à l'aide des cordes des treuils, il se renseignera sur la nature des terrains à rencontrer, sur la position et l'épaisseur des couches perméables ou boulantes. S'il s'agit de galeries souterraines comme dans les marnières, ces galeries sont souvent poussées au hasard et l'enquête destinée à repérer la position des ouvriers ensevelis est assez délicate.

Parfois, on peut se mettre en communication par la parole avec les victimes qui donnent elles-mêmes de précieuses indications sur leur situation et sur le chemin à suivre pour parvenir jusqu'à elles; parfois même, il est possible avec une sonde et des tuyaux flexibles d'établir une communication matérielle, de faire passer aux victimes des aliments liquides, et de leur envoyer avec un soufflet une provision d'air pur; une pareille circonstance permet d'opérer le sauvetage presque sans danger, car les mesures hâtives ne sont plus nécessaires.

Des travailleurs de bonne volonté se présentent presque toujours en nombre suffisant, car rarement le dévouement fait défaut en pareilles circonstances ; choisir les plus robustes, les plus exercés au travail dans les puits et dans les galeries souterraines, leur assigner un ordre de travail et établir un roulement entre eux; comme il faut demander aux travailleurs une grande activité, il convient de les relever toutes les heures; d'ordinaire, deux hommes seulement travaillent au fond du puits ou de la galerie; lorsqu'ils terminent leur besogne, ils sont en grande transpiration, il faut leur préparer une chambre chauffée, des vêtements secs, une boisson cordiale, afin qu'ils ne deviennent pas eux-mêmes victimes de leur dévouement.

Un éboulement s'étant produit, on peut, suivant les cas, marcher vers les victimes à l'aide : 1° d'une tranchée à ciel ouvert en fouille blindée; 2° ou d'un puits vertical; 3° ou d'une galerie de direction ordinairement horizontale. Exceptionnellement, on pourra être amené à établir une galerie à inclinaison prononcée ; mais ce n'est pas une solution recommandable, car les galeries inclinées présentent toujours de plus grandes difficultés d'exécution et de consolidation; on doit chercher au contraire à établir des galeries légèrement ascendantes afin de faciliter l'enlèvement des déblais, et surtout l'écoulement des eaux si on doit en redouter la présence. Très souvent on devra combiner le puits et la galerie.

1° *Fouille à ciel ouvert.* — Parfois, mais c'est bien rare, on peut arriver jusqu'aux personnes ensevelies en exécutant dans la masse éboulée une tranchée à ciel ouvert; lorsqu'on a recours à une galerie, on a presque toujours intérêt à l'amorcer par une tranchée, car l'avancement à ciel ouvert est plus rapide que l'avancement souterrain.

Une fouille de ce genre, en terre meuble, doit être au moins étrésillonnée et plus souvent blindée. Nous ne reproduirons pas, au sujet de l'exécution des fouilles blindées et étrésillonnées, les détails que nous avons donnés précédemment et que le lecteur trouvera aux pages 31 et suivantes du tome II du présent traité.

2° *Puits.* — On trouvera au même endroit des renseignements sur l'exécution des puits blindés, renseignements auxquels on joindra utilement ceux qui sont relatifs aux puits de sondages et que nous avons consignés à la page 57 du tome I.

Les puits à section circulaire sont ceux qui, à largeur égale, exigent le moindre déblai, mais on ne peut les entreprendre que si on dispose pour le blindage de bois courbes tout préparés; aussi a-t-on recours d'ordinaire à des puits de section rectangulaire. Les dimensions *minima* à adopter pour le vide sont $0^m,80$ sur $1^m,30$ à $1^m,50$, et si la profondeur est notable, il est bon de commencer par des dimensions plus fortes surtout en largeur, car on peut être amené, par les difficultés de pose des cadres et des blindages, à établir des étranglements à une certaine profondeur.

Or, pour aller vite, il ne faut point gêner outre mesure les travailleurs du fond; une médiocre économie sur le cube à extraire pourrait engendrer en fin de compte une perte de temps considérable.

Il convient donc de résister à la tendance, ordinaire aux gens inexpérimentés, d'opérer sur de trop faibles dimensions.

Le cadre supérieur du puits, appliqué sur le sol, doit être formé de pièces de bois de $0^m,10$ à $0^m,15$ d'équarrissage, se prolongeant de 1 mètre au moins au dehors du rectangle, afin de prendre sur la terre une surface d'appui suffisante; il convient de recouvrir le sol avec des planches autour de l'orifice afin d'éviter les tassements par le piétinement des ouvriers. Au premier moment il faut aussi se préoccuper de réunir tous les agrès et outils nécessaires : cordages, poulies, treuils, pioches, pelles, seaux, et même une pompe si on prévoit qu'elle pourra être utile; heureusement on peut en trouver aujourd'hui à peu près partout ou s'en procurer une avec ses tuyaux en quelques heures.

Lorsque c'est dans un puits même que l'éboulement s'est produit, ce qui arrive assez fréquemment pour les marnières, on peut se servir du puits existant et chercher à traverser l'éboulement qui l'encombre, mais on n'aura avantage à agir ainsi que si la longueur encombrée est faible, car l'établissement du passage sera toujours pénible et dangereux; presque toujours il conviendra d'établir un nouveau puits, à une distance de l'ancien suffisante pour n'être pas exposé à rencontrer la zone d'éboulement, à 7 ou 8 mètres par exemple. Le nouveau puits sera placé à l'aplomb du point probable où se trouvent les ouvriers ensevelis et, autant que possible, dans la direction où ils doivent être, afin qu'arrivé à la profondeur voulue on puisse aller les rejoindre par un bout de galerie horizontale.

A défaut de renseignement précis sur la direction à donner à cette galerie, on établit à la base du puits nouveau une galerie sur plan circulaire, que l'on peut attaquer des deux côtés à la fois; on donne à l'anneau horizontal que forme cette galerie un diamètre tel qu'il embrasse la zone dans laquelle les ouvriers doivent être nécessairement rencontrés.

« Quand un homme est pris dans un éboulement, dit M. Haton de la Goupillière dans son *Cours d'exploitation des mines*, on cherche de préférence à parvenir au-dessus de lui en se boisant dans le solide et pratiquant un grillage au-dessus de la partie disloquée, de manière à pouvoir la vider. Si l'on attaque, au contraire, les éboulis par dessous, sans protection, on risque de les voir couler consécutivement, comme dans une chambre d'éboulement... »

3° *Galerie*. — On donne aux galeries une section trapèze de $1^m,30$ de hauteur et de $0^m,90$ de largeur moyenne; la hauteur $1^m,30$ est suffisante parce que l'ouvrier piocheur peut travailler courbé, ou, ce qui est plus commode, agenouillé.

Le boisage des galeries est analogue à celui des puits. On se sert, pour la confection des cadres, de pièces de bois avec assemblage en gueule de loup, figure 111. Le chef du travail doit requérir des charpentiers afin d'avoir toujours des bois en quantité suffisante tout prêts à être posés et d'éviter toute perte de temps pour les travailleurs du fond.

La galerie normale est boisée sur tout son pourtour; les parois verticales et horizontales sont soutenues par un plancher en dosses ou madriers plus

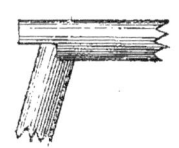

Fig. 111.

ou moins serrés, suivant la nature du terrain; quelquefois même on place un fascinage au-dessus des madriers. Ce garnissage s'effondrerait s'il n'était maintenu par des cadres transversaux rigides, dont l'espacement dépend de l'intensité de la poussée des terres; chaque cadre comprend deux montants au sommet desquels s'assemble la traverse qui supporte le *toit* de l'excavation; à la base s'assemble la semelle. Souvent, celle-ci peut être supprimée lorsqu'on s'établit sur terrain solide et on engage les montants dans des trous creusés à cet effet. L'espacement de $0^m,80$ à 1 mètre pour les cadres suffit d'ordinaire.

Le procédé de boisage que nous venons de décrire suppose que le terrain est susceptible de se tenir sur une certaine surface, correspondant par exemple à l'intervalle entre deux cadres, mais il n'en est pas toujours ainsi et il arrive quelquefois qu'on se trouve en présence d'un terrain ébouleux ou coulant, tel que le sable. Voici alors comment on peut opérer :

On se sert de cadres a et b, alternativement plus grands et plus petits, le chapeau et les montants des plus grands entourant en projection le chapeau et les montants des plus petits; il va sans dire que les semelles seules sont dans le même plan. Entre trois cadres consécutifs, on glisse des madriers jointifs ef, tangents extérieurement aux cadres (a) et (b) et intérieurement au cadre (a'); on fait avancer ces madriers à grands coups de masse que l'on frappe en f, et cela au fur et à mesure que la fouille s'approfondit. Les madriers sont taillés en biseaux à leur extrémité, de manière à pénétrer assez facilement dans le terrain coulant.

Au fond de la fouille est un bouclier en madriers jointifs horizontaux que l'on maintient par des chandelles latérales contrebutées par des

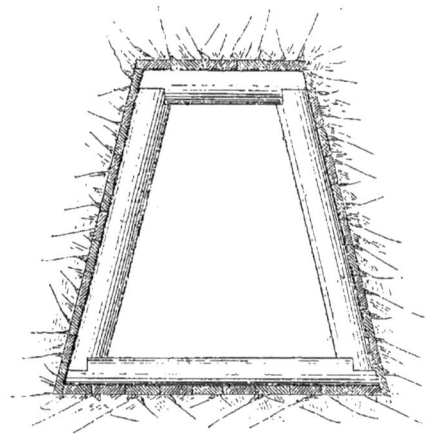

Fig. 112.

pièces horizontales ou inclinées qui s'appuient sur les cadres postérieurs. On ne déblaye pas sur toute la surface du bouclier à la fois; on commence par enfoncer d'une certaine quantité les madriers (ef) du toit, on enlève les planches supérieures du bouclier, puis, après avoir enlevé le sable qui est derrière, on les reporte au fond de l'excavation formée; on descend ainsi peu à peu, de manière à transporter le bouclier parallèlement à lui-même, mais par parties.

Lorsqu'on a avancé d'une longueur suffisante, on pose un nouveau cadre, et, si c'est un petit cadre, on glisse derrière de nouvelles palplanches (ef).

Ces palplanches sont coincées solidement au-dessus des petits cadres, que leurs extrémités dépassent toujours un peu.

La figure 113 fait très nettement comprendre ce système de galeries qui peut trouver son application en bien des circonstances; plus ou moins modifié, il peut être utilisé lorsqu'il s'agit de procéder au sauvetage d'ouvriers enfouis sous un éboulement de sable.

Il est important de ne pas laisser se former de vides au-dessus du garnissage, parce qu'il peut se produire des éboulis brusques et des chocs qui écrasent les cadres et comblent la galerie; on passe alors beaucoup de temps à réparer le dommage qui peut, du reste, entraîner de graves accidents. Dans un sable fluide, il faudra donc avoir soin de rendre les palplanches bien jointives, et s'il existe quelque fissure, on devra la garnir avec de la paille ou des fascines.

Les bois à employer peuvent être des rondins ou des pièces demi-rondes de $0^m,10$ à $0^m,25$ de diamètre, suivant les cas; dans la pratique, on prend ce que l'on a sous la main, fût-ce des bois équarris d'une certaine valeur.

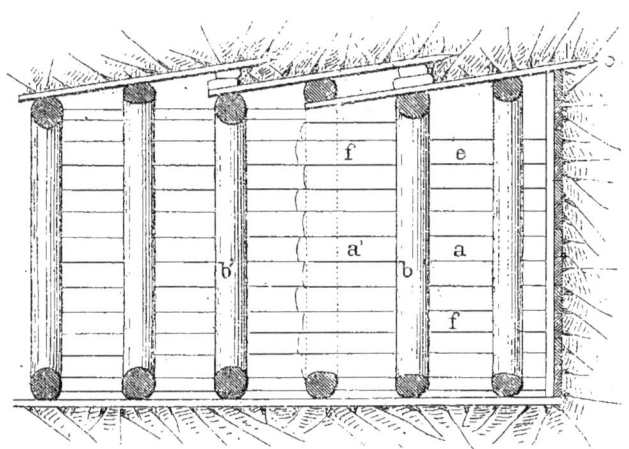

Fig. 113.

Pour terminer une galerie et pour arriver jusqu'aux victimes sans déterminer un nouvel éboulement, on peut traverser des passages particulièrement difficiles; on peut recourir exceptionnellement à des galeries et à des cadres triangulaires de $0^m,60$ de base et de $0^m,80$ de hauteur, dans lesquelles un ouvrier travaille couché sur le côté. Ces galeries ne peuvent être évidemment que de faible longueur.

Les explications précédentes suffiront, nous l'espérons, à indiquer au lecteur ce qu'il convient de faire en cas d'éboulements pour sauver les victimes. Il y a souvent chance de succès, surtout quand la manœuvre est dirigée par un homme persévérant, courageux et de sang-froid, qui impose son autorité tant aux bavards qui l'entourent qu'aux ouvriers dont le dévouement infatigable en pareilles circonstances a besoin d'une direction prudente et sage.

Procédé rapide pour l'ouverture des puits et galeries de sauvetage. — Le génie militaire enseigne dans ses écoles régimentaires les procédés pour l'exécution rapide de puits et de galeries de faibles dimensions; ces procédés sont susceptibles d'application au sauvetage des ouvriers ensevelis sous un éboulement dans des terrains sablonneux. Voici la description qu'en a donnée M. Léon Lévy, ingénieur des mines, qui, du reste, a fait en 1884, l'expérience directe du système :

« Il s'agissait de rechercher le corps d'un ouvrier pris sous un éboulement de 15 mètres au fond d'un puits pratiqué dans les sables de Fontainebleau et dont le revêtement, formé d'une chemise de plâtre de 2 à 3 centimètres, avait cédé sous la pression du terrain. La nature de ces sables, extrêmement maigres et fluides, exigeait des précautions particulières dans la construction du puits et du rameau de sauvetage, et l'application des moyens mis en œuvre a donné des résultats assez satisfaisants pour motiver ici la reproduction presque littérale des principaux passages du manuel intitulé : *École des mines*.

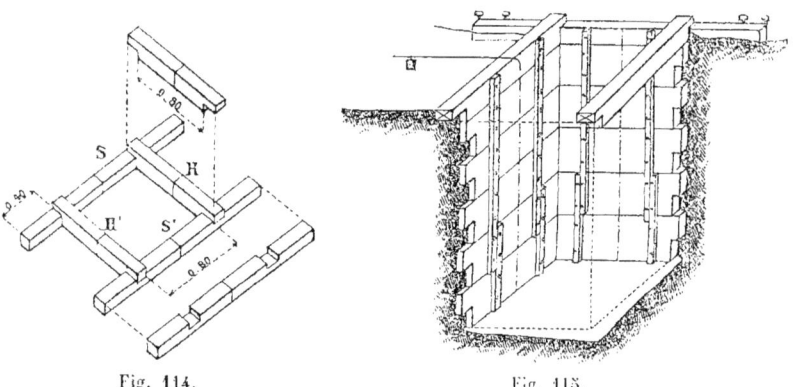

Fig. 114.   Fig. 115.

« Le procédé est connu sous le nom de *fonçage de puits à la Boule*.

« On commence par établir à la surface du terrain rendu horizontal *un cadre à oreilles* de $0^m,80/0^m,80$ dans œuvre, composé de quatre pièces équarries de $0^m,10$ environ de côté : deux semelles S et S' à oreilles, assemblées à tiers bois avec les chapeaux H et H'. On assure tout le système avec de la terre et on le consolide au moyen de piquets placés aux bouts et sur les côtés des oreilles. On fouille ensuite d'environ $0^m,30$ et on place un premier cadre jointivement au cadre à oreilles (*fig.* 115). On continue la fouille en lui donnant autant que possible une largeur égale au hors œuvre des cadres, que l'on place au fur et à mesure de l'approfondissement. Ils sont composés chacun de quatre planches qui sont assemblées de champ au moyen d'entailles de la moitié de leur largeur (*fig.* 116). Ces planches ont de $0^m,25$ à $0^m,30$ de largeur et $0^m,02$ et $0^m,03$ d'épaisseur. Elles portent, comme les pièces du cadre à oreilles, des coches au trait de scie en leur milieu. Au moment de la pose de chaque cadre, on laisse descendre successivement un fil à plomb de chacune des coches du cadre à oreilles et l'on fait varier, au moyen de coins, la position du cadre que l'on pose, jusqu'à ce que le fil à plomb couvre exactement les coches correspondantes des différentes pièces. On consolide le système en rattachant par des tringles en bois clouées les faces correspondantes des cadres. Ces tringles ont communément $1^m,10$ à $1^m,20$ de longueur, $0^m,06$ à $0^m,07$ de largeur et $0^m,02$ à $0^m,03$ d'épaisseur.

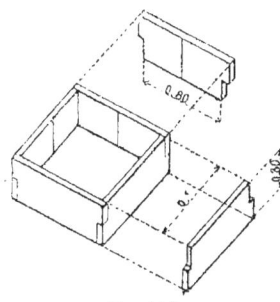

Fig. 116.

« Lorsque le puits doit être construit rapidement, on ne s'astreint pas à conduire la fouille exactement suivant le hors œuvre des cadres, on la tient un peu plus large et l'on consolide les cadres au moyen de coins ou de gazons que l'on introduit entre eux et les terres.

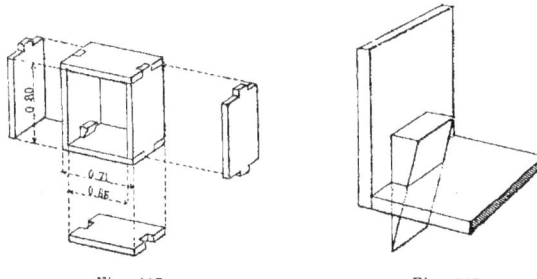

Fig. 117. Fig. 118.

« Il arrive souvent que, le puits se trouvant creusé à la profondeur nécessaire, on soit obligé de déboucher en rameau pour marcher vers les ouvriers à retirer. L'expérience nous conduit également à recommander le procédé suivant. Il est fondé sur l'emploi de châssis coffrants disposés jointivement.

« Le châssis ordinaire se compose de quatre pièces formées de planches de $0^m,03$ à $0^m,05$ d'épaisseur et de $0^m,23$ à $0^m,30$ de largeur assemblées à l'aide de trois tenons et d'un coin (*fig.* 117). Le chapeau porte à ses extrémités deux entailles ayant pour largeur le tiers de la largeur de la planche et une profondeur égale à l'épaisseur du bois. La semelle porte également deux entailles de même épaisseur, mais dont l'une est de 0^m,03 plus longue que l'autre. L'un des montants se termine par un tenon à chacune de ses extrémités; l'autre ne porte qu'un seul tenon à sa partie supérieure. Pour maintenir ce dernier montant qu'on place du côté de la semelle où se trouve l'entaille la plus profonde, on enfonce dans cette entaille un coin long et mince (*fig.* 118).

« Le milieu de la face inférieure du chapeau et celui de la face supérieure de la semelle sont indiqués par un trait de scie. Les quatre pièces d'un même châssis doivent porter un numéro d'ordre.

« Pour changer de direction, on emploie des châssis tournants dans lesquels les montants sont de largeur inégale : il en résulte que la semelle et le chapeau semblables entre eux présentent la figure d'un trapèze. On gagne la nouvelle direction par l'emploi d'un ou de plusieurs de ces châssis.

« Pour établir l'ouvrage, on enlève, s'il est nécessaire, le dernier cadre coffrant posé, on déblaie l'emplacement de la semelle du premier châssis et on la pose de manière qu'elle soit bien de niveau, sa coche exactement dans l'axe du rameau et la face antérieure affleurant dans œuvre du puits. On achève la fouille en enlevant, au besoin, un nouveau cadre à la Boule, et on procède à l'assemblage du châssis. A cet effet, on pose celui des montants qui a deux tenons, puis le chapeau, dont on engage l'entaille dans le tenon supérieur du montant placé. Le mineur, soutenant alors ce chapeau avec la tête et les épaules, saisit le deuxième montant qu'on lui passe, engage son tenon supérieur dans l'entaille du chapeau et achève de le mettre en place en s'aidant de ses outils jusqu'à ce que le montant soit à peu près vertical. Il ne reste plus qu'à enfoncer dans l'entaille de la semelle le petit coin qui sert à maintenir le montant dans sa position.

« Le premier châssis posé, on pose les suivants jointifs au fur et à mesure que leur emplacement est préparé, et de manière que les coches des semelles soient exactement dans l'axe du rameau et que leur face supérieure se trouve dans un même plan. On assure les semelles dans cette position en damant fortement les terres.

« On voit que l'exécution de ces ouvrages ne comporte que des ressources en bois et en main-d'œuvre que l'on trouve réunies dans presque toutes les localités. C'est là un nouvel avantage susceptible d'en étendre l'application ».

Cependant, il serait imprudent d'en poursuivre l'application au delà de 15 à 20 mètres de profondeur dans de mauvais terrains; le boisage avec cadres deviendrait alors préférable.

Travaux entrepris pour le sauvetage d'un puisatier enseveli à Sermaise. — Le hameau de Blancheface, commune de Sermaise, près de Dourdan (Seine-et-Oise), est établi sur un plateau formé par l'argile à meulière et le calcaire lacustre de Beauce surmontant les sables de Fontainebleau. On trouve à la surface du sol quelques mares qui tarissent en été; mais, vu l'extrême perméabilité des couches sous-jacentes, il n'existe point de sources dans le pays et les puits doivent descendre jusqu'au niveau de la nappe continue qui se rencontre dans les sables ; c'est cette nappe qui alimente tous les puits de la Beauce et qui subit des variations lentes commandées, ainsi que l'a montré Belgrand, par la plus ou moins grande humidité des saisons froides.

Pour alimenter la commune de Sermaise, le conseil municipal décida, en 1887, le forage d'un puits de $1^m,80$ de diamètre, qui devait atteindre la nappe souterraine à une profondeur de 60 à 70 mètres ; un entrepreneur soumissionna le travail à 60 francs le mètre courant, y compris le revêtement en maçonnerie de $0^m,22$ d'épaisseur et céda l'exécution, moyennant 30 francs le mètre, à un puisatier belge, nommé Dutilleux, les fournitures restant à la charge de l'entrepreneur.

Commencé en décembre 1887, le forage était terminé à la fin de mars 1888 et la nappe d'eau était atteinte ; la profondeur du puits devait être de 71 mètres, d'après l'entrepreneur, et de $65^m,80$ d'après l'architecte ; on avait traversé les argiles et les marnes sur environ 22 mètres et le sable sur le reste ; au fur et à mesure de la descente, le puisatier avait consolidé les parois au moyen de branches flexibles dressées en hélice sur tout le pourtour de l'ouvrage et sur la hauteur des argiles et des marnes ; dans les sables, il avait appliqué sur les parois des planchettes de 1 mètre de long, $0^m,10$ à $0,15$ de large et $0^m,025$ d'épaisseur, maintenues par des feuillards en fer de $0^m,07$ sur $0^m,012$. Il y avait tous les mètres, un de ces feuillards formant anneau intérieur et fixé par *crochets à vis* sur quatre planchettes opposées deux à deux et garnies d'une armature en fer, cette armature reliant la planchette de l'étage inférieur à la planchette correspondante de l'étage supérieur.

Dans les premiers jours de mars 1888, Dutilleux commença à élever la maçonnerie en briques, montée sur un rouet posé au fond du puits. Le 19 avril, le revêtement s'élevait à 34 mètres selon l'architecte, 37 mètres selon l'entrepreneur. Dutilleux travaillait sur un plancher à claire-voie installé sur la maçonnerie, et à 3 mètres au-dessous devait se trouver un plancher jointif destiné à arrêter les matériaux et les débris qui s'échappaient.

A quatre heures et demie du soir, l'enlèvement de quelques planchettes garnissant les parois détermina un éboulement et le plancher à claire-voie fut recouvert d'environ 1 mètre de sable ; le puisatier se fit remonter. Mais le 20 avril, à cinq heures et demie du matin, il vint reprendre son travail ; l'afflux de sable avait augmenté pendant la nuit ; deux fois Dutilleux se fit remonter pour prendre des étais ; la seconde fois il se fit attacher par une commande sur la corde du treuil et descendit les pieds dans le baquet ; peu après, vers six heures, il demanda subitement de le remonter, un nouvel éboulement venait de se produire ; mais, à peine le treuil avait-il tourné de 2 mètres qu'un éboulement considérable se produisait à la profondeur de 21 mètres, au contact des marnes et des sables ; le puisatier se trouvait pris entre les deux éboulements et tous les efforts exercés par quinze hommes à la fois sur les manivelles du treuil, ne parvinrent pas à le dégager.

336 PROCÉDÉS ET MATÉRIAUX DE CONSTRUCTION

Ce jour-là on ne fit rien ; le soir même, M. Léon Lévy, ingénieur des mines, chargé de l'arrondissement, prévenu par M. le préfet, se rendit sur les lieux, et c'est à lui que nous devons les renseignements qui vont

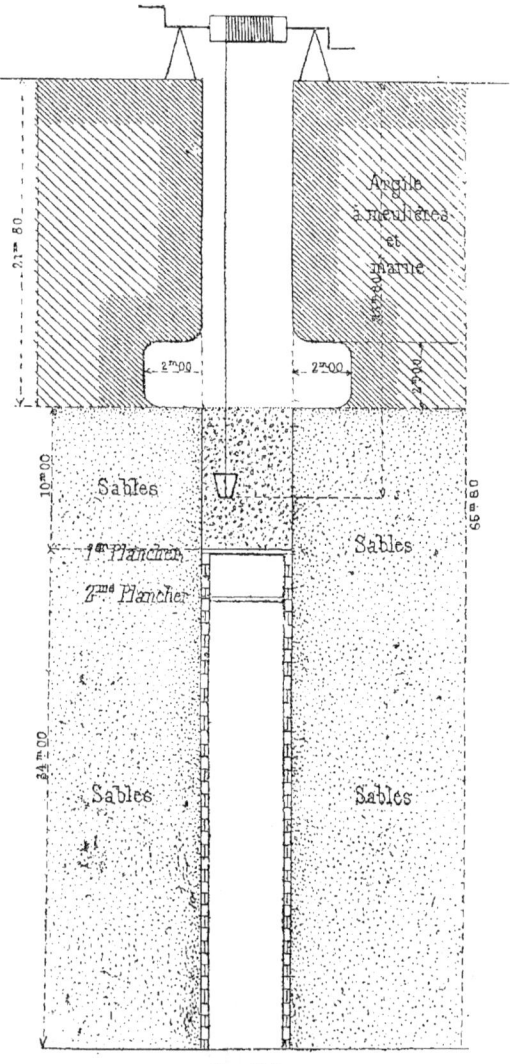

Fig. 119.

suivre : arrivant à onze heures du soir, il constata tout d'abord que, d'après l'avis unanime des assistants, le puisatier ne devait pas avoir survécu ; néanmoins il commanda un approvisionnement de bois et, faute d'ouvrier, dut remettre le travail au lendemain.

Le 21 au matin, M. Lévy descendit dans le puits et reconnut l'état des lieux, que représente le croquis ci-contre ; une cloche d'environ 2 mètres s'était formée à la base de la marne ; la corde était prise dans la masse et le baquet devait se trouver à environ $3^m,50$ au-dessus du premier plancher, c'est-à-dire à $28^m,30$ de la surface d'après les données de l'architecte, ou à $30^m,50$ d'après celles de l'entrepreneur. En fait, il fut reconnu plus tard que les deux estimations étaient inexactes, car le baquet s'était détaché de la corde, et des deux planchers un seul existait, à 33 mètres de la surface.

M. Lévy résolut de boiser le puits du haut en bas pour aller à la rencontre du puisatier ; la certitude de la mort de ce dernier étant presque absolue, la municipalité désirait voir les travaux de sauvetage combinés avec les travaux de conservation du travail effectué.

Il fallait d'abord combler la cloche avec des fascines pour arrêter l'éboulement ; on finit par trouver un puisatier de bonne volonté qui descendit avec l'ingénieur et les gardes-mines. La cloche comblée, on jeta dans le puits des fagots et des bottes de paille pour remplir jusqu'au niveau 18 mètres au-dessous du sol ; à ce niveau se trouvait un banc de calcaire dur pouvant servir d'assiette pour un cadre à oreilles destiné à supporter le futur boisage descendant ; les bois étaient pendant ce temps préparés à la surface. L'après-midi arrivait un détachement de soldats du génie sous la direction du lieutenant Pierrot ; dès lors le travail pouvait marcher avec ordre et rapidité.

A trois heures de l'après-midi, on posa le cadre à oreilles, formé de chevrons en chêne de $0^m,15$ d'équarrissage, et les oreilles étaient engagées de $0^m,20$ dans la roche. A minuit le cadre était posé et relié par des tringles à un autre cadre placé $1^m,50$ plus haut.

Le 22 on reprit le travail ; pour gagner du temps, on ne monta pas le nouveau coffrage jusqu'au niveau du sol, comme on l'avait prévu tout d'abord et on commença à descendre à partir de la cote 18 ; les cadres étaient placés tous les mètres et soutenaient des coffrages jointifs, le tout en chevrons de sapin de $0^m,10$ d'équarrissage et en planches de $0^m,03$ d'épaisseur.

Le cadre en chêne devant servir de faux cadre pour la pose du coffrage, on plaça à l'intérieur un cadre en sapin de $1^m,12$ dans œuvre ; de la paille et des fascines étaient introduites entre le terrain et le coffrage, qui se trouvait serré par ce remplissage ; grâce aux fascines on pouvait poser le cadre inférieur avant d'introduire les planches du coffrage.

Le 22 au soir on était à la cote 19. Le lendemain matin, M. Lévy constata qu'un éboulement s'était produit vers la profondeur 10 mètres et qu'une poche de $0^m,58$ s'était formée ; il résolut alors de boiser tout l'ouvrage, au moyen d'un système de cuves en bois qui lui avait déjà fourni d'excellents résultats dans une autre circonstance. Ces cuves, de 2 à 3 mètres de long, ont des douves en sapin de 3 centimètres d'épaisseur, clouées sur cadres en chêne de $0^m,05$ d'épaisseur à pourtour circulaire, et les cadres sont reliés aux angles par quatre chevrons de $0^m,10$ d'équarrissage ; on peut du reste suspendre la colonne de cuves à un fort cadre posé sur le sol, de manière à ne pas charger le fond.

Le cuvelage entier fut posé de cinq heures du matin à sept heures du soir; les sapeurs purent alors se remettre avec confiance au travail du fond, le contact de toutes les cuves étant bien assuré à l'aide de coins.

« Telle a été, dit M. Lévy, la solidité du système que, jusqu'au dernier jour du sauvetage, soit pendant trois semaines, aucune pièce n'a subi un mouvement appréciable ».

Le travail d'approfondissement, repris le 24, conduisait le soir même à la profondeur de 21 mètres; on avait fait 2 mètres seulement dans la journée, à cause des précautions à prendre pour le garnissage des parois.

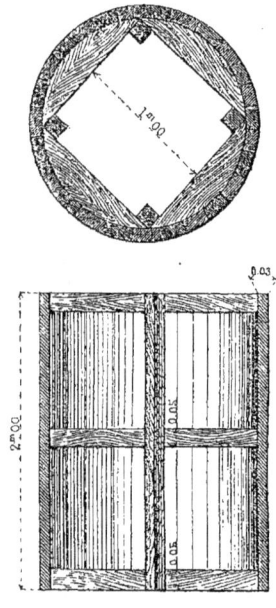

Fig. 120.

Le 25, on avait passé l'entonnoir, on entrait dans la marne éboulée et on arrivait à 23 mètres.

Le 26, après avoir traversé quelques blocs de grès durs, on entrait dans les sables boulants, il fallait rapprocher les cadres à $0^m,50$ et battre les planches du coffrage avant de déblayer; on parvint jusqu'à la cote $24^m,30$ avec beaucoup de difficulté, car le sable rentrait par le fond de la fouille, comme une masse liquide cherchant à reprendre son niveau hydrostatique.

A cette cote, on rencontra les premières planches du coffrage primitif et bientôt un fouillis de feuillards brisés ou tordus; tout effort exercé sur cette masse déterminait un nouvel éboulement et la solidité des parties supérieures parut bientôt compromise; les travailleurs perdirent courage et, comme personne ne mettait en doute la mort du puisatier, puisqu'on n'avait entendu aucune plainte, aucun bruit, on décida d'abandonner le travail.

Le 28 avril au matin, on entendit des appels de Dutilleux et on se hâta de prendre des mesures pour se mettre en relations avec lui; l'entrepreneur avait cherché dans l'intervalle à approfondir la fouille en maintenant les parois avec une chemise en plâtre, qui ne tarda pas à se rompre lorsqu'on eut atteint la côte 25^m,50.

Sur un plancher provisoire, au-dessus de la chemise de plâtre, on installa un petit matériel de sondage manœuvré par les ouvriers de la maison Lippmann. On disposait d'une tarière et de deux cuillers, et, les sapeurs ayant été répartis en trois escouades travaillant chacune huit heures, on put poursuivre le forage sans interruption. Deux premiers sondages furent arrêtés par des obstacles qu'on ne voulut point réduire par le trépan, tout choc pouvant compromettre l'équilibre instable d'une masse aussi mobile; le troisième sondage arriva à 1^m,50 de Dutilleux, ainsi que lui-même le fit connaître; enfin, bien que l'éboulement gagnât et que l'on eût été obligé de se réfugier sur un échafaudage à 6 mètres du fond, un quatrième sondage parvint jusqu'au puisatier dans l'après-midi du 29; on put alors lui faire parvenir une bougie et des aliments et converser avec lui; il fit savoir qu'il était sur un plancher, et, comme la sonde parvenait à la cote 33 mètres, on le crut réfugié sur le deuxième plancher jointif signalé par l'architecte et protégé par une certaine hauteur de maçonnerie; malheureusement il n'en était rien, le second plancher n'existait que dans les prévisions. Dutilleux se trouvait sur l'unique plancher installé au sommet de la maçonnerie.

Mais le trou de la sonde se bouchait peu à peu, et il fallait le tuber pour le maintenir; le tubage offrait de grandes difficultés à cause des obstacles rencontrés; il fallut le recommencer à plusieurs reprises. M. Lévy parvint cependant à faire entrer un nouveau tube en le bouchant à la base par un bouchon conique en bois qui écartait les feuillards comme aurait fait un coin.

A quatre heures de l'après-midi, le lendemain, la communication était rétablie; mais Dutilleux ne répondait plus guère et semblait devenir indifférent. Dans la matinée du 1er mai, il cessa de donner signe de vie. Au cours de l'opération, il s'était plaint de l'envahissement des sables.

Deux ouvriers restèrent néanmoins près du trou de sondage; le 4 mai, on constata que le passage était intercepté; le trou fut refait et tubé solidement avec un tube en fer qu'on enfonça au risque de provoquer de nouveaux éboulements, risque moindre que celui de l'asphyxie pour l'ouvrier enseveli.

Le 29 avril, M. Lévy, ayant déterminé la position exacte du puisatier, et reconnu l'impossibilité d'arriver à lui directement, proposa d'entreprendre un puits latéral, qui fut commencé le 1er mai.

Le nouveau puits fut ouvert à 7 mètres de l'ancien, distance mesurée d'axe en axe, en dehors de la zone des éboulements; il reçut une section carrée avec 1ᵐ,12 de largeur en œuvre, ce qui donna, en ajoutant deux fois 0ᵐ,10 pour les cadres et deux fois 0ᵐ,03 pour le coffrage, une largeur hors œuvre de 1ᵐ,38 ; deux hommes pouvaient travailler au fond de cette large section ; la fouille fut poursuivie par le procédé

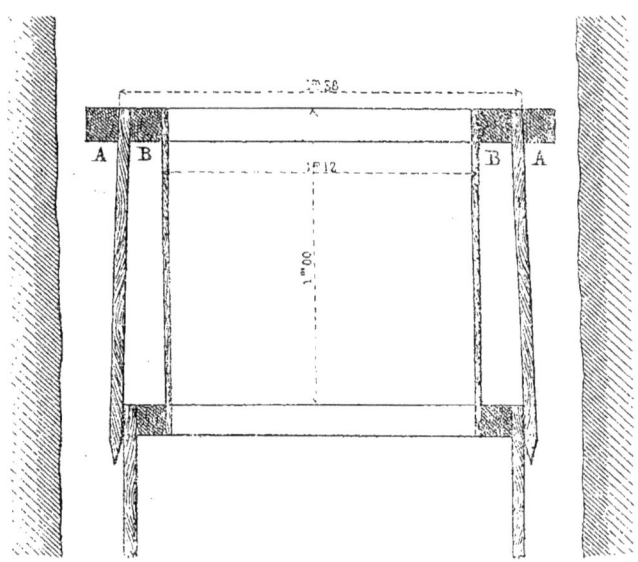

Fig. 121.

rapide, familier aux sapeurs du génie, que nous avons décrit précédemment et qui est enseigné dans le manuel intitulé : *École de mines*.

Le premier cadre appliqué sur le sol était un cadre à oreilles, en chêne, de 0ᵐ,15 d'équarrissage, avec semelles de 2ᵐ,40 ; on parvint à une profondeur de :

```
2 mètres   le 1ᵉʳ mai au soir.
3ᵐ,50      le 2      —
5ᵐ,50      le 3      —
8ᵐ,50      le 4      —
11 mètres  le 5      —
14   —     le 6      —
16ᵐ,50     le 7      —
18ᵐ,50     le 8      —
```

on avait alors traversé 1ᵐ,20 de terre rapportée, 6ᵐ,80 d'argile à meulière, puis des marnes avec bancs de calcaires durs. Lorsqu'on entra dans le sable vers la cote 21 mètres, les cadres furent rapprochés à 0ᵐ,50 au lieu de 1 mètre et le coffrage fut partout exécuté jointif.

Le puits latéral s'exécuta sans accident et avec régularité, sous la direction de M. l'ingénieur en chef Keller, jusqu'à la profondeur de 33 mètres, puis on ouvrit le rameau de jonction, de 0ᵐ,80 sur 0ᵐ,80, à l'aide des cadres-châssis coffrants précédemment décrits, et ce rameau tomba directement sur le cadavre de Dutilleux qui fut ramené au jour.

Dans l'intervalle, un architecte du Nord s'était présenté, se faisant fort d'arriver en quarante-huit heures jusqu'au puisatier et de le sauver par un procédé simple et rapide : en présence des appréciations de la presse et du public, l'administration est évidemment forcée, en pareille matière, d'accepter les concours qui se présentent, même quand les ingénieurs de l'Etat les jugent inutiles et dans une certaine mesure dangereux.

Le 3 mai, l'architecte arrivait sur les lieux et demandait cinq jours pour effectuer le sauvetage : son système consistait à enfoncer dans la masse éboulée une série de viroles en tôle, à diamètre décroissant, se suivant comme les tubes d'un télescope et suspendues par des crochets à quatre câbles partant de la surface ; chaque virole était formée d'une feuille de tôle cintrée de $0^m,003$ d'épaisseur ; en la serrant avec une

Fig. 122.

corde, on réduisait le diamètre à $0^m,50$, ce qui facilitait la descente et la mise en place, puis on enlevait la corde, la tôle se détendait, prenait un diamètre de $0^m,80$, et la virole se fermait en engageant un bord de la feuille dans une fourche rivée sur l'autre bord ; chaque virole était mise en place après déblaiement sur une hauteur égale à la sienne, le terrassier étant abrité pendant son travail dans une sorte de cage en tôle de $0^m,70$ de diamètre.

Le procédé, bien simple en apparence, présentait évidemment de grosses difficultés d'exécution, telles que la mise en place et l'extension des viroles ; le faible espace disponible rendait le travail du terrassier très difficile et ne permettait point de couper sans grande peine les bois et les fers que l'on rencontrerait ; un éboulement latéral pouvait déformer une ou plusieurs viroles et interrompre le passage des viroles suivantes et celui des ouvriers ; enfin, le délai demandé était certes infiniment trop court aux yeux de tout homme ayant l'expérience des travaux.

Du 4 au 6, l'architecte fit ses préparatifs et la première virole fut descendue le 6 au soir ; le 7, il fit remonter les viroles posées, on les coupa longitudinalement, le procédé primitif d'assemblage fut dont modifié ; de plus, on laissa les viroles reposer sur le fond, au lieu de les suspencre comme on l'avait prévu, le poids de la colonne étant cependant susceptible de déterminer des éboulements nouveaux au-dessus de la victime. Enfin, la continuation du travail ne tarda pas à devenir impossible et l'auteur du projet se vit contraint de l'abandonner.

Ce long exposé démontre une fois de plus qu'en matière de sauvetage, sauf circonstances exceptionnelles, il faut le moins possible toucher à la masse éboulée et que le procédé le plus court est celui qui consiste à ouvrir dans le terrain vierge de nouveaux puits et de nouvelles galeries.

ACCIDENTS DU TRAVAIL; SECOURS AUX OUVRIERS MALADES OU BLESSÉS.

Un ouvrier, employé dans une usine ou sur un chantier de travaux, a le malheur d'être blessé ou de tomber malade : il rentre chez lui ou gagne l'hôpital; la source de son salaire est tarie pour plusieurs semaines; les petites économies du ménage passent dans les dépenses des premiers jours et le crédit n'est pas long. Aussi la misère arrive vite, et avec elle le découragement; les mauvaises habitudes se développent en peu de temps chez la femme et chez les enfants; une famille, honnête jusque-là, peut se trouver entraînée à la ruine matérielle et morale.

A ce tableau douloureux, l'économie politique nous répond que, si l'ouvrier dont nous parlons avait été économe et prévoyant, si par un prélèvement de 5 ou 10 p. 100 sur son salaire quotidien il s'était constitué une réserve pour les mauvais jours, il se fût mis, lui et les siens, à l'abri de la misère.

Parfois même on ajoute que la lutte pour la vie a ses blessés et ses morts et que l'humanité doit subir cette loi fatale.

Tout cela est peut-être vrai en théorie, mais difficilement acceptable en pratique pour qui a vu de près le monde des ouvriers. Ils ne sont pas encore parvenus à comprendre qu'il faut dans le salaire considérer deux parts, l'une destinée aux besoins immédiats, l'autre aux besoins futurs, sorte de prime d'assurance destinée à payer le pain du chômage et de la vieillesse. Et puis est-il admissible que le petit ouvrier d'industrie, même parmi les meilleurs, chargé d'une nombreuse famille, puisse aujourd'hui parvenir seul à réaliser des économies sérieuses, capables de le mettre à l'abri de tous les accidents?

Il lui faut absolument le concours de son patron et de la communauté tout entière; cette nécessité paraît avoir été reconnue, dans ces dernières années, par la plupart des gouvernements d'Europe, et nous nous proposons de passer rapidement en revue ce qui a été fait tant à l'étranger qu'en France [1].

---

[1] Le lecteur consultera avec profit les articles suivants : Proposition de loi de M. Peulvey des 14 janvier 1882 et 26 novembre 1883, de M. Félix Faure du 11 février 1882; Projet de loi déposé le 13 février 1884 et discuté le 24 octobre; Projet déposé par M. Rouvier le 24 mars 1885; *La liberté des mesures contre les accidents industriels*, par M. Georges Salomon, Compte rendu de la Société des ingénieurs civils de 1882; même Société, mars 1887,

SITUATION EN ALLEMAGNE

Le chancelier de l'empire d'Allemagne, partant de cette idée que l'État doit être la première des institutions de bienfaisance, et rompant sans crainte avec le principe économique de la liberté du travail, a fait voter par le Reichstag plusieurs lois destinées à organiser l'assurance des ouvriers en cas de maladies et d'accidents.

Présentée en 1881, la loi sur l'assurance en cas de maladies n'est devenue définitive qu'en 1883 ; la loi sur les accidents fut admise avec plus de peine par le conseil fédéral et finit par être adoptée le 6 juillet 1884 ; elle comprend neuf chapitres et cent onze articles ; c'est le code de l'assurance ouvrière.

En voici, d'après M. Arthur Desjardins, les principaux traits :

Sont nécessairement assurés contre les accidents qui peuvent se produire dans leur profession tous les ouvriers occupés dans les mines, les salines, les établissements où l'on traite les minerais, les carrières, les lieux d'extraction, sur les chantiers et les bâtisses, dans les fabriques et les établissements où l'on travaille les métaux, ainsi que les employés industriels occupés dans les mêmes industries, lorsque la rémunération annuelle ne dépasse pas 2,000 marks. Les fabriques sont, au sens de la loi nouvelle, les établissements dans lesquels on se livre à la fabrication ou au façonnage de certains objets et où sont occupés régulièrement au moins dix ouvriers, ainsi que les établissements où l'on fabrique industriellement des matières explosibles. L'administration impériale des assurances détermine quels établissements doivent, en outre, être envisagés comme des « fabriques ». Enfin les ouvriers et employés industriels occupés dans les industries que la loi n'a pas comprises dans ses prévisions expresses, mais qui comportent des travaux de bâtisse, peuvent être soumis à l'assurance obligatoire par décision du conseil fédéral.

On aperçoit tout d'abord le vice principal du système. Pourquoi faire ce triage de la classe ouvrière ? Pourquoi soumettre les uns et soustraire les autres à l'assurance obligatoire ? A peine quelques mois s'étaient-ils écoulés qu'il fallait, pour compléter la liste, élaborer une loi nouvelle. A peine avait-on voté cette loi nouvelle (28 mai 1885), qu'il fallait préparer la troisième. Mais la loi du 5 mai 1886 sera-t-elle jugée suffisante ?

Tandis que la loi de 1883, sur l'assurance des ouvriers *contre les maladies*, les soumet à des cotisations prélevées sur leurs salaires et n'astreint le patron qu'au tiers de la cotisation totale versée en leur nom, la loi de 1884 met toute l'assurance *contre les accidents* à la charge des entrepreneurs industriels. Mais, en leur imposant cette charge, elle atténue, par une équitable compensation, leur responsabilité civile : ils ne répondent plus de tout le dommage causé par l'accident « que s'il est établi par une sentence pénale qu'ils l'ont causé à dessein. »

Les organes de l'assurance contre les accidents sont des « associations profes-

---

Note de M. Simon Cantagrel; *Le Code civil et la question ouvrière*, par E. Glasson; *Le Droit et les ouvriers*, par A. de Courcy; *De la Responsabilité et de la garantie*, par Ch. Sainctelette, ministre belge; *Le Code civil et les ouvriers*, par Arthur Desjardins ; Projet de loi sur les agents commissionnés des chemins de fer, M. Cuvinot, rapporteur, etc., etc.

sionnelles » librement fondées sur le principe de la mutualité, moyennant l'approbation du conseil fédéral qui, d'ailleurs, à défaut d'entente mutuelle, les constitue d'autorité. Les associations, minutieusement organisées par la loi, jouissent de droits importants et même ont reçu en quelque sorte une délégation de la puissance publique, puisqu'elles peuvent faire des règlements, sanctionnés par l'application d'une amende, soit « sur les mesures à prendre pour prévenir les accidents dans les industries, » soit « sur la discipline qui doit être observée dans les industries par les assurés ». Au-dessus d'elles, pour les contrôler et les diriger, plane une administration qui constitue un service de l'empire, l'*administration impériale des assurances*. Celle-ci se compose de trois membres permanents nommés par l'empereur et de huit membres élus pour un certain temps : quatre par le conseil fédéral, deux par les directions des associations professionnelles et deux par les représentants des ouvriers. Certaines décisions de « l'administration impériale » peuvent être déférées au conseil fédéral.

Enfin, des juridictions arbitrales (une au moins pour la circonscription de chaque association professionnelle) sont instituées pour le règlement des indemnités litigieuses; l'appel de leurs sentences peut être porté devant l'administration impériale. Quant au paiement des pensions, qui forment la plus importante partie des indemnités, il se fait par l'intermédiaire de la poste.

En cas d'incapacité de travail résultant de blessure par accident, les frais de traitement jusqu'à la treizième semaine sont payés par la caisse d'assurance-maladies; la caisse d'assurance-accidents paye de son côté une rente en rapport avec le degré d'incapacité de l'ouvrier blessé. S'il vient à mourir, la caisse paye les frais funéraires; une rente est allouée à la veuve, aux enfants, et dans certains cas aux ascendants ; cette rente est calculée sur le salaire de la victime pendant sa dernière année.

D'après la loi allemande, la responsabilité en cas d'accident incombe donc entièrement au patron, sauf cas fortuit ou cas de force majeure, à moins qu'il n'y ait faute personnelle de la personne tuée ou blessée, et c'est au patron qu'il appartient de faire la preuve de cette faute, contrairement à la règle de notre jurisprudence.

SITUATION EN ANGLETERRE

« L'ancienne législation anglaise, dit M. Simon Cantagrel, était excessivement dure pour l'ouvrier et lui donnait la plus grande part de responsabilité dans les accidents. Elle se basait sur ce point que l'ouvrier, constamment en contact avec son travail, est, plus que le patron, en état de prévoir le danger résultant des outils qu'il emploie, ou de surveiller et contrôler les faits et gestes de ses compagnons. Elle établissait, en outre, que le patron ne pouvait prendre plus de soin de celui qu'il employait que celui-ci n'en prenait de lui-même, et la jurisprudence en arriva bientôt à faire considérer que tout dommage souffert par l'ouvrier devait être présumé dû à sa négligence. »

Cette jurisprudence était évidemment inique en bien des cas, et dut être réformée par une loi entrée en vigueur le 1er janvier 1881 à titre provisoire, et rendue permanente le 11 janvier 1886; cette loi énumère et spécifie les cas de responsabilité du patron.

Le patron est responsable dans les cas suivants :

1° Si l'accident est causé par un vice de construction des machines et ouvrages de l'usine ou de l'exploitation en général ;

2° S'il est causé par la négligence du commis, surveillant, directeur ou chef d'atelier, sous les ordres duquel travaillait l'ouvrier, ou s'il résulte de l'exécution d'ordres imprudents ou mal formulés ;

3° S'il est dû à l'exécution ou à l'omission d'un fait de la part d'une personne au service du patron, à condition que cette personne se soit conformée aux règlements généraux de l'établissement ou aux ordres du patron ou de son fondé de pouvoirs ;

4° S'il peut être attribué à la négligence d'un préposé du patron chargé de la surveillance d'un poste, d'un signal, d'une machine ou d'un système de transport.

Le patron n'est pas responsable si l'état défectueux du matériel et des installations n'est pas imputable à sa négligence ou à celle de ses commis, ni si l'ouvrier, connaissant le défaut qui a occasionné sa blessure, n'en a pas prévenu son chef ou le patron. L'imperfection des règlements ne peut être invoquée à l'appui de la responsabilité patronale si ces règlements ont été régulièrement approuvés par l'autorité compétente.

Le recours contre le patron est exercé par l'ouvrier ou par ses ayant cause; l'indemnité à allouer ne peut dépasser le total des trois dernières années de salaire; la victime ou ses ayant droit touchent, en outre, le montant de l'assurance qu'elle a pu contracter, même au cas où le patron aurait fourni une partie de la prime.

La loi détermine les formalités à remplir pour la constatation de l'accident et pour la présentation et les délais de la demande; elle règle les compétences et donne aux parties la faculté d'appel.

En résumé, le patron n'est responsable que dans le cas de faute personnelle, et la preuve de cette faute doit être faite par la partie lésée, c'est-à-dire par l'ouvrier. C'est à peu près la jurisprudence française, résultant de l'application de l'article 1382 du Code civil. En Angleterre comme en France, le droit d'appel met une arme puissante entre les mains du patron en lui permettant d'épuiser les ressources et de lasser la patience de l'ouvrier qui plaide contre lui.

Un correctif heureux de la législation anglaise est le développement considérable qu'ont pris dans le Royaume-Uni les sociétés de secours mutuels et les caisses d'assurances; les sociétés de secours mutuels comptent 360,000 adhérents et possèdent plus de 300 millions de francs; une seule société d'assurances a touché 40 millions de francs de primes en 1880 et a payé plus de 14 millions d'indemnité.

SITUATION EN AUTRICHE

En Autriche aussi, la situation est à peu près la même qu'en Angleterre et en France. Le patron n'est responsable que de ses fautes, et c'est à l'ouvrier d'en faire la preuve.

Avant de venir devant le tribunal, l'affaire est portée devant le juge arbitral institué par le *Règlement Industriel de l'empire*, et ce juge s'efforce d'amener une transaction. Le tribunal a toute liberté sur la question de preuves et sur la fixation de l'indemnité.

Lorsqu'une assurance existe et que le patron a contribué pour un tiers au moins au payement des primes, le montant de cette assurance vient en déduction de l'indemnité.

Le Règlement Industriel détermine les obligations des chefs d'industrie en ce qui touche l'entretien et la réparation de toutes les installations et de tout le matériel de leur exploitation, et l'inobservation de l'une quelconque de ces obligations est susceptible, en cas d'accident, d'établir la responsabilité du patron.

En 1887, le gouvernement autrichien a présenté au Reichsrath un projet de loi relatif à l'assurance des ouvriers en cas d'accident ou de maladie; ce projet ne vise ni les ouvriers agricoles, ni ceux de la petite industrie, mais seulement ceux des exploitations où fonctionnent des machines à engrenages et des machines à vapeur. Est réputé ouvrier le travailleur dont le salaire annuel ne dépasse pas 2,000 francs. L'assurance est obligatoire; il y a une caisse pour chaque province de l'empire, caisse gérée par un comité comprenant un tiers de patrons, un tiers d'ouvriers et un tiers de membres nommés par le gouvernement; les primes sont mises pour un dixième seulement à la charge de l'ouvrier, et pour le reste à la charge du patron. Ce système, nous le répétons, n'est encore qu'à l'état de projet.

SITUATION EN BELGIQUE

Les grands centres industriels de Belgique, particulièrement les charbonnages, possèdent déjà de nombreuses caisses destinées, soit à venir en aide à l'ouvrier en cas de blessure ou de maladie, soit à lui fournir une retraite pour ses vieux jours.

Les sociétés de secours mutuels sont peu nombreuses, quoique théoriquement ce soit le système qui ménage le mieux l'indépendance de l'ouvrier en enlevant le caractère d'aumône au secours qu'on lui donne.

Les caisses communes de prévoyance, reconnues d'utilité publique et constituées par arrêtés royaux, sont alimentées : 1° par une retenue sur les salaires ; 2° par une subvention du patron égale à cette retenue; 3° par des subventions du gouvernement ; 4° par des dons et legs.

La retenue sur les salaires varie de 1 à 1 1/2 p. 100. A Liège et à Charleroi, il n'est rien retenu aux ouvriers, et les compagnies seules donnent une subvention à la caisse commune.

A la fin de 1885, il y avait six de ces caisses réunissant cent quatre-vingts exploitations et 101,855 ouvriers ; la recette moyenne annuelle par ouvrier était de 16 fr. 50, dont 2 fr. 50 seulement de retenue sur les salaires. Les dépenses de 1885 ont été d'environ 1,900,000 francs, dont 1,400,000 francs en pensions, 450,000 francs en secours et 50,000 francs en frais d'administration ; les dépenses ont dépassé les recettes de 220,000 francs, qu'il a fallu prélever sur la réserve.

Les caisses de prévoyance sont donc surtout destinées à assurer une retraite à l'ouvrier ; à côté d'elles fonctionnent les caisses de secours, alimentées d'ordinaire par le concours des ouvriers et du patron, et exceptionnellement par les ouvriers seuls ou par le patron seul. En 1885, la recette moyenne des caisses de secours a été de 14 fr. 25 par ouvrier affilié, et les dépenses ont également dépassé les recettes.

Les caisses dont nous venons de parler ne sont qu'un palliatif et sont impuissantes à faire disparaître les souffrances de l'ouvrier malade, de l'ouvrier blessé ou devenu vieux.

Aussi la commission du travail, instituée pour étudier l'organisation de l'assistance ouvrière, a-t-elle proposé l'établissement d'une caisse générale de retraite garantie par l'État, alimentée par une contribution du patron de 3 à 6 centimes par journée d'ouvrier, et par des subventions obligatoires de l'État et de la Province. L'avoir de chaque ouvrier serait inscrit à un livret individuel, qui le suivrait dans tous ses changements ; en commençant à quatorze ans, il arriverait à obtenir 400 francs de retraite à soixante ans et aurait droit à une retraite avancée en cas d'incapacité de travail.

La commission a demandé, en outre, le maintien obligatoire des caisses de prévoyance et de secours, alimentées par les mêmes sources que la caisse générale des retraites, et, en outre, par le produit d'une taxe ou amende sur les accidents, à payer par les patrons. Cette amende amènerait les patrons à adopter tous les perfectionnements susceptibles d'améliorer les conditions du travail. Les caisses de prévoyance sont destinées à assurer tous les secours autres que la pension de retraite.

En ce qui touche les accidents, le principe de la responsabilité constante du patron semble avoir prévalu ; il a été défendu avec ardeur par M. Sainctelette, avocat, ancien ministre. D'après lui, c'est au travail même et à celui qui le dirige et en profite, c'est-à-dire au patron, que doit incomber la charge des accidents ; « le patron, en louant les services d'un ouvrier, lui doit non seulement un salaire, mais la sécurité. »

En vertu de ce principe, le patron serait toujours responsable de la maladie ou de la blessure résultant du travail ; c'est le renversement de la jurisprudence, semblable à la nôtre, admise jusqu'à ce jour en Belgique comme en France, qui veut que le patron soit seulement responsable de sa faute et que la preuve de cette faute incombe à l'ouvrier.

Le principe de la responsabilité générale du patron étant admis pourrait conduire dans la pratique à de graves conséquences ; la commission du travail l'a reconnu et a pensé qu'elle en rendrait l'application possible en organisant l'assurance obligatoire. L'assurance viserait tous les accidents qui ne sont le fait direct ni du patron, ni de l'ouvrier; le patron resterait directement responsable des accidents causés par sa faute, et l'ouvrier de ceux qui lui seraient imputables à lui seul et à une faute lourde de sa part. Des secours provisoires seraient toujours alloués à l'ouvrier, en attendant le résultat définitif de l'action en instance et en appel. Cette disposition nous paraît excellente, car trop souvent la lenteur et le coût des procès entraîne l'ouvrier à abandonner les réclamations les mieux fondées ou à transiger pour des sommes minimes.

La prime d'assurance serait entièrement à la charge du patron ; la commission du travail estime qu'en rendant l'assurance obligatoire on atténuera dans une proportion considérable la charge nouvelle à imposer à l'industrie.

Les propositions de la commission du travail n'ont pas encore été adoptées par le Parlement belge et restent, par conséquent, à l'état de projet ; il est probable qu'elles ne seront pas intégralement acceptées.

SITUATION EN ITALIE

Les principes du droit commun, en ce qui touche les maladies et les accidents du travail, ont été jusqu'à ces derniers temps les mêmes en Italie qu'en France. Une loi du 8 juillet 1883 a institué une *Caisse nationale d'assurances* en matière d'accidents du travail, et a mis ainsi à la disposition des ouvriers et des entrepreneurs le moyen d'en atténuer, autant que possible, les conséquences. Cette caisse nationale, constituée par le concours de diverses institutions financières, notamment des grandes caisses d'épargne du royaume, reçoit gratuitement les services de la caisse d'épargne postale pour ses opérations financières et pour la réalisation de ses contrats; elle est une personne morale, administrée par le comité de la caisse d'épargne de Milan, sous la haute direction d'un comité spécial qui comprend des représentants de toutes les sociétés intéressées.

La caisse est alimentée par les primes, par les revenus du capital, par les dons et legs.

« Peuvent être assurées toutes personnes résidant dans le royaume, ayant atteint l'âge de dix ans, qui se livrent à des travaux manuels, ou qui louent leurs services à la tâche ou à la journée. »

L'assurance peut être individuelle ou collective, et la prime peut être payée par les patrons, par les ouvriers ou par un syndicat, la part de chacun pouvant être établie à volonté.

Les tarifs sont approuvés par décret réglementaire rendu en conseil d'État.

La caisse nationale a donc une vie indépendante ; l'État ne l'a pas absorbée comme en Allemagne ; il a fait acte de libéralisme et s'est contenté d'exercer un haut contrôle sur l'institution nouvelle qu'il a débarrassée des entraves administratives et fiscales.

Accidents sur les chantiers de travaux publics. — Les indemnités aux victimes des accidents qui se produisent sur les chantiers de travaux publics sont réglées conformément aux instructions contenues dans la *Circulaire du 29 novembre 1884 du directeur général des ponts et chaussées*, circulaire ainsi conçue :

Monsieur l'ingénieur en chef,

Je vous invite à prendre les mesures nécessaires pour que désormais l'article 21 du cahier des charges général des adjudications soit libellé ainsi qu'il suit :

« En cas d'accident (blessures ou maladies) causé par les travaux auxquels les ouvriers seraient attachés, ces ouvriers ou leurs familles seront indemnisés, au choix du soumissionnaire, par l'un des deux modes suivants :

« 1° Par une retenue de 1 p. 100 sur les sommes dues à l'entrepreneur ; la portion de cette retenue qui n'aurait pas été affectée à des indemnités devant être restituée à l'expiration des travaux.

« 2° Par une police d'assurance que l'entrepreneur aura souscrite à la caisse nationale des accidents ou à une autre institution offrant, au jugement de l'administration, une garantie suffisante de solvabilité.

« Cette police devra, pour toute la durée de l'entreprise, garantir les secours à donner, dans la mesure ci-dessous prescrite, aux ouvriers et à leurs familles (épouse, enfants légitimes, pères, mères, frères et sœurs mineures), toutes les fois que l'exécution des travaux aura entraîné un accident ayant eu pour conséquence soit la mort, soit un simple empêchement de travail permanent ou temporaire.

« Ces secours seront fixés sur les bases suivantes :

« A. — Aux familles des ouvriers morts par suite d'accident survenu sur les chantiers, une somme au moins équivalente à cinq cents fois la rétribution journalière du défunt, soit salaire à la journée, soit moyenne résultant du gain du travail à la tâche ;

« B. — A l'ouvrier remercié par suite d'accident, totalement et à jamais inhabile au travail, une somme égale à celle qui, en cas de mort, aurait été attribuée à sa famille ;

« C. — A l'ouvrier frappé, par suite d'accident, d'une incapacité permanente, mais seulement partielle, une somme correspondant à son degré d'incapacité ;

« D. — A l'ouvrier resté inhabile au travail d'une façon seulement temporaire, sans conséquences permanentes, une somme correspondant à sa rétribution journalière entendue comme ci-dessus, et cela pendant toute la durée de la maladie, pourvu qu'elle ne dépasse pas soixante jours. »

Cette police d'assurance demeurera entre les mains de l'administration des travaux publics, chargée de veiller à l'accomplissement du contrat sus-mentionné.

Je dois ajouter que le subside pour incapacité temporaire n'est payé par la caisse nationale que lorsque cette incapacité dépasse trente jours. Toutefois, pour étendre même à une durée moindre l'avantage résultant des tarifs modérés de la caisse, je me propose d'ouvrir des négociations en vue d'obtenir que l'assurance des premiers trente jours réalisée auprès d'une autre compagnie soit jointe à l'assurance de la caisse nationale : au moins tant que la clause sus-mentionnée demeurera inscrite dans les statuts de cette dernière institution.

Pour faciliter l'exécution de cette nouvelle stipulation, les ingénieurs chargés de la rédaction des projets relevant de la direction générale auront à veiller à ce que, dans chaque cahier des charges, on énonce la somme totale de main-d'œuvre sur laquelle se calculerait la prime d'assurance.

Loi sur l'assurance obligatoire. — Le gouvernement italien a présenté au Parlement, et la Chambre des députés a même voté, le 15 juin 1883, une loi sur les accidents du travail, loi qui renverse toute la jurisprudence ancienne.

Les patrons deviennent solidairement responsables du dommage causé, par le fait même des travaux, au corps ou à la santé de leurs ouvriers, sauf aux patrons à exercer entre eux ou contre les tiers tout recours qu'ils jugeront fondé.

La responsabilité disparaît lorsqu'il y a cas fortuit ou force majeure, ou lorsque l'accident est le fait d'une négligence de la victime même, mais c'est au patron qu'incombe la preuve de la faute ou de la négligence.

Les tribunaux fixent le montant de l'indemnité suivant les circonstances de la cause ; mais la loi a établi pour cette indemnité un minimum dans les différents cas ; ainsi elle ne peut être inférieure, en cas de mort, à sept fois le salaire annuel de la victime, si elle laisse des ascendants et un conjoint avec plus de trois enfants mineurs, et à deux fois le salaire s'il reste un conjoint seul sans enfants ni ascendants.

Le projet de loi italien n'a donc pas hésité à mettre à la charge du patron tous les accidents du travail ; mais le patron a toutes facilités, s'il le veut, pour couvrir ses risques en assurant ses ouvriers à la caisse générale. La loi arrivera ainsi, par un moyen détourné, à rendre l'assurance obligatoire.

SITUATION EN FRANCE

L'organisation des secours aux ouvriers malades ou blessés est fort incomplète en France.

Les sociétés de secours mutuels, peu développées du reste dans le monde des chantiers, ne sont qu'un palliatif.

Les grandes Compagnies industrielles, Anzin, le Creusot, etc., et les Compagnies de chemins de fer ont créé des caisses qui donnent à l'ouvrier malade des soins, des médicaments et des secours et qui sont alimentées en proportion variable par une retenue sur les salaires, par une subvention du patron, par les amendes et par l'intérêt du capital. Ces caisses sont parfois chargées d'assurer des retraites aux participants ; mais le plus souvent les cotisations pour retraites sont versées à la Caisse nationale des retraites pour la vieillesse, dont nous parlerons tout à l'heure. Cette méthode est la meilleure, car elle sauvegarde beaucoup mieux l'avenir des ouvriers et ne les expose pas à voir leurs versements accumulés s'en aller en fumée, ainsi que cela vient d'arriver récemment à la suite de la déconfiture d'une grande société métallurgique; le capital considérable destiné à faire face aux retraites, administré par cette société, a complètement disparu et la modeste épargne d'une longue série d'années s'est évanouie.

Les Compagnies de chemins de fer donnent gratis les secours médicaux et alimentent la caisse des retraites par une retenue sur les salaires et par un versement de la Compagnie; c'est ainsi que la Compagnie Paris-Lyon exerce sur les salaires une retenue de 4 p. 100 et verse 3 p. 100 de son côté à la caisse. A cinquante-cinq ans, un ouvrier a ainsi droit à une pension de 760 francs et il n'a versé que 50 francs par an en moyenne pendant ses vingt-cinq ans de service; pour obtenir la même pension à la Caisse des retraites pour la vieillesse, instituée par la loi de 1868, il lui faudrait verser 127 fr. par an. La combinaison adoptée lui est donc fort avantageuse.

Cependant, il y a un point noir dans la question : l'ouvrier qui quitte la Compagnie à cinquante ans, par exemple, perd tous ses droits non seulement à la retraite, mais encore aux retenues qu'il a subies, et cependant il est trop tard pour lui pour recommencer une épargne nouvelle et le voilà condamné à la misère pour ses vieux jours. A nos yeux, il y a là une situation bien douloureuse, quoique légalement inattaquable, et il importe de la faire disparaître; le Sénat vient cependant de rejeter la proposition de loi qui proposait d'assurer à l'ouvrier la propriété des retenues qu'il a subies. Il est donc condamné en fait, pour ne point perdre ses droits, à ne jamais quitter la Compagnie qui l'occupe, quelles que soient les vexations qu'il ait à subir, quelque légitimes que soient les causes qui le forcent à se déplacer. L'article 1780 du Code civil, qui interdit le contrat de louage à vie, demeure ainsi lettre morte. A nos yeux il serait équitable de restituer ses retenues à l'ouvrier qui quitte une Compagnie après huit ou dix ans de service par exemple; il n'y aurait pas à cela grand danger, car les sorties sont rares après un aussi long stage et ce n'est pas sans motif sérieux que l'on sacrifie une position acquise.

Caisses d'assurances créées par la loi du 11 juillet 1868. — La loi du 11 juillet 1868 a créé deux caisses d'assurances, l'une en cas de décès, et l'autre en cas d'accidents résultant de travaux agricoles et industriels. Ces deux caisses sont gérées par la Caisse des Dépôts et Consignations. Les sommes assurées sur une tête en cas de décès ne peuvent dépasser 3,000 francs: elles sont incessibles et insaisissables jusqu'à concurrence de la moitié.

Les assurances en cas d'accidents sont faites par année; chaque année l'assuré verse, à son choix, 8, 5 ou 3 francs. En cas d'incapacité permanente absolue de travail, il est accordé une pension dont le capital est égal à 640 fois la cotisation versée, la moitié de ce capital étant prélevé sur les subventions de l'État et sur les dons et legs; ce capital est versé à la Caisse des retraites qui assure la pension. En cas de décès, la veuve, les enfants mineurs ou les ascendants de la victime ont droit à deux années de la pension. Si l'incapacité permanente ne s'applique qu'au travail professionnel, la pension est réduite de moitié.

Ces caisses d'assurances n'ont reçu qu'un développement limité; au 1er janvier 1886, elles ne comptaient que 22,812 opérations, représentant seulement 134,037 francs de versement; la proportion des victimes était de 1,49 pour 1,000 assurés, de sorte que l'État ne se trouvait pas en perte. La complication administrative du fonctionnement de cette caisse semble expliquer son insuccès; l'adoption d'un tarif unique pour toutes les situations a peut-être contribué aussi à en éloigner les ouvriers.

A côté de cette Caisse d'État il existe en France une vingtaine de Compagnies d'assurances contre les accidents, dont quelques-unes assez florissantes; ces Compagnies privées ont beaucoup plus de chances de se faire une clientèle parce que leurs agents, qui ont de fortes remises, vont sans cesse relancer ouvriers et entrepreneurs; mais elles sont moins favorables à l'ouvrier et lui offrent une sécurité beaucoup moindre. La prime usuelle est de 0,06 par jour, soit 18 francs par an; en cas de décès, elle assure une pension de 1,000 francs à la veuve et, en cas d'incapacité de travail, une pension de 300 francs à la victime.

La plupart des entrepreneurs d'industries dangereuses assurent leurs ouvriers à une caisse privée et retiennent la prime sur les salaires.

Il y a à ces assurances un côté dangereux qui doit éveiller l'attention des pouvoirs publics; c'est que les patrons, couverts par la Compagnie, sont portés à négliger dans une certaine mesure les règles de précaution et de sécurité. Sur les chantiers de travaux publics, les ingénieurs ne doivent pas perdre de vue cette tendance.

Caisse des retraites pour la vieillesse. — Cette caisse est régie par les trois lois des 18 juin 1850, 12 juin 1861 et 4 mai 1864 et par le décret du 27 juillet 1861.

Elle est placée sous la garantie de l'État; le capital est formé par les versements volontaires des personnes, des administrations publiques, des Sociétés de secours mutuels ou des Sociétés anonymes comme les Compagnies de chemins de fer.

Les versements peuvent être faits au nom de toute personne âgée de plus de trois ans; les versements d'une personne mariée sont inscrits pour moitié au compte de son conjoint; il est remis à chaque déposant un livret sur lequel sont inscrits les versements et les rentes viagères correspondantes.

Les rentes obtenues sont incessibles et insaisissables jusqu'à concurrence de 360 francs. Les actes relatifs au fonctionnement de la Caisse des retraites sont dispensés des droits de timbre et d'enregistrement.

Les versements doivent être faits par fraction de 5 francs; l'intérêt composé du capital est compté par les tarifs à 4 1/2 p. 100.

L'entrée en jouissance de la pension est fixée, au choix du déposant, entre cinquante et soixante-cinq ans.

Le maximum de la rente viagère à inscrire sur une même tête est de 1,500 francs, et on ne peut verser chaque année, au compte de la même personne, plus de 4,000 francs.

Les versements sont reçus chez les receveurs particuliers des finances et trésoriers généraux.

La Caisse des retraites pour la vieillesse n'a pas eu le développement qu'on pouvait espérer ; peut-être est-elle encore trop récente pour que les avantages en soient bien connus ; les premiers déposants n'ont commencé à verser qu'à un âge déjà avancé et n'ont versé que des sommes insignifiantes, aussi les résultats obtenus par eux n'ont-ils pas été concluants et ils ne sont arrivés qu'à une maigre retraite.

Les ouvriers isolés, les gens de la campagne n'ont pas eu l'idée de recourir à la Caisse ; en dehors de quelques petits employés ou petits rentiers, sa clientèle se compose presque uniquement des cantonniers et autres ouvriers du même genre, sur le salaire desquels l'administration exerce d'office une retenue qu'elle verse à la Caisse ; certaines compagnies ont aussi recours à la Caisse de l'État pour les retraites de leur personnel.

Responsabilité des accidents du travail. — Jusqu'à ce jour, la jurisprudence a fait application pure et simple aux accidents du travail des règles générales de responsabilité posées par l'article 1382 du Code civil :

« Tout fait quelconque de l'homme qui cause à autrui un dommage oblige celui par la faute duquel il est arrivé à le réparer. »

Le patron ne peut donc être responsable de l'accident survenu à son ouvrier dans l'exercice de ses fonctions que si cet accident est imputable à la faute, à l'imprudence ou à la négligence du patron (art. 1383).

« On est responsable non seulement du dommage que l'on cause par son propre fait, mais encore de celui qui est causé par le fait des personnes dont on doit répondre ou des choses que l'on a sous sa garde. Les maîtres et les commettants sont responsables du dommage causé par leurs domestiques et préposés dans les fonctions auxquelles il les ont employés » (art. 1384).

C'est donc à l'ouvrier qu'il appartient de faire, devant les tribunaux, la preuve de la faute ou de l'imprudence du patron. Cette preuve est toujours difficile à établir, même dans les cas les plus simples, lorsqu'elle n'est point fournie à l'heure même de l'accident ; les témoignages font souvent défaut et s'obtiennent avec peine. La situation de l'ouvrier est donc très inégale, et c'est seulement dans des cas exceptionnels qu'il a chance d'obtenir gain de cause devant les tribunaux. Cette situation a depuis longtemps ému et frappé les ingénieurs qui vivent au milieu des travaux et qui les considèrent d'un œil impartial ; les juristes, au contraire, qui s'en tiennent aux considérations théoriques, trouvent la jurisprudence parfaite.

Nous verrons plus loin sur quels points porte la discussion encore pendante.

Règles spéciales aux accidents causés par l'exécution des travaux publics. — Les accidents sont fréquents sur les chantiers de travaux publics et ce sont souvent les ouvriers les plus courageux, les plus dévoués, ceux qui se ménagent le moins, qui en sont les victimes.

L'humanité, la justice, l'intérêt même des travaux exigent que des secours soient alloués à l'ouvrier malade ou blessé.

Jusqu'en 1848, l'ouvrier des chantiers de travaux publics était soumis à la règle commune : il avait droit à indemnité lorsque l'accident résultait de la faute ou de l'imprudence de l'entrepreneur, et c'était à l'ouvrier de faire devant les tribunaux la preuve de cette faute ou de cette imprudence.

En fait, il n'avait droit à aucun secours pour les maladies ou accidents provenant soit d'un excès de fatigue causé par travail urgent, soit d'un travail dans l'eau, soit de l'insalubrité d'un atelier.

L'administration, à l'origine, accordait elle-même dans ces divers cas des secours volontaires, puis elle en était venue à n'accorder de secours qu'aux ouvriers employés *en régie*, c'est-à-dire sous les ordres immédiats des agents de l'administration sans l'intermédiaire d'un entrepreneur.

Un *arrêté du ministre des travaux publics du* 15 *décembre* 1848 a généralisé et réglementé les secours en les faisant payer en grande partie par le travail lui-même; les secours sont dus par l'administration lorsqu'elle exécute en régie; lorsqu'il y a un entrepreneur, il est exercé une retenue de 1 p. 100 sur le montant de ses décomptes, cette retenue sert à payer les secours et ce qui reste à l'achèvement des travaux est restitué à l'entrepreneur, qui se trouve ainsi intéressé à voir diminuer les maladies et les accidents; si la retenue est insuffisante, l'excédent est à la charge de l'administration.

Des ambulances sont établies et les premiers secours médicaux sont donnés sur les chantiers; puis les ouvriers malades ou blessés sont portés chez eux ou à l'hôpital et soignés gratuitement. Ils reçoivent la moitié de leurs salaires pendant l'interruption du travail, à l'exception des ouvriers célibataires ou sans charges de famille, entretenus à l'hôpital. Si un ouvrier est tué ou succombe à une maladie occasionnée par les travaux, une indemnité de 300 francs est accordée à sa veuve ou à sa famille. Le préfet du département approuve les secours et indemnités alloués dans la limite des règlements.

Sur les chantiers importants il est pris d'ordinaire un règlement spécial pour l'application de l'arrêté dont nous venons de donner la substance. Voici, comme exemple, le règlement pour le service sanitaire, dressé par les ingénieurs de la navigation de la Seine.

ARTICLE PREMIER. — Les ouvriers atteints de blessures ou de maladies occasionnées par les travaux, après avoir reçu sur place les premiers secours de l'art, seront soignés gratuitement à l'hôpital ou à domicile.

Les entrepreneurs assureront l'exécution de ces prescriptions sous le contrôle de l'administration, lequel sera exercé tant au point de vue des soins à donner aux malades que des dépenses à faire dans ce but.

ART. 2. — Afin de permettre et de faciliter ce contrôle, on procédera de la manière suivante :

Dès qu'un ouvrier tombera malade ou sera blessé sur le chantier, les entrepreneurs transmettront sans retard, au chef de section, un bulletin extrait d'un registre *ad hoc* et composé de trois coupons sur lesquels seront indiqués le nom et les prénoms, l'âge, la profession, le domicile, le salaire du malade; s'il est marié, s'il est célibataire, s'il a des charges de famille, etc.

Le premier de ces coupons sera destiné au chef de section, le deuxième au médecin chargé de donner des soins au malade, le troisième à l'hôpital dans lequel devra être soigné le malade s'il y a lieu.

Le chef de section, après avoir vu le malade, et s'être assuré qu'il appartient à l'entreprise et que la maladie ou l'accident peut être considéré comme conséquence des travaux, visera le bon destiné au médecin et en cas d'urgence, avant même la visite du médecin, le bon destiné à l'hôpital.

Après examen du malade soit sur le chantier, soit à domicile, soit dans un cabinet, suivant la gravité de la maladie ou de la blessure, le médecin indiquera sur ce coupon qui lui est remis :

1° La nature de la maladie ou de la blessure et de sa cause;

2° Si l'ouvrier doit être soigné à domicile ou à l'hôpital et dans ce dernier cas visera le bon pour l'hôpital. De plus il délivrera également, s'il y a lieu, un bon pour la fourniture des médicaments nécessaires au malade.

Avis de cette première visite sera donnée en temps opportun au chef de section pour qu'il puisse y assister, s'il le juge utile.

Quant aux bons délivrés par le médecin tant pour l'hôpital que pour médicaments, ils seront, sauf le cas d'urgence, soumis au visa du chef de section immédiatement après leur délivrance.

La marche indiquée dans ces deux derniers paragraphes sera suivie pour toutes les nouvelles visites ou les nouveaux bons que le médecin croirait devoir faire ou délivrer ultérieurement.

Après guérison du malade, le médecin des chantiers ou le médecin de l'hôpital, suivant le cas, fournira sur le coupon qui lui a été remis un rapport sommaire sur la maladie et l'état du malade, et certifiera la durée de l'interruption du travail.

Ces coupons, sur lesquels devront se trouver en outre les renseignements nécessaires pour établir les sommes à payer, soit au malade, soit au médecin, soit à l'hôpital, soit au pharmacien, seront présentés de nouveau au chef de section qui, après vérification, y signera la mention : vu, bon à payer.

ART. 3. — A la fin de chaque mois, les entrepreneurs remettront au chef de section un état récapitulatif, avec pièces à l'appui, des sommes payées par eux pendant le mois pour le service médical.

Après avoir vérifié cet état et complété s'il y a lieu les coupons restés entre ses mains, le chef de section transmettra à l'ingénieur l'état en question et les pièces à l'appui pour recevoir l'approbation de ce dernier.

ART. 4. — Les dépenses approuvées ainsi serviront, à la fin de l'entreprise, de base pour le règlement de la partie disponible de la retenue de 1 p. 100 supportée par les entrepreneurs sur le montant des dépenses à l'entreprise.

Toutefois, au fur et à mesure de la vérification de ces dépenses, leur remboursement pourra être fait aux entrepreneurs s'ils en font la demande écrite.

ART. 5. — Les sommes à payer aux ouvriers malades seront ainsi réglées :

Pendant la durée de l'interruption forcée du travail qui sera constatée comme il a été dit à l'article 2, par le médecin des chantiers ou le médecin de l'hôpital, suivant le cas, il sera alloué moitié de leur salaire :

1° Aux ouvriers célibataires soignés à domicile;

2° Aux ouvriers ayant des charges de famille soignés à domicile ou à l'hôpital;

3° Aux ouvriers mariés soignés à domicile ou à l'hôpital. Lorsque par suite de blessures un ouvrier deviendra impropre au travail de sa profession, il lui sera alloué la moitié de son salaire pendant une année à partir du jour de l'accident.

Enfin, lorsqu'un ouvrier marié ou ayant des charges de famille aura été tué sur les travaux, ou aura succombé à la suite, soit de blessures, soit d'une maladie occasionnée par les travaux, sa veuve ou sa famille aura droit à une indemnité de trois cents francs.

Les secours mentionnés aux deux paragraphes précédents pourront être augmentés par des décisions spéciales du ministre des travaux publics, suivant la position et les besoins des victimes ou de leurs familles.

Les ouvriers qui seront blessés dans un état d'ivresse ne pourront recevoir que des secours médicaux.

Art. 6. — Le médecin qui sera chargé par les entrepreneurs des soins à donner aux ouvriers devra être agréé par l'ingénieur, ainsi que les conventions à passer avec lui pour l'exécution de son mandat et la rémunération de ses soins.

Art. 7. — Le choix des hôpitaux où devront être soignés les malades devra également être approuvé par l'ingénieur, ainsi que les conventions à passer avec eux pour les allocations à leur attribuer.

Art. 8. — Afin de faciliter le règlement des dépenses de médicaments, les entrepreneurs soumettront à l'approbation de l'ingénieur un tarif arrêté au préalable par le médecin du chantier.

Afin de permettre de donner sur place aux malades et blessés les premiers soins réclamés par leur état, les entrepreneurs devront avoir sur ce chantier :

1° Un local convenablement disposé;
2° Une boîte de secours;
3° Un brancard;
4° Un approvisionnement de médicaments tenu constamment au complet;
5° Une instruction pour les premiers soins à donner aux blessés ou malades.

La disposition du local destiné à recevoir les malades, la composition de la boîte de secours, la nature du brancard, la liste des médicaments à approvisionner, enfin l'instruction pour les premiers soins à donner, seront arrêtés par l'ingénieur, sur la proposition du médecin des chantiers.

Les dépenses relatives à cette installation seront réglées sur les mémoires présentés par les entrepreneurs comme les autres dépenses relatives au service médical, et comprises dans les états récapitulatifs mensuels à fournir par lui.

Art. 9. — Indépendamment des visites à faire aux ouvriers malades, le médecin devra visiter les chantiers et signaler les causes de maladies qu'il pourrait remarquer; il devra en outre prescrire les précautions hygiéniques à prendre et indiquer ce qu'ont à faire pour se préserver des maladies les ouvriers travaillant dans l'eau ou dans les vases, suivant les saisons et en consultant les usages du pays.

Examen des propositions de lois présentées pour l'organisation des secours aux ouvriers. — La France a suivi dans ces dernières années l'exemple des nations voisines; elle a cherché à organiser l'assistance ouvrière, elle s'est proposé de venir en aide aux ouvriers surpris par la maladie ou par un accident du travail, elle s'est proposé même de leur ménager à tous une retraite pour la vieillesse. Les mesures à ce destinées soulèvent, cela va sans dire, les questions les plus complexes ; elles heurtent bien des intérêts et rencontrent bien des obstacles, aussi ne peuvent-elles être parfaites du premier coup ; en cette matière comme en toute chose, la recherche indéfinie du mieux peut compromettre l'établissement du bien ; les hommes impartiaux, qui considèrent la situation de l'ouvrier, sont d'accord pour reconnaître qu'il y a quelque chose à faire en vue de l'améliorer ; l'ouvrier réduit à ses propres forces est presque toujours incapable de surmonter toutes les difficultés de l'existence ; l'humanité, l'intérêt même de la société exigent qu'on lui vienne en aide.

Les premières propositions de loi ont trait à la législation des accidents ; depuis la rédaction du Code civil, les conditions du travail, les relations entre patrons et ouvriers, ont subi des modifications profondes, que ne pouvait soupçonner le législateur de 1804 ; cette considération seule montre toute l'utilité d'une législation nouvelle.

La proposition Nadaud, intervertissant la jurisprudence actuelle, déclarait le patron responsable de tous les accidents, sauf le cas où il pourrait prouver la faute personnelle de l'ouvrier ; cette proposition fut admise en principe par la commission chargée de l'examiner, qui toutefois la limita aux industries employant un moteur mécanique.

La proposition Peulevey, présentée en 1882 et 1883, distinguait les fautes du patron en fautes lourdes, dont il était pleinement responsable, et fautes légères qui étaient assimilées au cas fortuit, et mises à la charge de l'Etat ; cette distinction, subtile et d'application difficile, fit rejeter la proposition.

En 1882, M. Félix Faure présenta un double projet relatif d'une part à la responsabilité en matière d'accidents survenus aux ouvriers de l'agriculture, de l'industrie et du commerce, d'autre part à la création d'une caisse d'assurances destinée à garantir et à régulariser la responsabilité des patrons sans leur imposer à un moment donné une charge excessive ; la responsabilité générale des patrons ne se conçoit pas, en effet, sans l'assurance comme contre-partie.

M. Félix Faure part de ce principe que c'est le travail lui-même qui doit payer les accidents ; dans les conditions actuelles de l'industrie, les accidents sont impossibles à éviter d'une manière absolue, généralement ils ne sont la faute précise de personne, ils doivent donc peser sur le prix de revient du produit ; c'est par conséquent au patron que doit en incomber la responsabilité, à l'exception de ceux qui proviennent de faits criminels ou délictueux. La question de preuve à faire ne peut être soulevée que dans ce dernier cas, le patron étant, en principe, toujours responsable. Le taux de l'indemnité était fixé par M. Faure suivant la position de famille de la victime ; cette base a été critiquée avec raison, car elle porterait les patrons à n'employer que des célibataires et ce serait une nouvelle atteinte au développement des unions régulières. La procédure relative à la demande et à la fixation des indemnités était ramenée à celle des affaires sommaires. La caisse d'assurances, projetée par M. Faure, était confiée à l'Etat ; l'assurance était consentie pour tous les ouvriers d'une exploitation, et pour une durée de trois ans ; la prime était fixée par journée de travail, et toutes les industries étaient réparties, suivant le danger professionnel, en cinq classes à tarif différent.

Cette proposition de loi qui, par ses tarifs d'assurances, était susceptible d'imposer à l'Etat des charges énormes, a été longuement examinée par la Chambre des députés, qui n'en est pas venue à un vote définitif.

Le ministre du commerce, M. Rouvier, a, du reste, présenté un nouveau projet de loi en 1885, projet repris par son successeur en 1886; ce projet avait été examiné préalablement par une commission extraparlementaire composée de personnes d'une compétence pratique indiscutable.

Il prévoit deux responsabilités distinctes : l'une de droit commun, l'autre spéciale au risque professionnel. La responsabilité de droit commun n'est plus régie uniquement par l'article 1382 du Code civil ; la présomption de la faute du patron est admise en principe dans un certain nombre d'industries, sauf au patron à faire la preuve que l'accident provient de cas fortuit, de force majeure ou de l'imprudence de la victime. Dans les industries à risque professionnel spécial, industries dont la liste est arrêtée par un règlement d'administration publique, tous les ouvriers doivent être assurés obligatoirement par les soins du patron, et l'indemnité garantie doit être au moins égale à celle que la Caisse nationale d'assurances, créée par la loi du 11 juillet 1868, alloue pour une prime de 8 francs. Au cas où l'assurance n'est pas contractée, le patron demeure directement responsable de l'indemnité et est passible d'une amende; l'indemnité spéciale au risque professionnel ne pourra en aucun cas se cumuler avec celle provenant de la responsabilité de droit commun.

On reproche à ce projet d'établir une distinction profonde entre les ouvriers, qui se trouveraient rangés en trois catégories : 1° ceux qui resteraient sous le coup des dispositions anciennes du Code civil, les ouvriers d'agriculture par exemple ; 2° ceux pour lesquels la responsabilité du patron serait admise en principe, sauf à lui à faire la preuve contraire, comme les ouvriers de mines et d'usines en général ; 3° enfin ceux envers qui, à raison du risque professionnel, le patron serait toujours responsable, quand même il serait en mesure de prouver le cas fortuit, la force majeure ou l'imprudence de la victime.

On reproche en outre au projet le principe même de l'assurance obligatoire, que l'on considère comme attentatoire à la liberté des contrats ; le contrat de travail est, dit-on, une convention comme une autre qui intervient librement entre le patron et l'ouvrier ; pourquoi ne pas leur laisser la liberté d'en discuter les termes et d'en déterminer à leur gré les conditions? Les juristes, qui s'expriment ainsi au nom des principes du droit, n'oublient qu'une chose : c'est que l'ouvrier n'est généralement pas libre lorsqu'il passe un contrat de travail ; il est attaché à une usine, à un pays, et ne peut les quitter parce qu'il n'en a pas le moyen ; il n'a pas souvent le choix entre plusieurs patrons, il ne peut attendre, il faut qu'il vive, il faut qu'il fasse vivre sa famille ; dans ces conditions, il ne voit, lorsqu'il s'engage, que la question du salaire quotidien, car c'est là le plus pressé ; il ne peut donc discuter à armes égales la convention par laquelle il se lie, et d'ordinaire c'est le patron qui seul contracte librement. Il n'y a donc pas à craindre de porter atteinte à la liberté des contrats en organisant l'assurance obligatoire, car en fait elle n'existe pas d'ordinaire pour l'ouvrier.

On a objecté encore que l'organisation d'une assurance obligatoire et générale soulèverait de grosses difficultés administratives. Sans doute, il faudra pour chaque participant un livret et une suite d'écritures qui exigeront un certain travail ; mais l'opération n'est pas plus difficile que l'établissement des matrices d'un impôt quelconque, et le fonctionnement des caisses d'épargne réparties sur toute la surface du pays démontre qu'avec des moyens simples on peut arriver à réaliser chaque année un nombre considérable d'opérations isolées.

Le projet de loi, dont nous venons d'esquisser les grandes lignes, n'est pas encore venu en discussion publique ; il sera longuement examiné et probablement remanié d'une manière profonde ; mais il ne peut manquer d'aboutir, car il répond à une nécessité reconnue par des représentants de tous les partis et à un idéal de justice sociale qui trouve place dans tous les cœurs.

Dans sa séance du 22 mars 1888, la Chambre des députés a abordé la discussion des propositions de loi concernant les caisses de secours et de retraites pour les ouvriers mineurs. On a reproché avec raison à ces propositions de créer une sorte de tour de faveur pour ces ouvriers qui sont déjà presque partout mieux secourus que les ouvriers ordinaires d'industrie.

Les caisses à établir seront alimentées par une retenue de 5 p. 100 sur les salaires et par une contribution de 5 p. 100 imposée aux exploitants ; c'est une recette totale égale à 10 p. 100 du salaire ; ce taux peut paraître élevé tout d'abord, et cependant il faut l'adopter si l'on veut faire face aux accidents, aux maladies et aux retraites pour la vieillesse ; la charge sera lourde pour les ouvriers, comme pour les exploitants, elle retombera sur les consommateurs ; tout cela est vrai, mais qui veut la fin doit vouloir les moyens, et l'on ne peut arriver à constituer des pensions de retraites sans exercer des retenues sérieuses sur le salaire quotidien et sans imposer à l'industrie de lourdes charges ; il y a des services publics qui ne sont pas plus utiles, et qui entraînent pour la population des charges supérieures. Il est donc probable que la loi relative aux ouvriers mineurs sera votée par le Parlement français ; mais, en présence des divergences qui se produisent sur les points de détail et sur l'application pratique du principe de l'assurance, il est probable aussi que de longs mois se passeront encore avant qu'intervienne une solution définitive.

Statistique des accidents du travail. — Nous avons trouvé peu de renseignements sur la statistique des accidents du travail ; voici quelques chiffres donnés par M. Simon Cantagrel :

« En France, sur 3 millions d'ouvriers, on compte 20,000 accidents par an. En Allemagne, une statistique très sérieuse, portant sur 93,534 établissements employant 1,957,548 ouvriers, a constaté :

```
 1.986 accidents suivis de mort.
 1.680   —    suivis d'incapacité permanente complète ou partielle.
85.056   —    suivis d'incapacité temporaire.
―――――
88.722 accidents au total.
```

En Italie, on compte annuellement en moyenne 8,783 victimes, dont 697 morts et 340 infirmes.

En Belgique, sur 105,582 ouvriers, en 1884, on a compté 258 accidents ayant occasionné 241 morts et 28 blessures graves. — En 1885, on a constaté dans les mines 193 accidents ayant causé la mort de 196 ouvriers et blessé grièvement 93 autres. »

Dans les cas où incombe à l'ouvrier la preuve de la responsabilité du patron, cette preuve est, avons-nous dit, très difficile à établir; en effet, on a constaté en Suisse qu'elle n'avait pu être faite soixante-quinze fois sur cent dans les fabriques et cinquante fois sur cent dans les mines. La législation actuelle est donc impuissante à protéger les droits de l'ouvrier.

L'association alsacienne pour combattre les accidents de machines a constaté que, sur 100 accidents, 64 auraient pu être évités si toutes les précautions avaient été prises, 36 seulement étaient arrivés par cas de force majeure; il y a donc beaucoup à faire pour perfectionner les règlements de sécurité, et néanmoins il restera toujours une assez forte proportion d'accidents qu'on ne saurait empêcher et dont il est humain de secourir les victimes.

Conclusion. — Nous avons laissé suffisamment pressentir la conclusion personnelle que nous tirons de cette étude générale.

Nous ne pouvons admettre avec les juristes que les ouvriers doivent rester soumis aux règles actuelles du droit commun ; ces règles les laissent beaucoup trop désarmés dans leurs revendications légitimes; l'égalité devant la loi, admise en principe par la jurisprudence, n'est qu'un leurre dans la pratique; l'interversion de la preuve de responsabilité en matière d'accidents industriels est une première mesure nécessaire.

C'est en vain qu'à nos yeux on invoque le respect de la liberté des contrats; le contrat de travail est rarement un contrat libre, au moins pour l'ouvrier; dans la pratique, il est presque toujours forcé d'accepter les conditions qu'on lui impose. Du reste, n'a-t-on pas attenté déjà au principe absolu de la liberté en ordonnant l'instruction obligatoire? Au point de vue social, la question qui nous occupe n'a pas une moindre importance.

Il n'y a pas à évoquer en cette matière le fantôme du socialisme; toutes les institutions gérées par l'Etat, tous les services publics ne sont-ils pas plus ou moins entachés de socialisme? Faut-il donc les supprimer? Il est un fait avéré : c'est que l'ouvrier ordinaire, surtout l'ouvrier d'industrie, spécialisé dans son travail et réduit à ses seules ressources, ne peut en général vivre et élever sa famille et, en même temps, économiser de quoi faire face aux besoins des mauvais jours, des accidents et des chômages et à ceux de la vieillesse. La nécessité d'organiser des caisses de secours et de prévoyance s'impose de toutes parts ; nos voisins l'ont reconnu et quelques-uns nous ont donné l'exemple ; suivons-le donc en recherchant une seule chose : réduire au minimum l'ingérence de l'État dans l'organisation et dans l'administration de ces établissements d'utilité sociale. Mais que le principe de l'assurance obligatoire ne nous effraie pas ; l'obligation est légitime à l'égard de l'ouvrier, parce qu'il est trop souvent forcé de vivre dans l'imprévoyance, au jour le jour; le législateur a le devoir de le préserver de la misère et de la dégradation, parce que, ce faisant, il évite bien des dangers à la société tout entière ; l'obligation est légitime à l'égard du patron, parce que c'est lui qui profite du travail des autres et parce qu'il lui sera toujours possible, en fin de compte, de faire payer au consommateur la charge nouvelle qu'on lui impose.

Nous considérons donc comme utile et équitable les propositions de lois nouvelles sur la matière, et notre seul désir est de les voir progressivement s'étendre à toutes les classes d'ouvriers.

ROLE DE L'INGÉNIEUR SUR LES CHANTIERS

Quand il a dressé les projets des travaux qui lui sont confiés, l'ingénieur en dirige et en surveille l'exécution ; il cherche à tirer le meilleur parti possible des matériaux dont il dispose et à obtenir le maximum d'utilité avec le minimum de dépense tout en restant fidèle aux règles de l'art.

Telle est la partie matérielle de son rôle, la plus brillante sans contredit, celle qui lui fait le plus d'honneur ; il est cependant une partie morale, trop souvent négligée, qui doit attirer l'attention de l'ingénieur vraiment digne de ce nom, c'est le souci des besoins intellectuels, matériels et moraux de tous les ouvriers qui peuplent ses chantiers.

L'aspect de certains grands chantiers, isolés dans la campagne, est parfois navrant à tous égards, non seulement par le côté matériel, mais encore par le côté moral, personne ne semblant voir autre chose que des machines dans tous ces ouvriers réunis.

Parmi les entrepreneurs, ceux qu'animent à l'origine les meilleures intentions et à qui il ne suffit pas de payer régulièrement les salaires pour se croire déchargés de toute responsabilité, ceux-là ne tardent point à subir les entraînements de la concurrence; ils sont bientôt repris par l'égoïsme, malheureusement si naturel à l'homme dont la fortune est en jeu : ils trouvent vite une raison suffisante à leur indifférence pour leurs ouvriers dans l'ingratitude de ces derniers et dans la difficulté que présente la réforme des mauvaises habitudes.

Cette tutelle matérielle et morale, que l'entrepreneur abandonne fatalement soit par insouciance, soit par intérêt personnel, revient de droit aux ingénieurs chargés de la direction et de la surveillance des travaux, nécessairement impartiaux et désintéressés par leur situation même et préoccupés seulement de la réussite de l'œuvre qui leur est confiée. C'est à eux qu'incombe le devoir de prévenir et de réparer les accidents, d'assurer les secours et les soins aux blessés et aux malades, de veiller à l'hygiène des chantiers et des cantines, de s'opposer à l'exploitation des ouvriers par les entrepreneurs ou par leurs sous-ordres, d'inspirer aux ouvriers le goût de la propreté et de la moralité, de combattre l'ivrognerie et de faire comprendre la puissance de l'épargne, puissance presque toujours inconnue aux ouvriers nomades de nos chantiers qui, sans famille et sans direction, vivent au jour le jour, se déplaçant avec l'ouvrage sans se préoccuper de l'avenir.

Nous voudrions que les jeunes ingénieurs fussent bien pénétrés de la haute importance de cette mission, que quelques-uns négligent, et dont l'accomplissement était cependant considéré par leurs anciens comme un devoir capital. Nous rappellerons à ce sujet les paroles que prononçait en 1837 Emmery, inspecteur général des ponts et chaussées :

« Une justice toujours égale et toujours sage, patiente devant les ennuis et ferme dans ses décisions.

« Une bienveillance paternelle, tempérée par une haute prudence, et au besoin convertie en une sévérité nécessaire ;

« Une sollicitude active, éclairée, pour prévenir les maladies et pour atténuer les graves conséquences d'un douloureux accident ;

« Telles sont les conditions qui peuvent permettre à l'ingénieur d'assurer le bien-être de ces ouvriers qui, montrant l'exemple du travail à des classes, plus heureuses peut-être, attendent en retour qu'on les soutienne contre toute oppression, qu'on les dirige dans la voie de l'ordre, qu'on les secoure s'il leur arrive des accidents indépendants de leur volonté et plus forts que leur courage. »

Les ingénieurs et les conducteurs des ponts et chaussées, au service de l'État, des départements et des communes, se trouvent naturellement désignés pour être ces sages intermédiaires entre entrepreneurs et ouvriers et pour exiger de ces deux éléments en présence le respect de leurs droits et de leurs devoirs réciproques.

Pour s'acquitter de cette lourde tâche, ingénieurs et conducteurs n'ont qu'à suivre les principes d'honnêteté constante, patrimoine du corps des ponts et chaussées, qui ont valu naguère à l'un de ses membres éminents la gloire d'être appelé à la première magistrature de la République.

TABLE DES MATIÈRES

CINQUIÈME PARTIE

OUTILLAGE ET ORGANISATION DES CHANTIERS

	Pages.
Objet et division de la cinquième partie.	7

CHAPITRE PREMIER
Appareils de levage et de bardage

Transports directs à dos ou à bras d'hommes	9
Classification des appareils de bardage et de montage :	
1° Classification d'après les moteurs.	10
2° Classification cinématique	11
Choix à faire entre les appareils à coordonnées rectangulaires et les appareils à coordonnées polaires.	12
1° Notions sur le travail des moteurs animés et des locomobiles	13
Travail de l'homme	13
Vitesse et travail de l'homme en diverses circonstances	14
Prix de revient du travail par manœuvres comparé à celui du travail par locomobiles	16
Travail du cheval	17
Manège ou baritel	18
Valeur comparative du travail du cheval et du travail de la locomobile.	21
Observations sur l'emploi des locomobiles	21
La considération de la vitesse à imprimer à l'outil qu'une locomobile doit mouvoir est très importante	22
2° Appareils simples de bardage et de transport.	24
Pinces et leviers	24
Madriers et rouleaux	25
Chariots et fardiers	27
Cordages, câbles et poulies	30
Nœuds de cordages	30
Résistance des cordages en chanvre ou en aloès	32
Câbles métalliques	34
Poulies simples et composées	36

	Pages.
Treuils	39
Roue à chevilles	40
Treuils simples et composés	41
Treuil à noix avec embrayage-frein et régulateur automatique	45
Description de l'embrayage-frein et du régulateur de vitesse	46
Treuil appliqué	46
Treuil vertical de cinq cents kilogrammes de force	47
Treuil vertical de trois mille kilogrammes à deux vitesses	48
Entretien de ces treuils	49
Treuil à double noix et à parachute	50
Treuils à vapeur	53
Treuils électriques	55
Cabestans	55
Levier de la Garousse	56
Treuils et poulies différentiels	57
Poulies différentielles	57
Chèvres	59
Crics, vis et vérins	60
Vis sans fin, poulies et palans à vis sans fin	62
Vérin	63
3° Grues ou appareils à coordonnées polaires	65
Exemples divers d'anciennes grues en bois	65
Grues en bois et fonte, système Cavé	66
Grue Neustadt à chaîne de Galle	68
Grues modernes	69
Grue à vapeur à action directe, système Chrétien	73
Grues de dimensions exceptionnelles, machine à mâter	75
Calcul d'une grue	76
4° Treuils roulants ou appareils à coordonnées rectangulaires	77
Ponts roulants actuels	78
Puissance des divers appareils de levage par journée de travail	80

CHAPITRE II
Echafaudages et ponts de service

	Pages.
Procédés de montage chez les anciens	82
Échafaudages, définition et classification	82
1° Échafaudages usités en architecture	**83**
Échafaudages courants	83
Grands échafaudages en bois assemblés	86
Ligatures métalliques	86
Exemple d'un grand échafaudage pour maison de Paris	87
Échafaudages de la Galerie nationale à Berlin	88
Échafaudages en bascule ou en porte-à-faux	90
Sapines employées pour la construction des maisons de Paris	90
Grue employée à la construction du théâtre du Vaudeville, à Paris	93
Grue roulante de trente mètres de hauteur pour la construction de l'église du Sacré-Cœur, à Montmartre	94
Chèvre roulante employée à la construction de la Gare d'Orléans, à Paris	100
Chèvre roulante employée à la construction du collège Chaptal, à Paris	101
Grue roulante et tournante employée à Francfort	101
Échafaudage de l'église Notre-Dame-des-Champs, à Paris	103
Grand échafaudage roulant pour le montage des fermes en fer de la gare d'Orléans, à Paris	103
Échafaudages pour la réparation du Panthéon	105
Échafaudage de l'église de la Trinité, à Paris	106
Montage des charpentes métalliques de l'Exposition de 1878, à Paris	106
1° Galerie des machines	106
2° Galeries intérieures	107
Échafaudages et appareils de montage employés aux États-Unis	108
1° Chèvre employée à Cincinnati	108
2° Grues tournantes	109
Grue à bras oblique et mobile	109
Grue à bras oblique et fixe	109

	Pages.
Grue à bras horizontal	110
Calcul des échafaudages	**112**
Coefficient de sécurité	112
Travail par flexion	113
Travail par compression	113
Influence du vent sur les échafaudages	115
Louves. Appareils pour saisir et soulever les pierres	116
2° Échafaudages pour tours et phares	**117**
Échafaudage du phare des Triagoz	117
Apparaux de débarquement de levage et de pose du phare des Barges	118
Appareil de montage du phare de Biarritz	120
3° Ponts de service et grues roulantes pour construction de ponts et viaducs	**123**
Échafaudages pour la construction des piles du pont de Choisy-le-Roi	123
Grue roulante pour la reconstruction du pont de Tilsitt, à Lyon	124
Grue roulante et treuil des ponts d'Ars et de Frouard	125
Grue roulante du pont de Cinq-Mars	125
Grue roulante du pont de Pirmil, à Nantes	126
Pont de service avec grue roulante du viaduc de l'Erdre	126
Échafaudages et grues roulantes du pont de Port-de-Piles	127
Échafaudages et pont de service du pont de Montlouis	127
Apparaux de transport et de montage du pont de Saint-Pierre de Gaubert	128
Pont de service	128
Wagonnets	129
Grues roulantes	129
Chèvre ordinaire	130
Grue roulante pour ragréement	130
Pont de service et grue roulante du pont de Claix	130
Ponts de service et grues roulantes des ponts du Castelet, de Lavaur et Antoinette	130
Dépenses d'installation des appareils de transport et de levage	133

TABLE DES MATIÈRES

Choix à faire entre les divers systèmes de ponts de service et de grues roulantes 134

Échafaudage et appareils du viaduc de Morlaix 135
Échafaudages et appareils de montage des viaducs de la ligne de Saint-Germain-des-Fossés à Roanne 136
Échafaudage des viaducs de la Combe-de-Fain et de la Combe-Bouchard. . . 138
Viaduc de l'Aulne, chantiers, appareaux de montage 139
Échafaudages des piles 139
Travées du pont de service 140
Levage du pont de service au-dessus des cintres................. 140
Exécution des voûtes 140
Grue roulante du viaduc de Chaumont. . 141
Échafaudages du viaduc de Messarges. . 142
Échafaudages du viaduc de la Fure. . . 142
Échafaudages des viaducs de l'Indre, de la Manse, de Comelle ; montage par chevaux................ 143
Échafaudage du viaduc de l'Altier . . . 144

4° Échafaudages divers . . 145

Appontements 145
Grue roulante pour la pose des conduites 145
Échafaudages pour mise en place de statues................. 146
Levage par petits mouvements alternatifs.................. 146
Levage à l'aide d'une bigue et de palans.................. 146
Levage par treuil roulant 146
Échafaudage mobile pour déplacement de statues................ 147
Échafaudage volant pour l'entretien des façades................. 148
Échafaudage tournant pour ragréement d'un dôme................ 148

CHAPITRE III
Appareils hydrauliques de levage et de manutention.

Historique................ 149
Travail mécanique de l'eau comprimée. 152
1° Travail mécanique produit par la détente de l'eau comprimée. . 152
2° Travail mécanique produit par le mouvement de l'eau comprimée................. 153
3° Travail absorbé par le frottement de l'eau dans les conduites 153
Expériences de M. Barret........ 156
Épaisseur des tuyaux 159

Description générale d'un accumulateur et de ses accessoires 160

1° Accumulateurs.......... 160
2° Machines motrices et pompes. . 160
3° Valve de gorge régulatrice . . . 162
4° Soupape d'évacuation 163
5° Arrêt des machines en cas de rupture des conduites...... 163
6° Accumulateurs intermédiaires. . 167

Frottement du plongeur des accumulateurs................. 167
7° Calcul du volume des accumulateurs 168
8° Nombre et position des accumulateurs 169

Rendement mécanique de la distribution d'eau comprimée des docks de Marseille................ 170
Description d'un accumulateur employé au Creusot................ 172
Accumulateur 172
Soupape de sûreté............ 173
Soupape de choc et soupape de prise. . 173
Tuyaux de pression 174
Installation hydraulique et accumulateurs du port d'Anvers......... 174
Précautions contre la gelée 175
Dépenses de l'installation hydraulique d'Anvers................. 176
Installation hydraulique de la gare de La Chapelle, à Paris 176
Précautions et mesures à prendre en temps de gelée 177
Installation hydraulique de la gare Saint-Lazare, à Paris........... 177
Machines à vapeur 178
Chaudières................ 179
Pompes 179
Accumulateurs.............. 179
Cylindre................. 180
Plongeur 180
Conduites 181

TABLE DES MATIÈRES

Classification des engins mus par l'eau sous pression........ 182
1° Appareils à action directe.... 182
2° Appareils funiculaires...... 182
3° Appareils rotatifs continus ... 183
1° Appareils à action directe................. 183
Vérin hydraulique............ 183
Crochet hydraulique pour traction ... 188
Ascenseurs à action directe................. 190
Ascenseur Edoux............. 190
Distributeur................. 193
Valve de réglage automatique de la vitesse de marche............ 194
Appareils de sécurité contre les effets de l'air................. 195
Ascenseurs du tunnel sous la Mersey . . 195
Élévateurs pour wagons.......... 197
   1° Élévateurs des docks de Marseille. 197
   2° Élévateurs de la gare de Berlin. 200
   3° Élévateurs de la gare Saint-Lazare, à Paris.......... 201
Basculeurs à wagons............ 203
Presses de soulèvement des ponts mobiles..... 205
A. *Presses du pont de l'écluse de Penhouet, à Saint-Nazaire*..... 205
B. *Appareils des ponts roulants du bassin à flot de Saint-Malo*.... 208
Récupérateur................. 209
Multiplicateur de pression......... 212
C. *Appareil de soulèvement du pont tournant des bassins de radoub de Marseille*................. 213
Manœuvre du pont............. 213
Stabilité transversale du tablier 213
Presse hydraulique 214
Garnitures de la presse.......... 214
Chaise en fonte............... 215
Plongeur de la presse........... 215
Forme que doit affecter la partie supérieure de la tête du plongeur..... 216
Appareil de sûreté de la presse hydraulique.................. 216
Appareil de compression 216
Tiroirs de distribution de l'appareil de calage et des cylindres de rotation . . 218
Index................... 219
Appareil hydraulique à action directe pour manœuvre de vannes...... 221

Appareil de soulèvement du pont de la rue de Crimée, sur le bassin de La Villette, à Paris ; emploi de l'eau sous faible pression fournie par les conduites de la ville............ 222
Compresseur à flotteur.......... 224
Ascenseurs pour bateaux......... 225
2° Appareils funiculaires. 226
A *Élévateurs*................ 227
Treuil hydraulique pour magasin 227
Élévateur de 1,500 kilogrammes de puissance pour magasins....... 228
Parachute................. 229
Rendement de cet élévateur....... 230
Autre type d'élévateur pour magasins. . 231
Monte-charges de 500 kilogrammes de la gare Saint-Lazare, à Paris..... 232
B. *Grues hydrauliques*........ 233
Grues hydrauliques Armstrong..... 234
Grue d'une tonne de puissance 235
Dispositif adopté pour les appareils à double pouvoir 236
Grue de 3 à 15 tonnes de puissance .. 237
Grues du nouveau service des messageries de la gare Saint-Lazare, à Paris . 238
Calcul de la grue de 1,500 kilogrammes.
   1° Levage............... 240
   2° Orientation............. 240
Calcul de la grue de 5,000 kilogrammes.
   1° Levage............... 240
   2° Orientation............. 241
Grues hydrauliques pour fonderies et aciéries................. 241
Grue hydraulique mobile........ 242
Importance capitale de la surveillance des chaînes de levage........ 243
Renseignements sur le poids des grues hydrauliques, le nombre et le prix de revient de leurs opérations. 1° Poids. 243
   2° Nombre des opérations 243
   3° Prix de revient 243
   4° Redevances payées dans les ports pour l'usage des grues. . . 243
C. *Appareils de traction*....... 244
Appareils pour la rotation du pont tournant des bassins de radoub de Marseille................. 244
Appareils des portes d'écluse du bassin à flot de Bordeaux.......... 244
Appareil moteur.............. 245
Organes de transmission 245

TABLE DES MATIÈRES

	Pages.
Régulateur.	246
Appareil des portes en éventail du bassin Freycinet, à Boulogne.	247
Appareils de translation du pont roulant de Saint-Malo.	247
Appareils de translation pour chariot roulant.	248

3° Appareils rotatifs continus. 249

1° Machines à trois cylindres des docks de Marseille	250
Tiroirs à piston compensateur.	250
Rendement des machines à rotation continue	251
2° Moteur Schmidt à cylindre oscillant.	251
3° Moteur Mégy.	252
4° Moteur et cabestan hydraulique Brotherhood	254
5° Cabestans de la nouvelle gare Saint-Lazare	255
6° Cabestans hydrauliques de la gare de La Chapelle, à Paris.	257
7° Petits moteurs hydrauliques pour treuils de portes d'écluse.	257

CHAPITRE IV
Déplacements d'édifices

1° Mouvements de translation. 258

Déplacement d'un hôtel à Boston	258
Déplacement d'un navire submergé au port de Saint-Nazaire.	259
Déplacement d'une tour en maçonnerie.	260
Halage du tablier du viaduc d'Argenteuil.	261
Halage du tablier du pont du Douro.	262
Halage du tablier du viaduc du val Saint-Léger.	263
Galets de roulement.	264
Semelles ou chemins de roulement	264
Treuils et appareils de lançage.	265
Observations sur le déplacement par rouleaux et galets.	265

2° Mouvements de soulèvement. 266

Relèvement de ponts tournants sur le canal de la Marne au Rhin.	268
Relèvement des poutres du pont Bineau.	269
Relèvement de la voûte du pont de Frouard.	269

	Pages.
Relèvement du bâtiment des voyageurs de la gare de Saint-Étienne.	270
Appareils de relevage et de translation en usage à la compagnie du Nord.	271
Érection de l'Obélisque de la place de la Concorde, à Paris.	275
Étaiement des bâtiments.	276

CHAPITRE V
Restauration des anciennes constructions

Restauration du pont de Tours ; injections de mortier.	280
Injection sous une pression permanente.	282
Radier de l'écluse Notre-Dame, au Havre ; injection de coulis de ciment ; reprise en sous-œuvre d'un bajoyer.	285
Injection de coulis de ciment dans une voûte de souterrain.	286
Injections dans un radier d'écluse à Calais.	286
Reprise en sous-œuvre des piles du vieux pont de Malzeville sur la Meurthe.	287

CHAPITRE VI
Organisation des chantiers

Considérations générales	289
Ateliers et magasins.	290
Maisons et bâtiments accessoires	291
Tracé et implantation des ouvrages.	292
Approvisionnements.	294
Métrés, attachements, surveillance	295
Attachements.	296
Surveillance.	297
Exemples d'installation des chantiers.	298
Chantiers du pont-canal d'Agen	298
Chantiers du pont de Montauban, sur le Tarn.	299
Chantiers du pont de Lavaur.	299
Chantiers du viaduc du val Saint-Léger.	299

Logement des ouvriers. ... 300

Baraques.	300
Types de cantines	301
Importance des soins de propreté	302
Importance du vêtement.	302

Nourriture des ouvriers. .. 303

Alimentation normale.	303

TABLE DES MATIÈRES

	Pages.
Préparation des aliments	360
Quantité d'eau nécessaire à l'alimentation	307
Heures des repas	308
Repos et sommeil	308
Dépense à faire pour la nourriture d'un ouvrier	308
Budget d'un ouvrier employé sur les chantiers	310
Comparaison du prix des ouvrages et du taux des salaires au siècle dernier et à l'époque actuelle	313

Premiers soins à donner en cas de blessures ou d'accidents 314
Viciation des lieux habités 314
Désinfection des bâtiments 315
Affections et accidents divers 315
Apoplexie 315
Asphyxie, perte de connaissance, syncope 316
Blessures et plaies 316
Brûlures 317
Céphalalgie 317
Chute, éboulement, coup de tampon 318
Contusions 318
Coupures 318
Coups de soleil 318
Coups de chaleur 318
Crachement ou vomissement de sang 318
Diarrhée 318
Dysenterie 319

Empoisonnements — 1° *Poisons narcotico-âcres* : Asphyxie par le gaz d'éclairage, la vapeur de charbon, les fours à chaux et l'air vicié 319
2° *Poisons septiques ou putréfiants* : Abeilles, bourdons, guêpes 319
Gaz des fosses d'aisance, des égouts 319
Morsures des animaux enragés 319
Venin des serpents 319
Entorses et foulures 319
Fractures. Membres broyés ou arrachés 320
Froid 320
Gale 320
Hémorragie (Voir ce qui a été dit plus haut pour les blessures). Luxations des membres 321

Méphitisme du sol 321
Noyés 321
Ophtalmie 322
Scorbut 322
Observations générales sur les premiers soins à donner aux blessés 322

Observations sur le sauvetage 322
Feu sur les personnes 323
Sauvetage d'une personne qui se noie 323
Sauvetage de personnes asphyxiées dans des puits ou des fosses 324

Sauvetage de personnes surprises par un éboulement 326
1° Fouille à ciel ouvert 328
2° Puits 328
3° Galerie 329
Procédé rapide pour l'ouverture des puits et galeries de sauvetage 332
Travaux entrepris pour le sauvetage d'un puisatier enseveli à Sermaize 33

Accidents du travail; secours aux ouvriers malades ou blessés 342
    Situation en Allemagne 343
    Situation en Angleterre 344
    Situation en Autriche 346
    Situation en Belgique 346
    Situation en Italie 348
Accidents sur les chantiers de travaux publics 349
Loi sur l'assurance obligatoire 350
    Situation en France 350
Caisses d'assurances créées par la loi du 11 juillet 1868 351
Caisse de retraites pour la vieillesse 352
Responsabilité des accidents du travail 353
Règles spéciales aux accidents causés par l'exécution des travaux publics 354
Examen des propositions de lois présentées pour l'organisation des secours aux ouvriers 356
Statistique des accidents du travail 359
Conclusion 360

Rôle de l'ingénieur sur les chantiers 361

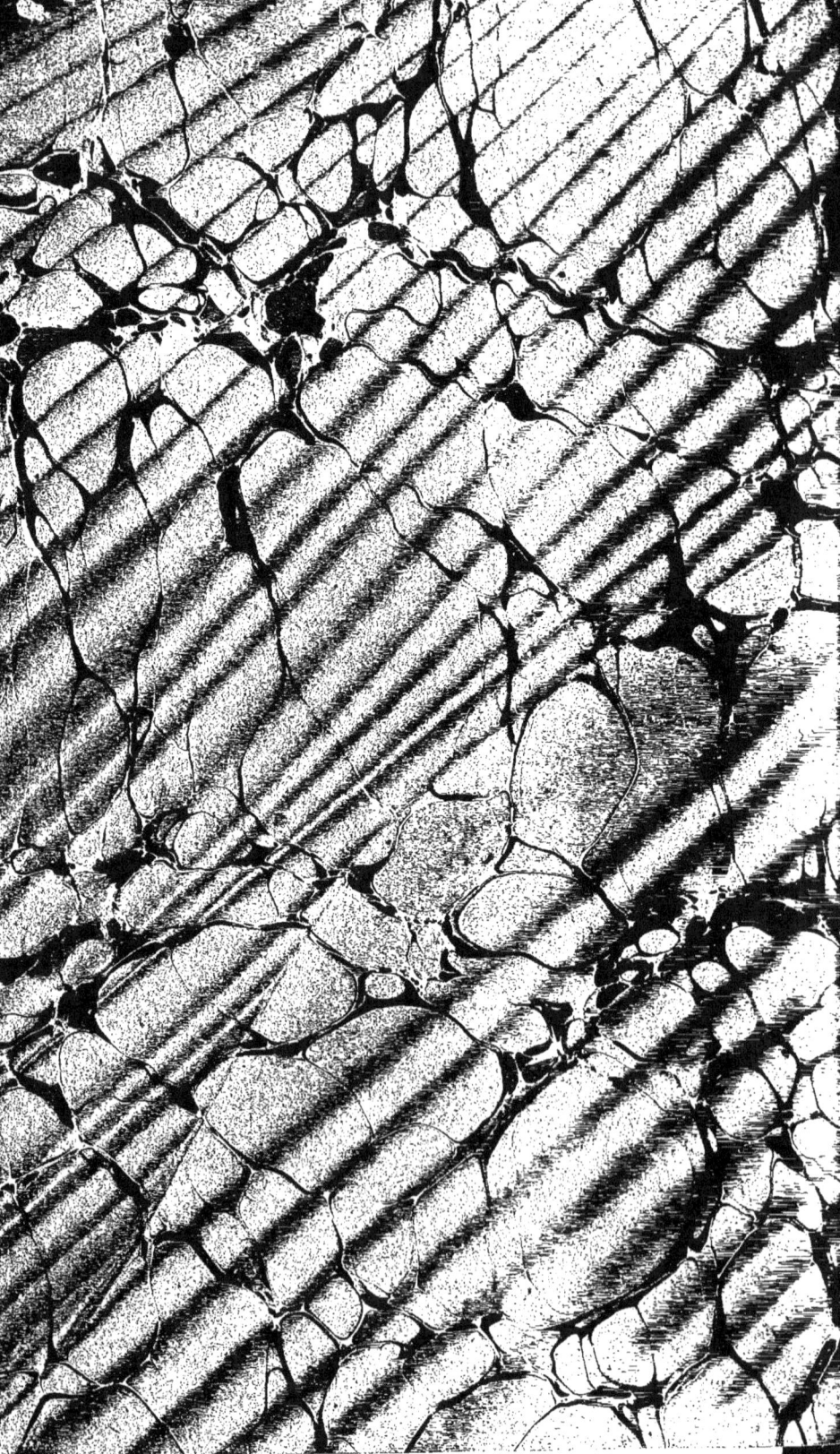

www.ingramcontent.com/pod-product-compliance
Lightning Source LLC
Chambersburg PA
CBHW060557170426
43201CB00009B/806